U0248341

准噶尔盆地陆东地区石炭系火山岩气藏成藏条件

张顺存　史基安　杜社宽　张生银
孙国强　鲁新川　张兆辉　著

科学出版社
北　京

内 容 简 介

本书运用地质学、地球化学与地球物理学相结合的研究方法，研究准噶尔盆地陆东地区石炭系火山岩的岩石类型、成岩演化、孔隙类型及结构特征，阐明火山岩储层物性-孔隙演化的阶段过程及影响因素，查明石炭系火山岩喷发相演化序列及展布规律，建立火山岩储集体形成演化-成藏模式，确定陆东地区天然气藏的主要源岩及基本特征，提出石炭系的滴水泉组和巴山组烃源岩有机质沉积环境经历了滨海—残余海—咸水湖泊—淡水沼泽的演化过程，分析火山岩储层断裂-裂隙体系成因机制、发育时序及分布规律，探讨陆东地区石炭系油气藏成藏条件及主控因素。

本书可供从事石油地质和勘探开发的科研人员及高等院校相关专业师生参考。

图书在版编目(CIP)数据

准噶尔盆地陆东地区石炭系火山岩气藏成藏条件/张顺存等著. —北京：科学出版社，2018. 1

ISBN 978-7-03-055415-4

Ⅰ. ①准… Ⅱ. ①张… Ⅲ. ①准噶尔盆地-火山岩-岩性油气藏-成藏条件 Ⅳ. ①P618. 130. 2

中国版本图书馆 CIP 数据核字(2017)第 279836 号

责任编辑：吴凡洁 冯晓利 / 责任校对：桂伟利

责任印制：肖 兴 / 封面设计：无极书装

科学出版社 出版

北京东黄城根北街 16 号

邮政编码：100717

http://www.sciencep.com

北京汇瑞嘉合文化发展有限公司 印刷

科学出版社发行 各地新华书店经销

*

2018 年 1 月第 一 版 开本：787×1092 1/16

2018 年 1 月第一次印刷 印张：14 1/4

字数：321 000

定价：158.00 元

(如有印装质量问题，我社负责调换)

前言

准噶尔盆地位于我国新疆维吾尔自治区北部，东北为阿尔泰山、青格里底山、克拉美丽山，西北为扎伊尔山、哈拉阿拉特山，南部为依林黑比尔根山、博格达山，是我国西部一个长期发展的大型复合叠加含油气盆地。石炭纪是准噶尔地区从活动的盆山体系向较稳定的盆地体系发展过渡的关键时期，构造活动强烈，引发多期次、多火山口的火山活动。在准噶尔盆地石炭系中已发现了滴西、五彩湾、克拉美丽、车排子、三台、北三台等多个油气田，勘探实践表明准噶尔盆地石炭系具有广阔的勘探前景。准噶尔盆地陆东地区石炭系火山岩油气藏的勘探始于21世纪初：2004年，DX10井在石炭系玄武岩中发现高产工业油气流；2006年，DX14井在石炭系火山岩中发现工业油气流并于次年提交了控制储量；2007年，在DX18井火山岩、DX17井火山岩中均发现高产油气流并提交了控制储量。这四口探井高产油气流的发现，奠定陆东地区石炭系油气藏的基础，拉开石炭系火山岩勘探的序幕，为准噶尔盆地油气勘探拓展新领域。

目前，准噶尔盆地陆东地区石炭系火山岩的研究主要包括火山岩储层特征及其控制因素、岩性岩相特征、成藏机制、岩石地球化学特征、火山岩发育的构造背景等，也取得了大量的研究成果。“十二五”期间，作者承担了国家科技重大专项课题“深层有效储集体形成、分布规律与预测技术(2011ZX05008-003-40)”的子课题“准噶尔盆地深层火山岩储集体形成演化与分布预测”，对准噶尔盆地陆东地区石炭系火山岩气藏进行了系统研究，取得的主要认识有：①提出研究区石炭系深层火山岩经历了五个演化阶段(形成阶段—风化淋滤—埋藏构造—溶蚀改造—油气聚集)，阐明不同类型火山岩储层物性的主控因素，查明石炭系深层火山岩喷发序列及展布规律，建立深层火山岩储集体成岩-成藏模式。基于“旋回—期次—岩相”三级陆相火山岩地层单位，进行陆东地区石炭系富火山岩地层的填充旋回划分，重建火山岩喷发时空序列，并综合研究区火山岩年代学数据及火山岩体井-震识别和追踪结果，描述研究区石炭系深层火山岩喷发相分布特征，建立石炭纪火山岩喷发相模式。②阐明石炭系滴水泉组和巴山组烃源岩的有机质类型、丰度及成熟度，确定陆东地区天然气藏的主要源岩为巴山组烃源岩，提出石炭系的滴水泉组和巴山组烃源岩有机质沉积环境经历了滨海—残余海—咸水湖泊—淡水沼泽的演化过程。③阐明火山岩储层断裂-裂隙体系成因机制及发育时序，研发深层火山岩储集体地质-地球物理综合识别技术，提出石炭系火山岩有利储集体及含油圈闭的勘探目标。本书是对该课题研究成果的提炼和总结，同时也借鉴了他人在该区火山岩研究方面的成果。

本书深入研究准噶尔盆地陆东地区石炭系火山岩类型、喷发序列及分布规律，建立火山岩储集体形成演化-成藏模式，确定天然气藏的烃源岩特征及形成演化条件，探讨火山岩储层断裂-裂隙体系成因机制，分析研究区石炭系油气成藏条件及主控因素。研究成果对准噶尔盆地火山岩油气勘探具有重要的指导作用。本书的出版不仅会对准噶尔盆地(特别是陆东地区)石炭系火山岩的油气勘探产生积极影响,而且对丰富我国火山岩储层及石油地质学理论也有积极作用。

本书编写过程中得到中国石油新疆油田分公司勘探开发研究院及中国科学院地质与地球物理研究所兰州油气资源研究中心相关领导和专家的指导、支持和帮助;中国石油新疆油田分公司实验检测研究院及中国科学院油气资源研究重点实验室(甘肃省油气资源研究重点实验室)相关实验分析人员为本书的实验分析做了大量的工作,相关科研人员也对本书的编写给予了大量的帮助,在此一并表示诚挚的感谢。书中不当之处,敬请读者批评指正。

作　者

2017年3月

目录

第一章 绪 论

准噶尔盆地位于我国新疆维吾尔自治区北部，大约位于北纬45°，东经85°。东北为阿尔泰山，西部为准噶尔西部山地，南为天山山脉，是我国第二大盆地，现今的准噶尔盆地是一个外围被古生代褶皱山系环抱的大型山间盆地，其现今的构造格局可以划分为6个一级构造单元和44个二级构造单元，其中一级构造单元从北向南依次为乌仑古拗陷、陆梁隆起、中央拗陷、西部隆起、东部隆起和南缘冲断带(图1.1)。

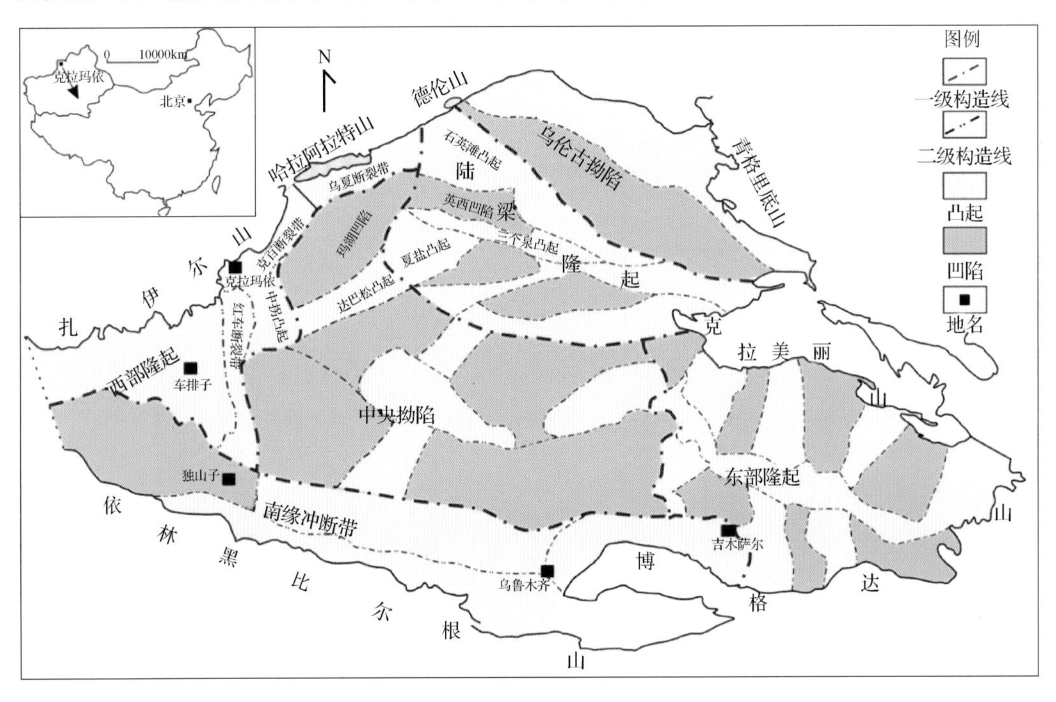

图1.1 准噶尔盆地地理位置及构造单元图

准噶尔盆地自晚古生代以来，由于海西、印支、燕山及喜马拉雅等多期构造运动的叠加，使准噶尔盆地发育不同的构造带和沉积组合特征，从而控制了盆地中油气的生成、运聚和分布。对于准噶尔盆地晚古生代以来盆地的构造演化争议较大，其中准噶尔盆地的早二叠世属于裂谷还是前陆盆地尚存在争议，晚二叠世—古近纪盆地的性质目前也存在分歧。肖序常等(1992)和杨文孝等(1995)将盆地晚石炭世—早二叠世划为海相前陆，晚二叠世—第四纪为陆相前陆盆地。陈发景等(2005)则认为准噶尔盆地二叠纪为裂陷盆地，三叠纪—古近纪为克拉通盆地，新近纪—第四纪为压陷盆地。蔡忠贤等(2000)认为准噶尔盆地在早二叠世为裂谷，晚二叠世为热冷却伸展拗陷，三叠纪—古近纪为克拉通内盆地，新近纪至今，由于印度板块与亚洲大陆碰撞才形成陆内前陆盆地。陈新等(2002)将盆地构造旋回分为二叠纪前陆盆地阶段、三叠纪—古近纪陆内拗陷阶段及新近纪—第四纪

表 1.1　准噶尔盆地地层层序及构造演化阶段表

界	系	统	西北缘			东北缘			接触关系	演化阶段	构造运动
			群、组	代号	地震波组	组	代号	地震波组			
新生界	第四系			Q			Q		不整合	类前陆型陆相盆地	喜马拉雅山运动Ⅱ
	新近系			N	TQ_1		N		不整合		喜马拉雅山运动Ⅰ
	古近系			E	TN_1		E		不整合	振荡型陆内拗陷型盆地	燕山运动Ⅲ
中生界	白垩系	上统	艾里克湖组	K_2a	TE_1	东沟组	K_2d	TE_1 TK_4			
		下统	吐谷鲁群	K_1tg	TK_2	连木沁组	K_1l				
						胜金口组	K_1s	TK_3			
						呼图壁河组	K_1h	TK_2			
						清水河组	K_1q				
	侏罗系	上统	齐古组	J_3q	TK_1	齐古组	J_3q	TK_1	不整合		燕山运动Ⅱ
		中统	头屯河组	J_2t		头屯河组	J_2t				
			西山窑组	J_2x	TJ_4	西山窑组	J_2x	TJ_4	不整合		燕山运动Ⅰ
		下统	三工河组	J_1s	TJ_3	三工河组	J_1s	TJ_3			
			八道湾组	J_1b	TJ_2	上八道湾组	J_1b^b				
						下八道湾组	J_1b^a	TJ_2			
	三叠系	上统	白碱滩组	T_3b	TJ_1	郝家沟组	T_3h	TJ_1	不整合		印支运动
						黄山街组	T_3hs				
		中统	上克拉玛依组	T_2k_2	TT_3	克拉玛依组	T_2k				
			下克拉玛依组	T_2k_1	TT_2			TT_2			
		下统	百口泉组	T_1b	TT_1	烧房沟组	T_1s	TT_1			
						韭菜园子组	T_1j				
古生界	二叠系	上统	上乌尔禾组	P_3w	TP_5	梧桐沟组	P_3wt	TP_3	不整合	前陆盆地	晚海西Ⅴ
					TP_4			TP_2	不整合		晚海西Ⅳ
		中统	下乌尔禾组	P_2w		平地泉组	P_2p	TP_{1-1}	不整合		
			夏子街组	P_2x	TP_3	将军庙组	P_2j				
		下统	风城组	P_1f	TP_2	金沟组	P_1jg	TP_1	不整合	前陆型残留海相盆地	晚海西Ⅲ
					TP_1				不整合		晚海西Ⅱ
			佳木河组	P_1j					不整合		晚海西Ⅰ
	石炭系	上统	太勒古拉组	C_2t		石钱滩组	C_2s			前陆型海相盆地	
						上八塔玛依内山组	C_2b^b				
						下八塔玛依内山组	C_2b^a				
		下统	包谷图组	C_1b		滴水泉组	C_1d		不整合		中海西运动
			希贝库拉斯组	C_1x		塔木岗组	C_1t				

再生前陆盆地阶段。何登发等(2004)提出准噶尔盆地经历了晚石炭世—中三叠世前陆盆地阶段、晚三叠世—中侏罗世早期弱伸展拗陷盆地阶段、中侏罗世晚期—白垩纪压扭盆地阶段与新生代前陆盆地阶段的演化历史。鲁兵等(2008)认为准噶尔盆地形成于中石炭世末—下二叠世,为裂陷阶段,早二叠世末—三叠纪末为裂、拗过渡阶段,侏罗纪—新近纪渐新世末期为拗陷发育阶段。隋风贵(2015)认为盆地西北缘自早二叠世—三叠纪主要是挤压逆冲推覆构造的发育阶段,三叠纪前构造活动强烈,三叠纪之后构造趋于稳定。

总体上,准噶尔盆地构造格局雏形形成于晚古生代,盆地从晚古生代一中新生代构造演化经历了三个阶段:①晚海西期前陆盆地发育阶段(晚石炭世—二叠纪);②振荡型内陆拗陷盆地发育阶段(三叠纪—白垩纪);③类前陆型陆相盆地发育阶段(古近纪—第四纪),多期构造运动造成的性质各异的盆地叠合形成大型复合叠加盆地(表 1.1)。

第一节 陆东地区石炭系区域地质概况

本书研究区是陆东地区,位于准噶尔盆地东部(图 1.2),该区主要由滴南凸起、滴北凸起、五彩湾凹陷、滴水泉凹陷、东道海子凹陷及莫北凸起部分、白家海凸起部分组成。本书的研究范围主要包括滴西地区及五彩湾地区,并以前者为主(野外样品采自白碱沟、帐篷沟、火福公路)(图 1.3),涉及层位为石炭系。滴西地区位于陆梁隆起的滴南凸起,东邻滴北凸起,西连石西凸起,南临东道海子凹陷,北接滴水泉凹陷,区域构造位置非常有利。滴西地区石炭系克拉美丽气田主要由四个气藏组成:滴西 17 井区气藏、滴西 14 井区气藏、滴西 18 井区气藏和滴西 10 井区气藏(图 1.4),五彩湾地区主要是五彩湾气田(秦志军等,2016)。

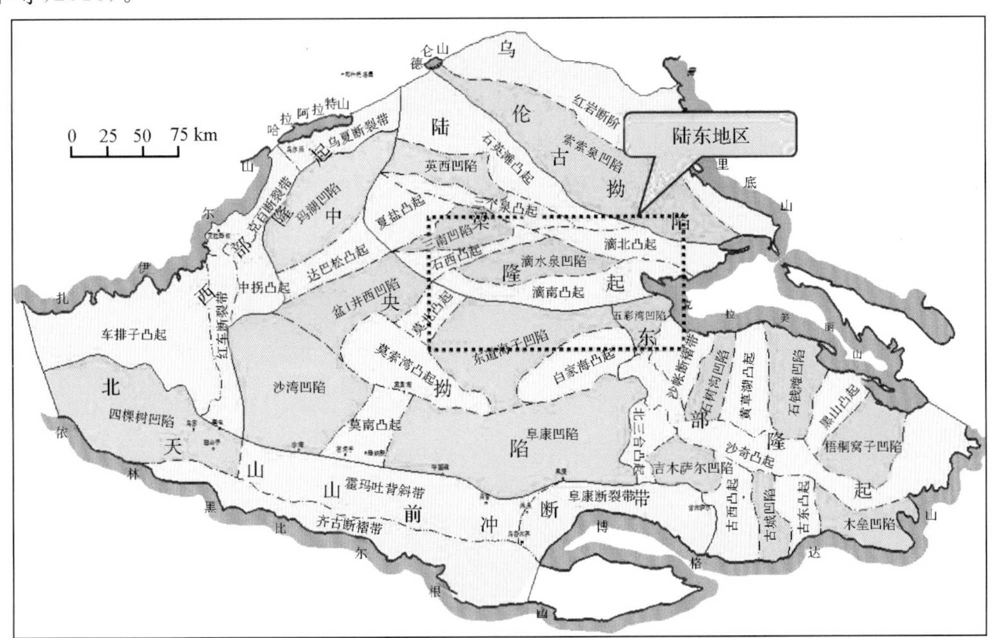

图 1.2 陆东地区在准噶尔盆地中的位置图

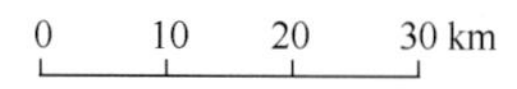

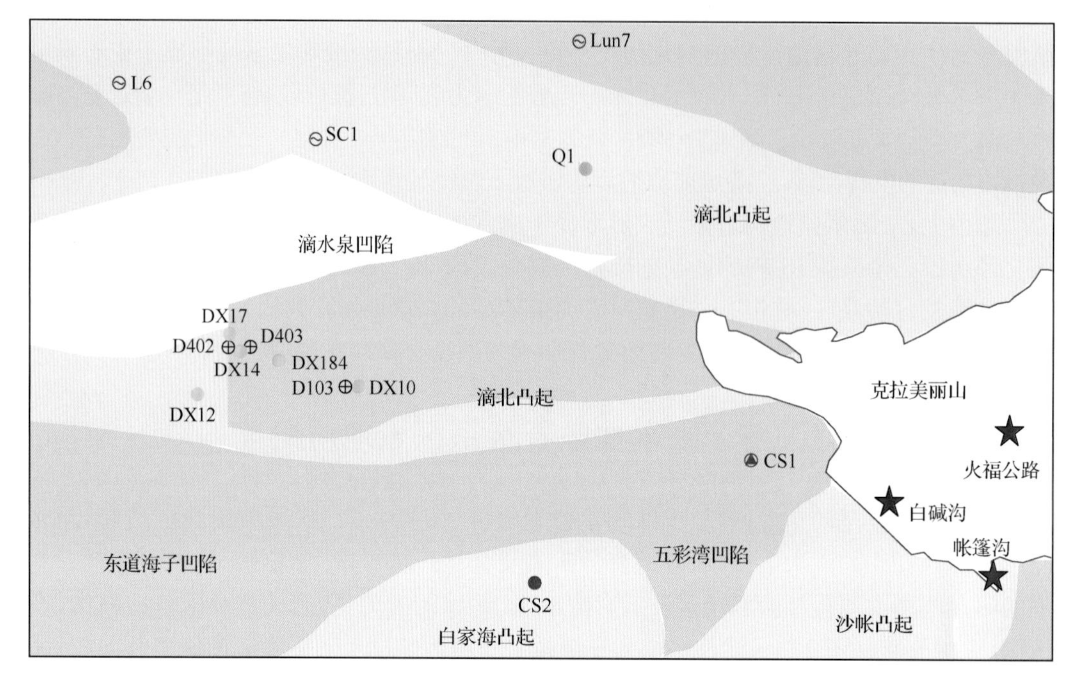

图 1.3　陆东地区范围图

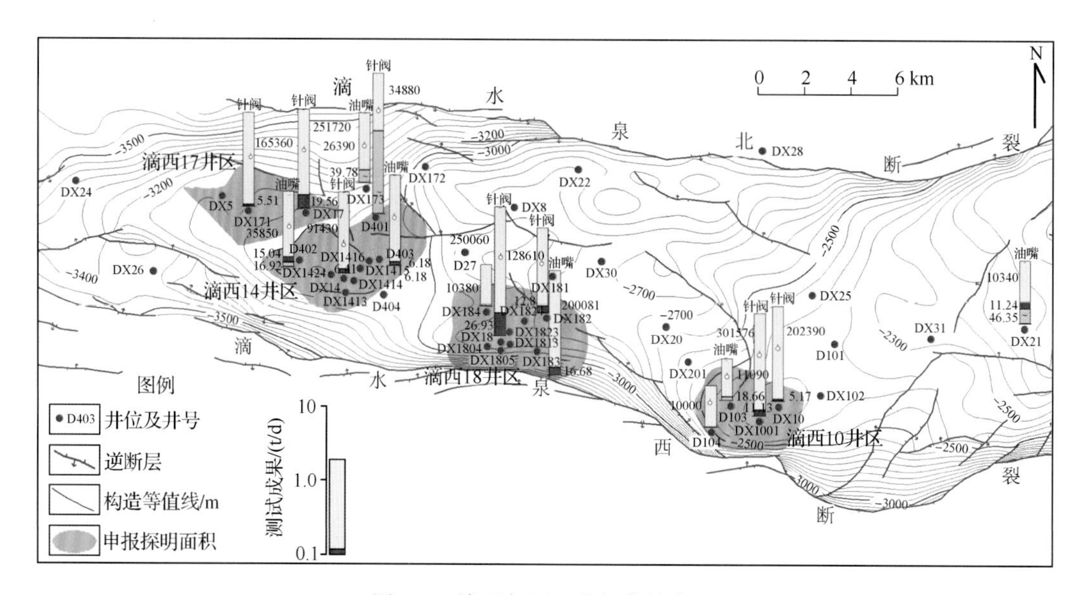

图 1.4　滴西气田四个气藏的位置

滴南凸起形成于石炭纪末期，至早—中二叠世一直处于剥蚀夷平阶段，缺失中—下二叠统。由于受克拉美丽山隆升的影响，凸起呈东高西低背景。在滴西地区残留上二叠统上乌尔禾组，厚度为 100m 左右。三叠纪滴西地区接受了较广泛的沉积，晚三叠世、印支末期的构造运动使全区有所抬升并遭受剥蚀，陆南凸起受到一定的挤压、压扭应力场作用，产生明显的冲断、褶皱活动，导致滴西构造带的产生。侏罗纪，湖盆扩大，该区沉积了一套河流相、三角洲和湖相地层，侏罗纪中晚期，燕山构造运动在该区表现得十分强烈，产生强烈的挤压上升作用，滴西构造带也于此时基本成型，侏罗纪早中期，由于构造运动使该区再次隆升遭受剥蚀，滴西地区缺失侏罗系上统及部分中统，并在侏罗系发育许多正断层和断块。白垩纪，构造运动相对变缓，但对早期形成的圈闭和油藏仍有一定的影响，一些正断层断至吐谷鲁群下部。白垩系向北超覆沉积于侏罗系的夷平面之上。喜马拉雅期区域性南倾使一些圈闭构造幅度减小甚至失去圈闭条件（张立伟等，2010）。

陆东地区自上而下钻揭的地层有白垩系吐谷鲁群（K_1tg），侏罗系头屯河组（J_2t）、西山窑组（J_2x）、三工河组（J_1s）、八道湾组（J_1b），三叠系白碱滩组（T_3b）、克拉玛依组（T_2k）、百口泉组（T_1b），二叠系上乌尔禾组（P_3w）和石炭系（C）。各地层岩相、岩性、地层厚度和接触关系如表 1.2 所示。该区石炭系地层从下到上依次划分为南明水组（C_1n）、滴水泉组（C_1d）、松喀尔苏组（C_1s）、巴塔玛依内山组（C_2b）（以下简称巴山组）、双井子组（C_2s），其中滴水泉组和上覆巴山组之间、双井子组和上覆地层之间都以角度不整合接触。滴西地区探井钻遇的石炭系火山岩主要是巴山组火山岩（钻揭双井子组的探井很少，可能大多数被剥蚀，钻遇滴水泉组的探井也很少）。

表 1.2　陆东地区地层简表

层位		层位代号	厚度/m	岩性岩相简述
系	组			
白垩系	吐谷鲁群	K_1tg	800～1700	上白垩统主要为灰色砂砾岩、粉砂岩、褐灰色含砾泥质粉砂岩、泥质粉砂岩夹灰褐色泥岩、粉砂质泥岩；下白垩统主要为灰色、灰褐色粉砂岩、细砂岩与棕色、褐色、灰色泥岩不等厚互层
侏罗系	头屯河组	J_1t	0～150	上部为棕红色泥岩和紫褐色砂质泥岩，下部为褐色灰绿色泥岩、灰色细砂岩、中砂岩交互沉积
	西山窑组	J_2x	0～180	灰绿色细砂岩、砂质泥岩和粉砂岩，中、下部含有煤层，其底部为砂岩
	三工河组	J_1s	150～250	上部为稳定的巨厚灰色、深灰色、灰绿色泥岩；中部为灰色、灰绿色细砂岩、砂质泥岩及粉砂岩；下部为灰绿色、灰色中细砂岩、泥质砂岩与灰色泥岩互层
	八道湾组	J_1b	250～350	中上部为灰色、灰绿色砂质泥岩、细砂岩和泥质砂岩，存在厚度不等的煤层；下部为杂色含砾砂岩和砾岩及薄煤层
三叠系	白碱滩组	T_3b	0～200	厚层状灰色、深灰色泥岩
	克拉玛依组	T_2k	0～150	灰色、绿灰色、杂色砂岩、砂砾岩与棕色泥岩不等厚互层
	百口泉组	T_1b	0～100	棕色砂质泥岩、泥质小砾岩、砂质小砾岩及砂砾岩
二叠系	上乌尔禾组	P_3w	0～200	灰色、褐色泥岩、砂质泥岩与灰色细砂岩、含砾细砂岩、砂砾岩、细砾岩互层，以底砾岩与下部地层分界。岩性自上而下由细变粗，颜色由红变灰
石炭系		C		以安山岩、英安岩、流纹岩、凝灰岩和火山角砾岩为主

陆东地区(特别是滴西地区)火山岩地层可分为上火山岩系和下火山岩系两套,两套火山岩厚度变化较大,在区域上分布不均。上火山岩系主要包括二叠系上芨芨槽子组、下芨芨槽子组,上石炭统双井子组、巴山组,火山岩主要分布于巴山组下亚组,其次在二叠系上芨芨槽子组和下芨芨槽子组也有分布。烃源岩主要发育于巴山组上亚组,岩性以凝灰质泥岩和暗色泥岩为主。在下火山岩系主要由松喀尔苏组、滴水泉组、南明水组和泥盆系组成,烃源岩主要发育于滴水泉组,岩性主要为凝灰质粉砂岩、凝灰质泥岩和暗色泥岩,其他层系主要为爆发相火山岩或火山碎屑岩及溢流相火山岩(表 1.3)。

表 1.3　陆东地区石炭系地层表

<table>
<tr><th>岩系</th><th>旋回</th><th>亚旋回</th><th colspan="2">地层单位</th><th>岩相及岩石类型</th></tr>
<tr><td rowspan="9">上火山岩系</td><td rowspan="4">Ⅳ</td><td>$Ⅳ_3$</td><td colspan="2" rowspan="2">二叠系上芨芨槽子组</td><td>喷发沉积相:泥、砂岩夹火山岩</td></tr>
<tr><td rowspan="2">$Ⅳ_2$</td><td>河湖沉积相:砂砾岩,泥灰岩</td></tr>
<tr><td colspan="2">二叠系下芨芨槽子组</td><td>陆相喷爆溢相:熔结角砾岩,火山岩</td></tr>
<tr><td>$Ⅳ_1$</td><td rowspan="2">双井子组
(C_2s)</td><td>上亚组</td><td>滨浅海相碎屑岩、火山碎屑岩及碳酸盐</td></tr>
<tr><td rowspan="5">Ⅲ</td><td>$Ⅲ_2$</td><td>下亚组</td><td>陆相碎屑沉积:砂、砂砾岩及泥岩</td></tr>
<tr><td rowspan="4">$Ⅲ_1$</td><td rowspan="4">巴山组
(C_2b)</td><td>上亚组(C_2b^2)</td><td>陆相碎屑沉积:砂砾岩及泥岩</td></tr>
<tr><td rowspan="3">下亚组(C_2b^1)</td><td>($C_2b_1^3$)陆相溢流相:酸性熔岩及其火山碎屑岩</td></tr>
<tr><td>($C_2b_1^2$)陆相溢流相:中性熔岩及其火山碎屑岩</td></tr>
<tr><td>($C_2b_1^1$)陆相溢流相:基性喷出岩为主</td></tr>
<tr><td rowspan="6">下火山岩系</td><td rowspan="6">Ⅱ</td><td rowspan="5">$Ⅱ_3$</td><td rowspan="2">松喀尔苏组
(C_1s)</td><td>上亚组(C_1s^b)</td><td>碎屑沉积相:凝灰质砾岩、粗砂岩夹砂岩、砾岩</td></tr>
<tr><td>下亚组(C_1s^a)</td><td>喷爆溢相:安山岩、流纹岩,火山碎屑岩及碎屑岩</td></tr>
<tr><td colspan="2">滴水泉组(C_1d)</td><td>碎屑沉积相:凝灰质砂、粉砂岩、泥岩</td></tr>
<tr><td rowspan="2">南明水组
(C_1n)</td><td>上亚组(C_1n^b)</td><td>沉积喷发相:火山碎屑岩、碎屑岩</td></tr>
<tr><td>下亚组(C_1n^a)</td><td>沉积相:浅变质岩、粉砂岩及浅成侵入岩</td></tr>
<tr><td>$Ⅱ_1$—
$Ⅱ_3^{1-2}$</td><td colspan="2">泥盆系(D)</td><td>晚期沉积喷出相:火山碎屑岩、火山熔岩、砂砾岩
中期为爆发碎屑岩相:角砾岩、凝灰岩、硅质岩
早期为喷发沉积相:砂岩、粉砂岩夹灰岩、凝灰岩</td></tr>
</table>

前已述及,石炭系可以分为上、下两个统,根据古生物和岩性组合可厘定该区石炭地层年代,结合对取心井段火山岩的薄片鉴定、全井段测井分析,基本可查明陆东地区石炭系岩性序列及岩性特征。通过对滴西地区和五彩湾地区石炭系钻井岩性及测井分析,表明该区上石炭统以火山岩为主,岩性主要为玄武岩、安山岩、流纹岩、火山角砾岩和凝灰岩等,厚度大于 1400m。下石炭统由火山岩与沉积岩共同组成,主要发育的岩性以凝灰岩、凝灰质砂泥岩、暗色泥岩为主,夹有玄武岩、安山岩、火山角砾岩,厚度大于 600m。

陆东的滴西地区和五彩湾地区天然气藏(克拉美丽气田)主要分布于上石炭统巴山组,该组火山岩厚度及岩性变化非常大,总体来看,该组火山岩可分为上、下两个序列。

上序列以 DX5 井为代表,厚度一般小于 300m,主要为中基性火山岩,以玄武岩、玄武质安山岩、安山岩、安山质火山角砾岩和凝灰岩等为主。基性岩主要是玄武岩,分布在五彩湾凹陷东北部DN3井附近，含量超过70%，在白家海凸起北部和五彩湾凹陷东部地区有少许分布。岩石多为灰黑色，粗玄结构，气孔-杏仁构造；斑晶主要为基性斜长石和辉石，基质为微晶斜长石。斑晶绿泥石化、碳酸盐化现象普遍。中性岩类，包括安山岩和蚀变安山岩，主要分布在五彩湾凹陷东部彩25井—彩29井区周缘、滴南凸起南部DN1井及东南部滴3井区，另外在滴南凸起中部、西北部和东北部有少许分布。斑晶主要为中性斜长石和角闪石，中性斜长石具有明显的正环带或韵律环带，绿泥石化普遍；基质由微晶斜长石和玻璃质组成。爆发相安山质火山角砾岩分布较零散，主要集中在滴南凸起西部DX3井、五彩湾凹陷东部C30井和白家海凸起北部彩34井—彩参2井区周缘地区，在滴南凸起西北部仅有零星分布。安山质火山角砾岩多为绿灰色，火山角砾结构，无层理，主要为安山质岩屑，含少量晶屑和玻屑。凝灰岩主要为安山质凝灰岩和玻屑凝灰岩，分布范围广阔，主要集中在滴南凸起西部滴西4井—滴西8井周缘、东部滴12井—滴4井周缘、东北部D8井及白家海凸起北部彩31井—彩参2井周缘地区，在滴南凸起南部和五彩湾凹陷东部发育相对较少，其中安山质凝灰岩多为浅紫红灰色，凝灰结构，假流纹构造，主要为褐红色鸡骨状、弓状等玻屑及斜长石晶屑，含少量岩屑，与岩屑凝灰岩不同的是，斜长石含量较多；玻屑凝灰岩多为紫红灰色，凝灰结构，假流纹构造，主要为玻屑，含少量斜长石晶屑。

下序列以酸性火山岩夹沉积岩为特点，主要岩性为流纹岩、英安岩。主要分布在滴南凸起中部滴西10井区，含量达到60%以上，在滴南凸起南部和五彩湾凹陷东部发育较少。其中英安岩多为浅紫红色，霏细结构，块状、流纹构造；斑晶主要为酸性斜长石或钾长石、石英和菱铁矿，基质由斜长石和玻璃质组成。长石多发育钠长石双晶，无环带，碳酸盐化普遍，往往与石英组成长英质。流纹岩多为灰色，霏细结构，明显流纹构造。斑晶主要为石英、钾长石或斜长石和菱铁矿，基质由斜长石微晶和玻璃质组成。

陆东地区晚石炭世火山活动相对较强，形成了一套上石炭统巴山组火山岩，厚度较大，分布较广，较为发育，中部夹大套泥岩及薄层粉砂岩，局部含煤，其中泥岩、煤和沉凝灰岩为较好的生油岩。晚期主要发育中基性火山熔岩（玄武岩、安山岩、玄武质安山岩等）和火山角砾岩，可作为较好的储层。

上石炭统巴山组火山岩主要分布在五彩湾凹陷、滴西凹陷及滴南凸起广大区域，少量位于白家海凸起北部。区域内已钻遇火山岩厚度分布不均，在东部五彩湾凹陷较厚，彩参1井区钻遇的火山岩厚度达到1151m，其次为中部滴南1井区，厚度达到600m以上，西部、南部和北部厚度较薄，厚度一般为100～350m。火山岩厚度主要与当时的古地貌相关，与构造断裂关系不大，凹陷中部厚度大，凸起之上厚度相对较薄。

第二节 陆东地区石炭系火山岩油气藏勘探历程及研究现状

一、油气分布与勘探历程

陆东地区石炭系火山岩油气藏的勘探开发在21世纪初取得了巨大的进展。2004年，准噶尔盆地东部陆梁隆起DX10井石炭系第一层3070～3084m，针阀试产，日产油

3.69t，气 120780m^3；石炭系第二层 3024～3038m、3042～3048m，日产油 5.29t，日产气 314400m^3，开辟了准噶尔盆地天然气勘探的新领域，打开了陆东地区石炭系火山岩油气勘探新局面。2006 年 10 月 2 日，DX14 井射开石炭系 3652～3674m 井段，经测试压裂日产油 12.8m^3，日产气 15.79×10^4m^3。DX14 井是陆东地区继 DX10 井之后的又一新突破，进一步证实陆东地区下组合二叠系—石炭系天然气勘探潜力巨大。2007 年滴南凸起部署了 D401 井、D402 井，其中 D401 井石炭系显示活跃，测井解释气层 3 层 45.5m，在第三层 3859～3870m 针阀自喷控制试产，日产油 0.890m^3，日产气 3.09×10^4m^3。滴西 14 井区块石炭系气藏为受构造-火山岩岩性控制的层状凝析气藏，储层岩性为火山碎屑岩，气藏平均孔隙度为 17%，为裂缝、孔隙双重介质的储层。滴西 14 井区块控制含气面积为 21.8km^2，控制天然气地质储量为 565.96×10^8m^3。

2007 年 5 月对滴南凸起 DX18 井石炭系 3510.0～3530.0m 井段实施压裂，日产气 24.9×10^4m^3，日产油 35.4m^3。为了评价该气藏，部署评价井 DX181 井、DX182 井，其中 DX182 井气测显示活跃，初步解释气层 4 层 42m，差气层 2 层 29.8m。滴西 18 井区石炭系气藏类型为受构造-岩性控制的厚层状凝析气藏，气藏天然驱动类型为弹性驱动，储层岩性主要为花岗斑岩，气藏平均孔隙度为 7.0%，为裂缝、孔隙双重介质的储层。滴西 18 井区可控制含气面积为 12.4km^2，控制天然气地质储量为 175.81×10^8m^3。同年 6 月对 DX17 井石炭系井段 3633.0～3642.0m 针阀控制第五制度试产，日产油 25.83m^3，日产气 26.22×10^4m^3。评价井 DX171 井石炭系 3670.0～3690.0m 井段针阀控制第四制度试产，日产油 1.63m^3，日产气 16.54×10^4m^3。滴西 17 井区石炭系气藏类型为受构造-岩性控制的层状凝析气藏，受火山岩岩性控制的层状气藏，储层岩性主要为玄武岩及玄武质角砾岩，气藏平均孔隙度为 16%，为裂缝、孔隙双重介质的储层。滴西 17 井区石炭系气藏含气面积为 15.8km^2，控制天然气地质储量为 111.56×10^8m^3。

2006～2008 年相继在 DX14 井、DX17 井、DX18 井、DX24 井等井获得天然气发现，表明该区石炭系具有良好的油气勘探前景，展示了百里气区的天然气大场面，标志为克拉美丽大气田发现，克拉美丽气田申报石炭系凝析气探明储量为 1074.19×10^8m^3，其中天然气探明储量为 1058.04×10^8m^3，可采储量为 629.76×10^8m^3；凝析油探明储量为 885.88×10^4t，可采储量为 264.83×10^4t。克拉美丽气田的发现拉开了石炭系火山岩勘探的序幕，为准噶尔盆地油气勘探开拓了新领域。同时，准噶尔盆地石炭系火山岩勘探研究也为新疆北部石炭系火山岩油气勘探全面展开奠定了良好的基础。

2011 年，克拉美丽气田东西两端 DX176 井、DX33 井产气获得突破，南部 KM1 井，钻遇人套火山岩，克拉美丽山前石炭系油气勘探领域得到扩展。2011 年 10 月 16 日对 DX33 井 3518～3526m 井段石炭系下序列角砾凝灰岩试油，天然气日产量为 4×10^4m^3/d，油日产量为 6t/d，含气面积为 20.6km^2，预测储量 380×10^8m^3。对 DX176 井石炭系上序列玄武岩体 3640～3648m 试油，天然气产量为 9.51×10^4m^3/d，油产量为 5.6t/d；对下序列流纹岩体 3794～3812m 试油，获气 5.16×10^4m^3/d，油 2.67t/d，圈定含气面积 15.8km^2。DX176 井为内幕的天然气藏，其储层岩性为酸性流纹岩，物性好，其成藏的关键因素是发育有效沉积岩盖层，上、下序列两套火山岩之间存在厚度为 30m 的沉积岩段，泥岩隔层使上、下两套油气层各自成藏。DX33井也为石炭系内幕油气藏，储层为层状角砾凝灰岩，在层状沉积岩上、下均发育酸性火山岩体，表明具备同样的成藏模式。DX33井在石炭系下序列角砾凝灰岩获得油气层，表明在克拉美丽石炭系发现了新成藏组合，展现天然气新领域，向东拓展了克拉美丽气田。同时，DX33井、DX176进一步实践了克拉美丽气田"穿衣戴帽"成藏模式，为该区石炭系油气勘探指明了有利勘探方向。

二、研究现状

前人对陆东地区石炭系火山岩及其气藏特征进行了诸多研究。包括滴西地区火山岩储层特征及主控因素（王仁冲等，2008；胡鹏，2011；林向洋等，2011；康静，2012；赵宁和石强，2012；张生银等，2013；王洛等，2014；张生银，2014）、岩性岩相特征（石新朴等，2013；张勇等，2013）、成藏机制（王东良等，2008；杨辉等，2009；何登发等，2010b；达江等，2010；邹才能等，2011；张勇等，2013；柳双权等，2014；史基安等，2015）、岩石地球化学（苏玉平等，2010；史基安等，2012；王富明等2013）、构造背景（赵霞等，2008；吴小奇等，2009；李涤等，2012；史基安等，2012；王富明等，2013；张顺存等，2015）等方面的研究。由于该区构造背景复杂多样，导致火山岩岩性复杂、火山岩及火山岩气藏特征复杂，因而前人的研究成果往往存在一些差异。如关于构造背景的研究，史基安等（2012）通过对白碱沟、帐篷沟野外样品的U-Pb年龄研究，认为帐篷沟流纹岩（约336Ma）形成于火山弧或受到了部分岛弧物质混染的环境中，是早石炭世板块俯冲的结果，白碱沟流纹岩（323～315Ma）的形成和演化提供了准噶尔地区后碰撞幔源岩浆底侵作用导致大陆地壳垂向生长过程的信息，白碱沟正长斑岩（317～312Ma）为大陆环境，表明塔里木板块和西伯利亚南面克拉通合并于这个时期。王富明等（2013）通过对滴水泉一带早石炭世火山岩野外样品的U-Pb年龄[（338.3Ma±5.2Ma）～（336.6Ma±3.7Ma）]及地球化学特征研究认为，火山岩形成于板内环境，为后碰撞岩浆活动的产物，暗示准噶尔盆地东缘地区后碰撞岩浆活动至少从早石炭世就已经开始。李涤等（2012）通过DX17井巴山组玄武岩的岩石学、地球化学研究，认为该玄武岩为遭受到弧组分混染的后碰撞伸展环境下的产物。赵霞等（2008）通过对陆东-五彩湾地区中、基性岩心样品的岩石学及地球化学分析，认为该区晚石炭世火山岩可能为弧火山岩浆在造山后期伸展裂陷环境中的火山作用产物，这与晚古生代碰撞造山之后发生的区域性伸展作用相关，成盆动力学为造山期后伸展背景，应为陆内裂谷环境。吴小奇等（2009）通过对陆东-五彩湾地区巴山组四口钻井岩心样品的地球化学特征研究，认为该火山岩具有后碰撞期岩浆的特征，其形成环境不是岛弧，而是形成于后碰撞期，其所携带的弧岩浆特征继承自碰撞前的弧组分。这套火山岩形成于后碰撞期伸展背景下，是软流圈物质上涌并发生部分熔融，形成的岩浆在上升和侵位的过程中受到了晚石炭世之前弧组分混染的产物。再如关于天然气特征及其来源的研究，李林等（2013a）通过油-气-源综合对比，认为滴南凸起天然气主要来源于东海道子凹陷，表现出石炭系烃源岩和二叠系烃源岩多期混合特征，但主要为石炭系高-过成熟阶段产物。前人对准噶尔盆地东部石炭系、侏罗系和白垩系等多个层位天然气进行成因和成藏过程的基础研究，天然气以湿气为主，$\delta^{13}C_1$均值为$-32.12‰$，且具有"早期聚集、晚期保存"的成藏特点，其中燕山期是该区成藏的关键时期，气-源对比显示准东地区天然气主要为石炭系腐殖质型烃源岩的干酪根裂解气，干酪根生气原油再裂解气特征不明显（赵孟军等，2011；路俊刚等，2014）。关于研究区火山岩油气成藏方面的研究，柳双权（2014）通过烃源岩地球化学参数、储层物性和钻井等资料的研究，认为研究区发育四种储盖组合，油气主要以断裂和不整合面作为运移通道，储集于距石炭系顶面较近的风化壳储层中。达江等（2010）通过对新疆准噶尔盆地克拉美丽气田烃源岩特征、油气来源及天然气成藏过程的分析，认为克拉美丽气田油气成藏以近源为主，油气成藏经历了海西晚期、印支晚期和燕山中期的多期油气充注和成藏，不同地区油气成藏具有时序性。油气成藏具有“平面上分区、纵向上分段”的特征，平面上不同构造带成藏具时序差异。纵向上存在两大成藏体系，以二叠系乌尔禾组泥岩区域盖层为界，下部为异常高压原生成藏体系，上部为常压次生成藏体系。石炭系烃源岩与火山岩体的展布和二叠系乌尔禾组区域盖层是克拉美丽大气田成藏的主要控制因素。杨辉等（2009）通过岩石物性、重磁电震、钻井等资料的研究，认为磁力异常梯度带是火山岩断裂带，断裂控制了火山岩的分布，也控制了火山岩的局部构造；磁力梯度带是火山岩裂缝发育带，是火山岩储集层发育的有利部位，近烃源岩磁力异常梯度带是火山岩油气勘探的有利区带。史基安等（2015）通过钻井资料、地震资料、野外露头剖面和地球化学资料的分析，认为火山岩风化体对储层具有明显控制作用，当风化壳厚度为200～300m时，火山岩物性最好，滴西地区大部分高产油气藏均分布于该部位；同时上覆二叠系梧桐沟组泥岩为油气成藏提供了有效的封堵条件，使得在滴西地区石炭系火山岩中形成了较大规模的油气藏。王东良等（2008）通过对准噶尔盆地滴南凸起石炭系火山岩岩心、铸体薄片的详细观察及样品的压汞曲线和孔渗分析认为，气藏受断层的控制明显主要表现为断层对火山岩储集体的改善作用，同时断层沟通了源岩层和储集层，为油气的运移提供了优势通道。断层也表现出对气藏盖层的破坏作用，这也是石炭系火山岩储集层无有效气藏的原因之一。

综上所述，虽然前人对陆东地区石炭系火山岩的岩石学特征、地球化学特征、天然气来源及特征、气藏成藏条件和规律等方面进行了一定程度的研究，但仍有以下问题需要解决：

（1）陆东地区石炭系不同类型火山岩的岩石学特征需要进一步明确，特别是滴西地区和五彩湾地区火山岩的差异需要进一步明确。

（2）石炭系火山岩的地球化学特征需要进一步研究，包括探井岩心和野外样品的区别及其联系。

（3）石炭系火山岩的空间分布规律需要进一步明确。

（4）石炭系火山岩气藏的成藏条件需要进一步明确，包括烃源岩特征、储层特征、储集空间、盖层特征、成藏规律等。

本书基于以上问题，在石炭系火山岩岩石学特征、地球化学特征研究的基础上，对陆东地区石炭系火山岩的空间分布、储层物性、储集空间演化、烃源岩发育条件和特征进行了讨论，在此基础上探讨了石炭系火山岩成藏条件，以期为该区油气勘探提供借鉴。

第二章　石炭系火山岩岩石学及地球化学特征

第一节　石炭系火山岩岩石学特征

滴西地区21口探井5706m石炭系火山岩录井数据的统计结果显示(石炭系沉积岩未作统计),研究区火山岩除凝灰岩外(占36%),主要是玄武岩(占12%)、安山岩(占11%)、花岗岩(占10%,由于研究区大多数为喷出岩,仅有少量深成岩及浅成岩,故本书统一称为火山岩)、沉凝灰岩(占9%)、火山角砾岩(占8%)(图2.1)。在岩性观察、薄片鉴定基础上,结合野外考察、全岩X衍射分析,查明了研究区石炭系火山岩的特征。

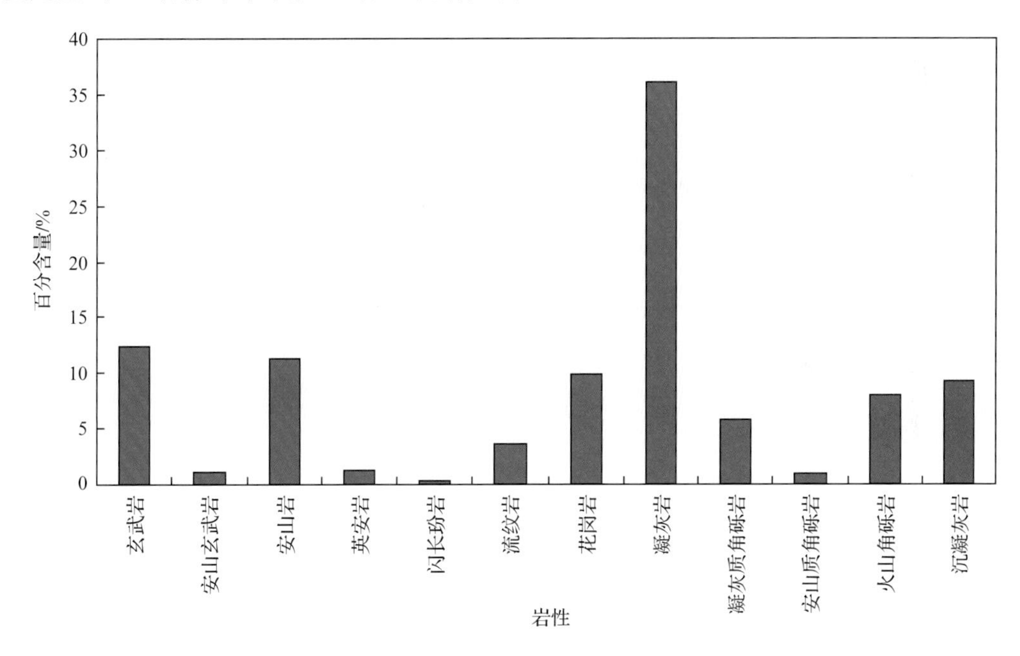

图2.1　滴西地区火山岩岩石类型

一、玄武岩

玄武岩为褐灰色、深灰色,致密块状。岩石中斑晶(占3%~35%)由大小不等的板状斜长石、辉石及少量的橄榄石组成,斑晶长石表面具较强的钠长石化、泥化、绿泥石化和钠黝帘石化,橄榄石斑晶已伊丁石化;基质由细小板柱状斜长石组成格架,格架间充填粒状辉石、磁铁矿、绿泥石化玻璃和次生葡萄石,基质具绿泥石化,玻璃质具脱玻现象,析出铁质尘点。具间隐、间粒结构,斑晶长石结构,杏仁体呈不规则状,有拉长、压扁现象,被绿泥石和沸石类充填,局部含大的放射状灰色沸石类颗粒,晶形较好(图2.2、图2.3)。

(a) (b) (c) (d)

图 2.2 滴西地区玄武岩的宏观特征

(a)DX17 井,3635.4m,C,灰色玄武岩,气孔被充填;(b)DX17 井,3636.9m,C,灰色玄武岩,裂缝发育,但大部分气孔被充填;(c)DX21 井,2869.1m,C,褐灰色玄武岩,气孔很发育,但大部分被充填;(d)DX21 井,2868.0m,C,褐灰色玄武岩,气孔发育,大部分未充填,铸体

研究区玄武岩中气孔常见,多呈杏仁状、浑圆状、不规则状,含量变化非常大(通常见到 3%至近 30%的气孔),绝大多数气孔已被绿泥石、方解石、浊沸石和葡萄石等充填。同时,该区玄武岩中还可以见到裂缝,常被充填、半充填、未充填。裂缝对该区油气的储集及运移具有重要意义。

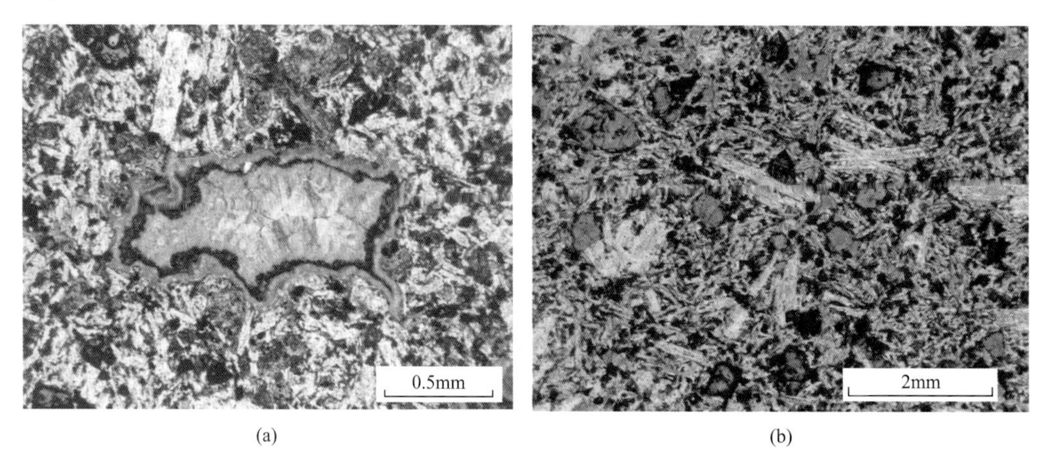

(a) (b)

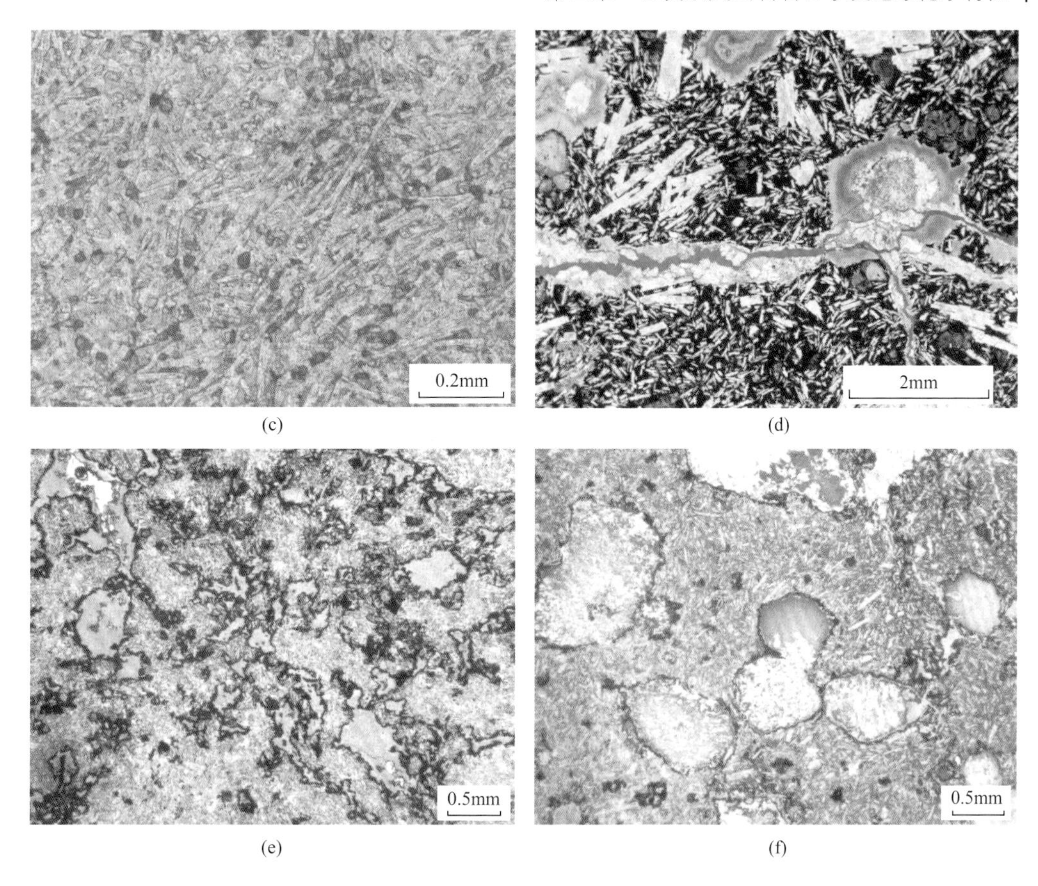

(c) (d) (e) (f)

图 2.3　滴西地区玄武岩的微观特征

(a)DX17 井,3632.04m,C,玄武岩,气孔呈不规则状,被充填;(b)DX21 井,2870.96m,C,玄武岩,间粒间隐结构;(c)DX24 井,4158.26m,C,玄武岩,交织结构;(d)DX21 井,2868.20m,C,玄武岩,气孔和裂缝发育,大部分被充填,铸体;(e)DX5 井,3651.56m,玄武岩,气孔非常发育,大部分被绿泥石等充填;(f)DX5 井,3649.96m,玄武岩,气孔非常发育,近圆状,大部分被方解石等充填

玄武岩是研究区石炭系中分布最为广泛的火山岩之一,主要分布于 DX17 井、DX171 井、DX172 井、DX19 井、DX21 井、DX24 井、DX27 井、DX30 井等井中,在野外也常见到,特别是帐篷沟比较发育(图 2.4)。

二、安山岩

安山岩为灰色、褐灰色、灰绿色,呈致密块状。镜下可见隐晶结构、交织结构、斑状结构,块状构造;岩石中基质主要由细小板条状斜长石组成(含量可达 95%),细小板条状斜长石略呈定向排列,斜长石格架间分布了他形粒状磁铁矿,磁铁矿已部分褐铁矿化,岩石后期具轻度黄铁矿化,磁黄铁矿呈微粒状均匀分布于岩石中,局部斜长石格架间见他形粒状石英。气孔含量变化较大,通常为 10%～30%,呈杏仁体状或不规则的云朵状,大都已被方解石、硅质、绿泥石、沸石等矿物充填,部分杏仁体因受压而被挤碎。研究区还可以见到裂缝,常呈充填、半充填、未充填状。安山岩玻晶常具有脱玻及氧化现象,部分基质中长石也具较强的绿泥石化现象(图 2.5、图 2.6)。安山岩在研究区石炭系中分布也较广泛,

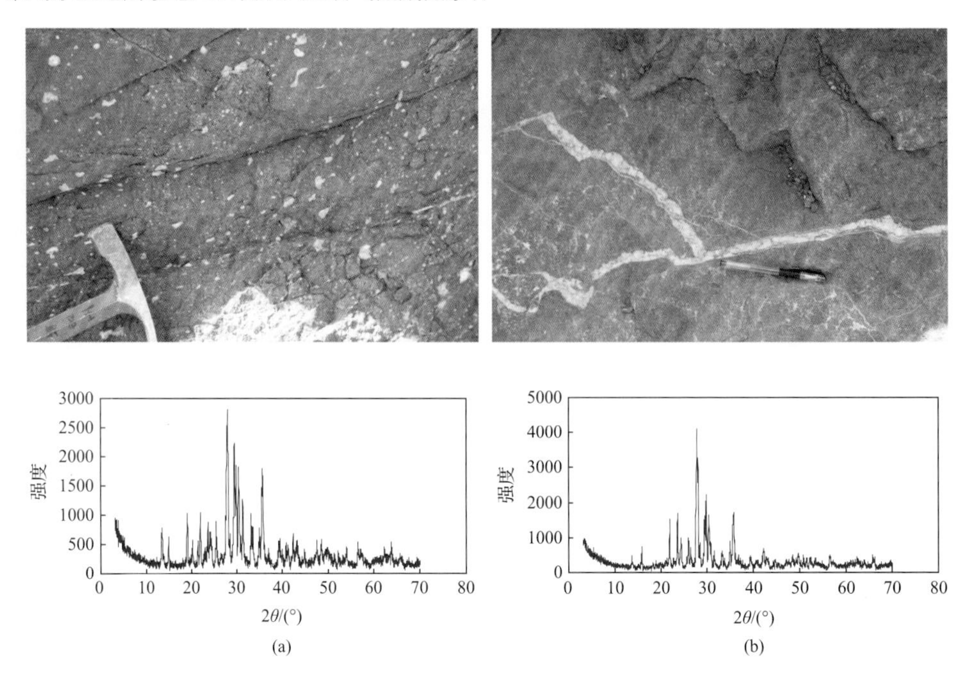

图 2.4　帐篷沟玄武岩的野外照片及 X 衍射图谱

(a)帐篷沟，杏仁状玄武岩野外照片及对应的 X 衍射图谱，45°57.67′N，89°16.203′E；
(b)帐篷沟，致密块状玄武岩野外照片及其对应的 X 衍射图谱，45°57.67′N，89°16.203′E

图 2.5　滴西地区安山岩的宏观特征

(a)D402 井，3842.5m，C，灰色安山岩，发育裂缝，被充填；(b)D402 井，3844.0m，C，深灰色安山岩，发育裂缝，被充填；(c)D101 井，3038.3m，C，褐灰色安山岩，气孔发育，被充填，形成杏仁体；(d)DX14 井，3839.7m，C，绿灰色安山岩，安山岩中长石发生了绿泥石化

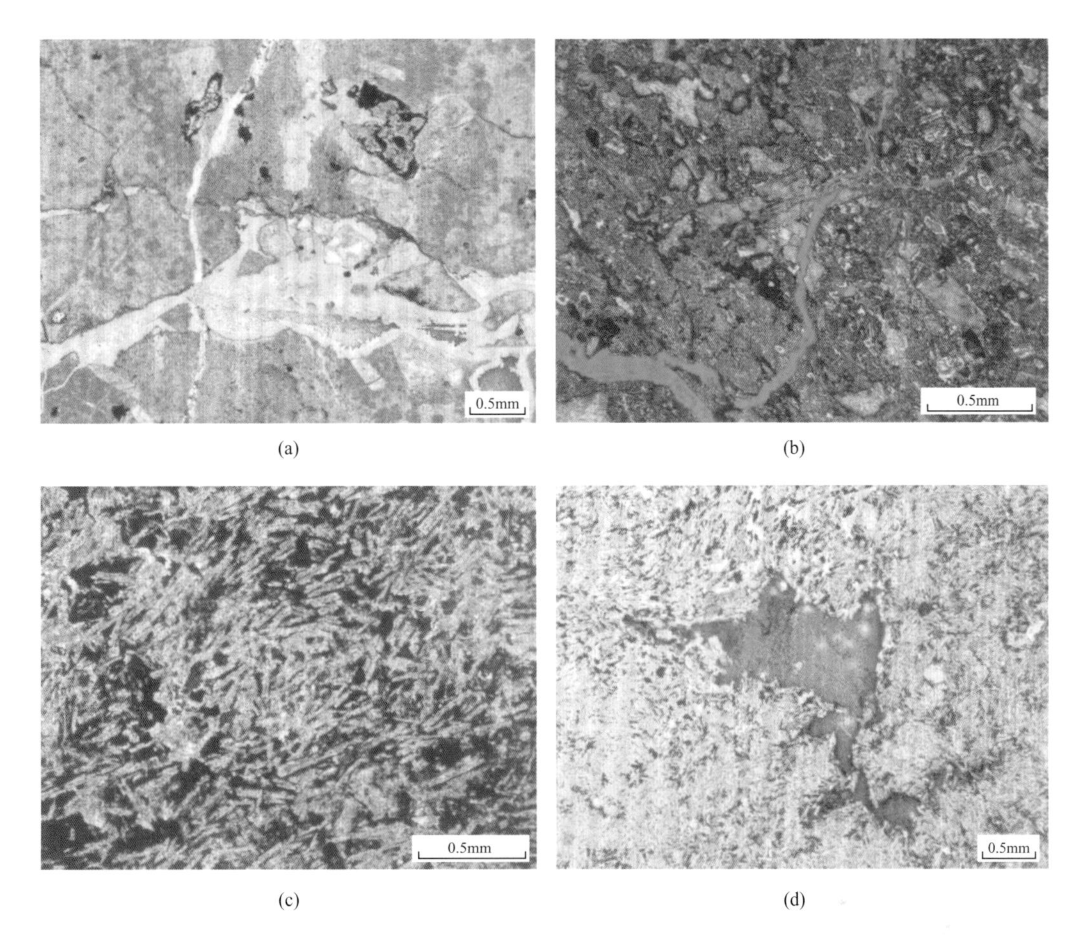

图 2.6　滴西地区安山岩的微观特征

(a)DX30 井，3713.00m，C，碎裂化安山岩，裂缝发育，其中充填硅质、钙质；(b)D402 井，3818.42m，C，杏仁状安山岩，裂缝发育，未充填；(c)DX172 井，3882.53m，C，玄武安山岩，交织结构；(d)DX172 井，3884.92m，C，玄武安山岩，发育有溶蚀孔隙，其中充填方解石

主要分布于 DX5 井、DX10 井、DX14 井、DX171 井、DX19 井、DX20 井、DX22 井、DX27 井、DX30 井等井中，野外的白碱沟见到较多的安山岩(图 2.7)。

三、流纹岩

流纹岩在 DX10 井、DX21 井、DX22 井、DX30 井中比较发育，颜色为灰白、粉红、紫红色，基质为霏细结构、球粒结构或玻璃质结构；常具有流纹构造。斑晶主要为碱性长石和石英，偶见斜长石，斑晶斜长石有中等程度的碳酸盐化现象。部分绿泥石、霏细状长石集合体呈带状分布，构成流纹构造。研究区流纹岩中常发育裂缝，呈半充填、未充填状(图 2.8、图 2.9)。

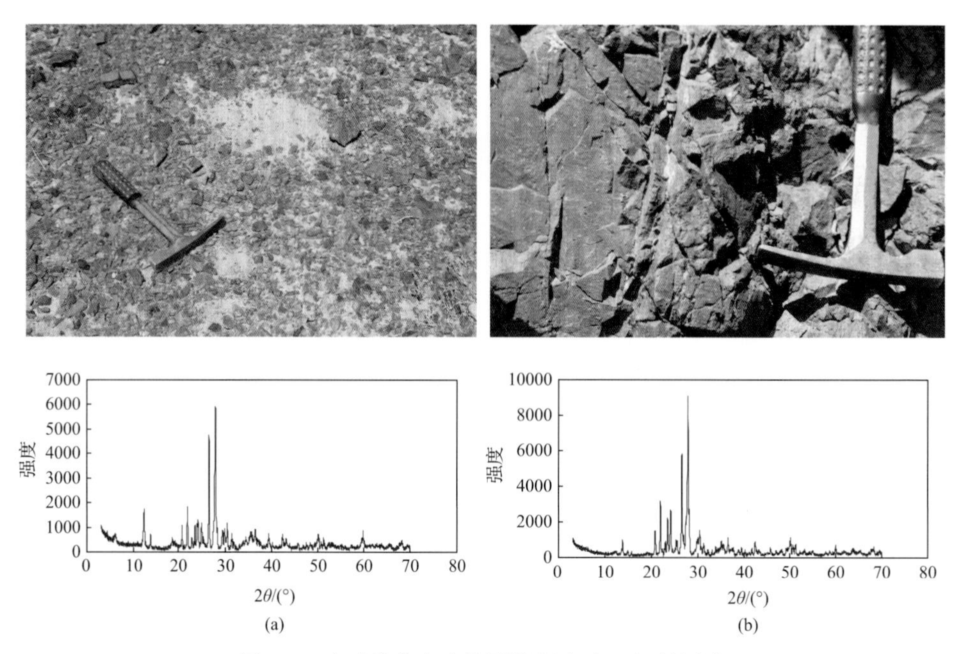

图 2.7 白碱沟安山岩的野外照片及 X 衍射图谱

(a)白碱沟，安山岩野外照片及其对应的 X 衍射谱图，45°3.13′N，89°5.158′E；
(b)白碱沟，安山岩野外照片及其对应的 X 衍射谱图，45°1.458′N，89°2.585′E

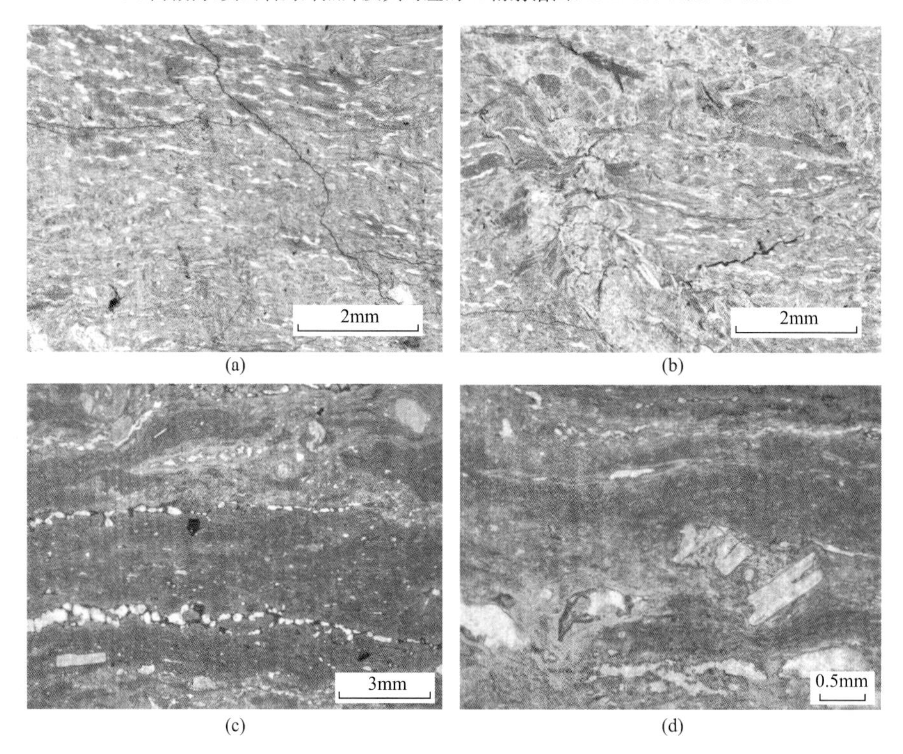

图 2.8 滴西地区流纹岩的微观特征

(a)DX22 井，3627.27m，C，泥化流纹岩，发育微裂缝，未被充填；(b)DX22 井，3627.27m，C，泥化流纹岩，发育微裂缝，未被充填；(c)DX30 井，4010.00m，C，流纹岩，裂缝发育，其中充填硅质；(d)DX30 井，4010.00m，C，流纹岩，裂缝发育，其中充填硅质

图 2.9　研究区流纹岩的野外照片及 X 衍射图谱

(a)白碱沟,流纹岩野外照片及其 X 衍射图谱,45°1.286′N,89°2.366′E;

(b)火福公路,流纹岩野外照片及其 X 衍射图谱,45°0.433′N,89°9.11′E

四、凝灰岩

凝灰岩是研究区分布最广泛的岩石类型,主要分布于 DX3 井、DX4 井、DX5 井、DX8 井、DX10 井、DX11 井、DX14 井、DX17 井、DX171 井、DX172 井、DX18 井、DX182 井、DX19 井、DX20 井、DX21 井、DX22 井、DX27 井、DX30 井等井中,并以 DX19 井、DX27 井、DX17 井、DX172 井、DX14 井、DX22 井等井分布最为广泛。岩石主要呈深灰色、灰绿色、灰白色、灰褐色和褐红色(图 2.10、图 2.11)。研究区常见的凝灰岩主要是玻屑凝灰岩、砂屑凝灰岩、熔结角砾凝灰岩。

玻屑凝灰岩以 DX14 井中最为典型,具有玻屑火山灰结构、块状构造(图 2.10)。岩石主要由玻屑、晶屑、浆屑、珍珠岩岩屑及火山灰所组成。玻屑常呈不规则状、鸡骨状等,晶屑以石英、长石为主,浆屑呈撕裂状等不规则状。岩石发生了较强的沸石化及氧化作用,珍珠岩岩屑、浆屑及长石晶屑、玻屑、火山灰等大部分被沸石交代,较均匀(图 2.10)。岩石中部分被泥化的部位因氧化铁染而呈褐红色。岩石中主要粒径小于 0.1mm。

熔结凝灰岩以 DX19 井最为典型,岩石具有熔结凝灰质结构,气孔状构造。岩石主要由霏细岩、凝灰岩、玄武岩岩屑、安山岩岩屑、凝灰岩角砾、塑变玻屑、塑变浆屑、火山灰球及火山灰等熔结而成。个别石英、长石晶屑具熔圆现象。岩石中塑变玻屑、塑变浆屑呈透镜状、撕裂状、火焰状,部分塑变玻屑略呈平行排列,并具有绕过刚性碎屑颗粒的现象,呈现出假流纹构造。塑变浆屑具有脱玻化现象,边部为梳状长英质集合体,岩石中火山灰具

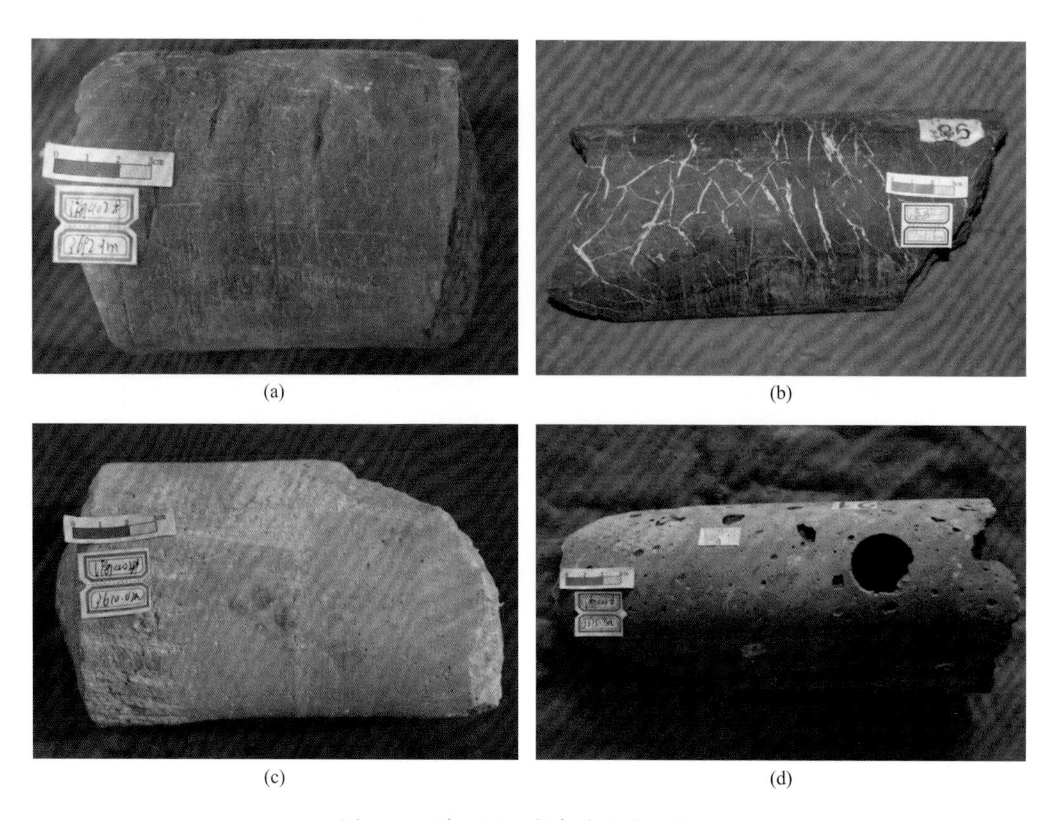

图 2.10　滴西地区凝灰岩的宏观特征

(a)D402 井,3692.3m,C,深灰色凝灰岩;(b)DX14 井,3961.6m,C,深灰色凝灰岩,裂缝非常发育,被充填;(c)D403 井,3610.0m,C,灰白色凝灰岩,气孔发育,未充填;(d)D403 井,3657.7m,C,灰白色凝灰岩,气孔发育,未充填

轻度泥化(图 2.11)。岩石中孔隙发育,其大小不等,形状不规则,气孔边缘生长了半自形晶粒状石英晶粒,气孔间连通性差。部分层段还发育裂缝,呈半充填、充填状(图 2.10)。

五、火山角砾岩

凝灰岩、火山角砾岩和火山集块岩同属于火山碎屑岩类,只是后两者中火山碎屑物质粒径更大。岩石呈砖红色、灰绿色,具有火山角砾结构,火山角砾岩中碎屑物质主要由粒径为 2～64mm 的岩屑组成,含少量火山灰和晶屑,胶结物为火山灰或更细的火山物质,具有火山角砾结构。火山集块岩中碎屑物质主要由粒径大于 64mm 的岩屑组成,少量的火山灰、火山角砾和晶屑,胶结物为火山灰或更细的火山物质,火山集块结构。火山角砾岩中角砾成分变化较大,有玄武质火山角砾、安山质火山角砾、流纹质火山角砾、霏细岩块等;角砾的大小差异也非常大,粒径通常为 2～20mm,个别可达 30mm 以上。基质主要是火山灰、火山尘等凝灰物质或者少量霏细岩屑及个别石英、长石晶屑胶结。岩石角砾中气孔较发育,往往充填、半充填有碳酸盐、硅质;微裂缝少见(图 2.12、图 2.13)。

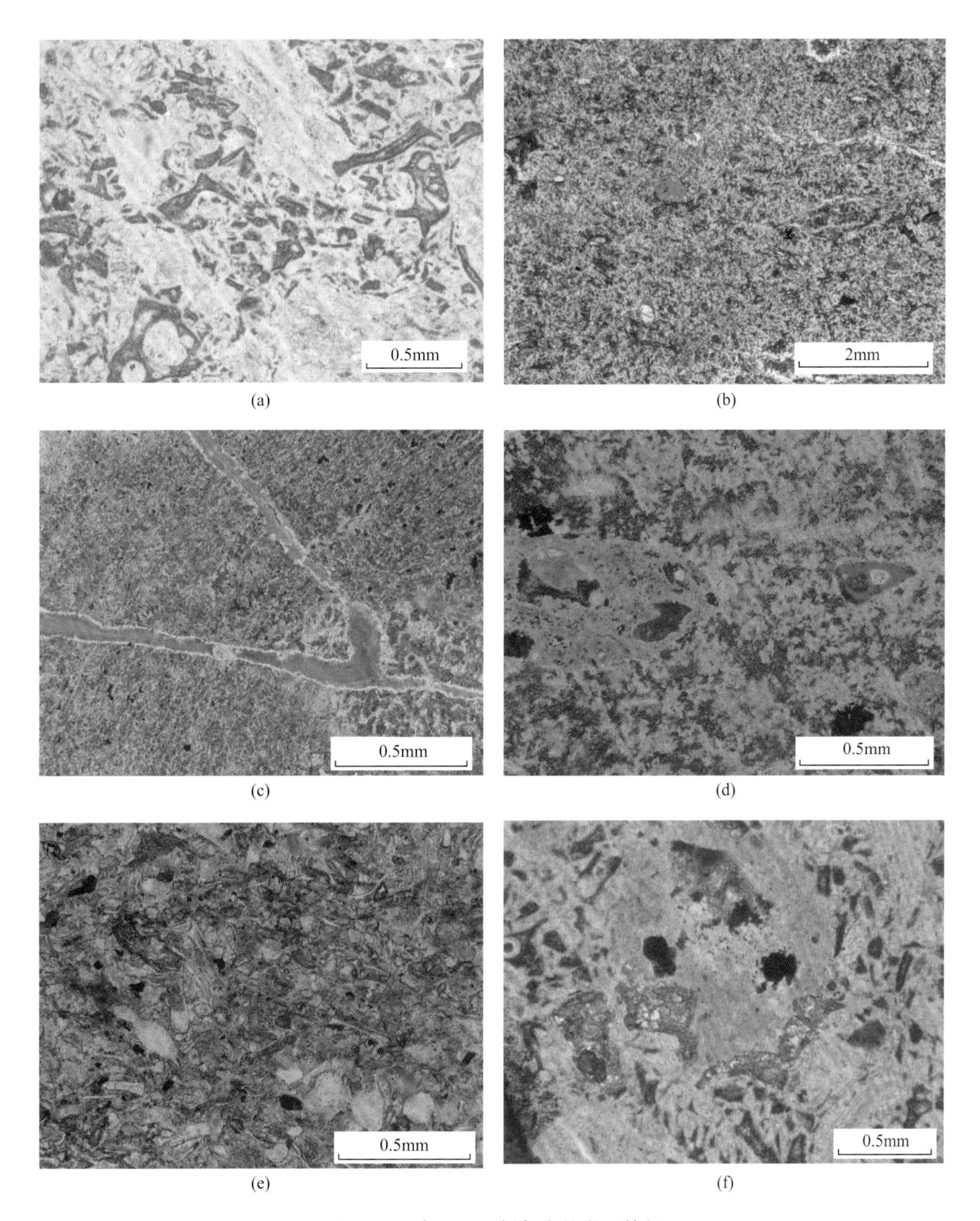

图 2.11　滴西地区凝灰岩的微观特征

(a)DX14 井，3602.86m，C，玻屑凝灰岩，不规则状、鸡骨状玻屑分布于基质中；(b)DX19 井，2961.74m，C，熔结角砾凝灰岩，发育有微裂缝和溶蚀孔隙，未被充填；(c)DX19 井，2963.54m，C，熔结角砾凝灰岩，裂缝发育，被充填；(d)DX19 井，2960.52m，C，熔结角砾凝灰岩，见有溶蚀孔，未被充填；(e)DX24 井，4162.33m，C，强浊沸石化玻屑凝灰岩；(f)DX14 井，3603.50m，C，玻屑凝灰岩，发育孔隙，其中充填碳酸盐

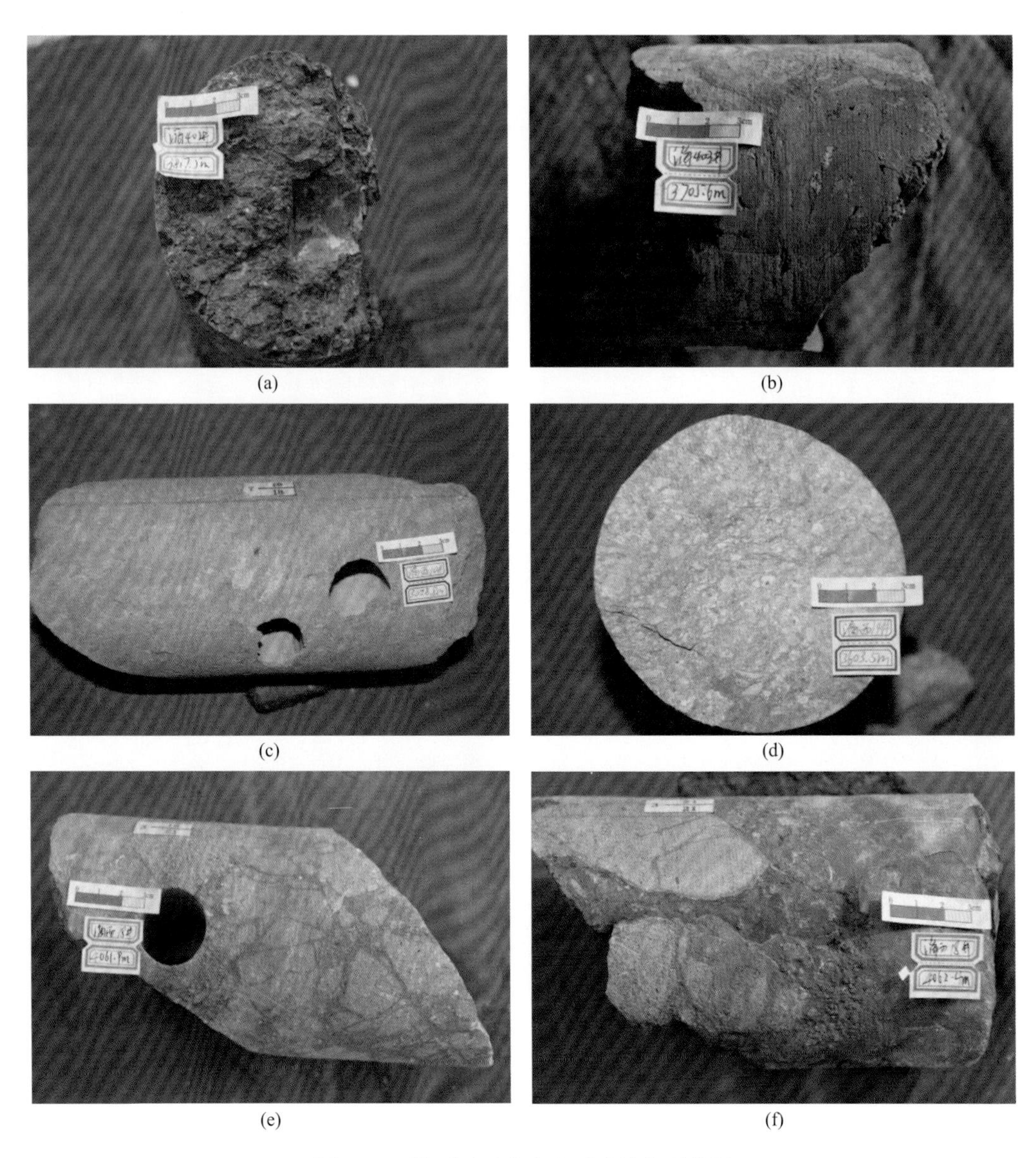

图 2.12 滴西地区火山角砾岩的宏观特征

(a)D402 井,3817.5m,C,深灰色凝灰质角砾岩,岩石经历了蚀变,较疏松;(b)D403 井,3705.6m,C,深灰色火山角砾岩,溶蚀孔发育,半充填;(c)DX10 井,3028.8m,C,浅灰色火山岩角砾岩,岩石致密;(d)DX14 井,3603.5m,C,灰褐色火山岩角砾岩,角砾分选较好;(e)DX18 井,4061.9m,C,灰色熔结角砾岩,角砾破碎;(f)DX18 井,4062.4m,C,灰色熔结角砾岩,裂隙发育,半充填

火山岩角砾岩要分布于 DX3 井、DX17 井、DX171 井、DX172 井、DX182 井、DX24 井等井中。以 DX182 井最为发育。虽然花岗岩在研究区也比较发育,但未见到相应的岩心和薄片。

除了上述几种主要的火山岩外,在研究区还可以见到安山玄武岩、英安岩、闪长玢岩、凝灰质角砾岩、安山质角砾岩、二长玢岩、花岗斑岩(含量较少,图 2.1 中未显示)、浊沸石化珍珠岩(含量较少,图 2.1 中未显示)、沉凝灰岩等(图 2.14),这些种类繁多的火山岩为研究区火山岩储层的研究增加了难度。

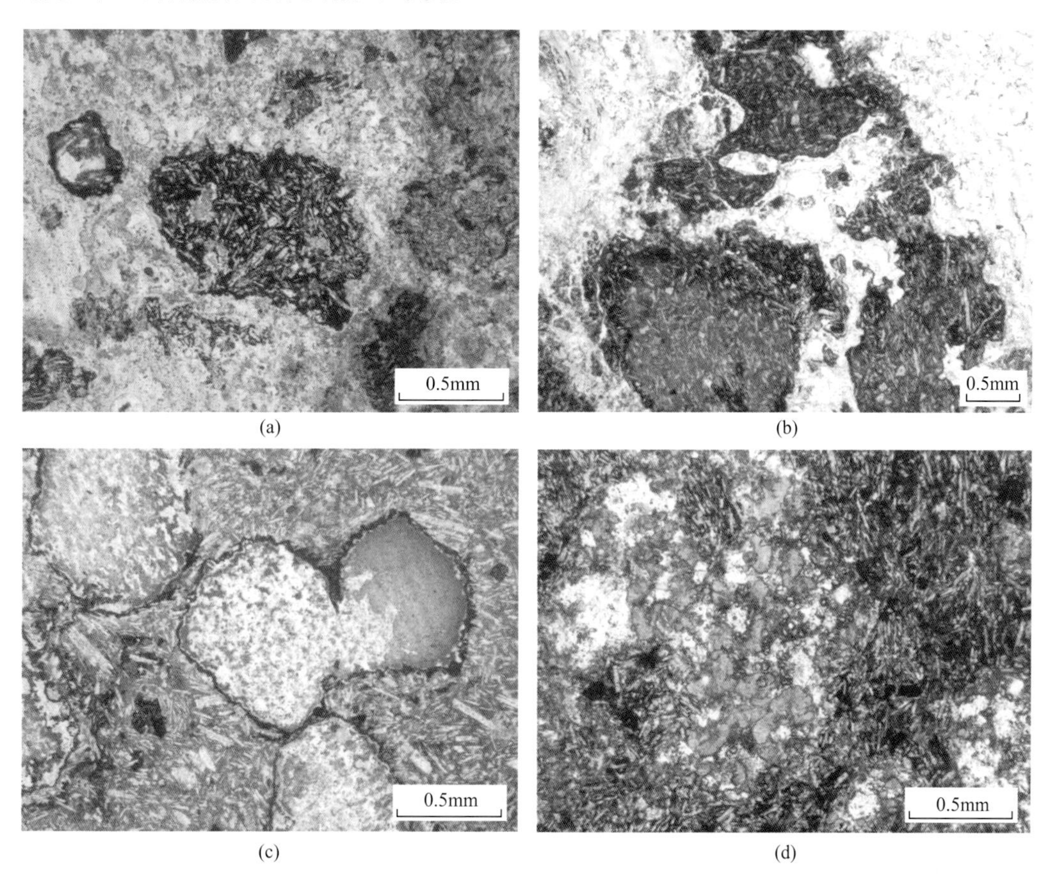

图 2.13　滴西地区火山角砾岩的微观特征

(a)DX5 井,3648.61m,C,火山岩角砾岩(玄武质);(b)DX5 井,3649.96m,C,火山岩角砾岩,砾石气孔中充填碳酸盐和绿泥石;(c)DX5 井,3649.96m,C,火山岩角砾岩,砾石气孔中充填碳酸盐,胶结物为碳酸盐和硅质;(d)DX5 井,3650.26m,C,火山岩角砾岩(安山质)

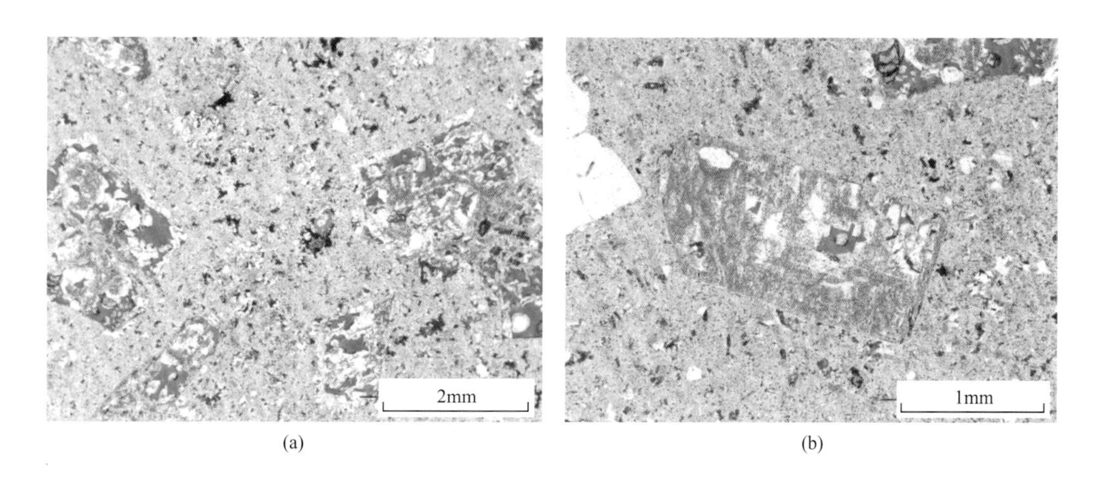

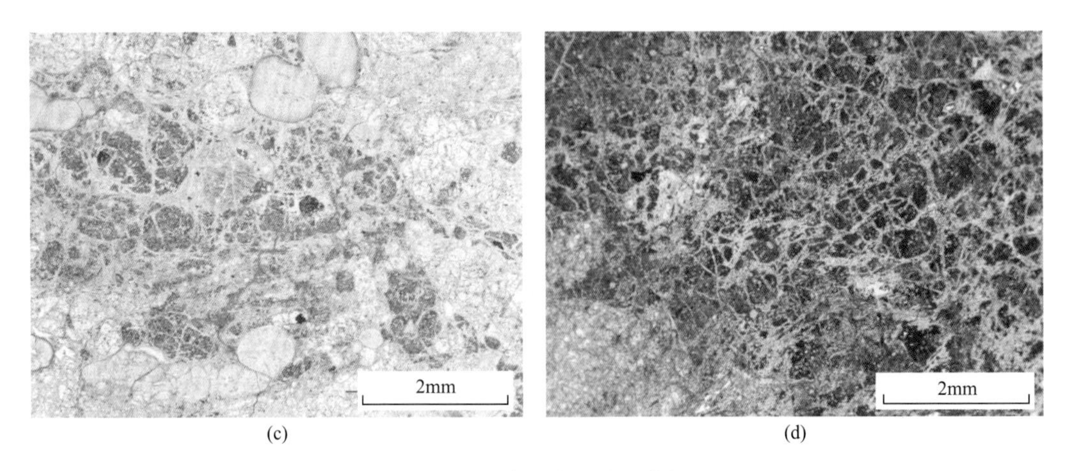

(c) (d)

图 2.14　研究区火山岩的特征

(a)DX20 井,3377.29m,C,花岗斑岩,长石斑晶发生强烈溶蚀;(b)DX20 井,3377.29m,C,花岗斑岩中的长石斑晶特征;(c)DX22 井,C,3639.25m,浊沸石化珍珠岩;(d)DX22 井,C,3637.72m,浊沸石化珍珠岩

第二节　石炭系火山岩元素地球化学特征

陆东地区石炭系火山岩的元素地球化学特征的研究样品包括野外样品和井下样品,野外样品取自帐篷沟、白碱沟、火福公路,井下样品取自滴西地区探井,涉及 DX14 井、DX17 井、D103 井、D402 井、D403 井(图 1.3)。样品的分析由中国科学院地质与地球物理研究所兰州油气资源研究中心地球化学分析测试部完成,检测标准为 GB/T 14506.28—93,应用 X 射线荧光光谱方法(型号为 3080E3X,日本理学公司制造),以硅酸盐岩化学分析法标样测定样品的主量元素和微量元素,鉴定结果如表 2.1 和表 2.2 所示。在检测结果中,有 14 个样品属于野外样品,14 个样品属于井下岩心样品。

石炭系火山岩样品的元素分析数据显示,每种主量元素的含量差别较大。分析数据归一化后,SiO_2 含量的最大值是 75.59%,最小值是 40.12%,平均值是 59.26%;K_2O 含量的最大值是 5.01%,最小值是 0.06%,平均值是 2.00%;Na_2O 含量的最大值是 6.94%,最小值是 0.81%,平均值是 4.00%;Al_2O_3 含量的最大值是 19.00%,最小值是 9.05%,平均值是 13.98%;CaO 含量的最大值是 13.28%,最小值是 0.37%,平均值是 3.67%;Fe_2O_3(T)全铁含量的最大值是 13.21%,最小值是 0.73%,平均值是 6.32%。

根据邱家骧(1985)对火山岩岩性的划分及对研究区岩石样品的统计表明(表 2.3),陆东地区石炭系火山岩主要为酸性(占 39.3%)、中性(占 39.3%),基性火山岩较少,占 21.4%。根据里特曼(Rittmann, 1970)岩性指数 δ(serial index):

$$\delta = AlK^2/(SiO_2 - 43)$$

式中,AlK 为 Na_2O 和 K_2O 的质量之和,%。

岩性可以划分为钙碱性($\delta<3.3$)、碱钙性($\delta=3.3\sim9$)、碱性($\delta>9$)系列,而陆东地区的火山岩样品中,61%的样品属于钙碱性系列,39%的样品属于碱钙性系列,未见碱性系列样品。且有39%的样品$\delta<1.8$，属于邱家骧划分的钙性系列（图2.15中，$\delta<1.8$属于钙性系列，$1.8<\delta<3.3$属于钙碱性系列，图2.15中横坐标、右侧纵坐标第二组刻度值代表δ值）（表2.4）。

将主量元素的含量归一化，以K_2O+Na_2O为横坐标，以SiO_2为纵坐标，将这些样品值投到邱家骧的硅碱图上（图2.15），图中可以看出，野外样品岩性的分布范围比井下样

表2.1　滴西地区石炭系火山岩主量元素组成　（单位：%）

序号	样品编号	Na_2O	MgO	Al_2O_3	SiO_2	K_2O	CaO	TiO_2	MnO	P_2O_5	Fe_2O_3(T)	LOI
1	BJG-1	3.78	4.81	12.52	42.95	0.06	6.30	2.56	0.24	0.75	13.21	12.82
2	BJG-11	1.91	0.74	14.30	75.08	3.12	1.57	0.24	0.05	0.06	1.96	0.97
3	BJG-14	5.64	0.37	14.92	62.92	3.75	1.25	0.72	0.07	0.26	6.00	4.10
4	BJG-16	6.19	1.77	14.14	59.74	2.82	2.10	0.92	0.10	0.26	5.62	6.34
5	BJG-4	2.23	1.01	9.05	75.22	1.17	2.47	0.41	0.11	0.06	3.64	4.63
6	HR-1	3.00	2.04	14.83	62.37	1.43	5.33	0.65	0.10	0.14	5.11	5.00
7	HR-2	4.12	1.10	11.73	66.78	0.71	3.48	0.51	0.10	0.10	4.45	6.92
8	HR-3	3.46	2.82	12.29	55.32	1.74	6.43	0.79	0.13	0.14	6.57	10.31
9	HR-4	4.18	1.07	12.53	66.26	0.99	4.48	0.44	0.10	0.07	4.07	5.81
10	HR-7	6.94	0.70	13.38	64.77	2.41	1.41	0.68	0.14	0.17	4.11	5.29
11	HR-9	5.21	0.35	11.48	62.52	1.99	4.84	0.43	0.09	0.09	2.92	10.08
12	ZPG-10	4.67	0.13	11.03	68.08	1.23	1.76	0.21	0.08	0.02	3.01	9.78
13	ZPG-11	3.71	4.06	13.15	40.12	0.74	13.28	1.87	0.14	0.18	10.19	12.56
14	ZPG-4	3.74	6.26	15.09	47.88	1.38	7.94	1.69	0.21	0.52	7.39	7.90
15	D103-2	4.53	2.82	18.64	60.62	2.69	0.56	0.42	0.07	0.04	5.29	4.32
16	D103-3	5.11	2.01	16.81	64.82	2.08	0.47	0.32	0.06	0.05	4.55	3.72
17	D402-1	4.19	1.52	15.49	61.70	1.06	2.34	1.40	0.07	0.27	5.67	6.29
18	D402-3	5.07	4.39	13.93	50.03	1.55	3.99	1.64	0.16	0.29	10.73	8.22
19	D402-4	4.95	4.03	13.62	49.60	1.50	4.39	1.65	0.14	0.31	10.50	9.31
20	D402-5	4.26	4.91	13.79	49.05	1.89	5.53	1.76	0.20	0.32	10.01	8.28
21	D403-1	5.78	0.02	10.75	70.11	0.56	0.37	0.14	0.02	0.02	0.73	11.50
22	D403-2	0.81	1.46	14.92	75.59	3.61	0.72	0.24	0.04	0.02	2.43	0.16
23	D403-3	2.29	10.67	14.56	42.38	1.76	4.02	1.92	0.57	0.31	12.08	9.44
24	D403-4	4.28	9.81	14.06	47.19	1.13	3.21	1.37	0.29	0.23	9.80	8.63
25	D403-6	6.17	6.69	13.44	48.25	0.21	4.00	1.69	0.38	0.29	10.70	8.18
26	DX14-2	2.44	1.25	19.00	62.38	5.00	1.45	0.80	0.06	0.04	4.69	2.89
27	DX14-3	2.31	1.01	14.19	68.72	5.01	1.22	0.36	0.09	0.08	3.34	3.67
28	DX17-3	1.13	2.34	17.85	61.54	3.41	1.48	0.92	0.08	0.38	7.02	3.85
最大值		6.94	10.67	19.00	75.59	5.01	13.28	2.56	0.57	0.75	13.21	12.82
最小值		0.81	0.02	9.05	40.12	0.06	0.37	0.14	0.02	0.02	0.73	0.16
平均值		4.00	3.03	13.98	59.26	2.00	3.67	0.98	0.15	0.21	6.32	6.80

注：样品编号以BJG、HR和ZPG开头的属于野外样品；Fe_2O_3(T)表示全铁含量；LOI表示烧失量。

表 2.2　滴西地区石炭系火山岩微量元素组成　　（单位：ppm）

序号	样品编号	V	Cr	Co	Ni	Cu	Zn	Rb	Sr	Y	Zr	Nb	Ba	La	Pb
1	BJG-1	231.9	24.2	48.5		13.9	101.8	6.4	306.5	24.0	194.5	7.4	103.8	31.4	9.9
2	BJG-11	17.8	11.4	14.4	16.8	11.4	43.4	101.4	125.5	22.6	132.7	14.7	576.8	50.9	16.0
3	BJG-14	40.2		32.1	33.4	3.6	98.5	82.5	333.9	37.5	560.7	19.0	679.7	73.7	16.1
4	BJG-16	63.6	25.5	29.5	24.6	16.3	67.3	45.2	168.5	28.5	732.2	17.4	886.9	16.9	19.5
5	BJG-4	54.7	13.9	24.9	0.8	35.1	62.9	31.1	501.0	11.5	156.1	12.0	354.2	60.7	14.9
6	HR-1	58.0	15.8	29.4	9.3	16.5	76.4	42.7	157.0	18.4	156.1	21.0	345.8	18.6	5.3
7	HR-2	49.7	33.0	36.2	9.9	28.1	70.2	29.1	192.0	22.9	180.5	4.9	456.8	15.4	8.7
8	HR-3	106.6	31.7	30.1	5.6	23.6	73.6	37.7	303.6	16.6	100.9		439.6	52.0	9.2
9	HR-4	62.5	10.0	21.3	13.0	34.9	105.3	25.3	186.2	24.1	232.0	0.6	498.4		19.7
10	HR-7	52.6	3.1	28.7	5.8	19.3	108.3	77.9	153.2	30.5	343.5	0.6	612.6	36.0	15.2
11	HR-9	26.7	5.0	17.7	5.7	17.4	58.3	51.7	117.3	25.6	321.6	13.3	701.9	11.9	10.0
12	ZPG-10			30.4	25.6	9.3	86.6	90.1	332.7	41.8	783.9	34.3	194.8	43.4	
13	ZPG-11	327.8	140.3	38.4	43.8	47.9	69.9	31.4	334.6	18.2	73.8	3.3	235.0	10.6	
14	ZPG-4	176.8	92.9	29.5	57.9	39.8	81.1	35.1	459.9	20.2	202.3	25.4	357.0	18.6	26.4
15	D103-2	49.0	16.6	25.2	29.2	9.2	96.8	104.0	196.7	37.1	307.6	13.5	389.7	52.2	9.5
16	D103-3	12.3	12.9	22.7	27.9	11.3	118.6	89.1	197.8	34.8	293.5	7.0	322.7	35.6	
17	D402-1	167.8	59.6	34.7	47.6	28.4	113.0	30.4	311.1	31.5	389.0	28.9	813.1	2.4	15.8
18	D402-3	212.6	66.3	44.6	39.4	40.1	98.4	28.7	146.0	20.1	159.5	21.7	403.5	25.4	15.0
19	D402-4	208.2	63.8	44.3	33.1	51.8	85.4	28.0	155.7	20.5	172.9	24.0	327.3	38.0	25.9
20	D402-5	225.0	62.4	42.2	35.6	25.9	85.9	44.3	226.3	21.9	166.1	11.6	418.4	25.3	
21	D403-1	52.5		31.4		16.1	22.1	23.7	711.8	16.1	202.7	20.7	26219.8	48.5	16.3
22	D403-2	37.4	4.5	40.8	81.1	130.4	153.0	135.6	104.2	48.2	199.7	17.0	400.3	145.1	31.2
23	D403-3	291.7	101.6	55.5	43.9	18.3	85.8	83.7	298.0	20.0	155.7	7.7	297.1	0.8	0.6
24	D403-4	169.8	57.3	47.3	56.8	58.3	121.3	65.0	247.9	23.2	128.2	20.6	225.7		17.3
25	D403-6	248.2	81.7	45.7	64.6	18.4	98.6	14.2	235.4	21.0	165.2	2.8	158.1	26.7	22.6
26	DX14-2	104.9	11.6	20.8	31.3	26.6	78.1	200.7	136.3	34.7	198.2		837.1	69.3	34.7
27	DX14-3	45.7	22.9	13.2	20.5	8.7	72.3	160.4	163.6	37.0	317.3	20.1	1053.1	58.5	27.1
28	DX17-3	150.9	37.7	29.9	44.6	73.9	125.3	109.7	124.3	30.1	216.5	18.7	342.9	47.4	13.7
最大值		327.8	140.3	55.5	81.1	130.4	153.0	200.7	711.8	48.2	783.9	34.3	26219.8	145.1	34.7
最小值		12.3	3.1	13.2	0.8	3.6	22.1	6.4	104.2	11.5	73.8	0.6	103.8	0.8	0.6
平均值		123.6	42.6	32.6	31.8	32.3	87.8	67.1	258.1	26.6	270.0	15.1	2165.9	41.5	16.8

注：样品编号以 BJG、HR 和 ZPG 开头的属于野外样品；空白表示未检出。

表 2.3　陆东地区石炭系火山岩的岩性分类

参数	岩性分类			
	超基性岩石	基性岩石	中性岩石	酸性岩石
SiO_2 含量/%	<45	45～53	53～65	>66
研究区样品分布/%	0	21.4	39.3	39.3

表 2.4　陆东地区石炭系火山岩的岩性指数分类

参数	岩性指数			
	钙性系列	钙碱性系列	碱钙性系列	碱性系列
δ 值	<1.8	1.8～3.3	3.3～9	>9
研究区样品分布/%	39	39	39	0

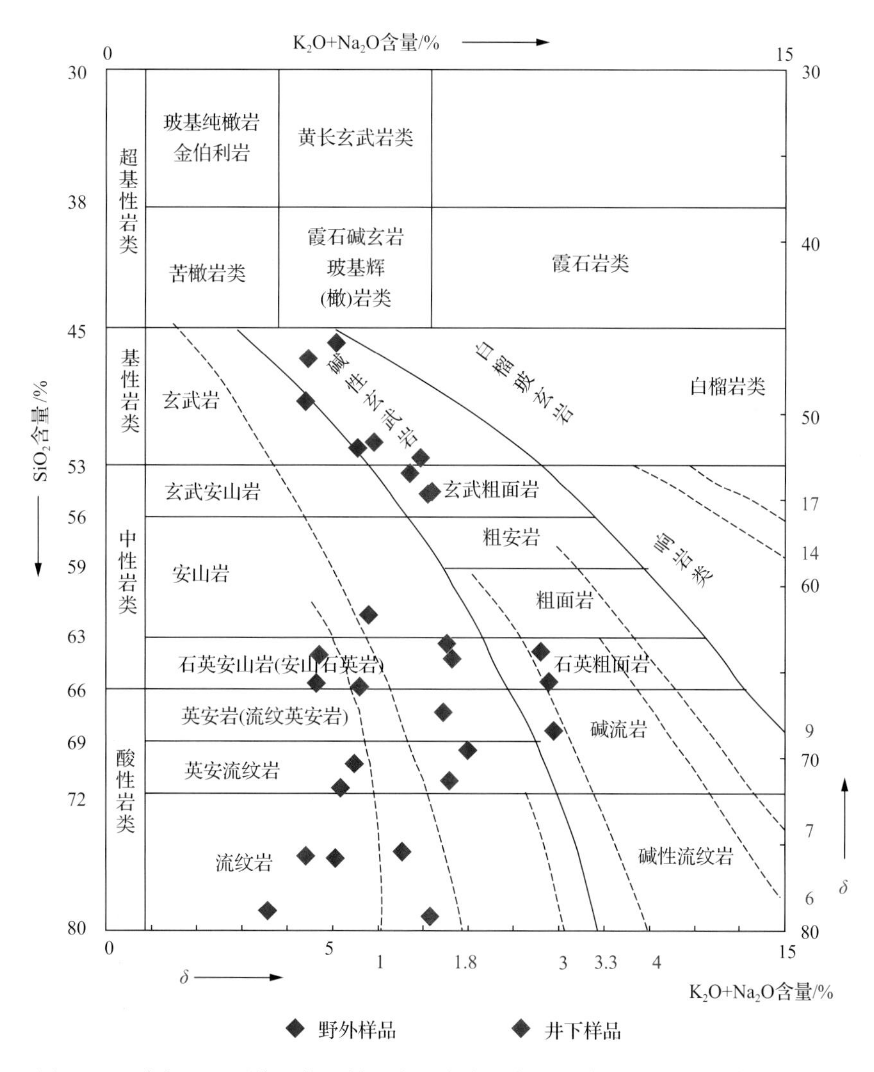

图 2.15　陆东地区野外和井下样品火山岩岩石类型硅碱图(底图据邱家骧,1985)

品的广，野外样品以酸性为主(占 50%)、中性和基性为辅(依次占 29%、21%)，岩性指数显示，主要为钙碱性系列(占 64%，包括 50%的钙性系列)；井下样品以中性为主(占 50%)，酸性和基性为辅(依次占 29%、21%)，岩性指数以钙碱性系列为主(占 57%，包括 29%的钙性系列)、碱钙性系列为辅(占 43%)。

将主量元素的含量进行归一化，以 SiO_2 含量为横坐标，以 K_2O+Na_2O 含量为纵坐标，将这些样品值投到火山岩的全碱-二氧化硅(TAS)图解(Le Maitre et al.，1989)上，发现陆东地区野外样品和井下样品的分布都较分散，大多数属于喷出岩，主要是流纹岩、英安岩，另外还有部分粗面岩、粗面英安岩及玄武粗安岩等(图 2.16)，与邱家骧硅碱图中的岩石类型基本符合。

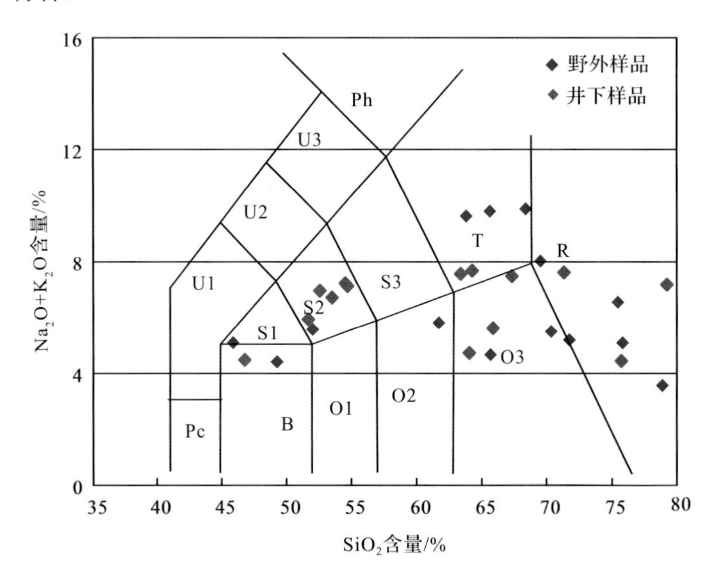

图 2.16 陆东地区野外和井下样品火山岩岩石类型 TAS 图(底图据 Le Maitre et al.，1989)

Pc. 苦橄玄武岩；U1. 碱玄岩、碧玄岩；U2. 响质碱玄岩；U3. 碱玄质响岩；Ph. 响岩；S1. 粗面玄武岩；S2. 玄武粗安岩；S3. 粗面安山岩；T. 粗面岩、粗面英安岩；B. 玄武岩；O1. 玄武安山岩；O2. 安山岩；O3. 英安岩；R. 流纹岩

Maniar 和 Piccoli(1989)对运用花岗岩类岩石的主量元素判断构造背景进行了系统的分析，并提出了一系列的分析步骤和判别图版。本书根据 Maniar 和 Piccoli(1989)提出的判别步骤对研究区酸性火山岩的构造背景进行了判别，因篇幅限制，仅选择两个判别图版进行讨论。选择样品时，根据判别图版的要求(SiO_2 含量从 60%开始)，选择了 SiO_2 的含量大于 60%的样品 19 个(其中 8 个样品小于 66%，11 个样品含量为 66%～80%)，其中野外样品 11 个，井下样品 8 个(图 2.17)。图 2.17(a)显示，野外和井下样品都落在 IAG+CAG+CCG 区域(岩石类型见图名下方说明，下同)，且野外样品大多数(占 64%)同时落在 POG 区域，井下样品有 38%落在 POG 区域；图 2.17(b)显示，11 个野外样品有 9 个落在 IAG+CAG+CCG 区域，且大多数(占 64%)落在 POG 区域，井下样品在各个区域均有分布，38%落在 POG 区域。

Pearce 等(1984)对已知构造背景条件下花岗岩的地球化学特征做了第一次系统的研究。他们对花岗岩进行了模糊的定义：石英含量大于 5%的岩浆岩，并将其分为大洋中

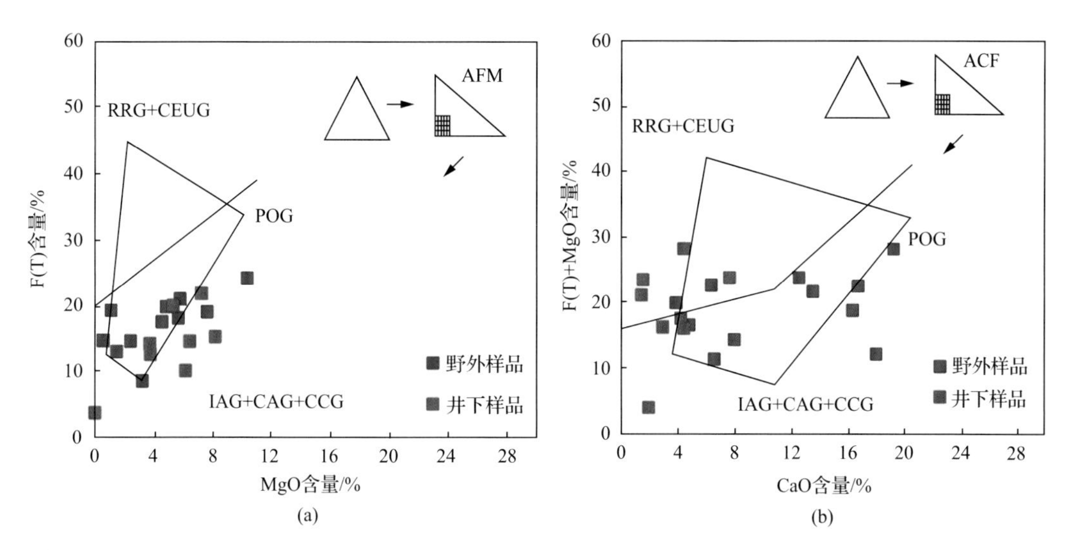

图 2.17 研究区酸性火山岩的主量元素判别图(底图据 Maniar and Piccoli,1989)

RRG. 裂谷相关花岗岩类(rift related granitoids); CEUG. 陆内造山花岗岩类(continental epeirogenic uplift granitoids); POG. 后碰撞花岗岩类(post-orogenic granitoids); IAG. 岛弧花岗岩类(island arc granitoids); CAG. 陆弧花岗岩类(continental arc granitoids); CCG. 陆陆碰撞花岗岩类(continental collision granitoids)

脊花岗岩、火山弧花岗岩、板内花岗岩、造山带花岗岩,每一种又可以进行细分。通过 600 个样品的微量元素与硅含量的相关性分析表明:Y、Yb、Rb、Ba、K、Nb、Ta、Ce、Sm、Zr、Hf 等可以有效识别花岗岩形成的不同构造背景。他们运用这些不同的微量元素编制了花岗岩的构造背景分类图,并于 1996 年对部分图版进行了修订。本书根据判别图版的要求,选择了 SiO_2 含量大于 66%的样品 11 个(其中野外样品 7 个,井下样品 4 个),运用(Y+Nb)-Rb 交汇图对研究区火山岩的构造背景进行了判定(图 2.18)。图 2.18 中,7 个野外样品中有 6 个落在 VAG 区域,1 个落在 WPG 区域,且全部落在 post-COLG 区域;4 个井下样品中 2 个落在 VAG 区域,2 个落在 WPG 区域,且 8 个全部落在 post-COLG 区域。

运用玄武岩的微量元素特征对构造背景进行判别的研究成果很多,本书仅选择了 Pearce(1982)提出的判别图版,依据 Zr、Ti 的含量对该区火山岩形成的构造背景进行了判别。选择样品时,剔除了酸性样品(SiO_2 含量大于 66%的样品 11 个),余下的 17 个样品中,野外样品 7 个,井下样品 10 个(以中性、基性火山岩为主)(图 2.19)。从该图可以看出,17 个样品中,仅有 1 个野外样品和 1 个井下样品落在板内区域之外且未进入其他区域,其他样品全部落于板内区域,且仅有 2 个样品落于 MORB 区域。

上述三部分的判别结果存在一定的差异。图 2.17 结果显示,研究区火山岩主要发育于 IAG+CAG+CCG 区域或 POG 区域(这二者重合较多),野外样品与井下样品差别不明显。图 2.18 结果显示,研究区火山岩主要发育于 VAG 和 WPG 区域(且以前者为主)或 post-CLOG 区域(样品全部落于该区域),野外样品与井下样品差别不明显。图 2.19 的结果显示,研究区火山岩主要发育于板内区域,野外样品与井下样品差别不明显。结合前人研究成果、研究区的构造环境、火山岩的源区特征,如吴小奇(2009)认为巴山组沉积期卡拉麦里洋盆已经关闭,区域构造演化已经进入到后碰撞期,因此研究区晚石炭世火山岩显然既不可能是岛弧成因，也不可能是洋壳俯冲消减同期的相关产物，而只可能形成于后碰撞期，其所具有的弧岩浆特征只可能是继承自碰撞前的弧组分；李锦轶(2004)认为东准噶尔地区在不同构造单元之上发育的晚石炭世地层没有区别，都由陆相火山沉积岩系构成，显示该区地壳构造演化在晚石炭世已经进入了后碰撞阶段；我们认为研究区不论是野外样品的采集地区帐篷沟、白碱沟、火福公路等克拉美丽山前地带，还是井下样品所在的滴西地区，将陆东地区石炭系巴山组火山岩发育的构造背景解释为后碰撞期应该是合理的。

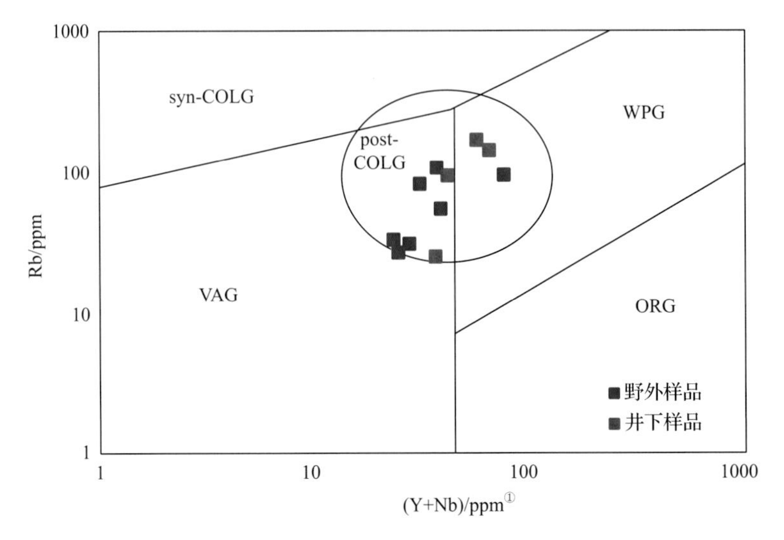

图 2.18　研究区酸性火山岩的微量元素判别图(底图据 Pearce et al.，1996)

syn-COLG. 同碰撞花岗岩(syn-collisional granites)；post-COLG. 后碰撞花岗岩(post-collision granites)；WPG. 板内花岗岩(within plate granites)；VAG. 火山弧花岗岩(volcanic arc granites)；ORG. 洋脊花岗岩(ocean ridge granites)

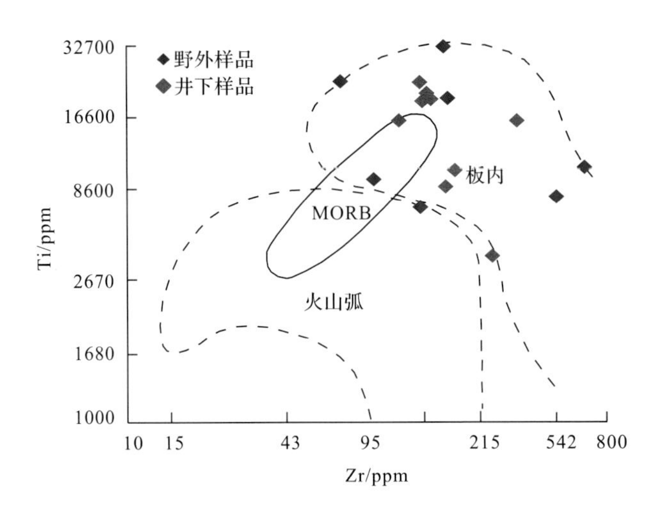

图 2.19　研究区中-基性火山岩的微量元素判别图(底图据 Pearce，1982)

MORB. 大洋中脊

① ppm 表示百万分之一。

第三节　石炭系火山岩锆石年龄及成因分析

本书关于锆石年龄分析的样品，主要采自白碱沟地区和帐篷沟地区。白碱沟地区的岩性为中低钾亚碱性系统火山岩，为中钾钙-碱系列和低钾拉斑玄武系列。可见玄武岩、玄武质安山岩、安山岩、英安岩、流纹岩、凝灰岩和正长斑岩等，且以钙-碱系列的安山岩、花岗岩和凝灰岩居多。帐篷沟地区的火山岩以钙碱性系列的中性-酸性岩为主，有玄武岩、玄武安山岩、流纹岩、角斑岩及少量的凝灰岩等。两个地区的玄武岩和玄武质安山岩常以岩脉形式产出，围岩为凝灰岩。玄武岩呈斑状结构，含有不等量的斜辉石斑晶和斜长石斑晶，基质为斜长石、斜辉石和不透明矿物。玄武质安山岩也呈斑状结构，含有不同比例的斜长石斑晶和斜辉石斑晶，基质由细粒斜长石组成。流纹岩呈现中等线斑状结构，斑晶为透长石、石英和斜长石，镶嵌在含有少量极细粒石英和长石的玻璃质基质中。正长斑岩具有斑状结构和块状结构，斑晶主要为正长石，基质显示为半自形结构。角斑岩是典型的海相火山岩，具有板状结构，含有钠长石斑晶。然而凝灰岩属于火山碎屑岩类，具有块状结构。通过传统的重液浮选和电磁分离技术挑选出锆石颗粒，并连同标准锆石TEMORA一并粘贴在环氧树脂表面制成样品靶。随后将样品靶打磨抛光以来显示锆石，并分割一半晶体用来分析。所有的锆石在透射光和反射光下进行拍照，并通过阴极发光图像来确定和检验分析颗粒。

U-Pb同位素测定是在中国科学院地质与地球物理研究所的激光烧蚀多接收器等离子体质谱仪(LA-MC-ICP-MS)上测定的。通过Agilent 7500a电感耦合等离子质谱来同步收集U-Pb同位素和微量元素含量。详细实验过程根据Xie等(2008)的描述进行，以国际上经常使用的标准锆石P1500、Gj-1和NIST SRM 610作外标。通过GLITTER 4.0计算了$^{207}Pb/^{206}Pb$和$^{206}Pb/^{238}U$的比值。标准锆石P1500的相对标准偏差设定为2%。普通铅的修正参照Anderson(2002)提议的方法。样品U-Pb年龄的加权平均值的计算和谐和图的绘制采用ISOPLOT 2.3(Ludwig，2001)处理。

Lu-Hf同位素的数据同样是在中国科学院地质与地球物理研究所的激光烧蚀多接收器等离子体质谱仪(LA-MC-ICP-MS)上获得的。用于Lu-Hf同位素分析的晶体是在先前分析U-Pb同位素的锆石颗粒上获得的，激光剥蚀样品深度为40～80μm，背景采集时间26s，激光脉冲频率8Hz。详细的分析过程在其他地方亦有描述(Wu et al.，2006)。$^{176}Hf/^{177}Hf$的比值采用$^{179}Hf/^{177}Hf=0.7325$进行指数归一化校正。

锆石的U-Pb年龄测定的结果显示，白碱沟地区玄武岩样品[图2.20(a)]中11个分析点的谐和年龄为(304Ma±7Ma)～(396Ma±7Ma)，玄武质安山岩样品[图2.20(b)]中8个分析点的谐和年龄为(304Ma±7Ma)～(435Ma±8Ma)；流纹岩$^{206}Pb/^{238}U$加权平均年龄为315Ma±4Ma[图2.20(c)]，U-Ph谐和年龄为323Ma±5Ma[图2.20(d)]；2个正长斑岩样品显示谐和年龄为312Ma±3Ma和307Ma±5Ma[图2.20(e)、图2.20(f)]；凝灰岩样品24个分析点的谐和年龄为400Ma±5Ma[图2.20(g)]。帐篷沟地区玄武质安山岩1个样品中锆石$^{206}Pb/^{238}U$年龄显示为(316Ma±6Ma)～(410Ma±11Ma)[图2.21(a)]。流纹岩1个样品显示谐和年龄为332Ma±9Ma[图2.21(b)]；角斑岩1个样品25

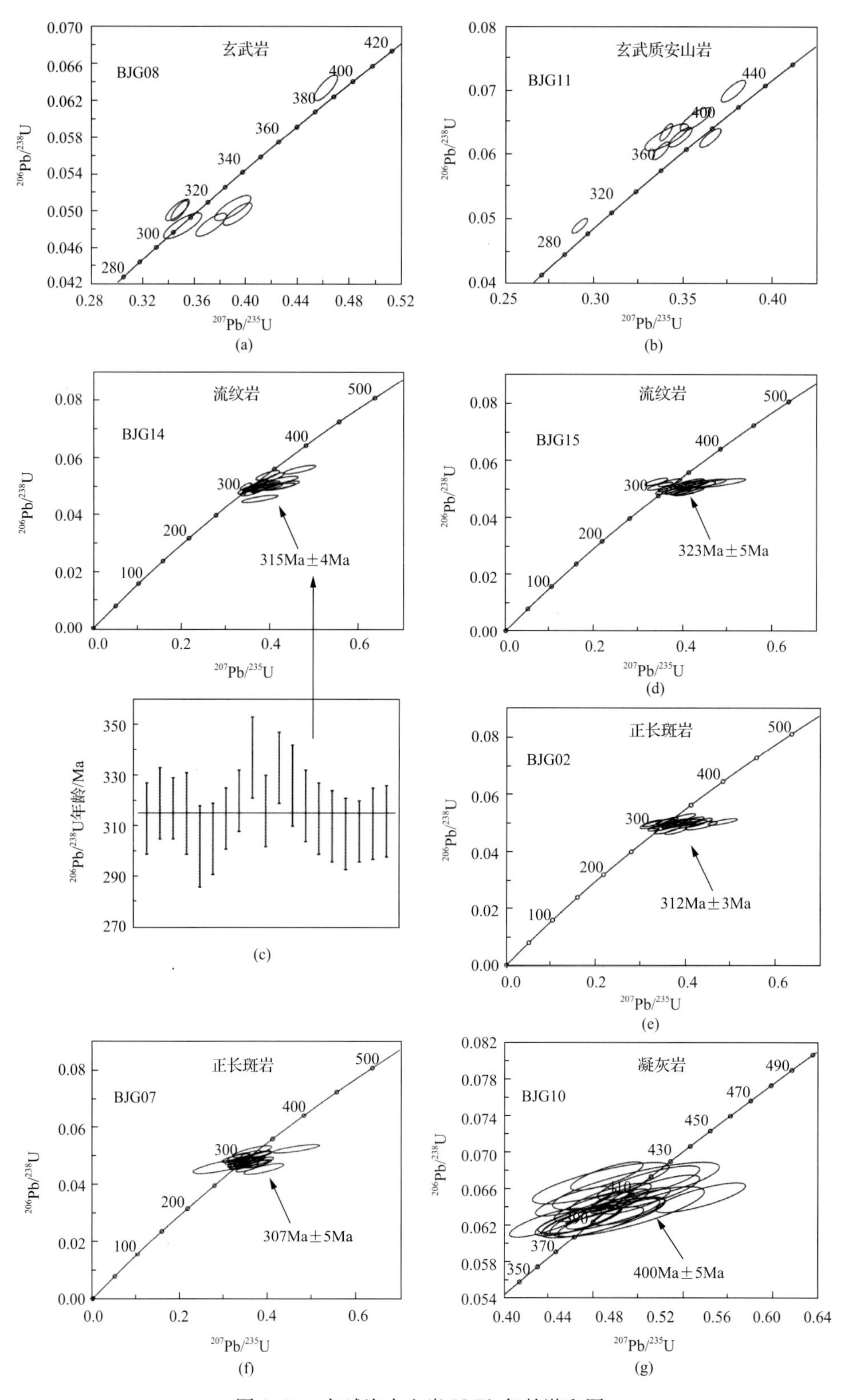

图 2.20 白碱沟火山岩 U-Pb 年龄谐和图

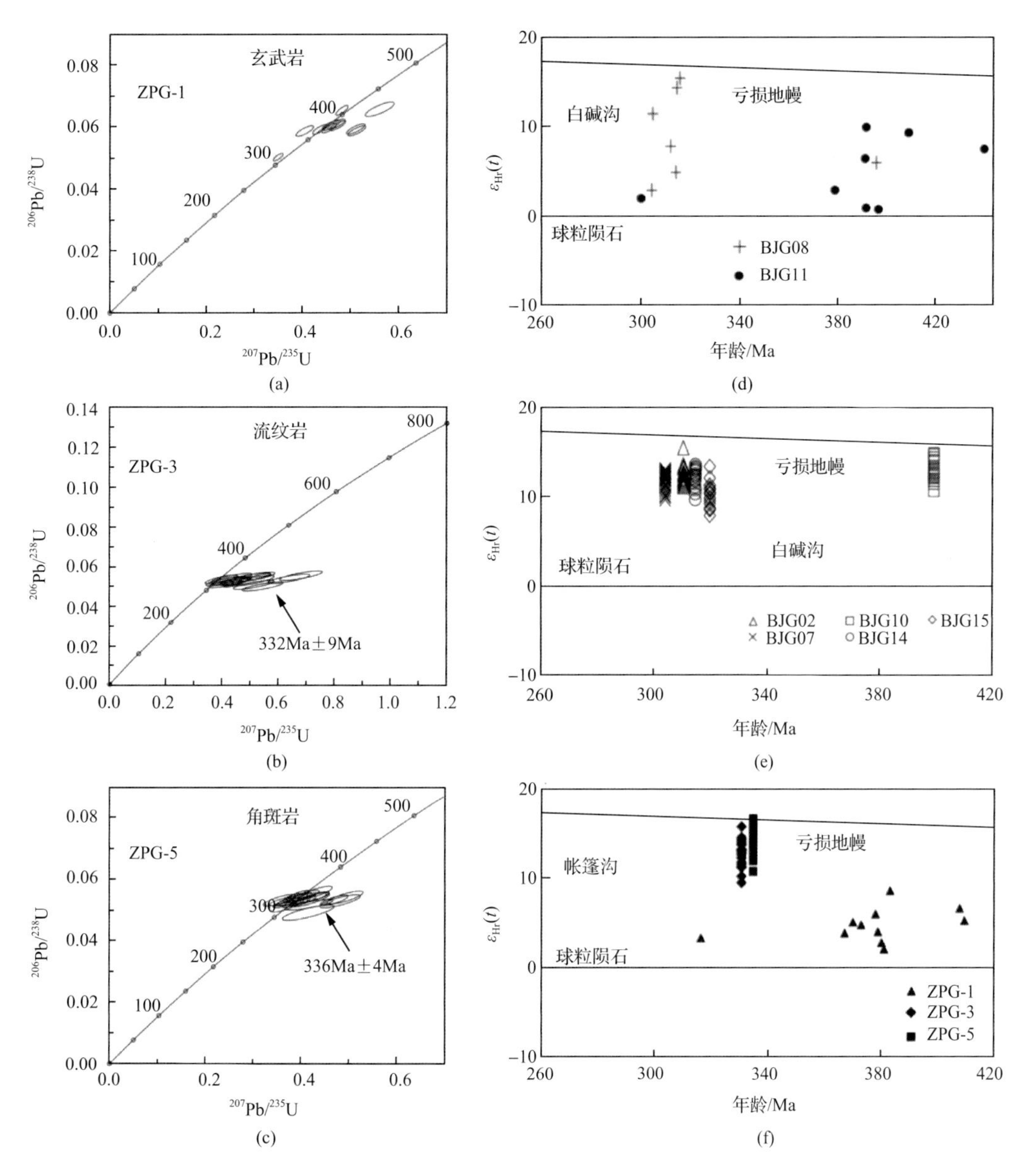

图 2.21　帐篷沟火山岩 U-Pb 年龄谐和图[(a)～(c)]及帐篷沟和白碱沟火山岩的 $\varepsilon_{Hf}(t)$ 值与 U-Pb 年龄的关系图[(d)～(f)]

颗锆石的谐和年龄皆为 336Ma±4Ma[图 2.21(c)]。白碱沟地区玄武岩样品中锆石颗粒 ^{176}Hf/^{177}Hf 和 $\varepsilon_{Hf}(t)$ 的值分别为 0.282678～0.283080 和+2.8～+15.4。安山岩样品中锆石 ^{176}Hf/^{177}Hf 和 $\varepsilon_{Hf}(t)$ 的值较低，分别为 0.282568～0.282814 和+0.9～+9.9[图 2.21(d)]；2 个流纹岩样品中锆石的 Hf 同位素组成变化相似，^{176}Hf/^{177}Hf 比值变化范围为 0.282875～0.282971 及 0.282807～0.282960，它们的比值分别与 $\varepsilon_{Hf}(t)$ 值+10.1～+13.4 和+7.9～+13.4 一致[图 2.21(e)]；正长斑岩中锆石有相同的 Hf 同位素组成，一个样品中锆石 ^{176}Hf/^{177}Hf 比值为 0.282906～0.283028，与 $\varepsilon_{Hf}(t)$ 值+11.0～+15.3 一

致。另一个样品中锆石$^{176}Hf/^{177}Hf$比值为0.282863～0.282964，与$\varepsilon_{Hf}(t)$值+9.6～+13.1一致[图2.21(f)]；凝灰岩样品中锆石显示非常同源的Hf同位素组成，$^{176}Hf/^{177}Hf$=0.282851～0.282930，与$\varepsilon_{Hf}(t)$值+10.5～+14.5一致[图2.21(b)、图2.21(e)]。帐篷沟地区玄武质安山岩样品中锆石显示同源的Hf同位素组成，$^{176}Hf/^{177}Hf$和$\varepsilon_{Hf}(t)$含量分别为0.282602～0.282787和+2.1～+8.7[图2.21(f)]；流纹岩样品中锆石跟白碱沟地区的锆石有相似的特征，皆具有非常同源的Hf同位素组成，$^{176}Hf/^{177}Hf$=0.282899～0.283023，与$\varepsilon_{Hf}(t)$值+11.4～+15.8一致[图2.21(f)]；角斑岩样品中锆石具有非常同源的Hf同位素组成：$^{176}Hf/^{177}Hf$=0.282883～0.283072，与$\varepsilon_{Hf}(t)$值+10.8～+16.6一致[图2.21(f)]。

陆东地区白碱沟和帐篷沟地区的玄武岩和玄武质安山岩以岩脉产出，围岩为凝灰岩，因此它们比凝灰岩年轻。锆石U-Pb年龄及Hf同位素分析测试说明，这些火山岩中的锆石显示典型的捕掳晶结构并且年龄变化范围(435～300Ma)较大[图2.20(a)、(b)，图2.21(a)]。通常，古老大陆地壳岩石具负的$\varepsilon_{Hf}(t)$和$\varepsilon_{Nd}(t)$值，高的$^{87}Sr/^{86}Sr$同位素比值。随着地壳年龄的增加，$\varepsilon_{Hf}(t)$和$\varepsilon_{Nd}(t)$的值会越来越小。研究区锆石捕掳晶正的$\varepsilon_{Hf}(t)$值表明东准噶尔基底为年轻地壳控制[图2.21(d)、(f)]，这一认识与从盆地周边花岗质岩石得出的观点一致。东准噶尔地区出露的大量花岗岩及火山岩普遍具有高的$\varepsilon_{Nd}(t)$值，因此前寒武纪结晶岩石即便有也是非常有限。白碱沟和帐篷沟地区火山岩(流纹岩、正长斑岩、角斑岩和凝灰岩)年龄为早泥盆纪至早石炭纪，显示正的$\varepsilon_{Hf}(t)$值[图2.21(a)～(c)]，有些值接近甚至超过当时的亏损地幔值，这些岩石亏损地幔Hf模式年龄接近它们的U-Pb年龄，说明其主要来源于相对亏损的地幔物质。这证实了东准噶尔地块年轻地壳的增长，因此我们认为东准噶尔地块的基底更可能是年轻地壳控制的。先前的研究显示来自西准噶尔和准噶尔盆地的加速碰撞的花岗岩类岩石和火山岩具有高度亏损同位素特征，来源可能与洋壳和岛弧建造组成的年轻地壳有关，因此认为整个准噶尔地块可能是年轻地壳控制的。

白碱沟和帐篷沟地区流纹岩显示富轻稀土元素(light rate earth element，LREE)，它们低的负Eu异常(图2.22)表明经历了低程度的长石分馏。它们富大离子亲石元素(如Rb、Ba)和高度不相容的亲石元素(如U)，但是贫Nb和Ti，与再循环俯冲洋壳低程度部分熔融产生的酸性岩浆相似。在Th/Yb-Nb/Yb和Rb-(Y+Nb)的图中，流纹岩位于火山弧区域中。帐篷沟地区流纹岩中锆石U-Pb年龄为312～345Ma，较为年轻[图2.21(b)]，显示高正$\varepsilon_{Hf}(t)$值(多数为11～15)[图2.21(d)～(f)]，与亏损地幔Hf模式年龄(332～523Ma)一致。另外，海相角斑岩也在此时出现(336Ma)[图2.21(c)]。这些地球化学特征表明，帐篷沟流纹岩形成于火山弧或受到了部分岛弧物质混染的环境中，是晚石炭纪板块俯冲的结果。基于以上观察和讨论，认为早石炭世的火山岩，如流纹岩和海相角斑岩，可能形成于岛弧环境，而晚石炭世流纹岩和正长斑岩很可能形成于大陆板块环境。对保存于内陆板块的正长斑岩的研究表明，西伯利亚板块和塔里木板块的碰撞可能发生于正长斑岩形成之前，也就是在早石炭世末至晚石炭世。东准噶尔北面的晚古生代火山岩被鉴定为区域性的卡拉麦里蛇绿岩带(336～497Ma)，代表了准噶尔洋古洋壳，反映了哈萨克斯坦-准噶尔联合陆块与西伯利亚板块的古洋盆经历了洋内热点作用和大洋板块洋内俯冲消减的演化过程。另外，白碱沟和帐篷沟地区的早石炭世火山岩位于蛇绿岩带的东南边，形成于岛弧环境。因此笔者推断研究区早石炭世岛弧成因火山岩的形成与古准噶尔洋向南俯冲有关。

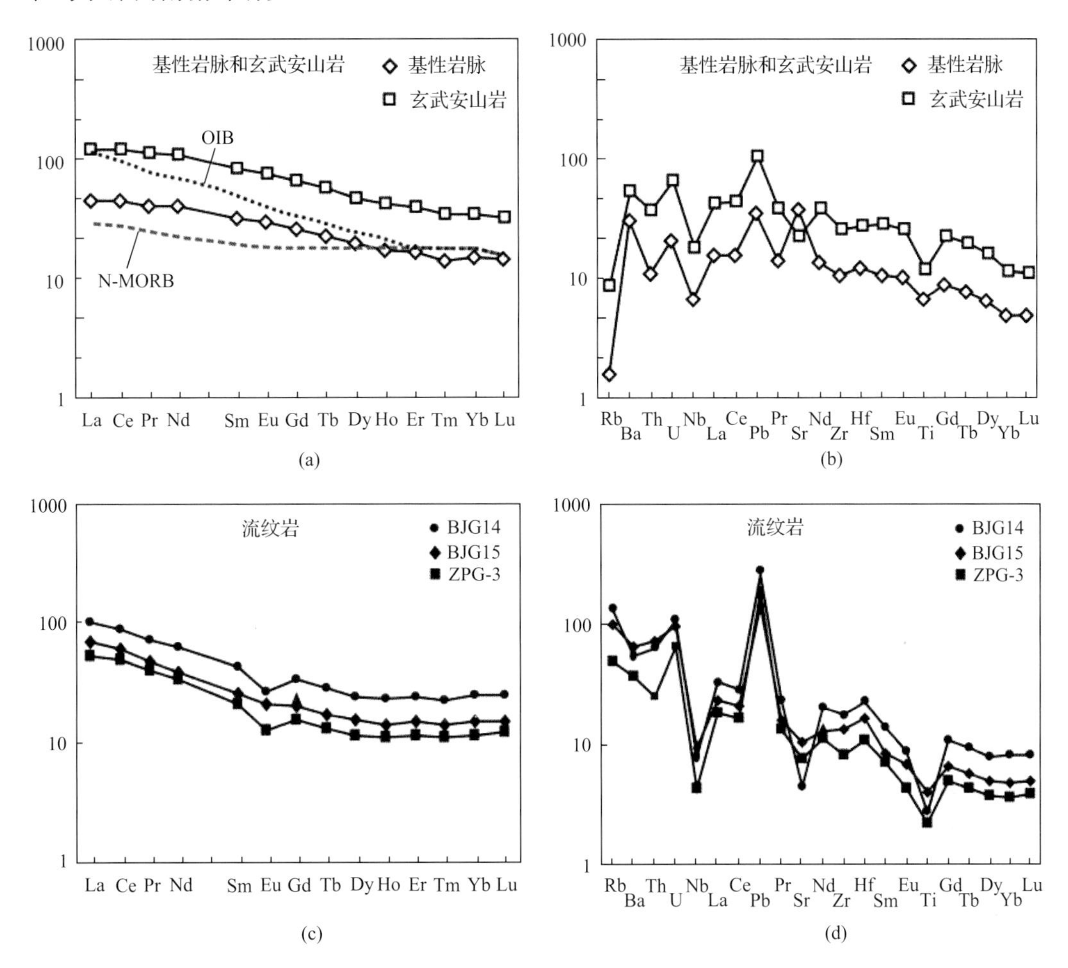

图 2.22 白碱沟和帐篷沟火山岩的稀土元素配分图和微量元素蛛网图

第三章　石炭系火山岩空间展布规律

第一节　火山岩测井岩性识别图版的建立

通过岩心观察、薄片鉴定、扫描电镜分析，基本上查明了陆东地区主要火山岩的宏观特征、微观特征，结合测井、录井资料，建立了研究区主要类型火山岩的岩性识别图版，并对其特征进行了探讨。

1. 玄武岩

玄武岩往往呈厚层块状构造，气孔非常发育，晶间孔和溶孔较发育；从地层微电阻率扫描成像(formation microscanner image，FMI)图上可以看到，玄武岩微裂隙发育；在测井曲线上，表现为：GR(自然伽马)低，DEN(密度)高，AC(声波时差)低(图 3.1)。

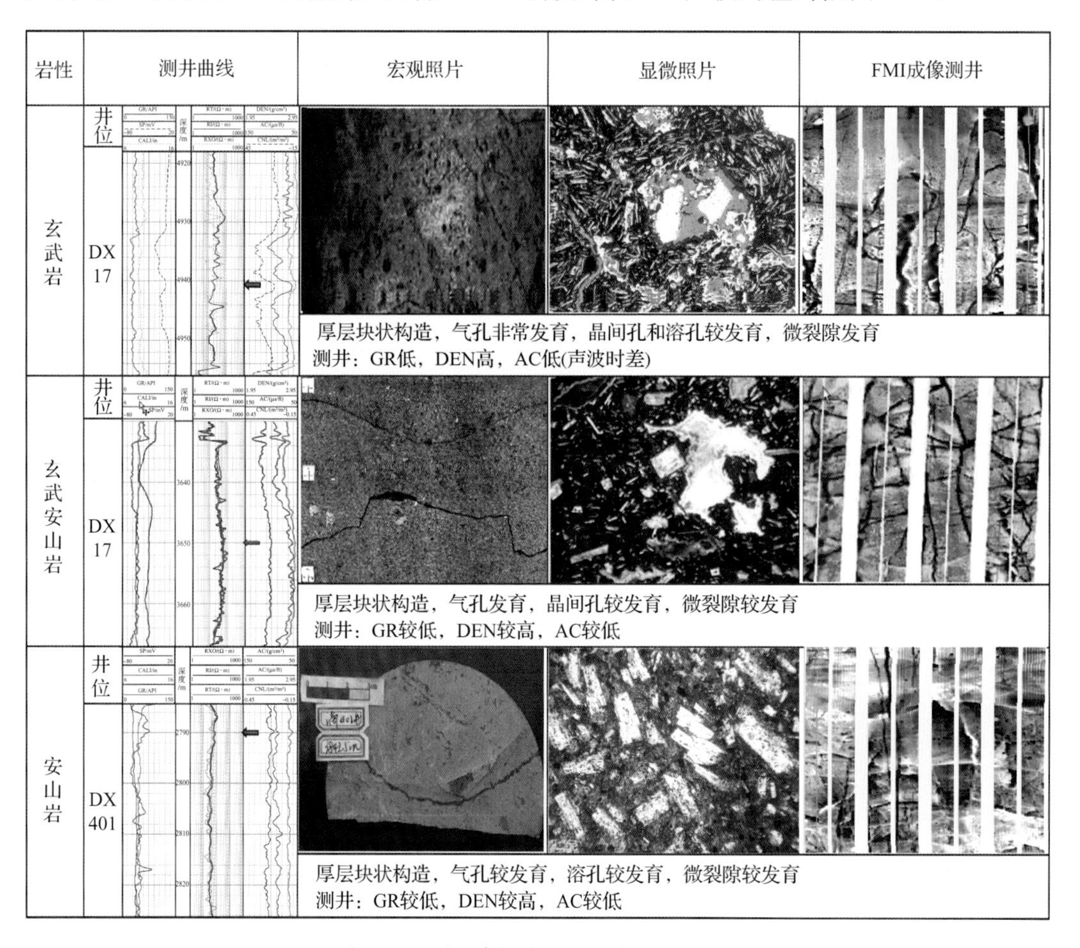

图 3.1　基性-中性火山岩测井-岩性图版

2. 玄武质安山岩

玄武安山岩呈厚层块状构造，气孔发育，晶间孔较发育；FMI 显示微裂隙较发育；在测井曲线上表现为：GR 较低，DEN 较高，AC 较低(图 3.1)。

3. 安山岩

安山岩常呈厚层块状构造，气孔较发育，溶孔较发育；FMI 显示微裂隙较发育；在测井曲线上表现为：GR 较低，DEN 较高，AC 较低(图 3.1)。

4. 流纹岩

流纹岩常具有流纹结构，块状构造，气孔不太发育，但溶孔发育；FMI 显示微裂隙较发育；在测井曲线上表现为：GR 较高，DEN 较低，AC 中等(图 3.2)。

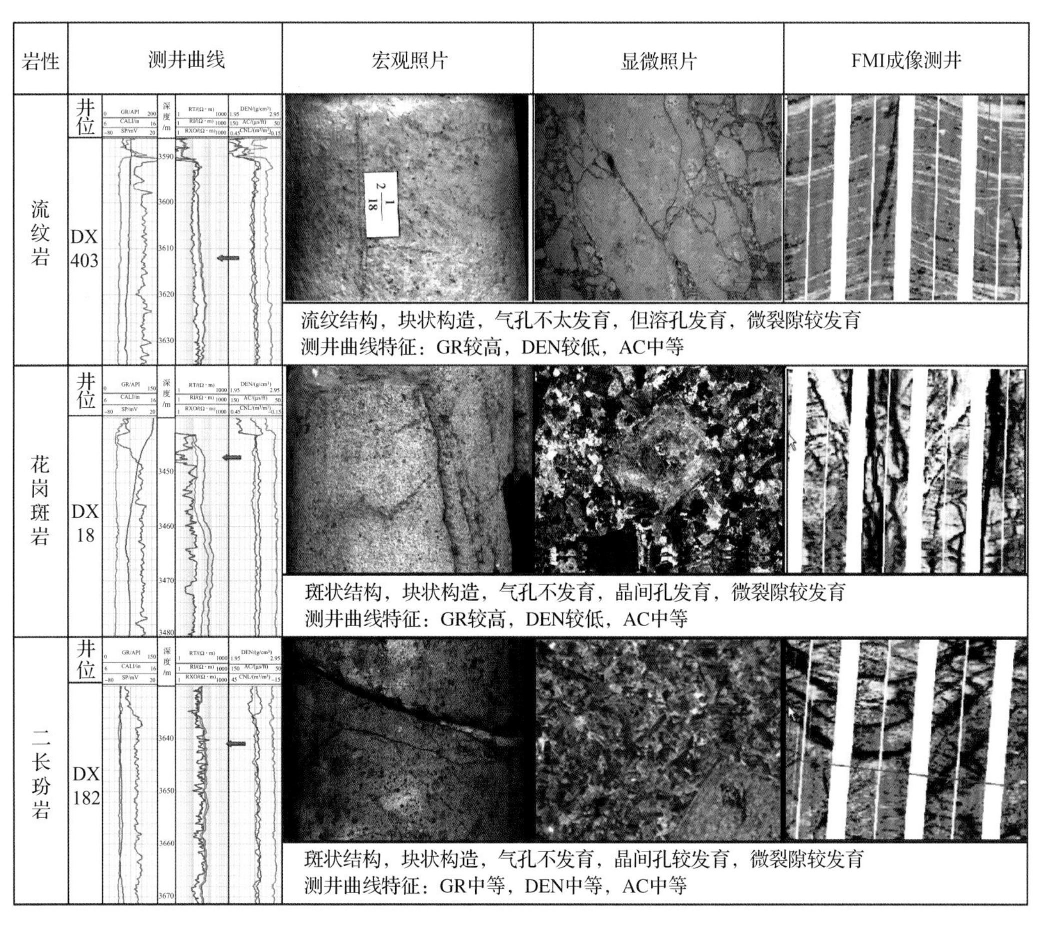

图 3.2 酸性火山岩测井-岩性图版

5. 花岗斑岩

花岗岩常呈斑状结构，块状构造，气孔不发育，晶间孔发育；FMI 显示微裂隙较发育；在测井曲线上表现为：GR 较高，DEN 较低，AC 中等(图 3.2)。

6. 二长玢岩

二长玢岩呈斑状结构，块状构造，气孔不发育，晶间孔较发育；FMI 显示微裂隙较发育；在测井曲线上表现为：GR 中等，DEN 中等，AC 中等（图 3.2）。

7. 凝灰质角砾岩

凝灰质角砾岩为厚层块状构造，气孔较少，晶间孔罕见，砾间缝、溶孔及溶蚀缝较常见；FMI 图像上也可以见到溶蚀裂缝；在测井曲线上表现为：GR 中等，DEN 较低，AC 中等（图 3.3）。

8. 安山质角砾岩

安山质角砾岩常呈厚层块状构造，气孔较少，晶间孔罕见，砾间缝和成岩缝较发育，粒间溶孔及溶蚀缝常见；FMI 图像上可见到溶蚀裂缝；在测井曲线上表现为：GR 偏低，DEN 中等，AC 偏高（图 3.3）。

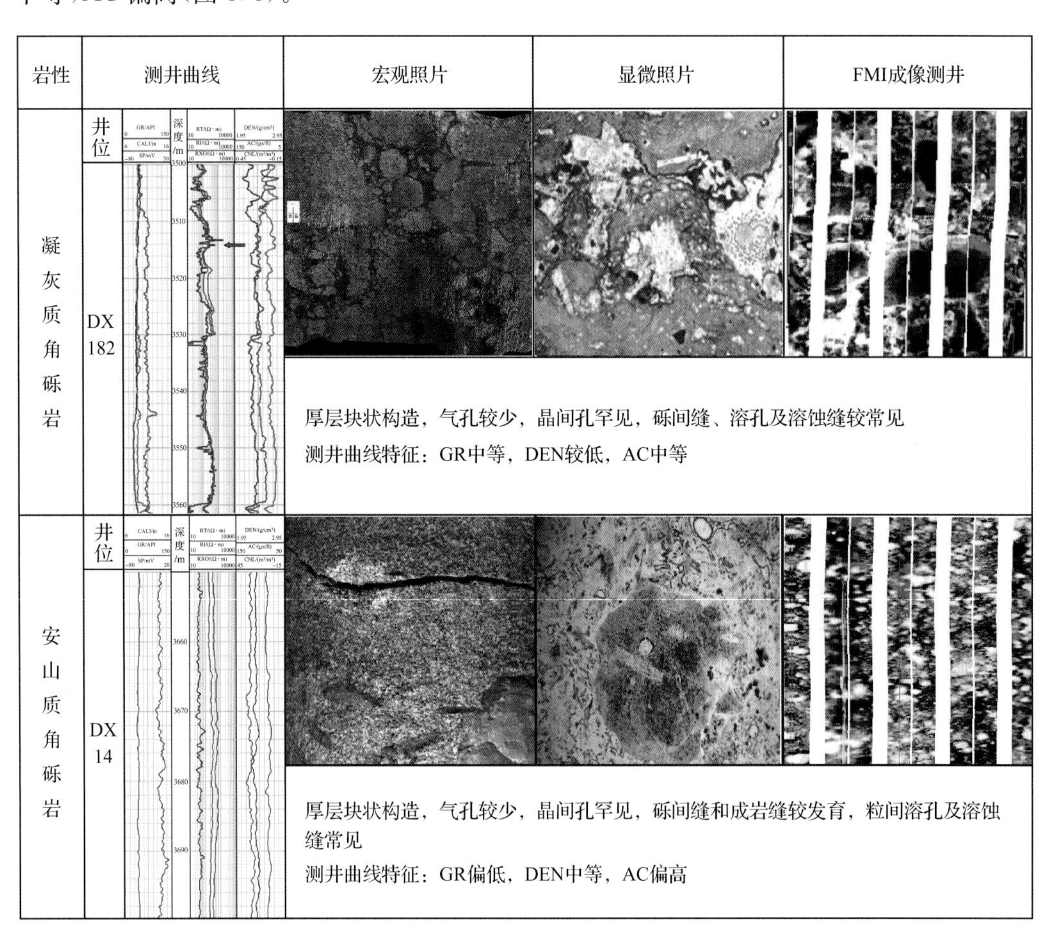

图 3.3 火山角砾岩测井-岩性图版

在对研究区上述主要火山岩岩性的宏观特征、微观特征、FMI 图像特征、测井曲线特征研究的基础上，根据薄片鉴定结果，绘制了陆东地区主要火山岩岩性识别图版（图 3.4、图 3.5）。从火山岩岩性识别图版可以看出，随着火山岩岩性由基性—中性—酸性的变化，GR 显著增大，DEN 明显减小，AC 也逐渐增高；角砾岩类和熔岩类火山岩相比，GR 略低、DEN 略低、AC 略高。火山岩识别图版的建立为研究区火山岩的识别提供了依据（图 3.6、图 3.7）。

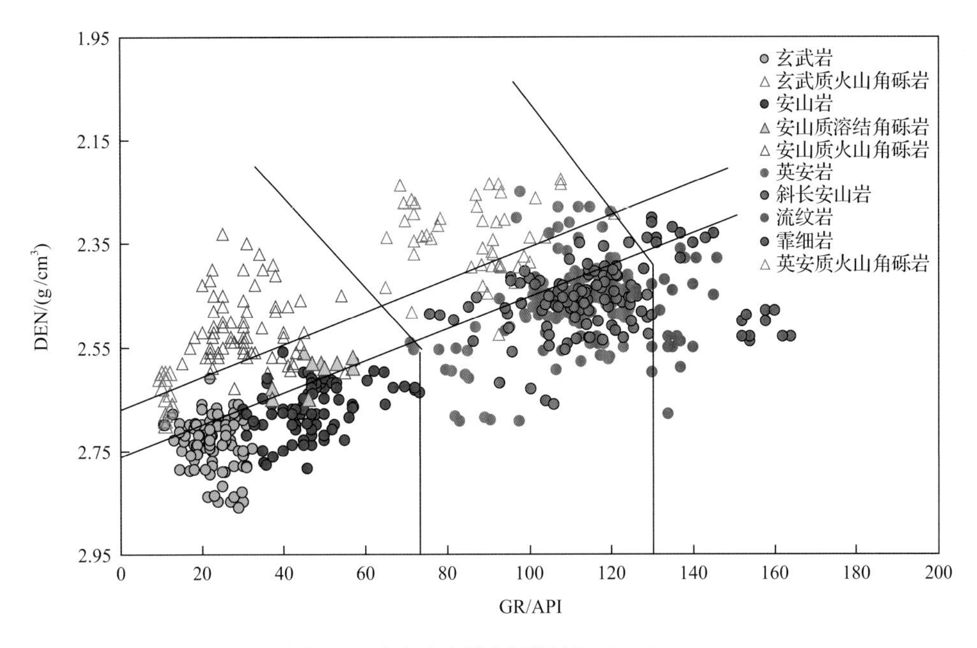

图 3.4　火山岩岩性识别图版(GR-DEN)

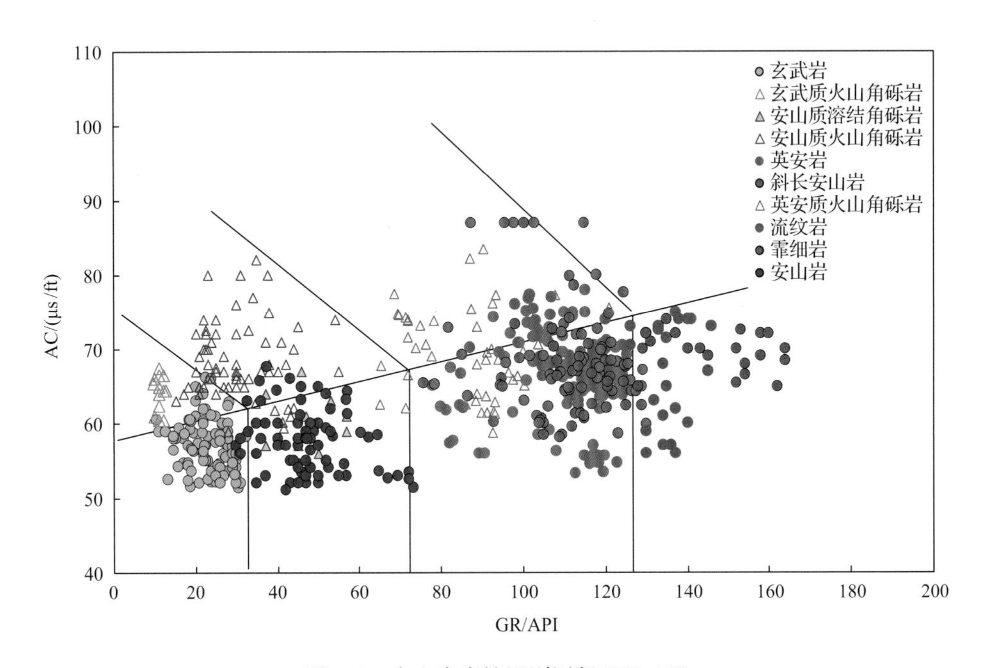

图 3.5　火山岩岩性识别图版(GR-AC)

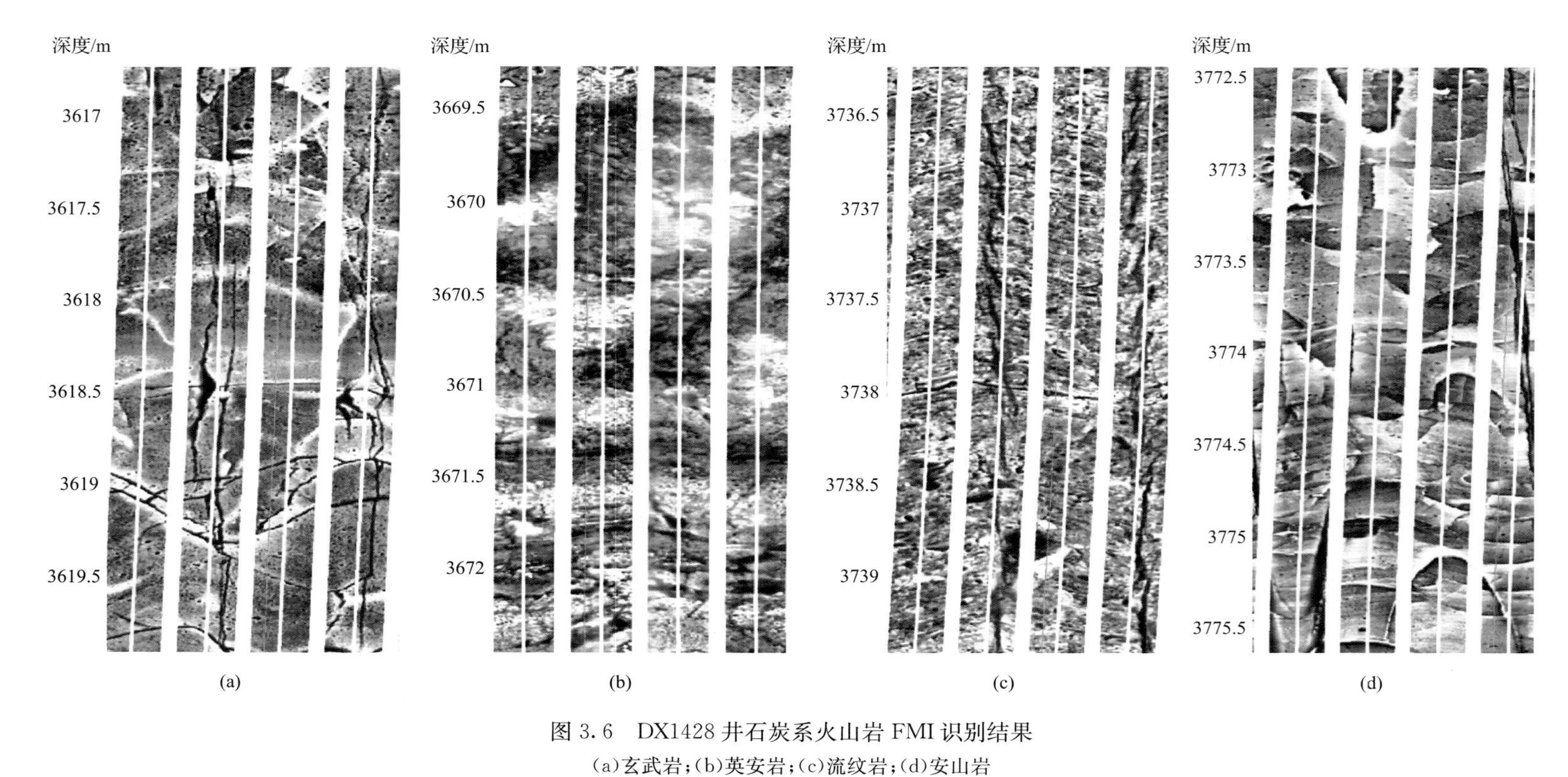

图 3.6 DX1428 井石炭系火山岩 FMI 识别结果

(a)玄武岩;(b)英安岩;(c)流纹岩;(d)安山岩

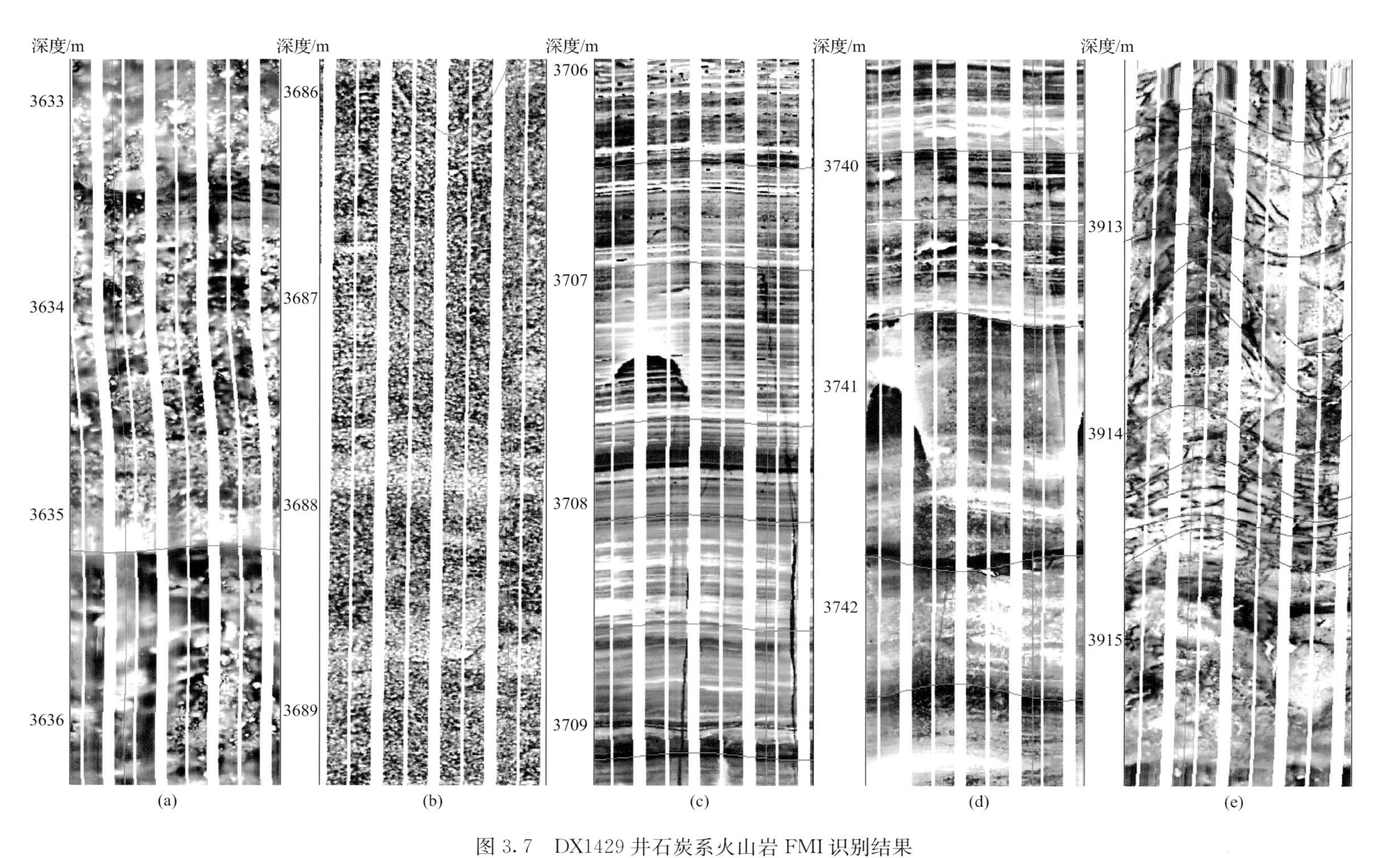

图 3.7　DX1429 井石炭系火山岩 FMI 识别结果

(a)凝灰质砂砾岩；(b)凝灰质砂岩；(c)凝灰岩；(d)凝灰质粉砂岩；(e)玄武质安山岩

第二节　陆东地区石炭系重点钻井单井相分析

一、火山岩相的划分

火山岩相是影响火山岩储层的主要因素之一，不同的岩相，其储集性能不同。根据火山岩喷发方式的不同，前人大多将火山岩岩相划分为五种：火山通道相、爆发相、喷溢相（溢流相）、侵出相、火山-沉积相（张新荣和王东坡，2001；王芙蓉等，2003；岑芳等，2005；曲延明等，2006；王璞珺等，2006；颜耀敏等，2007；张顺存等，2008）。参考前人的资料，结合陆东地区石炭系火山岩的特征，本书将该区石炭系火山岩岩相划分为：火山通道相、爆发相、溢流相、侵出相、火山沉积相五种岩相（图 3.8，表 3.1），各岩相的主要特征如下：

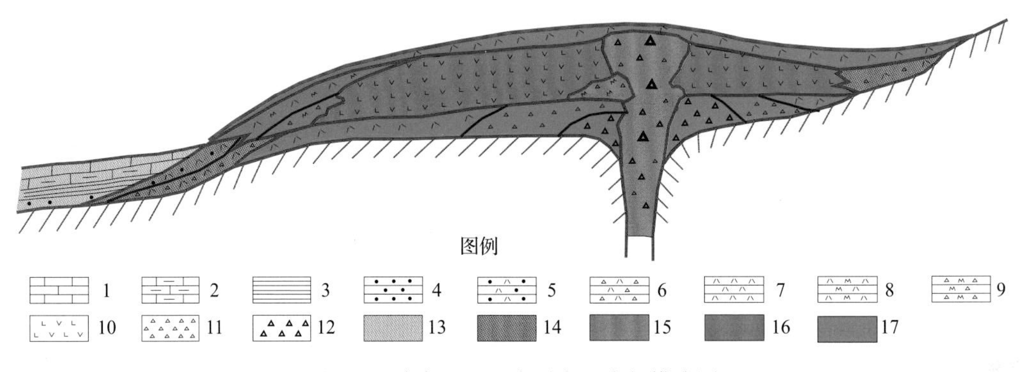

图 3.8　陆东地区石炭系火山岩相模式图

1. 灰岩；2. 泥灰岩；3. 泥岩；4. 砂岩；5. 凝灰岩砂岩；6. 凝灰岩角砾岩；7. 凝灰岩；8. 熔结凝灰岩；9. 熔结角砾岩；10. 玄武岩、安山岩；11. 角砾岩；12. 集块岩；13. 沉积岩；14. 火山沉积相；15. 火山通道相；16. 溢流相；17. 爆发相

1. 火山通道相

火山通道是岩浆运移到地表的通道，其顶部出口的地方称火山口。火山通道相位于整个火山机构的中部，是火山岩浆从地下岩浆房向上运移到达地表过程中滞留和回填在火山通道中的火山岩类组合。虽然火山通道相火山岩可形成于火山喷发旋回的整个过程，但保留下来的主要是经过后期各种火山、构造活动改造的残留物，因此具体判断和识别存在一定难度。其代表岩性为角砾熔岩、凝灰熔岩，熔结角砾岩、熔结凝灰岩等。

2. 爆发相

由火山强烈爆发形成的火山碎屑在地表堆积而成。爆发相的岩性复杂，基性、中性、酸性的都有，主要为集块岩、火山角砾岩、凝灰岩、熔结火山碎屑岩等。爆发相火山岩在陆东地区非常发育，除凝灰岩外，还有凝灰质火山角砾岩、安山质火山角砾岩、火山角砾岩等。

3. 溢流相

溢流相形成于火山喷发旋回的中期，是含晶出物和同生角砾的熔浆在后续喷出物推动和自身重力的共同作用下，在沿着地表流动过程中，熔浆逐渐冷凝、固结而形成。溢流相的岩石往往黏度较小，易于流动，因而形成绳状岩流、块状岩流、自碎角砾岩流、枕状岩

表 3.1　陆东地区火山岩岩相划分表

相	亚相	主要岩石类型	产状、形态
火山通道相Ⅰ	火山颈亚相Ⅰ$_1$	熔岩、凝灰熔岩、熔结凝灰岩或角砾岩	圆形、裂隙形火山口；岩颈（单一、复合、喇叭形、筒状）
	次火山岩亚相Ⅰ$_2$	熔岩、熔结角砾岩、中酸性玢岩和斑岩	岩株、岩盘、岩盖、岩盆、岩脉、岩墙
	隐爆角砾岩亚相Ⅰ$_3$	熔结角砾岩	圆形、喇叭形和箕状
爆发相Ⅱ	空落亚相Ⅱ$_1$	集块岩、火山角砾岩、凝灰岩	坠落火山碎屑沉积、炽热气石流堆积、浮石流、火山灰流、熔渣流堆积
	热基浪亚相Ⅱ$_2$	晶屑凝灰岩、玻屑凝灰岩	
	热碎屑流亚相Ⅱ$_3$	熔结火山碎屑岩（熔结凝灰岩、熔结角砾岩）	
溢流相Ⅲ	下部亚相Ⅲ$_1$	辉绿岩、玄武岩、安山岩、英安岩、流纹岩	绳状岩流、块状岩流、自碎角砾岩流、枕状岩流、泡沫熔岩流
	中部亚相Ⅲ$_2$		
	上部亚相Ⅲ$_3$		
侵出相Ⅳ	内带亚相Ⅳ$_1$	橄榄岩、辉长岩、闪长岩、花岗岩、正长岩	岩针、岩钟、岩塞等
	中带亚相Ⅳ$_2$		
	外带亚相Ⅳ$_3$		
火山沉积相Ⅴ	含外碎屑火山沉积Ⅴ$_1$	火山碎屑沉积岩（凝灰质砾岩、砂泥岩等）	层状、似层状、透镜状，陆相和海相喷发沉积
	再搬运火山沉积Ⅴ$_2$		

流和复合岩流等。组成溢流相的岩性多样，酸性、中性、基性火山岩中均可见到，尤以基性熔岩更发育。在研究区溢流相火山岩分布广泛，岩石类型多样，主要有玄武岩、安山岩、英安岩、流纹岩、玄武安山岩等。

4. 侵出相

主要为黏度大的岩浆，由于不易流动，主要靠机械力挤出地表，通常形成于火山喷发旋回的晚期。我国东部中生代酸性岩发育区的珍珠岩、黑曜岩和松脂岩类都属于侵出相火山岩。侵出相岩体外形以穹隆状为主，岩穹高几十米至数百米，直径几百米到数千米。

5. 火山沉积岩相

火山沉积岩相是经常与火山岩共生的一种沉积岩相，可出现在火山活动的各个时期，但在火山作用平静期更为发育，它是火山作用和正常沉积作用掺和的产物，与其他火山岩相侧向相变或互层，分布范围远大于其他火山岩相。在火山喷发过程中，尤其在火山活动的间歇期，于火山岩隆起之间的凹陷带常可见到火山-沉积相的火山碎屑岩。其岩性主要是含火山碎屑的沉积岩，碎屑成分主要为火山岩岩屑和凝灰质碎屑及晶屑、玻屑。研究区可见沉凝灰岩、凝灰质砂砾岩、凝灰质砂岩、凝灰质粉砂岩等。

二、火山岩单井相分析

1. DX17 井单井相分析

DX17 井位于陆东地区西部，钻揭石炭系厚度为 526m，从钻揭石炭系的岩性看，上部为溢流相的玄武岩和安山岩等中基性火山岩，中部为爆发相的凝灰岩，下部为溢流相的霏细岩。含油气层系位于上部的玄武岩中。其中 3633～3642m，产气量为 $14.8\times10^3\text{m}^3/\text{d}$，产油量为 15.94t/d；3642～3670m，产气量为 $25.1\times10^3\text{m}^3/\text{d}$，产油量为 19.56t/d（图 3.9）。

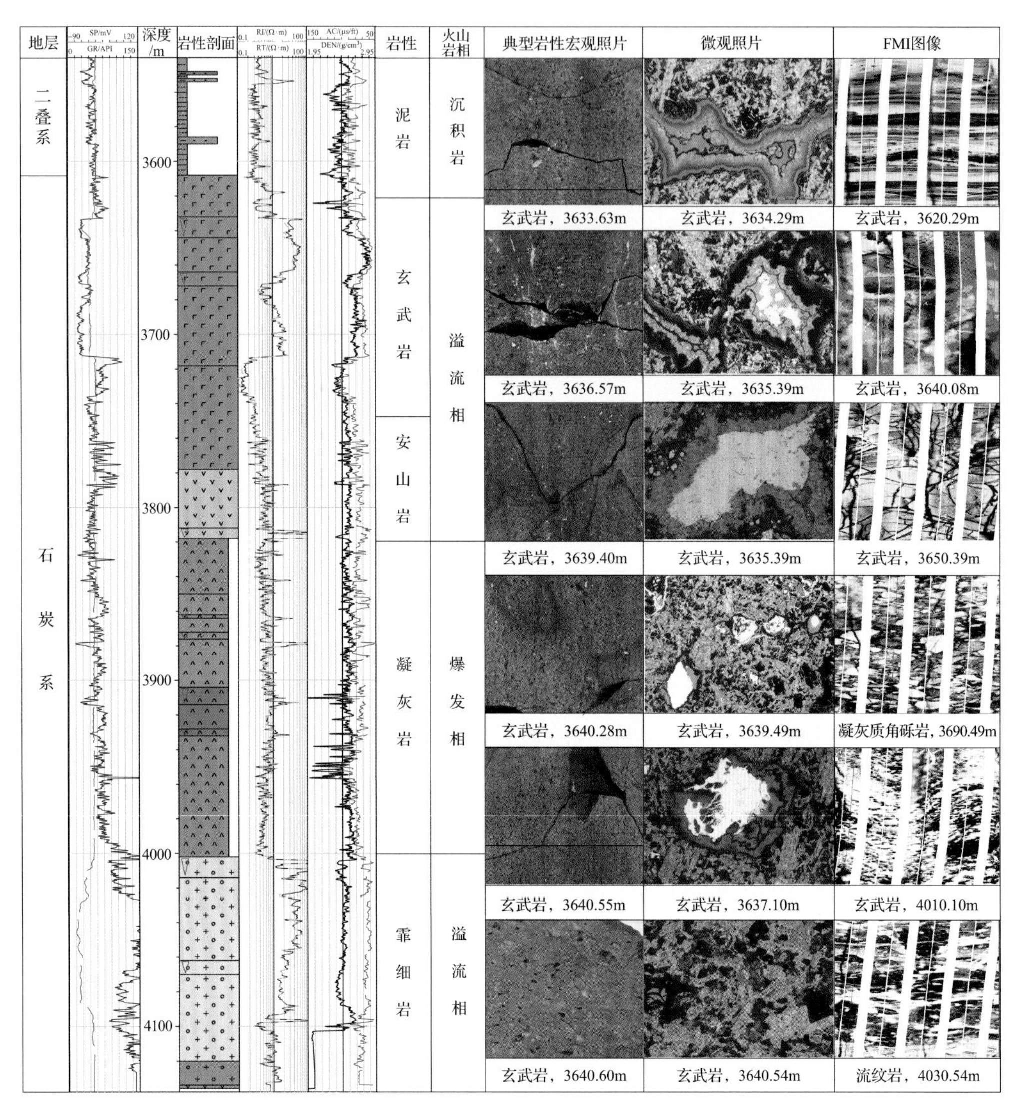

图 3.9　DX17 井单井综合柱状图

2. DX14 井单井相分析

DX14 井位于陆东地区西部，钻揭石炭系厚度为 412m，石炭系岩性主要为凝灰岩、火山角砾岩及安山岩。从钻揭石炭系的岩性看，上部主要为爆发相的凝灰岩、凝灰质角砾岩，下部主要为溢流相的安山岩夹薄层爆发相的凝灰岩、凝灰质角砾岩。含油气层系位于上部凝灰岩和火山角砾岩中。其中在 3652～3674m，产油量为 6.41t/d，产气量为 $9.1\times10^3\text{m}^3/\text{d}$（图 3.10）。

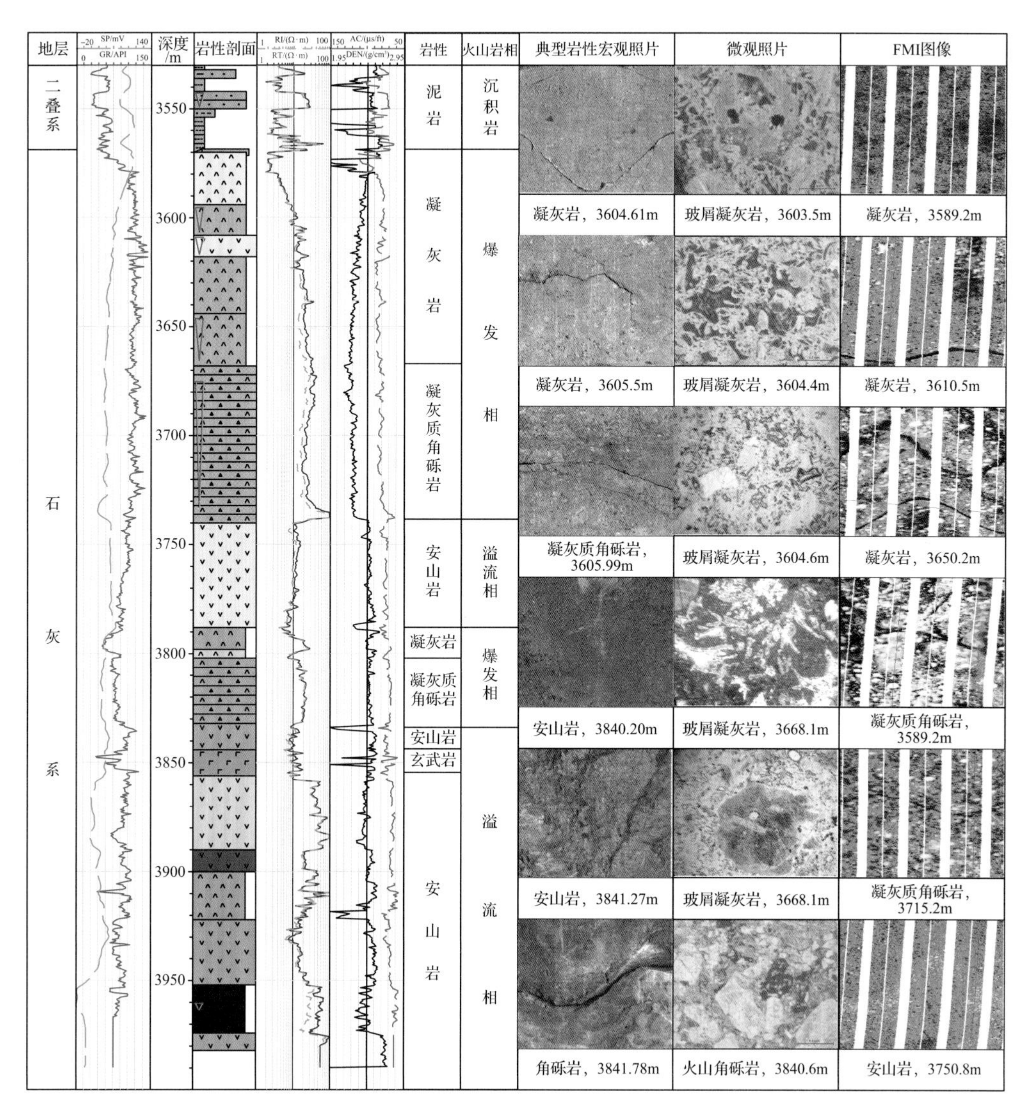

图 3.10　DX14 井单井综合柱状图

3. DX18 井单井相分析

DX18 井位于陆东地区中部，钻揭石炭系厚度为 637m，从钻揭石炭系的岩性看，中上部为侵出相的花岗斑岩，底部为爆发相的凝灰岩与沉积岩（不等粒砂岩、砂砾岩等）互层。含油气层系位于花岗斑岩中。气层厚度达到 70m，其中在 3510～3530m，产油量为 26.93t/d，产气量为 $25\times10^3m^3/d$（图 3.11）。

4. DX10 井单井相分析

DX10 井位于陆东地区东部，钻揭石炭系 172.5m，从钻揭石炭系的岩性看，上部为爆发相的凝灰岩，顶部为沉积岩（泥岩），中部为溢流相的英安岩、流纹岩，下部为爆发相凝灰岩、溢流相安山岩，该井的岩性变化非常快，表现为纵向上从下到上，出现中性、酸性、中酸

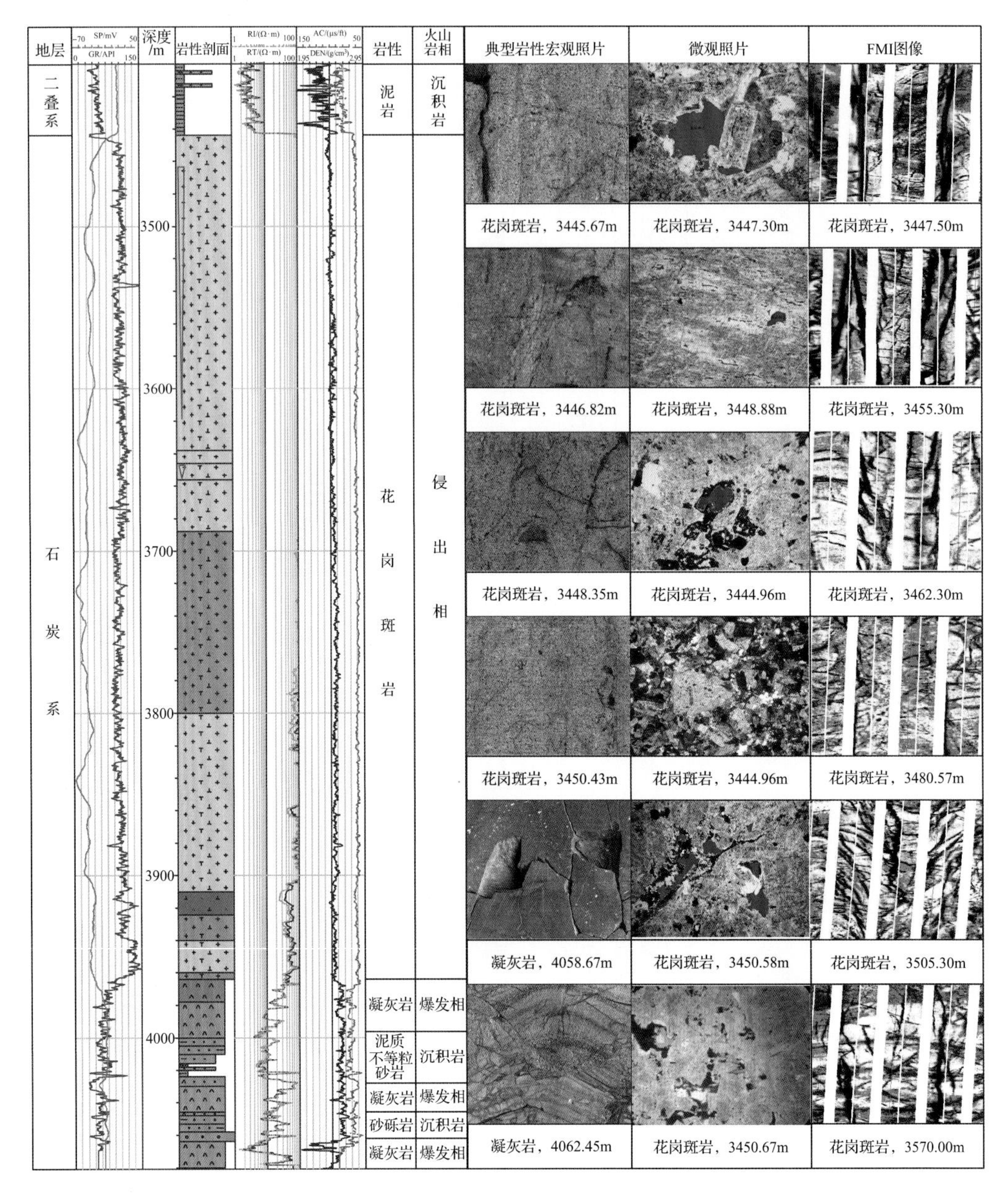

图 3.11　DX18 井单井综合柱状图

性火山岩，夹有爆发相凝灰岩，顶部还出现泥岩。含油气层系位于中部溢流相的英安岩和流纹岩中。其中在 2014～2048m，产气量为 $20\times10^3m^3/d$；在 3070～2048m，产气量为 $12\times10^3m^3/d$，产油量为 4.05t/d(图 3.12)。

5. DX20 井单井相分析

DX20 井位于陆东地区中东部，DX18 井东面、DX10 井西北面，钻揭石炭系 1107m，是研究区钻揭石炭系深度最大的探井。从钻揭石炭系的岩性看，上部为火山岩，包括薄层爆发相火山角砾岩、薄层侵出相花岗岩，厚层溢流相安山岩、爆发相凝灰岩；中部为沉积岩，

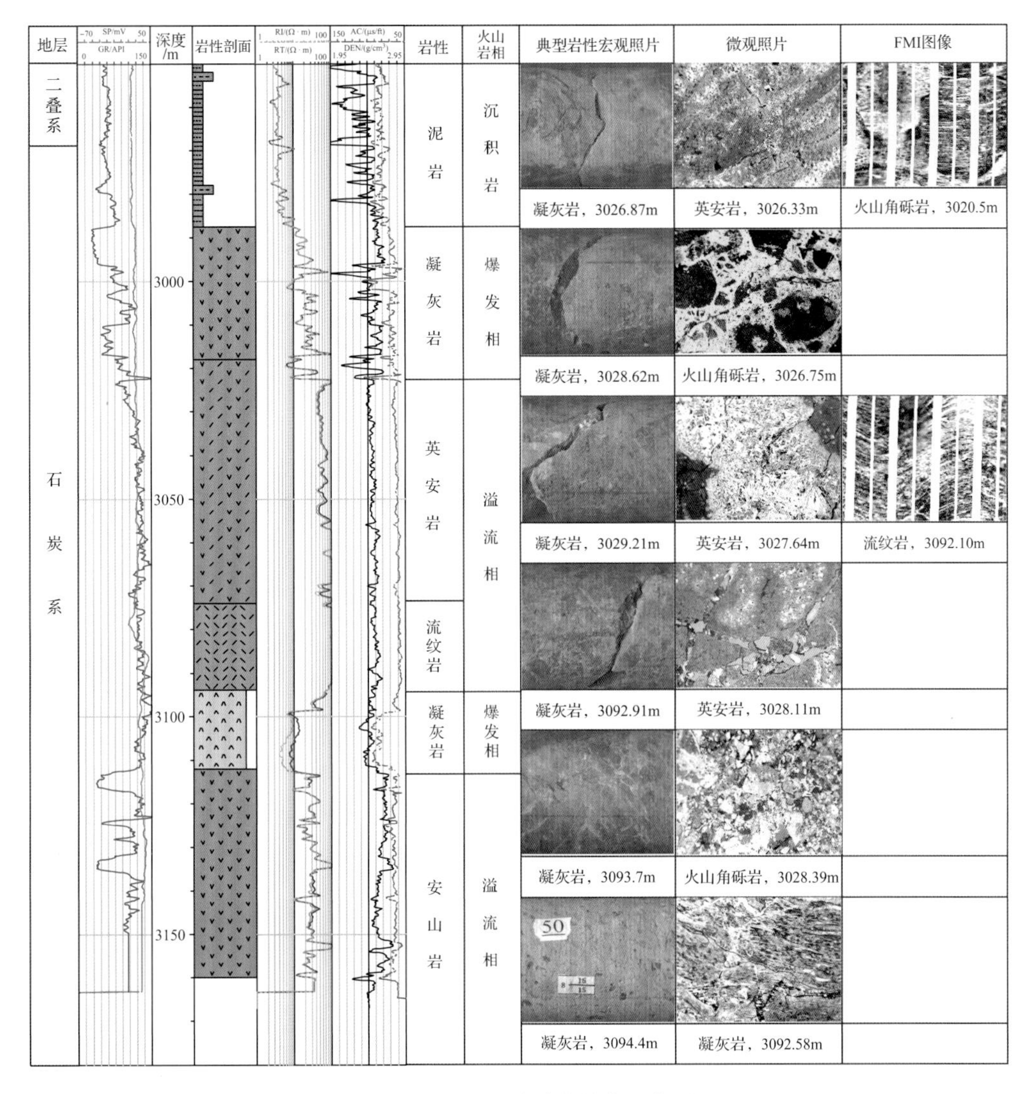

图 3.12　DX10 井单井综合柱状图

包括凝灰质细砂岩、凝灰质砂砾岩；下部为溢流相安山岩、玄武岩与凝灰质砂砾岩互层（图 3.13）。

前文已经交代，研究区石炭系天然气藏主要由四个气田组成，由西向东依次为：滴西 17 井区、滴西 14 井区、滴西 18 井区、滴西 10 井区。从上述单井相的讨论可以看出不同气田的含气层储层岩性不同：滴西 17 井区以玄武岩和安山岩为主；滴西 14 井区以火山角砾岩和凝灰岩为主；滴西 18 井区以花岗斑岩为主；滴西 10 井区以流纹岩和英安岩为主。进一步说明陆东地区石炭系火山岩气藏的储层岩石类型非常复杂。

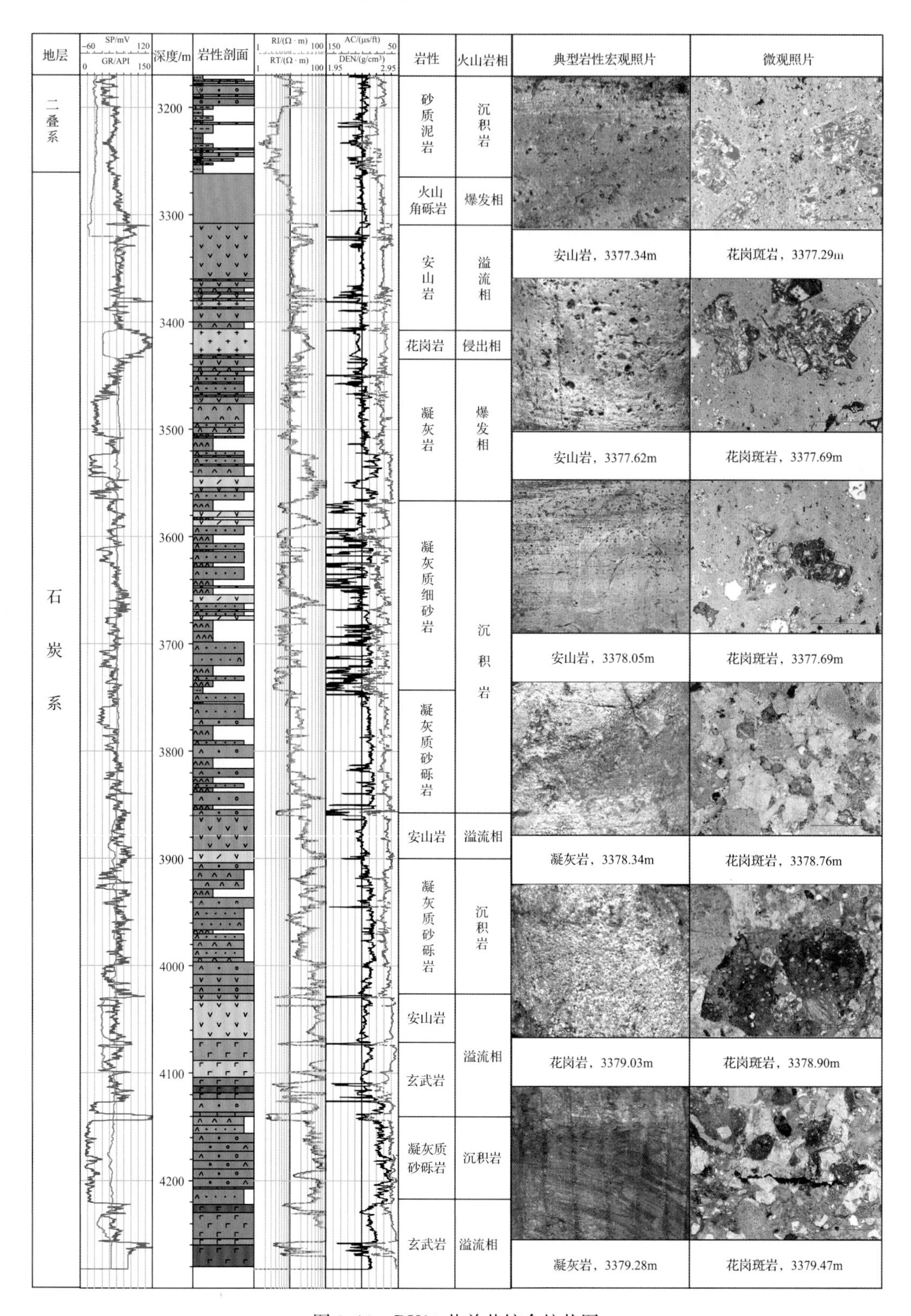

图 3.13　DX20 井单井综合柱状图

第三节 陆东地区石炭系空间展布规律

一、火山岩剖面分布特征

在单井火山岩岩相研究的基础上，结合测井、录井、地震资料，划分了研究区南北向三条、近东西向三条连井剖面的火山岩岩相(由于近东西向剖面太长，故分成了三条)，在横向及纵向上对研究区火山岩的分布进行了讨论，在此基础上，对研究区火山岩平面展布特征进行了讨论，并结合火山岩喷发序列特征，建立研究区火山岩喷发模式。剖面位置如图 3.14 所示。

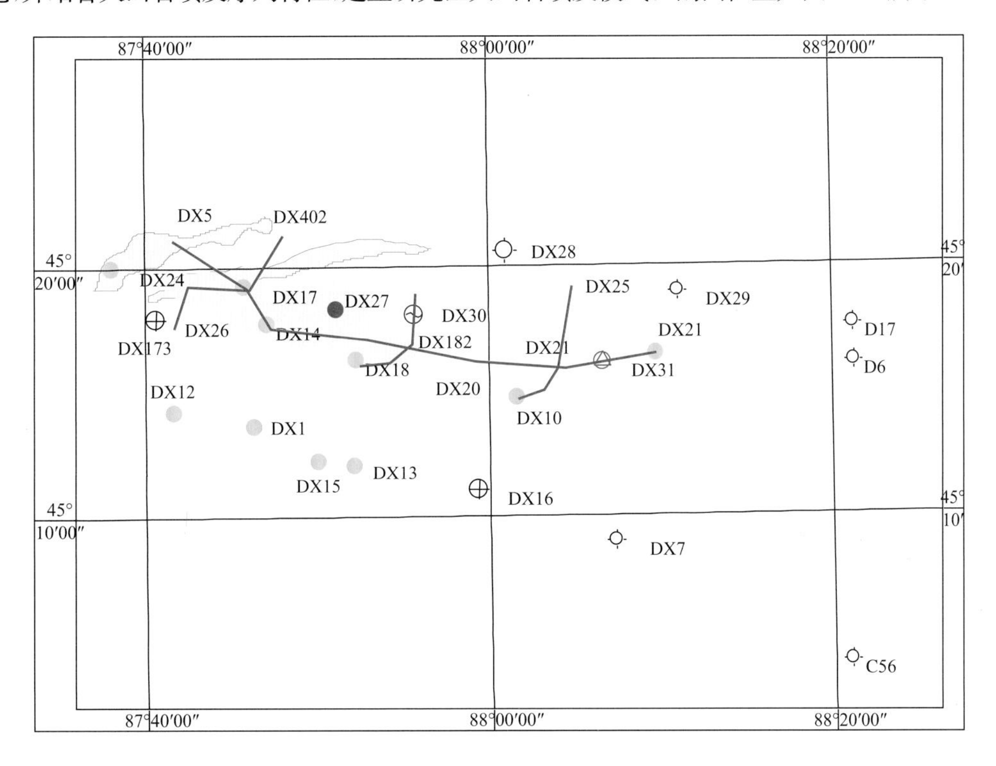

图 3.14 滴西地区连井剖面位置图

1. DX5 井—DX17 井—DX14 井连井剖面特征

该剖面位于研究区西北部，是近东西向剖面西段的部分。该剖面上，石炭系火山岩以凝灰岩、安山岩、火山角砾岩、玄武岩为主。剖面西端的 DX5 井下部发育安山岩，上部为凝灰岩夹火山角砾岩，该井未钻遇的深部主要发育凝灰岩、玄武岩、安山岩；剖面中间的 DX17 井下部主要发育霏细岩，中部主要为凝灰岩，上部发育玄武岩；剖面东端的 DX14 井下部、中部为安山岩和火山角砾岩互层，上部发育凝灰岩(图 3.15)。

2. DX14 井—DX182 井—DX20 井连井剖面特征

该剖面位于研究区西北部，是近东西向剖面中段的部分。该剖面上，石炭系火山岩以火山角砾岩、凝灰岩、安山岩为主，另外还有大量砂岩。剖面西端的 DX14 井前面已有讨论；剖面中间的 DX182 井中下部发育火山角砾岩，中上部为火山角砾岩夹花岗岩、二长岩，顶部发育薄层凝灰岩；剖面东段的DX20井下部为安山岩、玄武岩、砂岩互层，中部为砂岩，上部为凝灰岩、安山岩，还见有少量花岗岩、火山角砾岩(图3.16)。

3. DX20井—D102井—DX21井连井剖面特征

该剖面位于研究区西北部，是近东西向剖面东段的部分。该剖面上，石炭系火山岩以凝灰岩、流纹岩、霏细岩、安山岩为主，另外还发育砂岩。剖面西端的DX20井前面已有讨论；剖面中间的DX102井下部为凝灰岩夹霏细岩，上部为凝灰岩较流纹岩，该井为钻遇的深部还发育砂岩；剖面东段的DX21井下部为霏细岩、花岗岩，上部为玄武岩夹花岗岩(图3.17)。

4. DX173井—D401井—DX17井—D402井连井剖面特征

该剖面位于研究区西北部，是近南北向的剖面。该剖面上，石炭系火山岩以凝灰岩、安山岩、玄武岩、沉凝灰岩为主。沿剖面从南向北，各个井发育的岩性不尽相同。DX173井中下部发育沉凝灰岩，中上部发育玄武岩、安山岩，夹薄层沉凝灰岩，该井未钻遇的深部主要发育凝灰岩、安山岩；D401井下部为凝灰岩夹薄层安山岩、火山角砾岩及砂岩，中部为凝灰岩夹安山岩，上部主要为沉凝灰岩，见薄层安山岩、凝灰岩；DX17井下部主要为霏细岩，中部发育凝灰岩，上部发育玄武岩；D402井下部发育玄武岩，中部为凝灰岩、火山角砾岩、泥岩互层，上部为玄武岩、砂岩、泥岩互层(图3.18)。

5. DX8井—DX181井—DX182井—DX18井连井剖面特征

该剖面位于研究区中西部，是近南北向的剖面。该剖面上，石炭系火山岩以火山角砾岩、花岗岩、凝灰岩、沉凝灰岩为主。沿剖面从北到南，各个井发育的岩性不尽相同。DX8井下部主要为沉凝灰岩夹凝灰岩，上部为沉凝灰岩夹砂岩，顶部发育熔结凝灰岩；DX181井下部主要为沉凝灰岩、凝灰岩互层，上部为沉凝灰岩、砂岩互层，顶部发育玄武岩；DX182井中部为火山角砾岩，中上部为火山角砾岩与二长岩互层，夹薄层花岗岩，顶部发育沉凝灰岩；DX18井底部发育凝灰岩，其他井段发育花岗岩(图3.19)。

6. DX25井—D101井—D102井—DX10井石炭系连井剖面特征

该剖面位于研究区中部，是近南北向的剖面。该剖面上，石炭系火山岩主要是凝灰岩，还有少量火山角砾岩、花岗岩、安山岩、英安岩。沿剖面从北到南，各个井发育的岩性不尽相同。DX25井主要为凝灰岩，下部夹有薄层砂岩，中部夹有薄层安山岩、玄武岩；D101井主要为凝灰岩，仅在中部和上部夹有薄层安山岩，该井未钻遇的深部主要是火山角砾岩、凝灰岩；D102井下部为凝灰岩夹流纹岩，中部和上部为凝灰岩夹花岗岩；DX10井下部为安山岩，中部和上部为凝灰岩夹流纹岩、英安岩(图3.20)。

在研究区东西向地震长剖面上，根据地震反射特征及上述连井剖面特征，识别了火山岩的在纵向上的分布。从DX5井—DX17井—DX14井—DX18井—DX20井—DX10井—D102井—D101井—DX21井地震剖面上可以看到，该剖面的西部DX5井一带，主要发育中基性的玄武岩和安山岩；DX17井一带，主要发育酸性流纹岩、霏细岩及凝灰岩；DX18井一带主要发育酸性的花岗岩；DX20井一带，主要发育中基性的玄武岩、安山岩，夹有沉积岩；DX10井一带，主要发育酸性的花岗岩、流纹岩；DX21井一带，下部发育酸性流纹岩，上部发育基性玄武岩(图3.21)。

结合地震剖面上火山岩的分布特征及单井火山岩性、剖面火山岩岩性(相)分布研究，绘制了DX24井—DX5井—DX171井—DX17井—D401井—DX14井—DX18井—

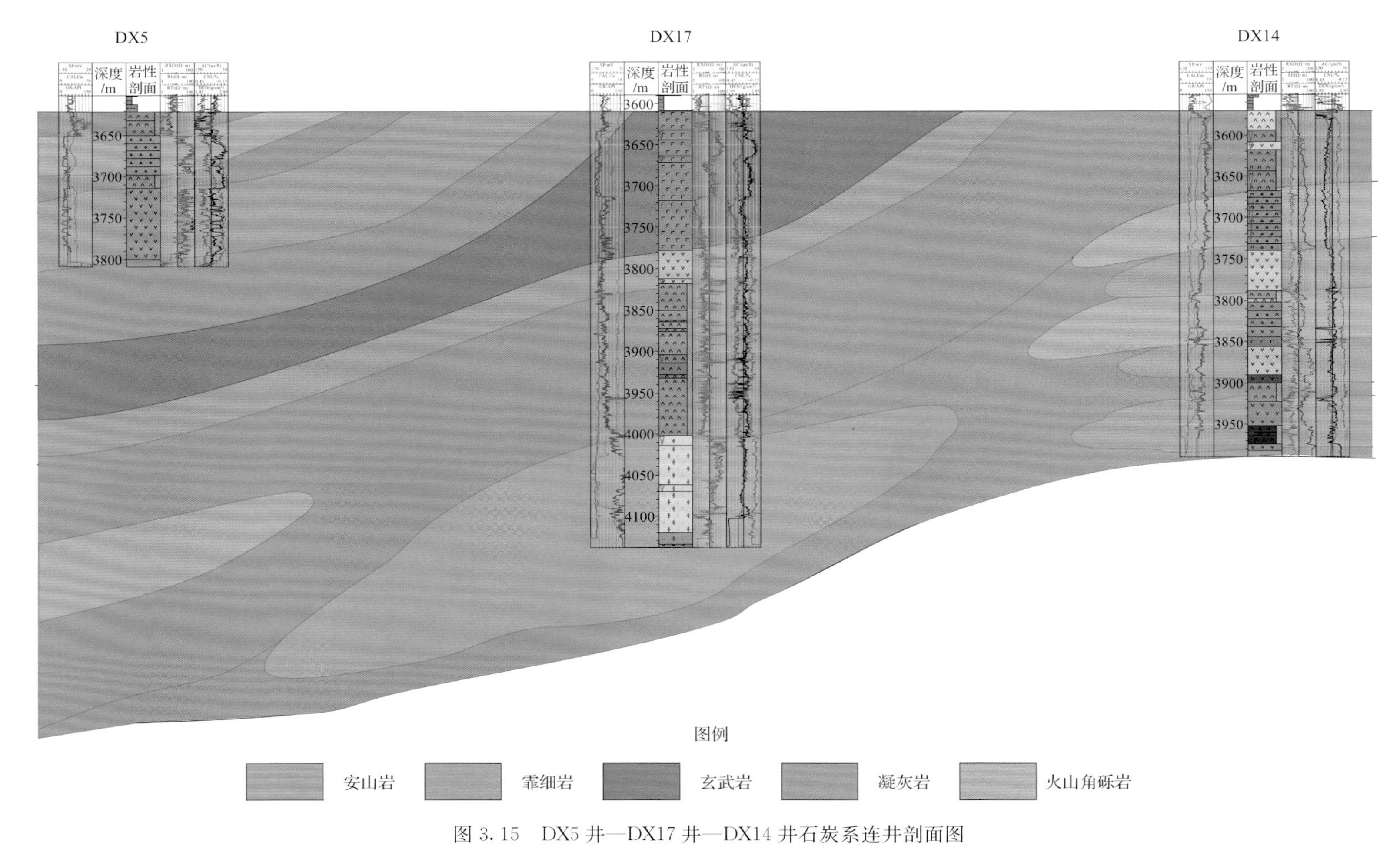

图 3.15　DX5 井—DX17 井—DX14 井石炭系连井剖面图

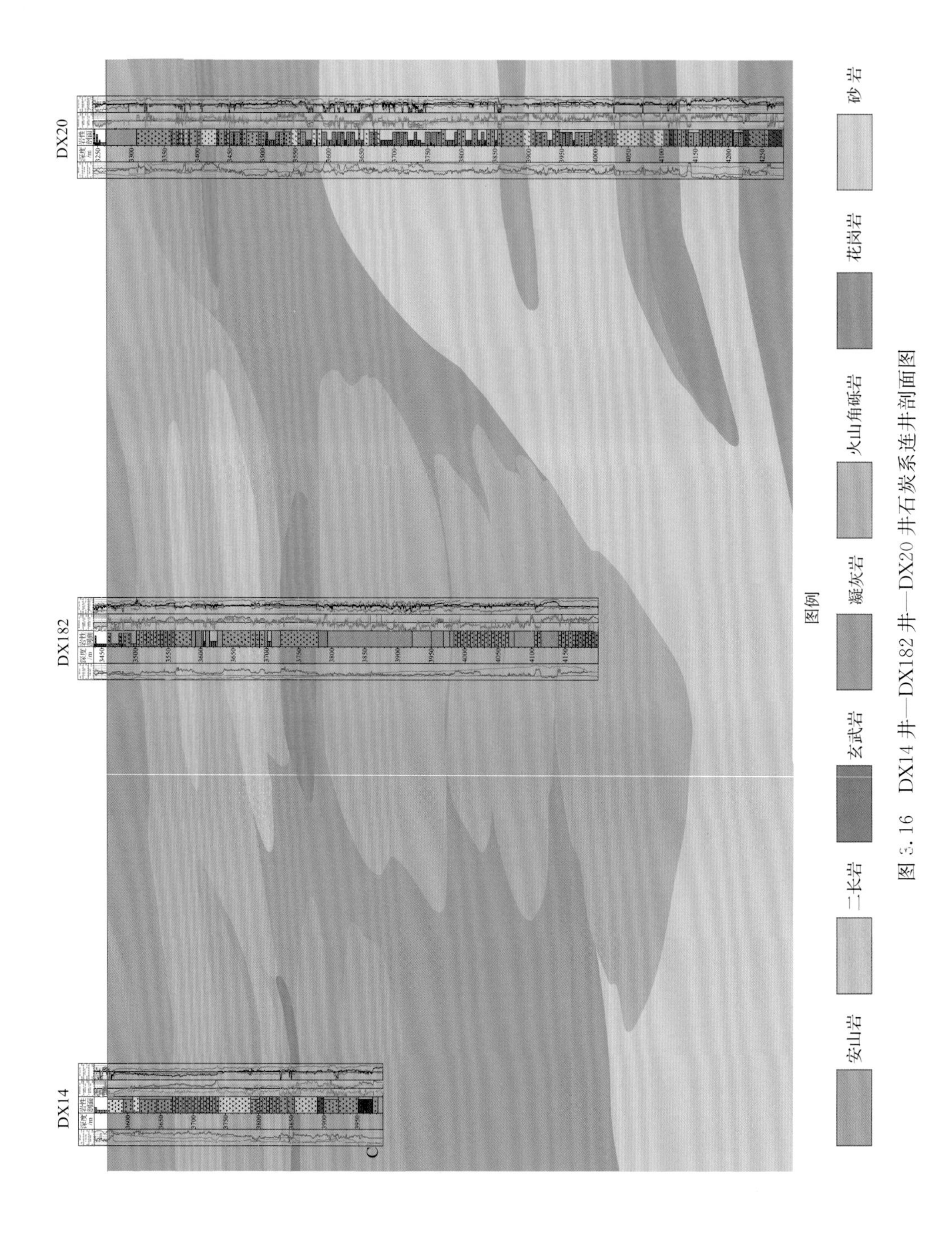

图 3.16　DX14 井—DX182 井—DX20 井石炭系连井剖面图

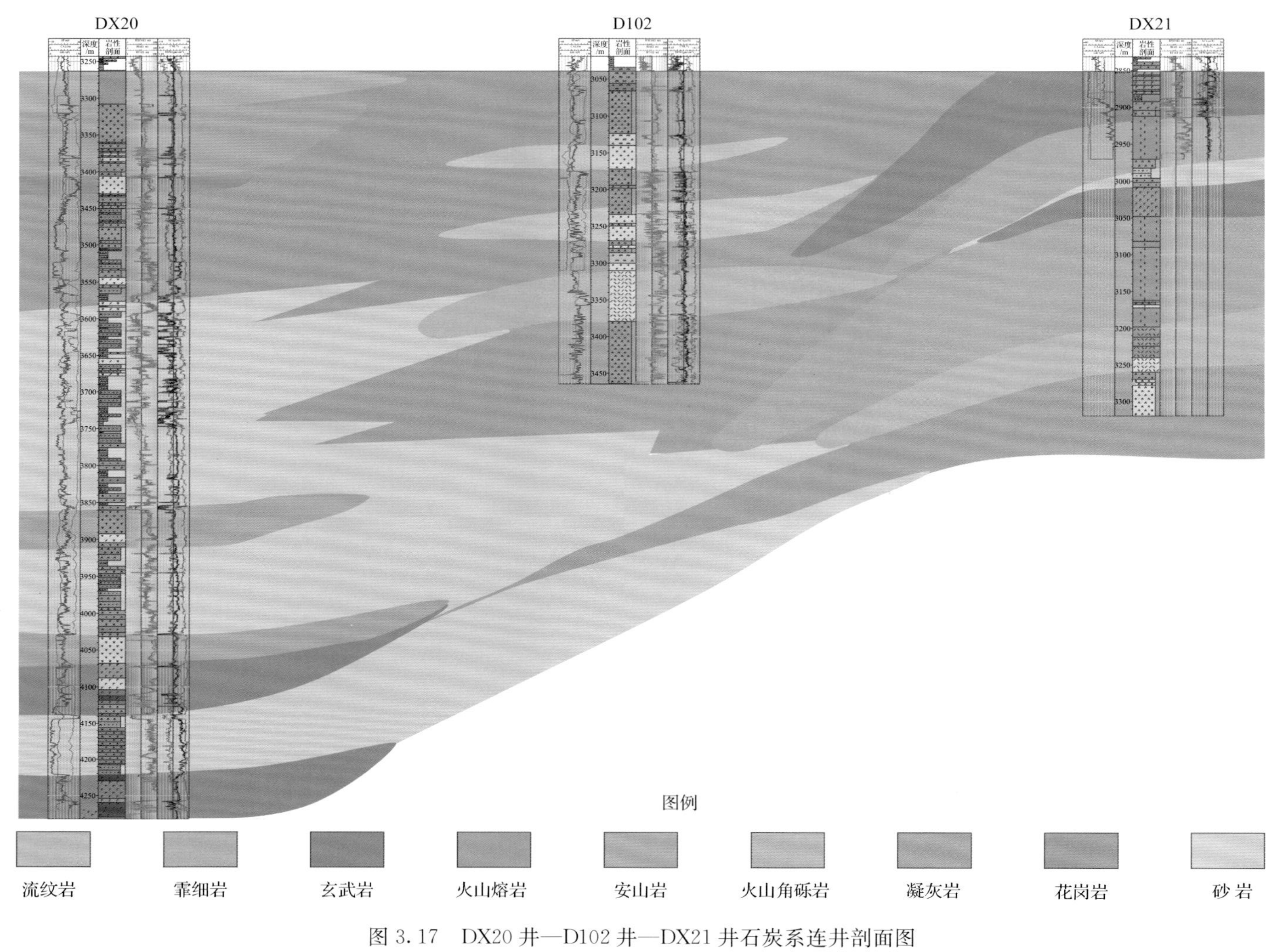

图 3.17　DX20 井—D102 井—DX21 井石炭系连井剖面图

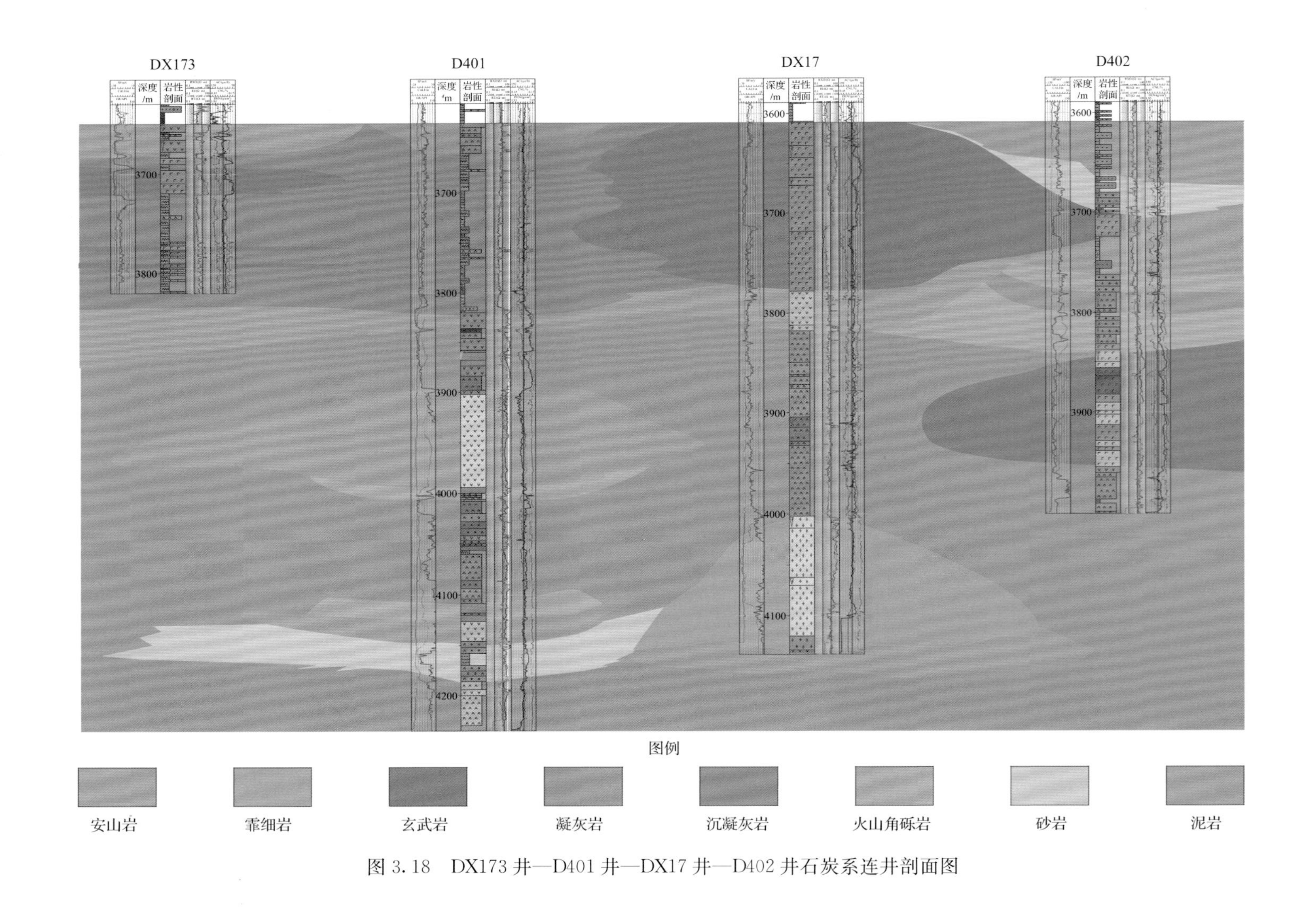

图 3.18　DX173 井—D401 井—DX17 井—D402 井石炭系连井剖面图

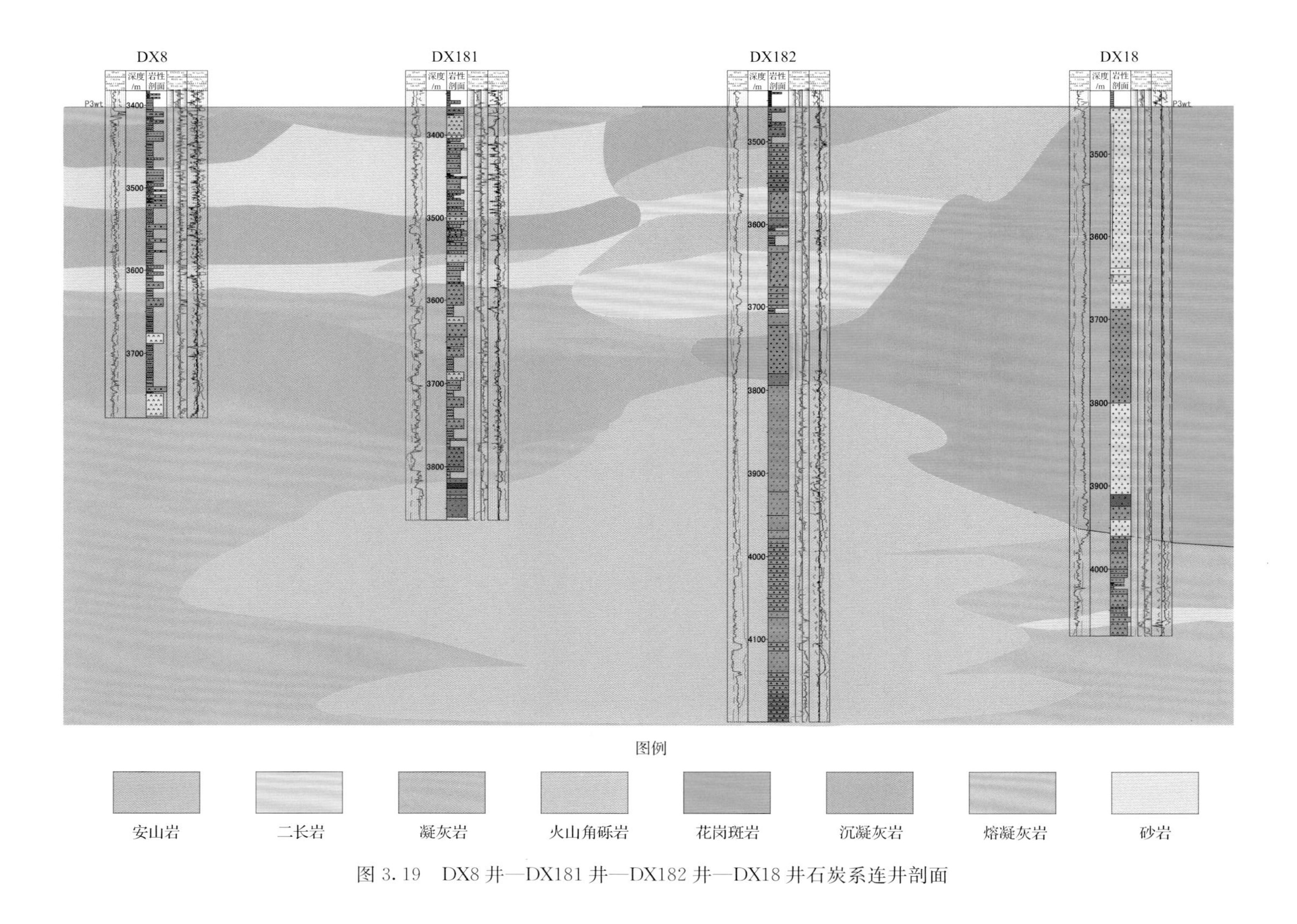

图 3.19　DX8 井—DX181 井—DX182 井—DX18 井石炭系连井剖面

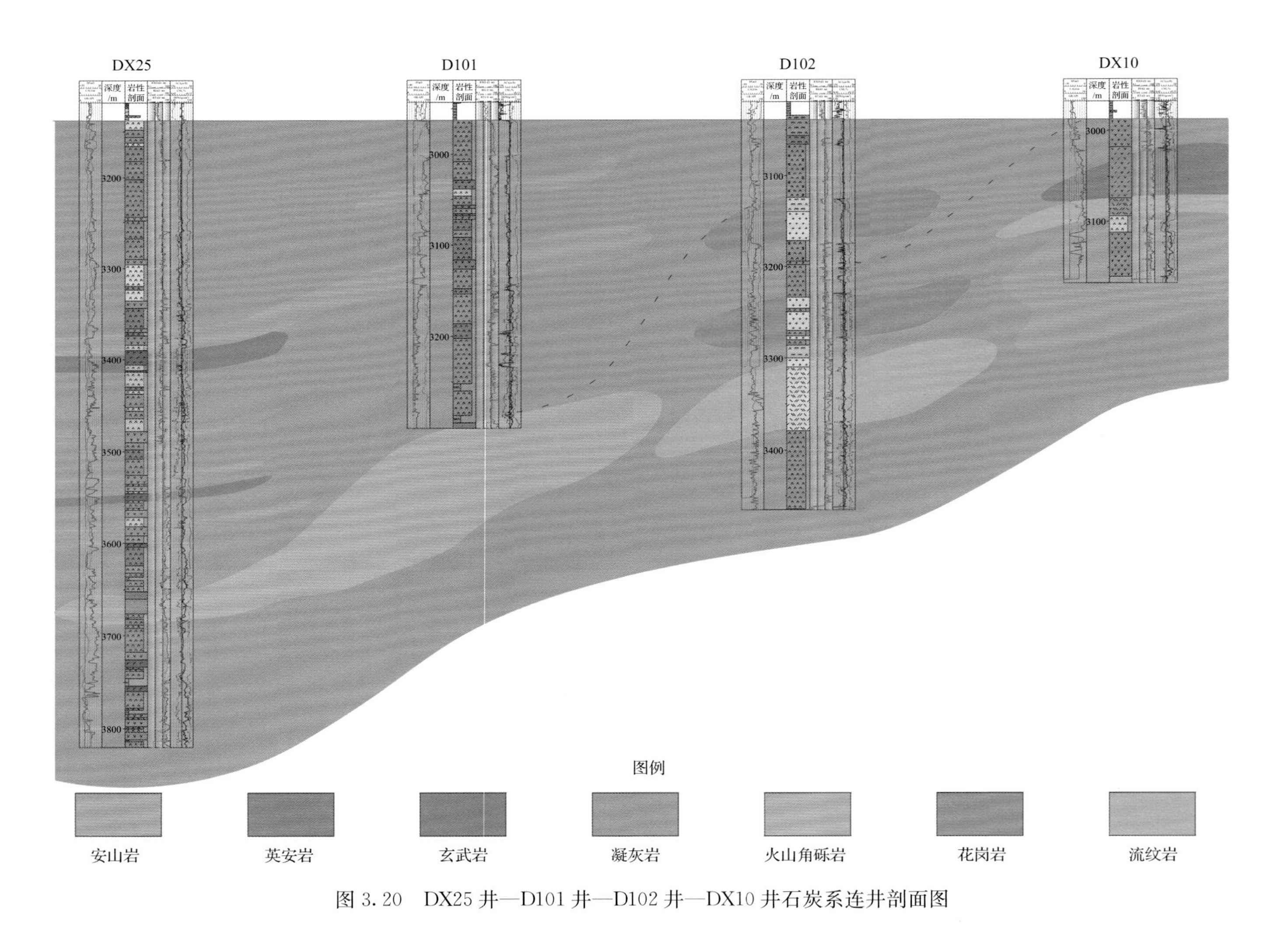

图 3.20　DX25 井—D101 井—D102 井—DX10 井石炭系连井剖面图

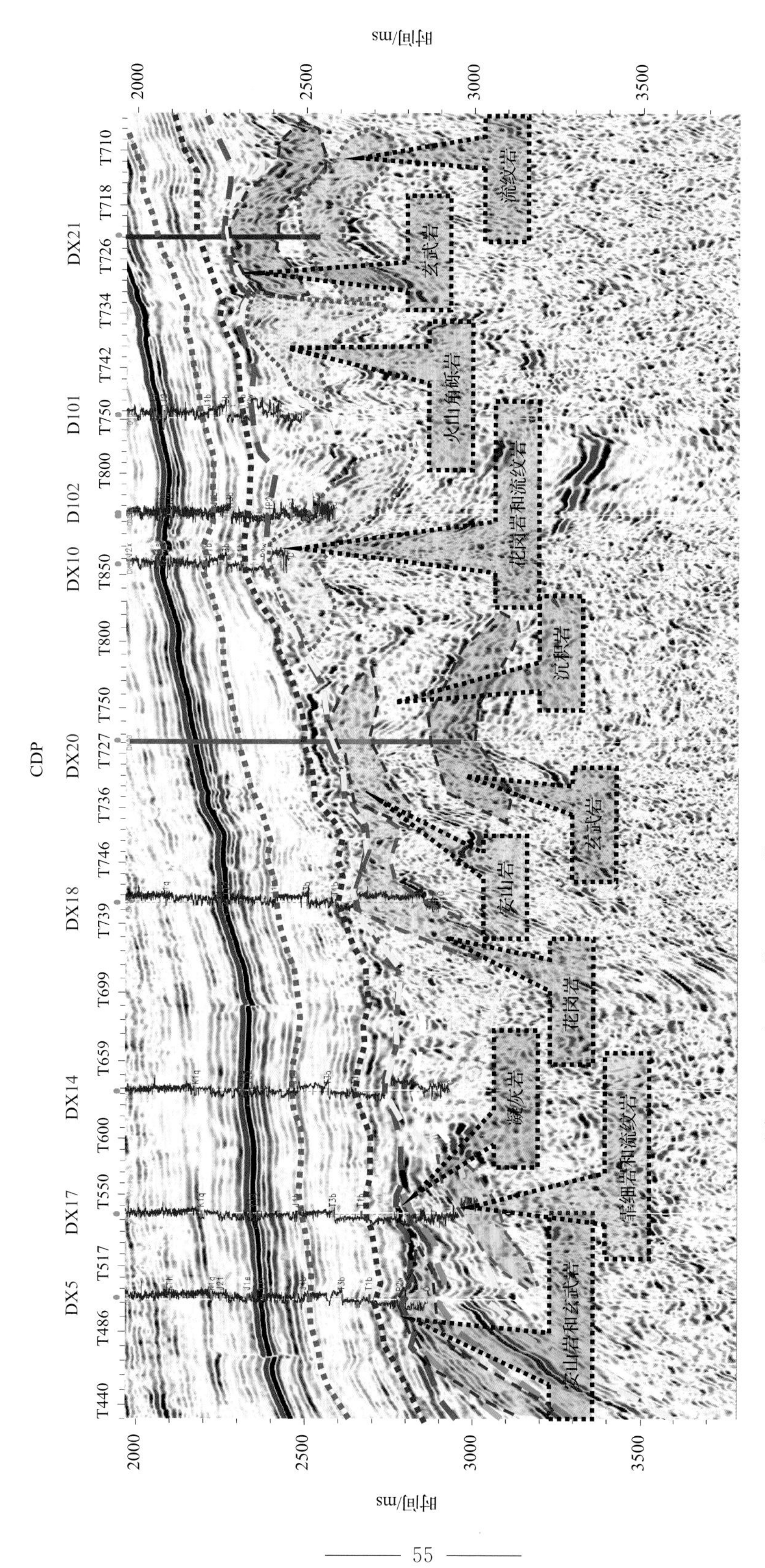

图3.21　过DX5井—DX17井—DX14井—DX18井—DX20井—DX10井—D102井—D101井—DX21井地震剖面

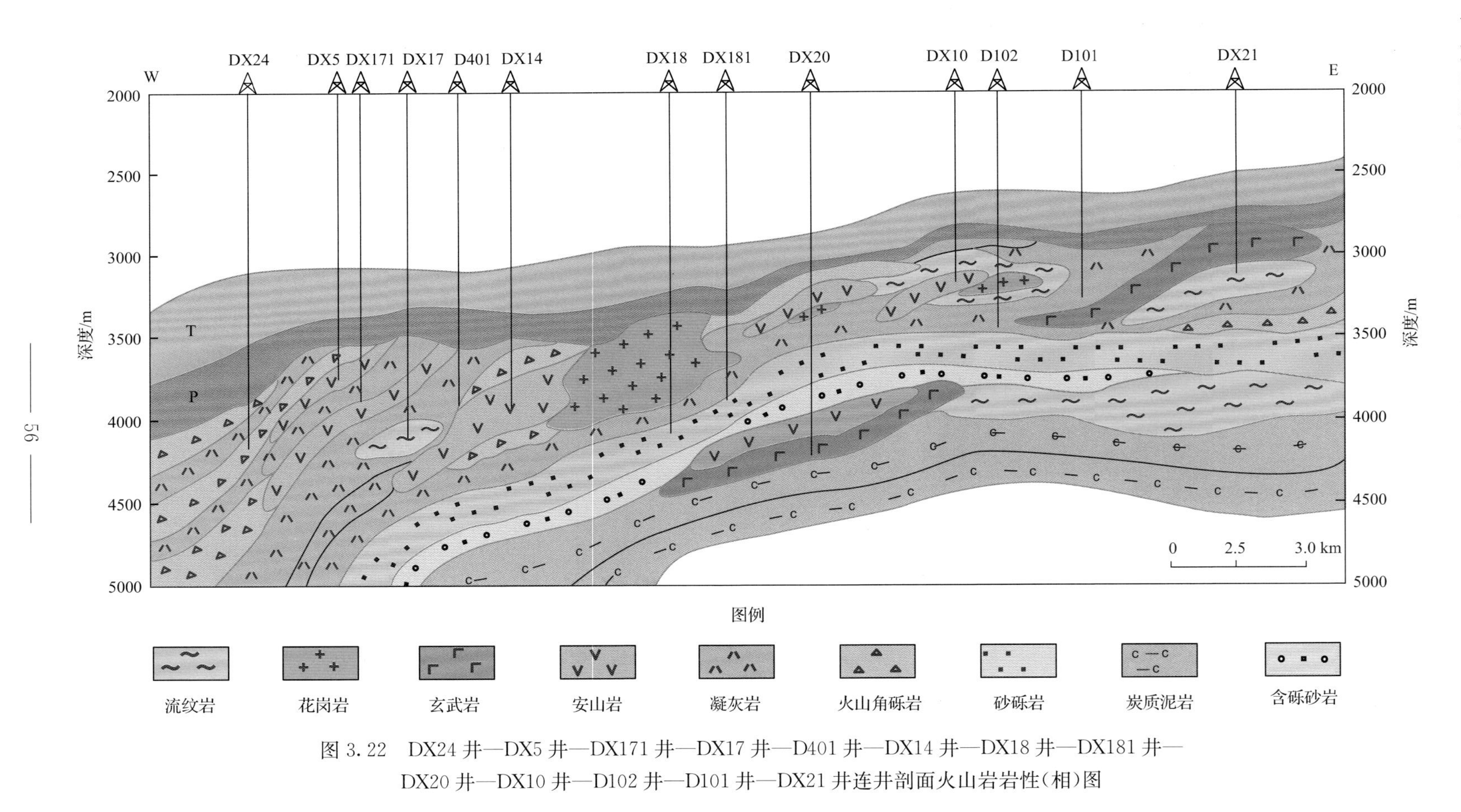

图 3.22 DX24 井—DX5 井—DX171 井—DX17 井—D401 井—DX14 井—DX18 井—DX181 井—DX20 井—DX10 井—D102 井—D101 井—DX21 井连井剖面火山岩岩性(相)图

DX181井—DX20井—DX10井—D102井—D101井—DX21井东西向连井剖面火山岩岩性(相)图(图3.22)。从该剖面上可以看到,研究区西部主要发育凝灰岩、火山角砾岩、安山岩;中部主要发育凝灰岩、安山岩、花岗岩、玄武岩;东部主要发育凝灰岩、安山岩、玄武岩、流纹岩、火山角砾岩;在中东部,未钻遇的深部,还发育砂砾岩、泥岩等沉积岩。

二、火山岩平面分布特征

在上述研究的基础上,编制了陆东地区石炭系顶面火山岩岩性(相)平面分布图(图3.23)。综合研究区火山岩的单井岩相特征、剖面岩相特征及平面岩性(相)分布特征,可以认为,陆东地区石炭系(主要是上石炭统)火山岩储层岩石类型多样,除了基性火山岩、中性火山岩、酸性火山岩外,还发育有火山岩角砾岩、酸性侵入岩。陆东地区石炭系火山岩喷发期次具有基性与酸性火山岩交替、多期喷发的特点,其中夹有多层火山角砾岩和凝灰岩,并有酸性侵入岩(花岗斑岩)分布;晚石炭统火山岩与火山碎屑岩及沉积岩(砂岩、粉砂岩和泥岩等)交互沉积,没有明显的火山岩的喷发序列或喷发旋回特征。从平面图上可以看到,凝灰岩在研究区大面积分布,范围非常广,是最主要的岩石类型;其次是砂泥岩及凝灰质砂泥岩,在研究区北部,主要呈北西西—南东东向条带状分布,在研究区中南部分布广于北部,主要呈近东西向条带状分布;中性火山岩在研究区北部分布范围较广,主要呈条带状分布于凝灰质砂泥岩附近,在研究区南部主要呈团块状分布;基性火山岩分布

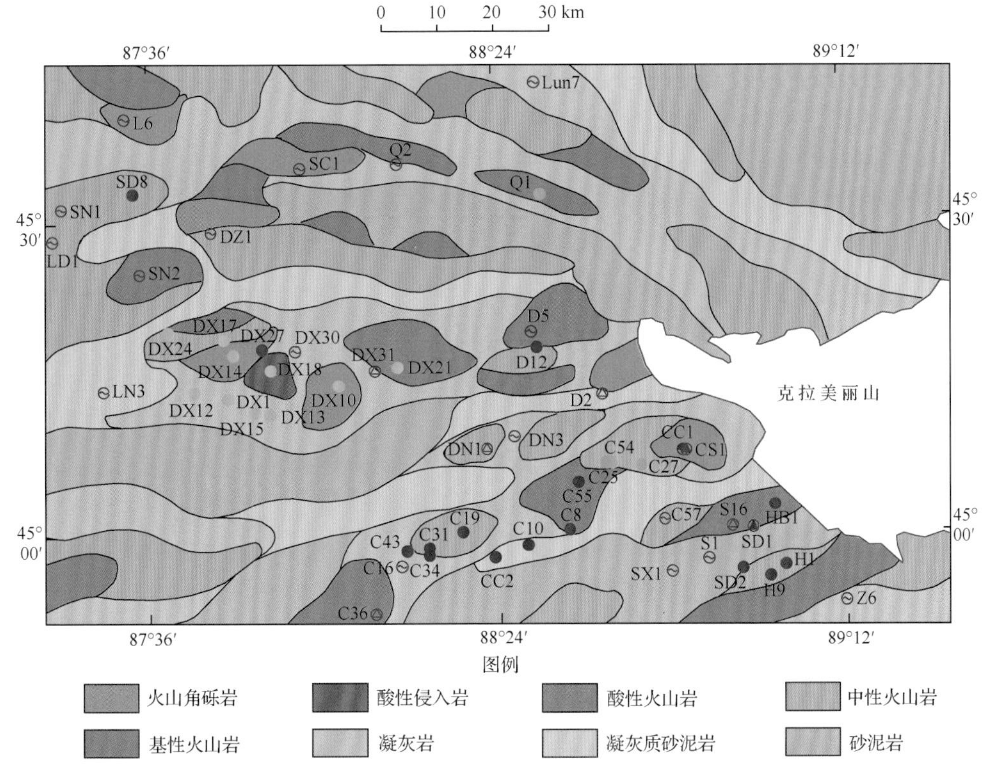

图3.23　滴西地区石炭系顶面火山岩岩性(相)平面分布图

范围较小，呈团块状分布于研究区北部及南部，中部较少；火山角砾岩主要分布于研究区西北部及中部地区，呈团块状；酸性火山岩和酸性侵入岩分布范围有限，前者主要分布于研究区中部 DX21 井、D5 井一带，后者主要分布于 DX18 井一带（秦志军等，2016）。

第四节　火山岩喷发序列及喷发相模式

石炭系巴山组火山岩在东准噶尔克拉美丽构造带广泛分布，其建组地点位于克拉美丽缝合带以南的巴塔玛依内山附近，向北东可延至纸房南东至巴里坤煤矿一带。它角度不整合于松喀尔苏组之上，甚至超覆在上泥盆统和克拉美丽混杂岩带之上。不同地区该套火山岩出露特征存在差异（朱志新等，2005）。在建组剖面的巴塔玛依山附近，火山岩以中性-中基性的安山玢岩、玄武玢岩为主，夹大量的酸性霏细岩、珍珠岩及火山碎屑岩。在克拉美丽造山带北侧的开仁托让格则以霏细岩及酸性火山碎屑岩为主，夹安山玢岩等。在北塔山主要以安山玢岩、杏仁状辉石安山玢岩为主，夹大量炭质粉砂岩及砂岩夹层。但鉴于盆地内部火山岩分布异常复杂，不同地区岩性岩相组合差别较明显，火山岩发育时空序列的研究非常有限，而且当前研究主要针对克拉美丽造山带露头剖面或盆地内少数钻井，本此研究通过井间岩性岩相对比建立陆东地区巴山组火山岩喷发时空序列和喷发相模式，并结合井-震识别研究火山岩空间分布特征，探讨其对石炭系“自生自储”油气藏地质发育的控制作用。

一、火山喷发旋回及空间对比

一个喷发旋回往往是由多个不同的喷发活动叠合而成的，每一期喷发活动，称之为喷发期次。一次火山喷发旋回所形成的岩石类型、岩相类型及组合序列、火山喷发的作用方式、火山作用构造格局及同位素年龄等均有其自身的独特性。通过对这些火山活动的代表性特征分析，本书基于“旋回—期次—岩相”三级陆相火山岩地层单位进行陆东地区火山岩填充旋回划分，重建火山岩喷发时空序列。其中的火山旋回是指同一旋回期间内所形成的不同火山机构的组合，岩相对应于单一火山喷发类型的产物（黄玉龙等，2010）。

通常两期火山活动之间的火山活动宁静期所形成的特定的地质现象可以用来标定火山岩喷发旋回期次的界限，如火山岩风化壳和原地滞留沉积、火山岩体内的沉积夹层、火山灰层、含外碎屑的熔岩层底部的角砾熔岩等。陆东地区火山活动沿断裂呈串珠-中心式分布（杨辉等，2009；谭佳奕等，2010），但同一次火山脉冲在火山机构的不同位置表现出的岩性-岩相组合方式也不尽相同，近火山口地区呈溢流相与火山沉积相组合，火山通道由爆发相的火山角砾岩和凝灰岩组成，远离火山口区域表现为爆发相的火山角砾岩、凝灰岩和火山沉积相组合。

相对而言火山口远端爆发相与火山沉积相具有较完整旋回记录，因此本书在对研究区主要火山岩年龄研究的基础上（图 3.24，其中白碱沟、帐篷沟、巴塔玛依山三组样品为克拉美丽山前露头样品，其他为井下样品），选用 DX20 井和 C28 井分别重建滴西和五彩湾两个地区火山喷发旋回，其中火山沉积相（沉凝灰岩、凝灰质砂砾岩、炭质泥岩）作为代表一个旋回或期次结束，近火山口地区溢流相为火山活动晚期产物，但对于火山口远端地区溢流相(玄武岩和安山岩)和喷发相则均代表了火山活动开始。

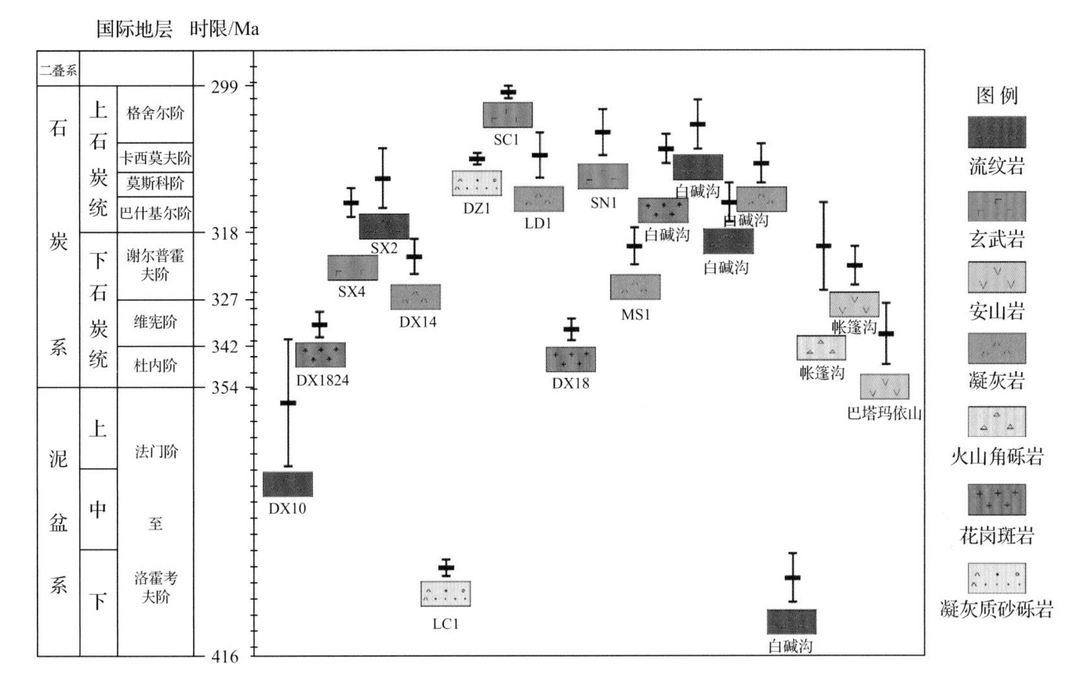

图 3.24　准噶尔盆地陆东地区火山岩年龄统计

(一) 滴西地区

基于DX20井钻揭资料,笔者认为滴西地区巴山组存在五个主要火山活动旋回,将这种旋回置于火山机构不同位置进行空间对比发现(图 3.25),火山喷发旋回特征在火山口或近火山口区域并不明显,如DX182井主要由爆发相火山角砾岩组成,其原因在于每一期火山活动不可避免破坏之前填充记录,但仍然可以根据其间的凝灰岩或凝灰质沉积物夹层进行旋回识别,并通过火山活动空间对比精细刻画各个旋回特征。

总体而言,在构造活动趋于稳定的背景下,火山活动逐渐减弱,单个火山旋回内火山活动频率减小,第4期火山活动结束后沉凝灰岩或炭质泥岩明显发育,D401井显示这一时期火山沉积厚达160m,同时作为火山通道DX182井在第四期和第五期均保留了沉凝灰岩;DX25井处于火山构造中-低位置,主要由凝灰岩和安山岩组成,其岩浆可能沿断裂溢流,爆发相-溢流相特征反映了火山脉冲频率,不难发现,前三个火山旋回均有较高火山脉冲频率,而第4和第5个旋回则明显减弱,反映了火山作用趋于缓和(图 3.26)。此外,陆-陆碰撞背景下的岩浆侵入在第4和第5个旋回形成花岗斑岩和二长岩,其时代晚于第5旋回且分布有限。

滴西地区存在多个火山中心,火山喷发以中心式喷发为主,并兼有裂隙式喷发特点,火山岩分布不受古生代造山带和现今构造单元影响,火山机构类型控制了火山岩岩相分布;多期和多火山中心喷发使爆发相凝灰岩和火山角砾岩成为区域内主要火山岩,研究区主要火山机构位于DX182井附近,火山中心以西的次火山机构可能以裂隙喷发为主,其

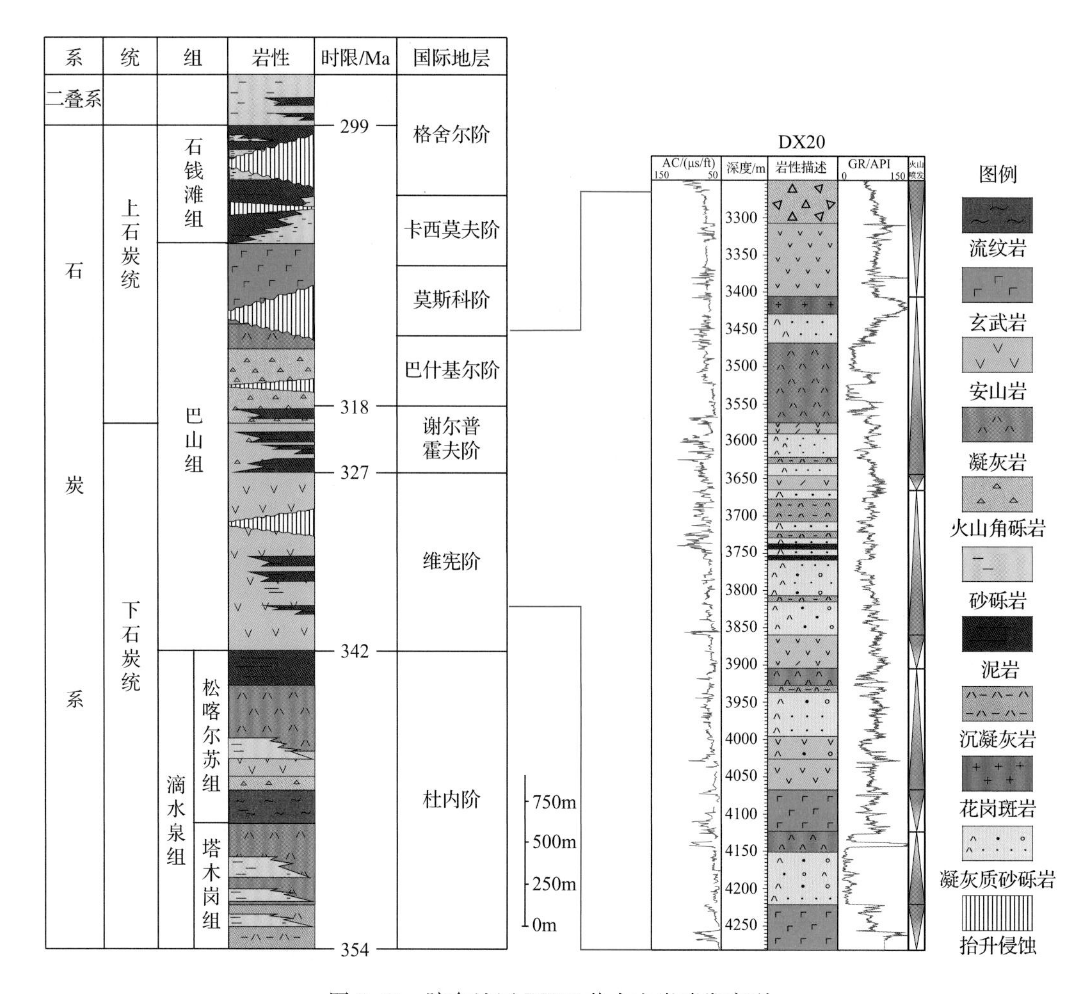

图 3.25 陆东地区 DX20 井火山岩喷发序列

火山活动相对较弱，发育中-基性安山岩和玄武岩，远离主火山机构的西北地区由于构造位置低缓，火山喷发后期沉积了巨厚在沉凝灰岩；而火山中心以东则存在数个小型火山口，发育有喷发相火山角砾岩和溢流相玄武岩或流纹岩。火山岩岩性-岩相对储层的影响广泛存在，火山机构中心区域爆发相火山角砾岩储层物性最好，其次为溢流相玄武岩或安山岩，相对而言，凝灰岩或沉凝灰岩物性较差。

（二）五彩湾地区

相对而言，五彩湾地区火山受后期构造抬升更加明显，钻遇的大部分火山岩地层不整合于上覆侏罗系地层。因此现今分布的火山岩时代更老，同时火山喷发过程水体分布范围也同陆东地区存在明显差异。基于 C28 井将五彩湾地区火山喷发划分为七个期次，鉴于选用的标准井位于火山机构较为平缓地带，火山喷发初期往往表现为溢流相安山岩和玄武岩，而火山喷发间歇期则主要发育凝灰岩或凝灰质沉积岩，其中第 3、4 周期火山间歇较短，火山机构不同位置对其记录存在差异，空间范围内追踪存在一定困难，因此将其间

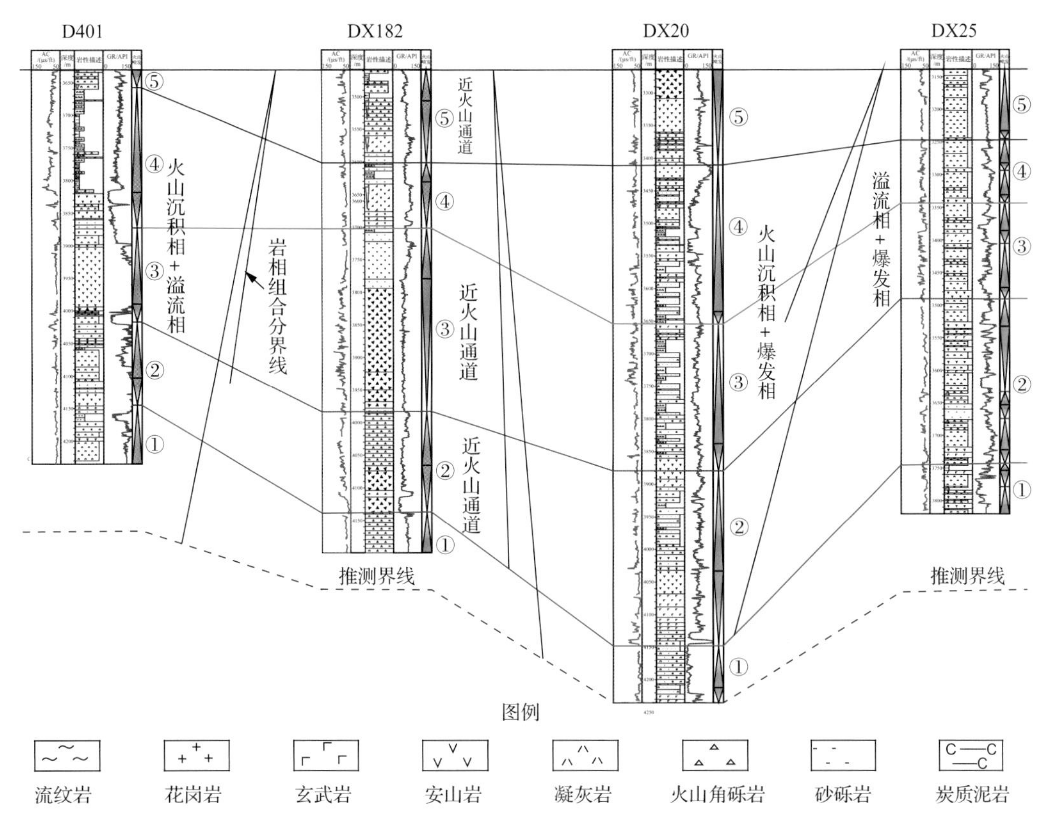

图 3.26　陆东地区火山岩喷发序列空间对比

两次喷发事件划分为一个事件进行空间对比(图 3.27)。

通过对 C57 井、C28 井、CC1 井和 C30 井对五彩地区火山岩序列空间分布进行对比(图 3.28),识别火山机构的分布特征及火山岩时空序列,探讨巴山组火山岩堆积早期构造及环境变化。事实上,尽管陆东地区火山岩空间分布异常复杂,但钻遇的火山岩分布却具有明显的规律,不同优势岩相背景下发育了各类岩相组合方式,反映了一次火山脉冲在火山岩机构不同位置迥异的记录方式。C57 井为爆发相火山角砾岩和溢流相玄武岩、安山岩组合方式,分别代表火山喷发早期和晚期产物,由于其位于火山机构较高部位,凝灰岩或凝灰质沉积岩难以发育或保存。CC1 井则反映了另一个火山机构(次火山机构)岩相组合方式,1~4 期主要为溢流相玄武岩,间歇期发育则发育爆发相凝灰岩,由于第 5 期火山喷发较为剧烈,发育爆发相火山角砾岩,进入第 6 期则演化为沉积岩。C30 井表现为沉积岩和爆发相火山岩,1~4 期凝灰岩(沉凝灰岩)和沉积岩分别代表了火山喷发期和间歇期岩性特征,而第 5 期则整个为爆发相火山角砾岩。值得注意是,五彩湾地区火山岩序列分布中表现出为爆发相火山角砾岩和沉积岩组合方式说明,这一时期火山活动具有明显水下喷发特征,并且部分水体深度可能远高于火山机构。

二、火山喷发相模式的建立

相对于现代火山活动,古生代火山事件通常具有持续时间长、影响区域广的特点,因

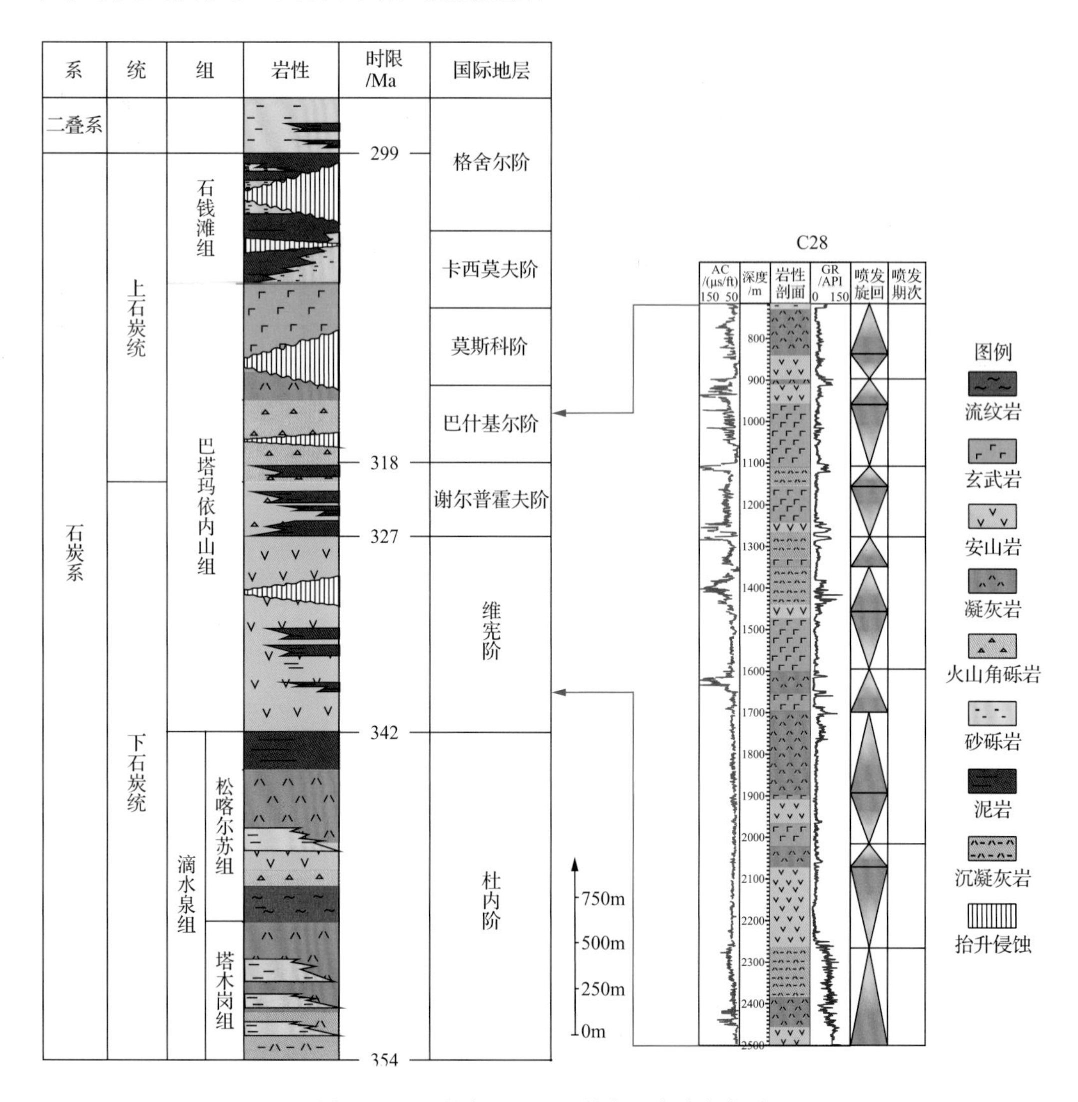

图 3.27　五彩湾地区 C28 井火山岩喷发序列

此空间范围内火山岩呈现出大火山岩省特征。陆东地区石炭纪火山喷发以中心式喷发为主，次级为火山口则呈串珠状沿断裂（大型裂隙）分布（杨辉等，2009；谭佳奕等，2010），一次火山事件过程，能量从火山机构中心向裂隙火山口逐渐减弱，但火山事件后期能量则主要集中于次级火山机构。此次研究通过对陆东地区火山岩分布详细刻画，对滴西和五彩湾地区火山喷发序列进行划分，同时利于地球物理手段对深部火山岩预测，结合火山岩地球化学和年代学资料，建立石炭纪期间火山喷发过程和火山喷发相模式。

（一）早石炭世杜内阶早期

经历了早古生代构造活动和一系列的热事件，早石炭世杜内阶陆东地区进入较为稳定构造环境，滴水泉组烃源岩有机地球化学特征表明该时期陆东地区甚至整个新疆北部广泛发育残余海或陆间海，水体自研究区西南（DX21 井至 CC2 井）向东北部乌伦古凹陷

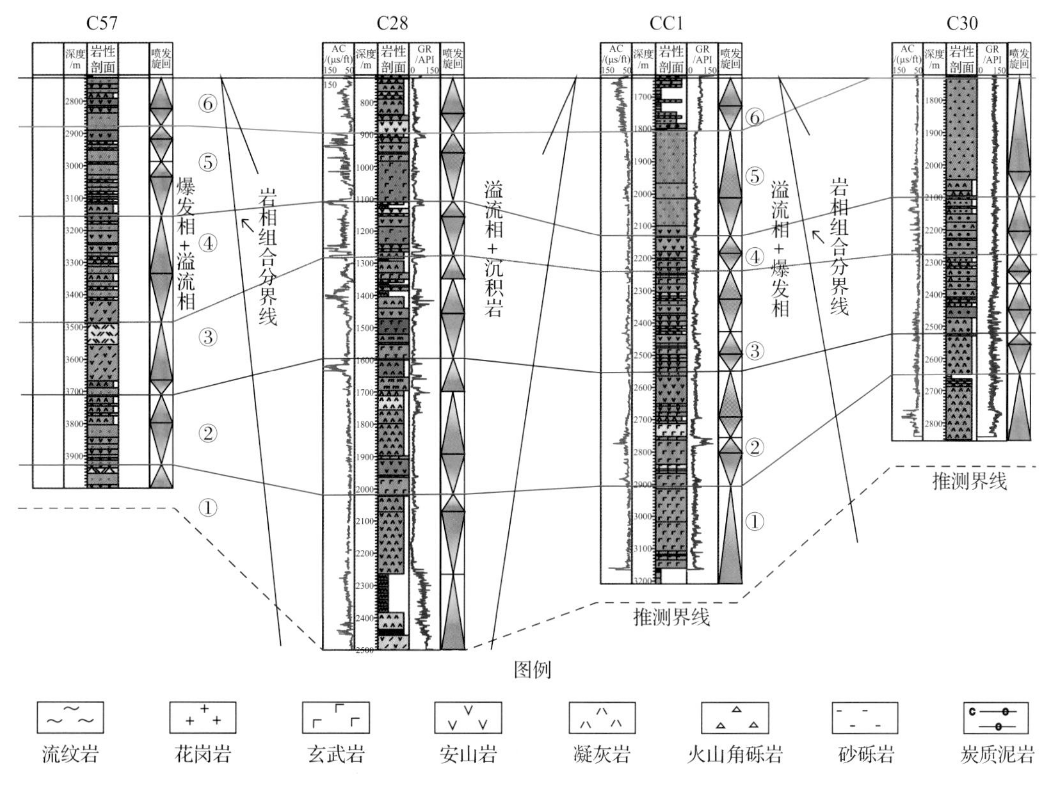

图 3.28　五彩湾地区火山岩喷发序列空间对比

(LC1 井)逐渐变深。杜内阶早期克拉美丽洋(古亚洲洋)逐渐趋于完全闭合,各类火山机构雏形初步形成,并偶尔发生一些规模较小的火山活动。陆东地区这一时期主要发育海陆过渡相的沉积相,火山岩分布范围有限,且主要为凝灰岩(乌伦古凹陷)和少量角砾岩(图 3.29)。

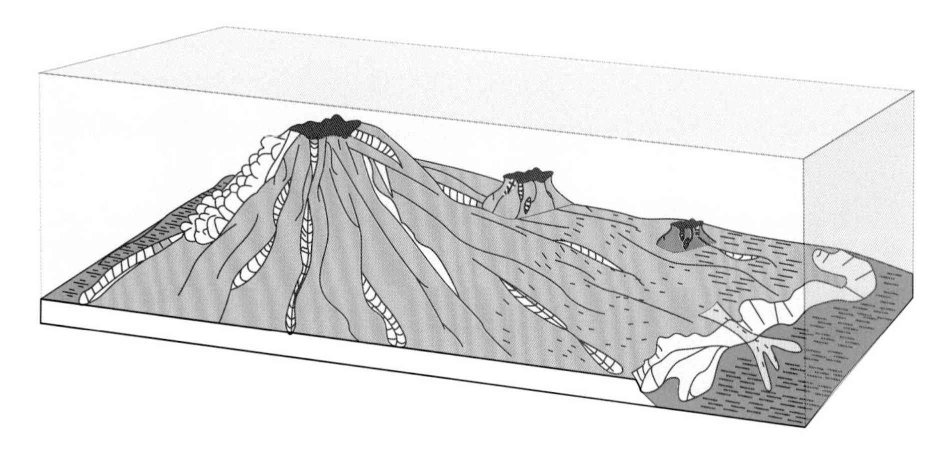

图 3.29　早石炭世杜内阶早期沉积模式

（二）早石炭世杜内阶中期

早石炭世杜内阶中期克拉美丽洋完全闭合，火山活动沿碰撞前沿带开始发育，尽管单次热事件仍然可能演化为剧烈火山喷发，但火山喷发的频率和范围相对有限。该时期火山活动表现为局限范围内的溢流相玄武岩和残余海环境中凝灰质砂岩或泥岩。由于火山喷发频率和范围限制，早石炭世杜内阶中期火山活动间歇期发育优质的滴水泉组烃源岩，受陆源有机质输入影响，其有机质类型为Ⅱ-Ⅲ型(图 3.30)。

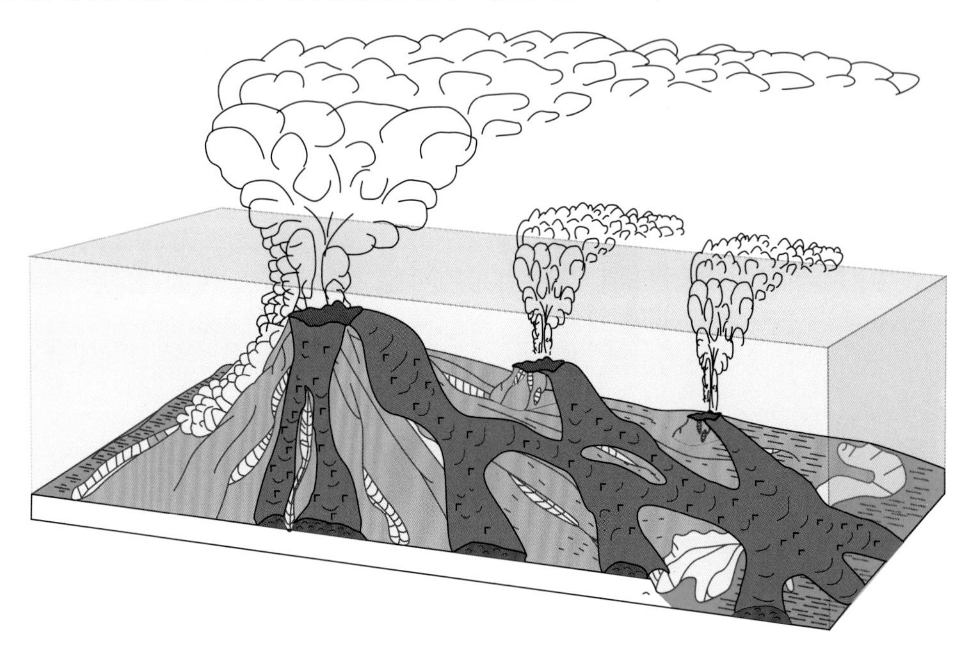

图 3.30　早石炭世杜内阶中期喷发模式

（三）早石炭世杜内阶晚期

这一时期的火山岩喷发属于杜内阶早期热事件演化至后期产物，此期火山活动喷发物质主要为酸性流纹岩和霏细岩，滴西 21 井区和克拉美丽山前广泛发育的霏细岩说明大部分火山机构仍然位于水下，事实上，杜内阶早期火山喷发主要表现为水下喷发特征(图 3.31)。由于火山能量衰退，早石炭世杜内阶晚期酸性流纹岩和霏细岩较早期的玄武岩发育更为局限。

（四）早石炭世维宪阶至晚石炭世谢尔普霍夫阶

早石炭世维宪阶至晚石炭世谢尔普霍夫阶期间，陆东地区进入强烈的后碰撞火山活动期，这一时期的火山喷发表现为喷溢规模大、喷发频率高、持续时间长的特征。多期的火山喷发使得陆东地区广泛发育区域性中基性玄武岩和安山岩，但进入谢尔普霍夫阶火山活动逐渐减弱，并最终进入一段较长的火山间歇期，研究区发育了区域性沉凝灰岩和炭质泥岩，并最终演化为陆东地区重要烃源岩(巴山组烃源岩)，需要注意的是，进入谢尔普霍夫间歇期后，火山活动并未完全停滞，一些次级火山口仍然会发生喷发活动(图 3.32)。

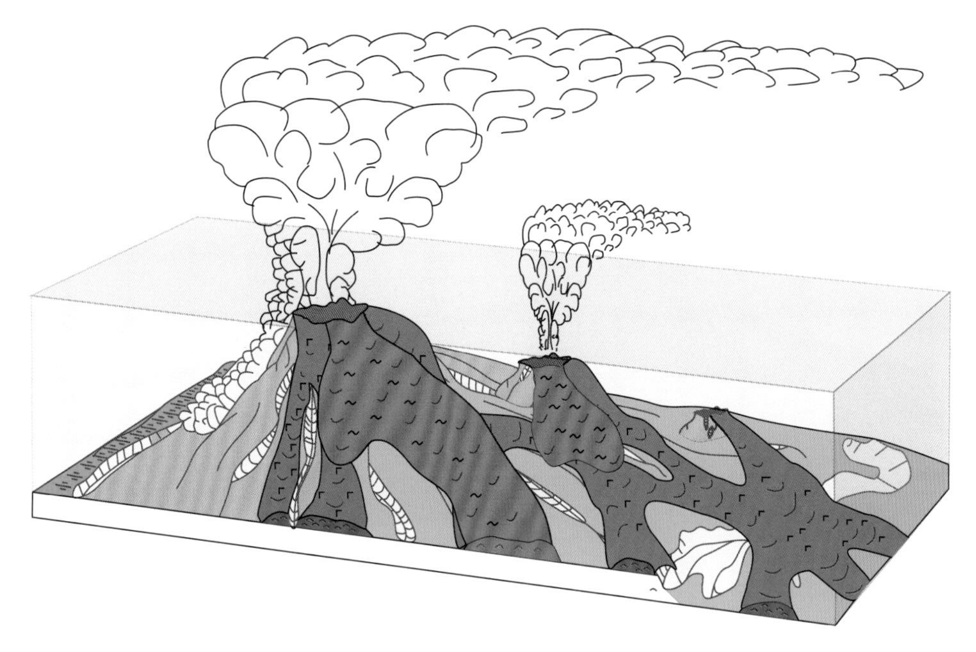

图 3.31　早石炭世杜内阶中期喷发模式

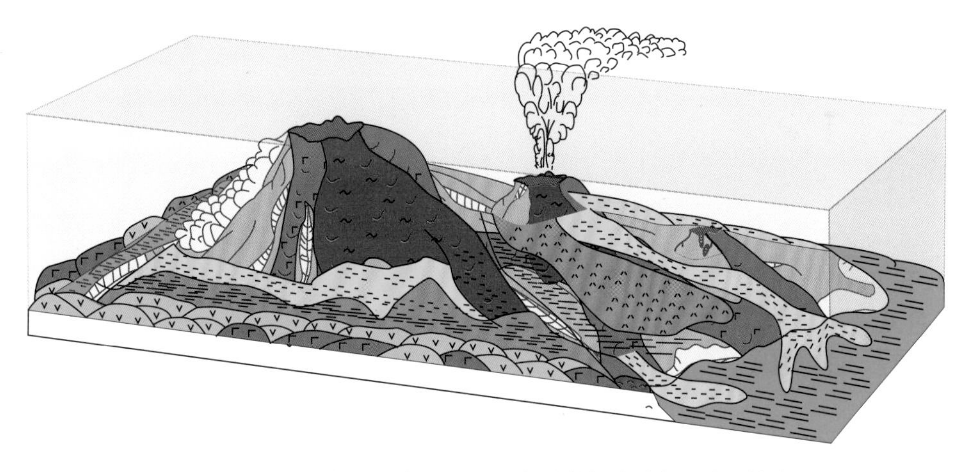

图 3.32　早石炭世维宪阶至晚石炭世谢尔普霍夫阶喷发模式

(五) 晚石炭世巴什基尔阶至格舍尔阶

经过一期相对较长的间歇期后，陆东地区再次进入剧烈的火山活动，晚石炭世巴什基尔阶至格舍尔阶火山活动一直持续到早二叠世，这一时期的火山喷发为整个石炭纪最为强烈的火山活动，大量的熔岩沿火山口和裂隙溢流到研究区大部分地区(图 3.33)，鉴于晚石炭世沉积环境已经演化为陆内咸水湖泊，水体深部和范围均较早石炭世明显萎缩，因此这一时期火山机构大部分已经露出水面，且其喷发行为也深刻影响沉积环境。

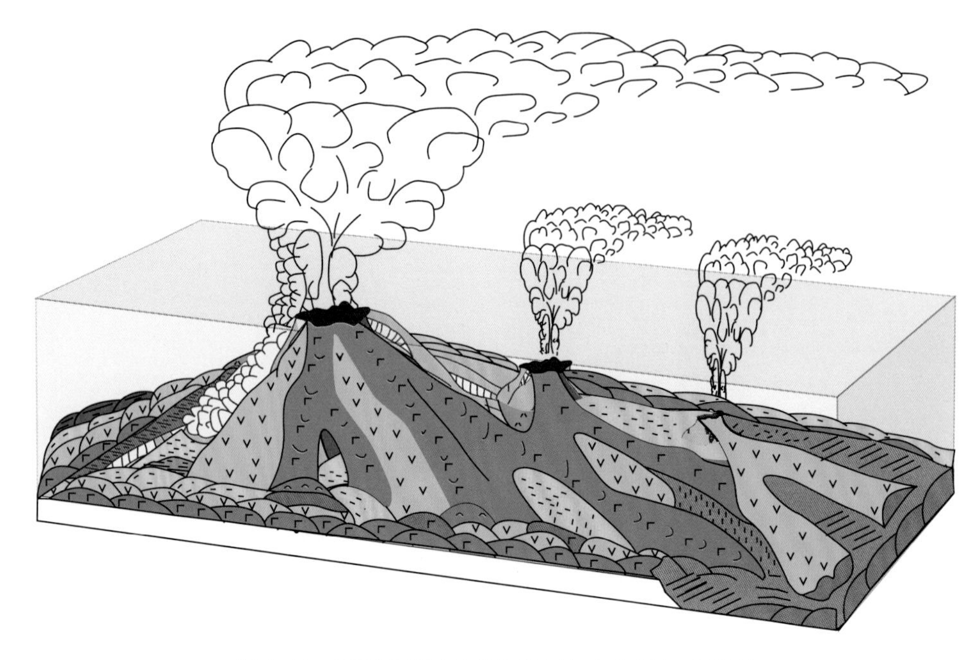

图 3.33　晚石炭世巴什基尔阶至格舍尔阶喷发模式

第四章　火山岩储层物性特征、成岩过程及演化模式

第一节　火山岩储层物性特征

一、滴西地区火山岩物性特征

统计显示，滴西地区石炭系火山岩储层的岩石类型复杂，不同的储层类型物性差别较大，根据收集到实测的360个孔隙度数据、308个渗透率数据，各类火山岩储层的物性分述如下：

1. 玄武岩的物性特征

滴西地区玄武岩实测孔隙度样品16个，孔隙度最大值为15.2%，最小值为2.1%，平均值为11.15%，其中69%的样品孔隙度大于10%[图4.1(a)]。该区玄武岩实测渗透率样品13个，最大值为$1.26\times10^{-3}\mu m^2$，最小值为$0.02\times10^{-3}\mu m^2$，平均值为$0.13\times10^{-3}\mu m^2$，仅有一个样品的渗透率大于$1\times10^{-3}\mu m^2$，其余样品的渗透率都小于$1\times10^{-3}\mu m^2$[图4.2(a)]。该地区玄武岩属于中低孔、特低渗储层。

2. 安山岩的物性特征

滴西地区安山岩实测孔隙度样品84个，孔隙度最大值为17.61%，最小值为1.7%，平均值为8.36%，其中30%的样品孔隙度大于10%[图4.1(b)]。该区安山岩实测渗透率样品65个，最大值为$18.8\times10^{-3}\mu m^2$，最小值为$0.01\times10^{-3}\mu m^2$，平均值为$0.12\times10^{-3}\mu m^2$，仅有5个样品的渗透率大于$1\times10^{-3}\mu m^2$，其余样品的渗透率都小于$1\times10^{-3}\mu m^2$[图4.2(b)]。该地区安山岩属于中低孔、特低渗储层。

3. 英安岩的物性特征

滴西地区英安岩实测孔隙度样品13个，孔隙度最大值为10.6%，最小值为4.6%，平均值为7.04%，仅有2个样品的孔隙度大于10%(占15%)[图4.1(c)]。该区英安岩实测渗透率样品13个，最大值为$2.23\times10^{-3}\mu m^2$，最小值为$0.03\times10^{-3}\mu m^2$，平均值为$0.15\times10^{-3}\mu m^2$，有3个样品的渗透率大于$1\times10^{-3}\mu m^2$(占23%)，其余样品的渗透率都小于$1\times10^{-3}\mu m^2$[图4.2(c)]。该地区英安岩属于低孔、特低渗储层。

4. 流纹岩的物性特征

滴西地区流纹岩实测孔隙度样品11个，孔隙度最大值为11.9%，最小值为3.6%，平均值为8.27%，仅有一个样品的孔隙度大于10%[图4.1(d)]。滴西地区流纹岩实测渗透率样品9个，最大值为$0.76\times10^{-3}\mu m^2$，最小值为$0.02\times10^{-3}\mu m^2$，平均值为$0.04\times10^{-3}\mu m^2$，渗透率值都小于$1\times10^{-3}\mu m^2$[图4.2(d)]。该地区流纹岩属于低孔、特低渗储层。

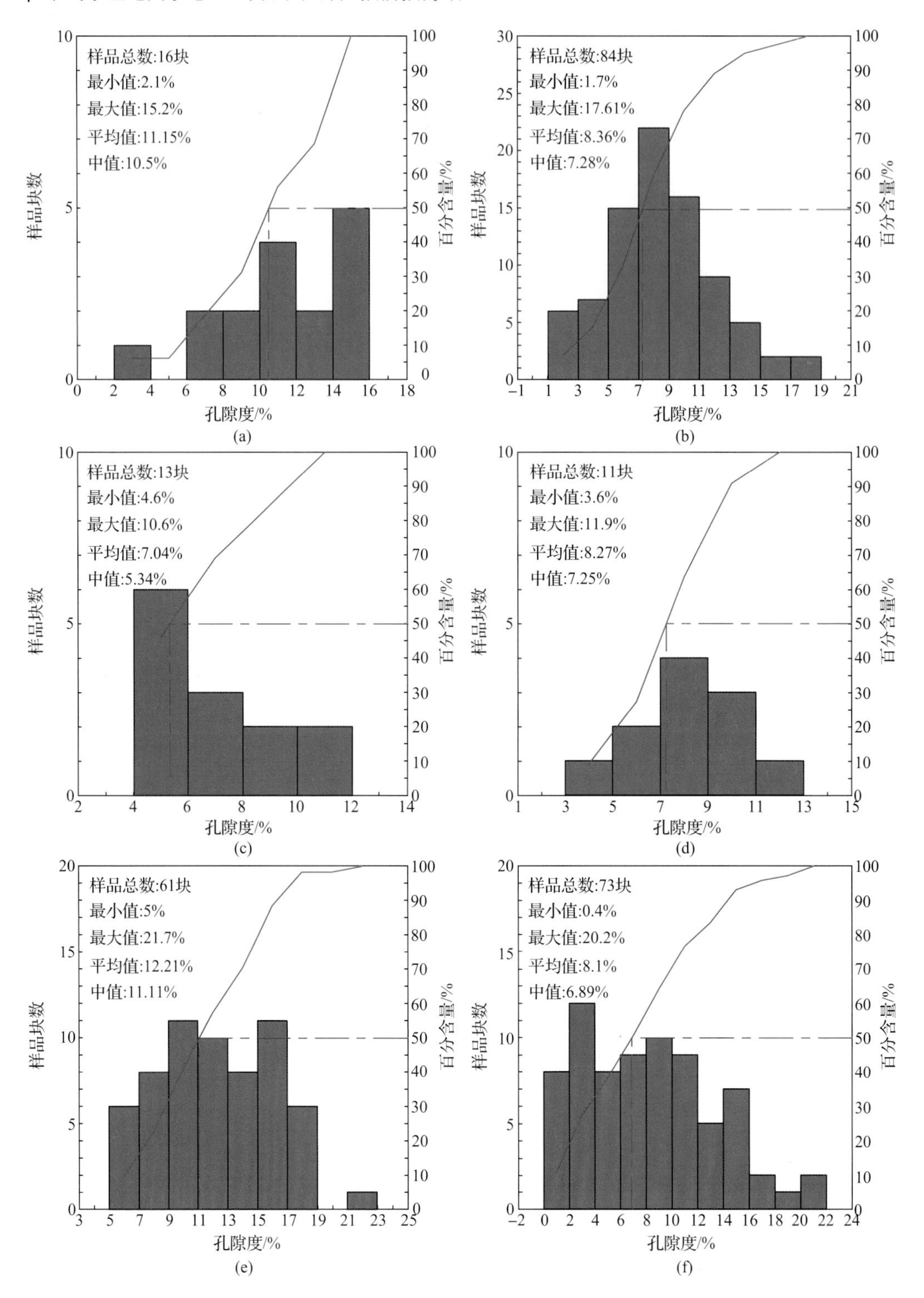

图 4.1 滴西地区火山岩孔隙度分布直方图

(a)玄武岩的孔隙度分布直方图;(b)安山岩的孔隙度分布直方图;(c)英安岩的孔隙度分布直方图;(d)流纹岩的孔隙度分布直方图;(e)火山角砾岩的孔隙度分布直方图;(f)凝灰岩的孔隙度分布直方图

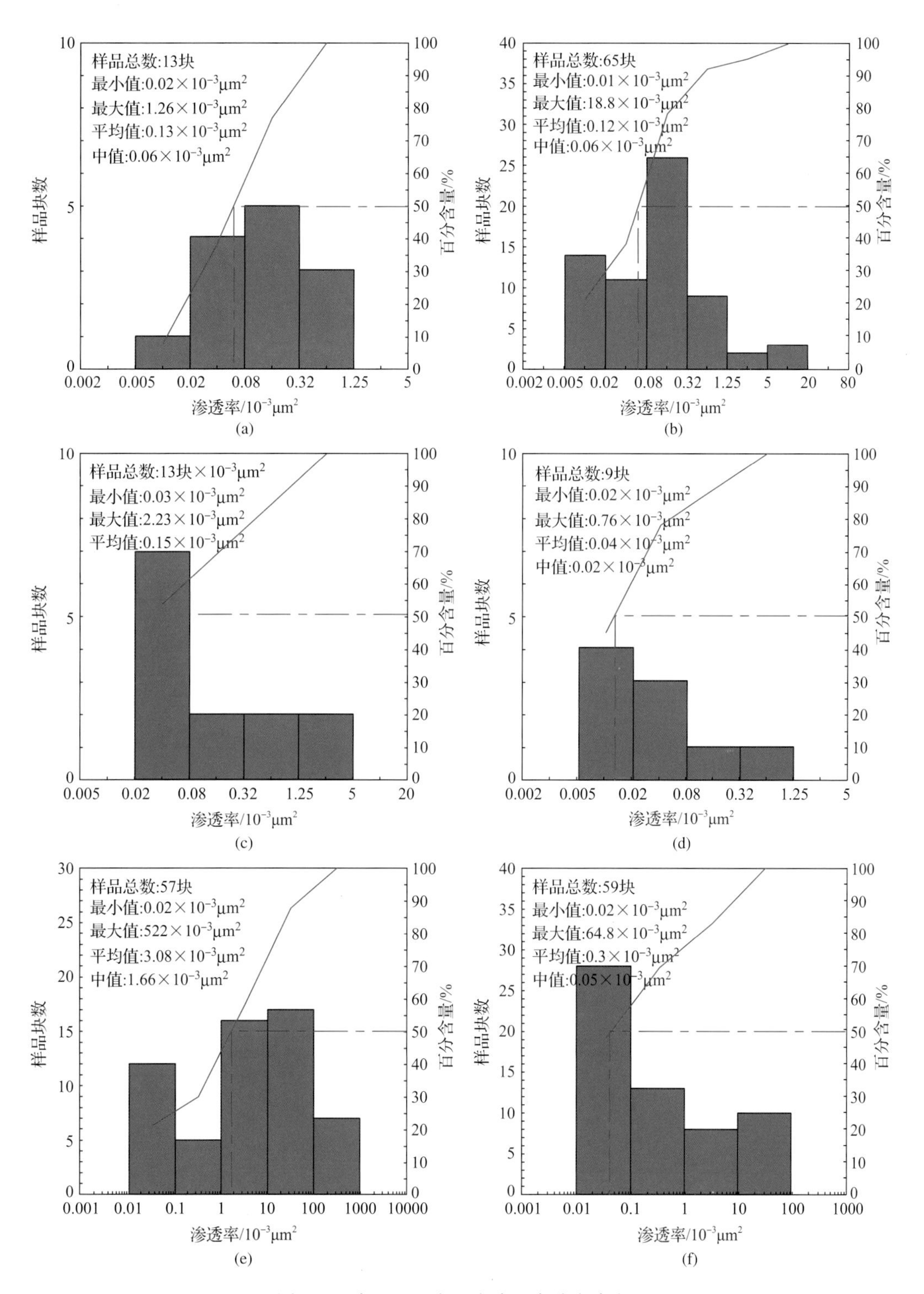

图 4.2 滴西地区火山岩渗透率分布直方图

(a)玄武岩的渗透率分布直方图;(b)安山岩的渗透率分布直方图;(c)英安岩的渗透率分布直方图;(d)流纹岩的渗透率分布直方图;(e)火山角砾岩的渗透率分布直方图;(f)凝灰岩的渗透率分布直方图

5. 火山角砾岩的物性特征

滴西地区火山角砾岩实测孔隙度样品 61 个，孔隙度最大值为 21.7%，最小值为 5%，平均值为 12.21%，38%的样品孔隙度为 10%～15%，28%的样品孔隙度为 15%～20%，有一个样品的孔隙度大于 20%（为 21.7%）[图 4.1(e)]。滴西地区火山角砾岩实测渗透率样品 57 个，最大值为 $522\times10^{-3}\mu m^2$，最小值为 $0.02\times10^{-3}\mu m^2$，平均值为 $3.08\times10^{-3}\mu m^2$，有 30%的样品渗透率小于 $1\times10^{-3}\mu m^2$，有 28%的样品渗透率为 1×10^{-3}～$10\times10^{-3}\mu m^2$，有 30%的样品渗透率为 10×10^{-3}～$100\times10^{-3}\mu m^2$，有 12%的样品渗透率为 100×10^{-3}～$522\times10^{-3}\mu m^2$[图 4.2(e)]。该区火山角砾岩属于中孔、中渗储层。

6. 凝灰岩的物性特征

滴西地区凝灰岩实测孔隙度样品 73 个，孔隙度最大值为 20.2%，最小值为 0.4%，平均值为 8.19%，有 34%的样品孔隙度为 5%～10%，26%的样品孔隙度为 10%～15%，有 7 个样品的孔隙度大于 15%（占 10%）[图 4.1(f)]。该区凝灰岩实测渗透率样品 59 个，最大值为 $64.8\times10^{-3}\mu m^2$，最小值为 $0.02\times10^{-3}\mu m^2$，平均值为 $0.3\times10^{-3}\mu m^2$，有 47%的样品渗透率小于 $0.1\times10^{-3}\mu m^2$，有 22%的样品渗透率为 0.1×10^{-3}～$1\times10^{-3}\mu m^2$，有 14%的样品渗透率为 1×10^{-3}～$10\times10^{-3}\mu m^2$，渗透率大于 $10\times10^{-3}\mu m^2$ 的样品占 17%（图 4.2）。该区凝灰岩属于中孔、低渗储层。

根据滴西地区 360 个实测孔隙度、308 个实测渗透率数据，绘制了孔隙度与埋藏深度、渗透率与埋藏深度、孔隙度与渗透率之间的关系图（图 4.3、图 4.4）。由图 4.3 可以看

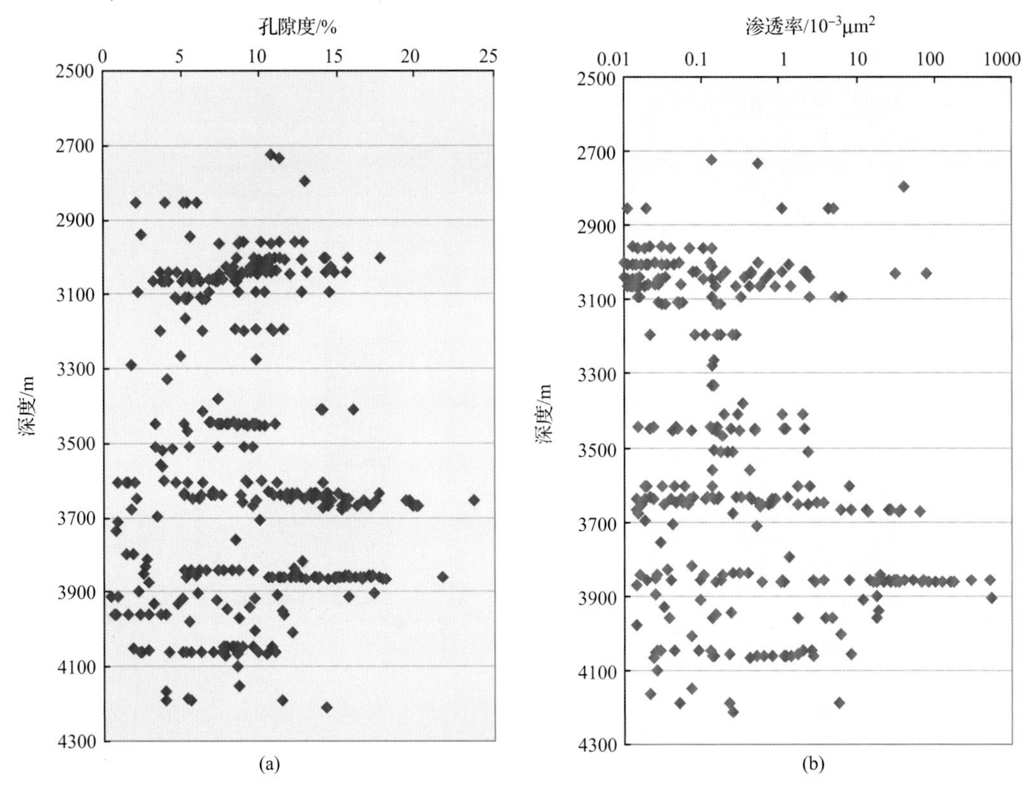

图 4.3 滴西地区火山岩的孔隙度(a)和渗透率(b)与埋藏深度的关系

出，不同于一般的碎屑岩，滴西地区火山岩的孔隙度、渗透率与埋藏深度之间没有明显的相关性，这与火山岩的结构不同于碎屑岩有关。火山岩以块状为主的结构，在压实作用的影响下，变形较小，因此埋藏压实作用难以导致火山岩孔隙度、渗透率降低。该区火山岩的孔隙度和渗透率之间也不存在很明显的相关性（图 4.4），可能与该区火山岩储层以孔隙-裂缝双重孔隙介质为主相关。研究区火山岩的孔隙既有原生的气孔、晶间孔等，也有后期发育的溶蚀孔隙、构造裂缝，溶蚀孔隙和构造裂缝对提高研究区火山岩的孔隙度和渗透率有明显的作用，特别是构造裂缝对于火山岩渗透率的提高具有重要的意义。

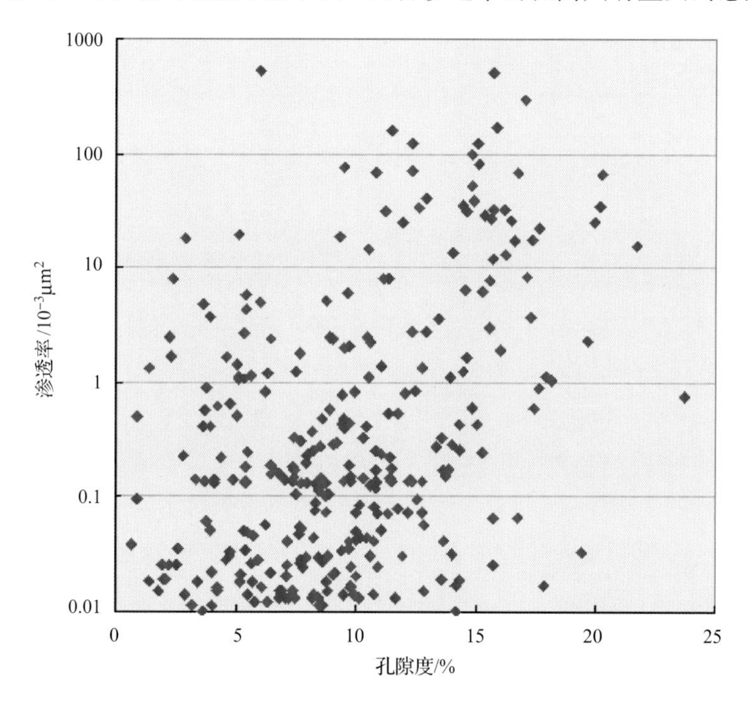

图 4.4　滴西地区火山岩的孔隙度和渗透率的关系

滴西地区石炭系经历了较长时间的暴露，因此石炭系顶部风化壳的物性往往比较好。为了查明火山岩物性与风化壳的关系，绘制研究区石炭系火山岩孔隙度、渗透率与风化壳厚度的关系图（图 4.5）。图 4.5 中，纵坐标表示风化壳的厚度，是样品深度减去石炭系顶界深度后的值（暂用名称及计算方式），从该图可以看出，由风化壳顶面向下，随着距离的增加，火山岩的孔隙度和渗透率总体上都在逐渐变小。总体而言，深度为 0～100m 时，孔隙度、渗透率均无明显变化；200m～300m 时，有一个较明显的增大。统计结果与该图中也很符合（表 4.1），风化壳厚度为 0～100m 时，孔隙度、渗透率的平均值分别为 9.76%、$2.12\times10^{-3}\mu m^2$；100～200m 时，孔隙度、渗透率的平均值分别为 7.45%、$3.86\times10^{-3}\mu m^2$；200～300m 时，孔隙度、渗透率的平均值分别为 11.26%、$42.24\times10^{-3}\mu m^2$；300～400m 时，孔隙度、渗透率的平均值分别为 5.47%、$3.39\times10^{-3}\mu m^2$；400～600m 时，孔隙度、渗透率的平均值分别为 7.93%、$0.13\times10^{-3}\mu m^2$；600～900m 时，孔隙度、渗透率的平均值分别为 5.50%、$1.07\times10^{-3}\mu m^2$。

由此可见，当风化壳厚度为 200～300m 时，火山岩物性是最好的，这可能与该深度段

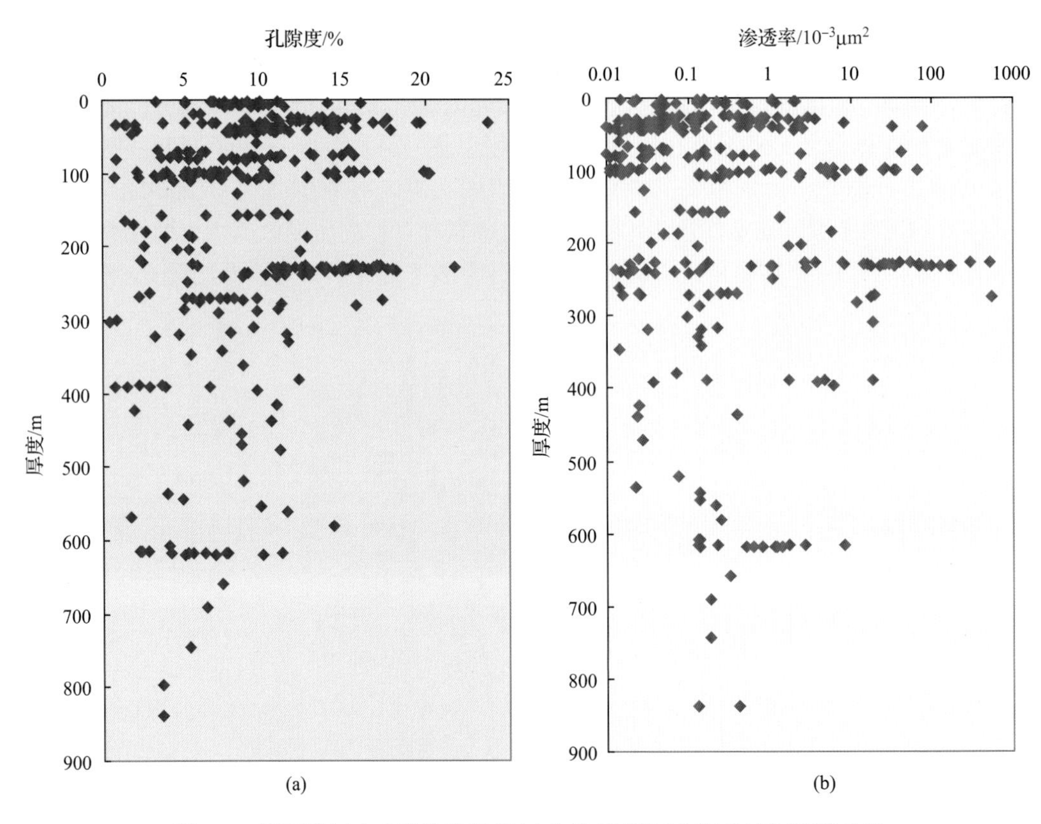

图 4.5 滴西地区火山岩的孔隙度(a)和渗透率(b)与风化壳厚度的关系

的风化淋滤作用有关；当风化壳厚度小于 100m 时，风化作用较强，岩石常被风化成黏土类产物，这些黏土类矿物容易堵塞火山岩储层的孔隙和裂缝，从而使储层物性变差；当风化壳厚度为 100～200m 时，岩石受风化淋滤作用也比较明显，形成了较多的溶蚀孔隙，但黏土类矿物较少，孔隙和裂缝也较少被充填，故其物性较好；当深度进一步增加时，风化淋滤作用对其物性的影响将减弱，难以对火山岩的物性提高起到良好的建设性作用。

表 4.1 滴西地区风化壳厚度和火山岩的平均孔隙度、渗透率之间的关系

参数	厚度					
	0～100m	100～200m	200～300m	300～400m	400～600m	600～900m
孔隙度/%	9.76	7.45	11.26	5.47	7.93	5.50
渗透率/$10^{-3}\mu m^2$	2.12	3.86	42.24	3.39	0.13	10.7

二、五彩湾地区火山岩物性特征

五彩湾地区钻遇石炭系的井位有 20 余口，但由于该区石炭系埋藏较深，没有探井钻穿石炭系。通过对 21 口探井有孔隙度数据的 848 个样品统计表明，五彩湾地区石炭系储层除火山角砾岩(占 38.44%)、安山岩(占 20.87%)、玄武岩(占 14.86%)、凝灰岩(占 7.19%)外，还有少量熔结角砾岩、角砾熔岩、凝灰质角砾岩、凝灰质砂砾岩、细砂岩、凝灰质砂岩等(图 4.6),说明以该区储层以火山岩为主,沉积岩为辅。不同类型储层的孔隙度差别较大,从孔隙度最大值来看,物性较好的储层类型依次是玄武岩(最大孔隙度为30.54%)、火山角砾岩(最大孔隙度为30.07%)、凝灰岩(最大孔隙度为20.61%)、安山岩(最大孔隙度为19.01%)、凝灰质砂砾岩(最大孔隙度为14.78%)、熔结角砾岩(最大孔隙度为12.75%)、角砾熔岩(最大孔隙度为12.36%)、凝灰质砂岩(最大孔隙度为11.20%)、细砂岩(最大孔隙度为10.40%)等。从平均值来看,物性较好的储层类型主要是凝灰质砂砾岩(11.05%)、辉绿岩(9.56%)、火山角砾岩(9.42%)、凝灰岩(8.63%)、凝灰质角砾岩(8.05%)、角砾熔岩(7.79%)、泥岩(7.62%)、熔结角砾岩(7.61%)、安山岩(7.48%)等(图 4.7)。

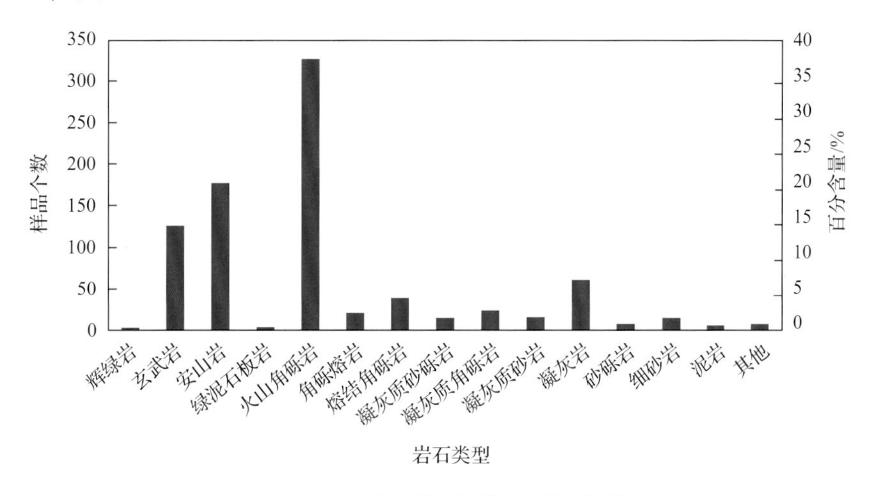

图 4.6　五彩湾地区石炭系储层类型

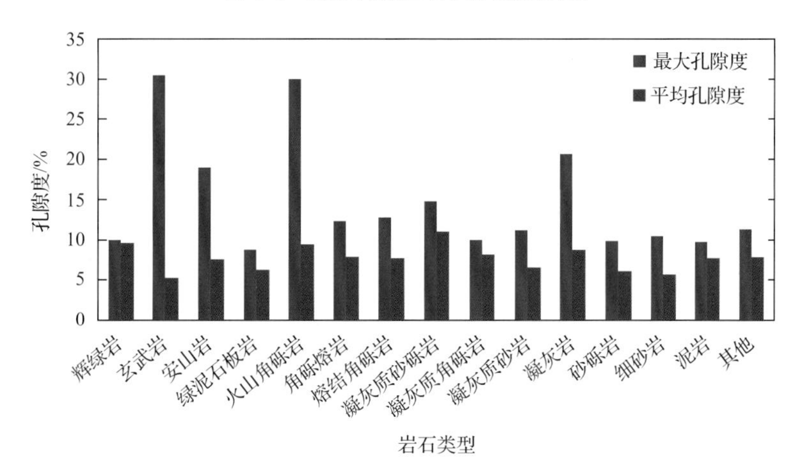

图 4.7　五彩湾地区石炭系储层的孔隙度特征

本书将五彩湾地区石炭系的储层类型分成了三类:中基性火山岩(主要包括玄武岩、安山岩等)、火山角砾岩(主要包括火山角砾岩、凝灰岩、熔结角砾岩、角砾熔岩等)、沉积岩(主要包括凝灰质砂砾岩、凝灰质砂岩、细砂岩等),这三类储层的物性特征也存在较明显的差异。

309块中基性火山岩的孔隙度样品显示，孔隙度最大值为30.54%，最小值为0.03%，平均值为6.57%。孔隙度主要分布于2%～10%，小于4%的含量较多，大于10%的占17.8%。287块中基性火山岩的渗透率样品显示，渗透率最大值为$67.65\times10^{-3}\mu m^2$，最小值为$0.01\times10^{-3}\mu m^2$，平均值为$0.03\times10^{-3}\mu m^2$。渗透率大于$1\times10^{-3}\mu m^2$的仅占8%，大于$5\times10^{-3}\mu m^2$的不到5%(属于低孔、特低渗储层)[图4.8(a)、(d)]。

471块火山角砾岩的孔隙度样品显示，孔隙度最大值为30.08%，最小值为0.21%，平均值为9.03%。孔隙度主要分布于4%～12%，小于4%的含量较少，大于10%的占30.8%(其中大于15%的占6.6%)。449块火山角砾岩的渗透率样品显示，渗透率最大值为$1276.92\times10^{-3}\mu m^2$，最小值为$0.01\times10^{-3}\mu m^2$，平均值为$0.05\times10^{-3}\mu m^2$。渗透率大于$1\times10^{-3}\mu m^2$的占12%，大于$5\times10^{-3}\mu m^2$的占6.7%，属于中低孔、特低渗储层[图4.8(b)、(e)]。

68块沉积岩的孔隙度样品显示，孔隙度最大值为14.78%，最小值为1.2%，平均值为7.54%。孔隙度主要分布于4%～12%，小于4%的含量较少，大于10%的占23.5%。68块沉积岩的渗透率样品显示，渗透率最大值为$1990\times10^{-3}\mu m^2$，最小值为$0.01\times10^{-3}\mu m^2$，平均值为$0.11\times10^{-3}\mu m^2$。渗透率大于$1\times10^{-3}\mu m^2$的占20.6%，大于$5\times10^{-3}\mu m^2$的仅有4块样品，不到6%，属于低孔、低渗储层[图4.8(c)、(f)]。

根据五彩湾地区848个实测孔隙度、804个实测渗透率数据，按照中基性火山岩、火山角砾岩、沉积岩三类储层类型，绘制了孔隙度与埋藏深度、渗透率与埋藏深度、孔隙度与渗透率之间的关系图(图4.9、图4.10)。由图4.9可以看出，五彩湾地区沉积岩的孔隙度、渗透率随着埋藏深度的增加而减少，其中沉积岩在3300m左右，孔隙度与渗透率均有所增加，推测在该深度存在次生孔隙发育带。中基性火山岩、火山角砾岩的孔隙度、渗透率与埋藏深度之间没有明显的相关性，二者均在深度为2600～3500m时孔隙度有所增加，由于中基性火山岩、火山角砾岩等火山岩不同于沉积岩，火山岩以块状为主的结构，在压实作用的影响下，变形较小，因此埋藏压实作用难以造成火山岩孔隙度、渗透率的降低，压实作用对储层物性的影响有限，故此现象可能是由于样品分布不均匀所致。

该区石炭系储层的渗透率总体很低，从图4.9可以看出，渗透率小于$0.1\times10^{-3}\mu m^2$的样品点非常密集，中基性火山岩、火山角砾岩、沉积岩三类储层的孔隙度和渗透率之间不存在很明显的相关性，这可能与该区储层以孔隙-裂缝双重孔隙介质为主相关。与滴西地区类似，五彩湾地区的储层也属于气孔、晶间孔和溶蚀孔隙构造裂缝组成的孔隙-裂缝性双重孔隙介质，且构造裂缝的发育对提高该区火山岩储层的储集性能具有重要意义。

五彩湾地区石炭系经历了较长时间的暴露，因此石炭系顶部风化壳的物性往往比较好。为了查明火山岩物性与风化壳的关系，绘制研究区石炭系储层的孔隙度、渗透率与风化壳厚度的关系图(图4.11、图4.12)。图4.11中，纵坐标表示风化壳的厚度，是样品深度减去石炭系顶界深度后的值，从该图可以看出，由风化壳顶面向下，随着距离的增加，储层的孔隙度变化规律不明显。从统计结果来看(表4.2)，在风化壳200m以内，孔隙度平均值都在8.6%左右，变化不大；200～300m时有所降低，为5.596%；300～400m时

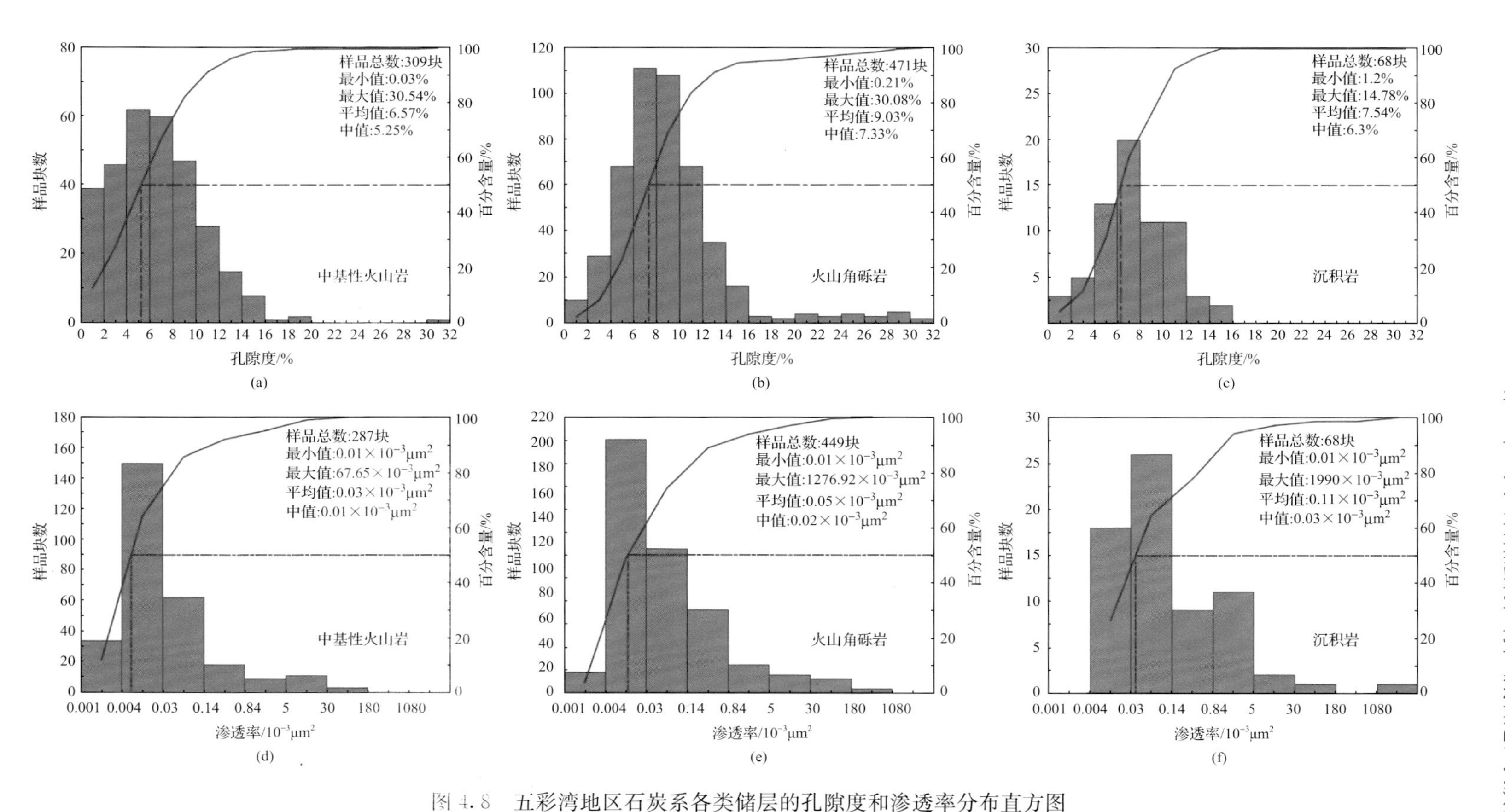

图4.8　五彩湾地区石炭系各类储层的孔隙度和渗透率分布直方图

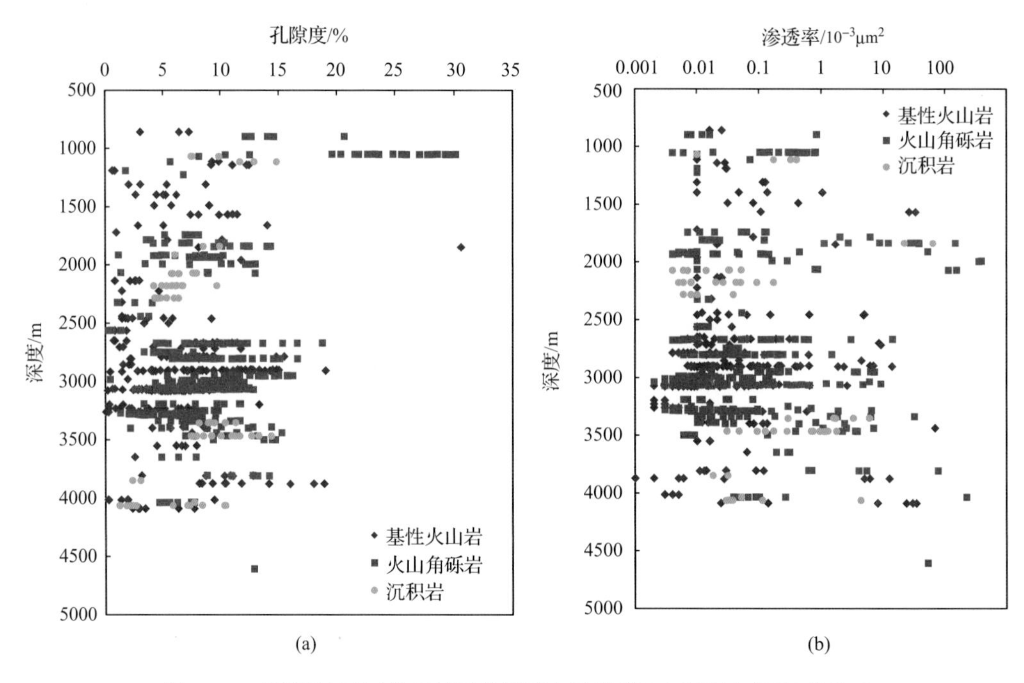

图 4.9　五彩湾地区石炭系储层的深度与孔隙度(a)和渗透率(b)的关系

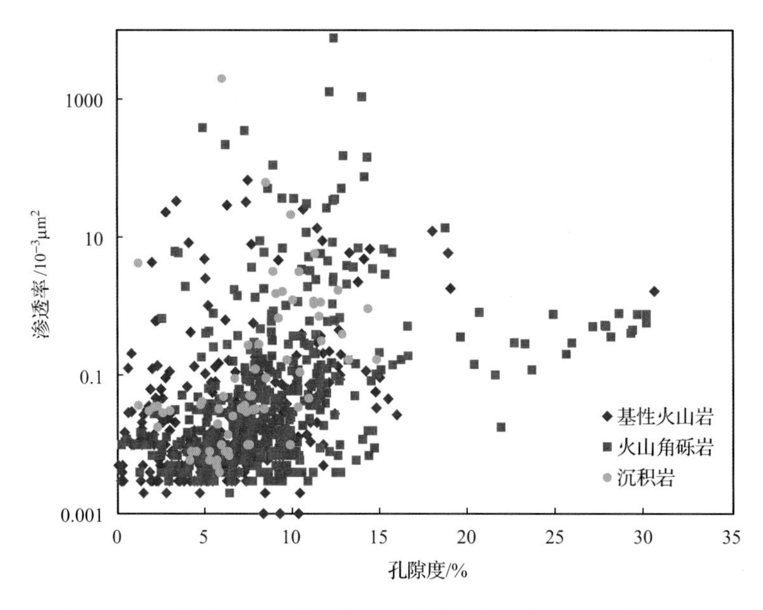

图 4.10　五彩湾地区石炭系储层孔隙度与渗透率之间的关系

最高，为 10.879%；大于 400m 后，降为 6%左右。渗透率的变化较复杂，从图 4.12 可以看到，100m 以内，都在 $0.04\times10^{-3}\mu m^2$ 以下；100～200m 时较高，为 $0.131\times10^{-3}\mu m^2$，随后又降低至 0.02×10^{-3}～$0.04\times10^{-3}\mu m^2$；600～900m 时又达到最高，为 $0.147\times10^{-3}\mu m^2$。

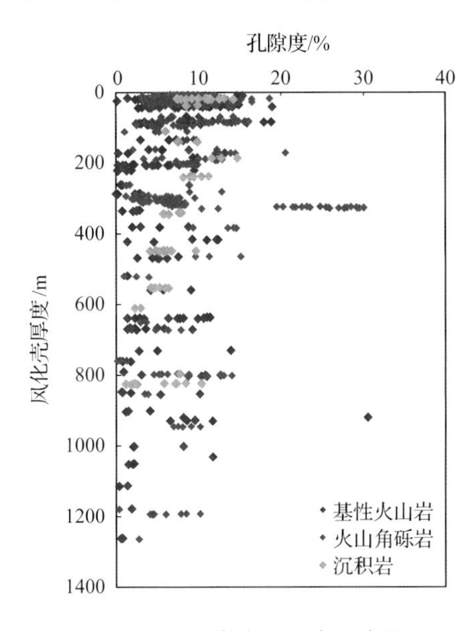

图 4.11　五彩湾地区火山岩的孔隙度与风化壳厚度的关系

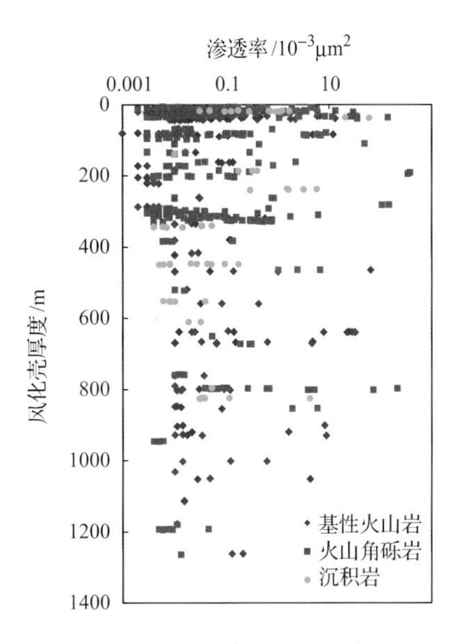

图 4.12　五彩湾地区火山岩的渗透率与风化壳厚度的关系

表 4.2　五彩湾地区石炭系储层的物性与风化壳厚度的关系统计表

风化壳厚度/m	孔隙度/%				渗透率/mD			
	最小值	最大值	平均值	样品数	最小值	最大值	平均值	样品数
0～50	0.180	19.010	8.471	399	0.002	1082.8	0.039	382
50～100	2.460	18.880	8.883	73	0.001	12.287	0.030	73
100～200	0.320	20.610	8.517	48	0.002	7713.51	0.131	44
200～300	0.030	12.900	5.596	78	0.002	153	0.022	72
300～400	0.800	30.080	10.879	87	0.003	6.267	0.038	85
400～600	1.000	15.200	6.251	38	0.005	67.644	0.043	36
600～900	0.200	14.100	5.777	80	0.010	221	0.147	70
>900	0.400	30.540	6.096	45	0.004	51.6	0.031	45

三、火山岩储集空间特征

陆东地区石炭系火山岩储集空间类型主要为孔隙和裂缝。孔隙包括原生孔隙和次生孔隙，裂缝可分为原生裂缝与次生裂缝。未风化的原生储集空间并不发育，且大部分为非有效储集空间，晚石炭世构造抬升期风化淋滤、构造、有机酸、深部热液溶蚀等作用形成溶蚀孔、洞和裂缝，通常发育为有效的储集和渗流空间，此外，次生构造缝广泛发育并有效改善了原生储集空间。

（一）滴西地区火山岩储集空间特征

在对露头、岩心分析基础上，利用 30 余口取心井 800 块样品薄片和图像资料、成像测井资料，结合扫描电镜分析，将滴西地区火山岩有效储集空间分为原生孔隙型、次生溶蚀孔隙（缝）型、孔隙-裂缝复合型（图 4.13）。

储集空间类型		对应岩类	成因	特点	含油气性	微观照片
原生孔隙	气孔	玄武岩、安山岩、火山角砾岩、角砾熔岩	成岩过程中气体膨胀溢出	多分布在岩流层顶底部，大小不一，形状各异	与缝、洞相连者含油气性较好	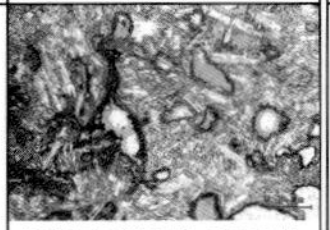 气孔状玄武安山岩，DX171井，3654.24m
	晶间孔	玄武岩、安山岩、碎屑角砾熔岩	火山岩的斑晶、微晶，之间的细小孔隙	多分布在岩流层中部，孔隙较小	大多不含油	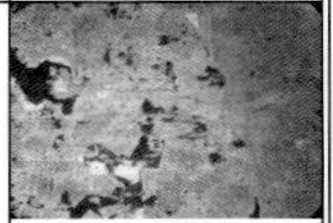 斑状花岗岩晶间孔，DX18井
	收缩孔	玄武岩、安山岩、	岩浆喷发时基质快速冷却形成	晶面不规则状，局部呈环带状，连通性较好	含油气性一般较好	 安山岩中收缩孔，X72井，4918m
	颗粒间孔	火山角砾岩	火山碎屑颗粒间经成岩压实后残余的孔隙	形成不规则，通常沿碎屑边缘分布，边通性较好	含油气性一般较好	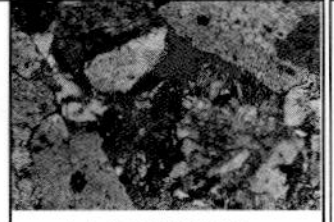 火山角砾岩颗粒间孔，C203井，3064.84m
次生孔隙	溶蚀孔隙	玄武岩、安山岩、火山角砾熔岩	溶蚀淋滤	沿风化接触面、裂隙和构造高部位发育	含油性好	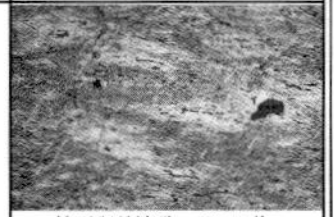 长石斑晶溶孔，DX18井，3448.88m
	自生矿物孔隙	玄武岩、安山岩	火山岩孔隙中充填的自生矿物形成的晶体孔隙	分布于火山岩孔隙的充填物中，孔隙很小	大多不含油	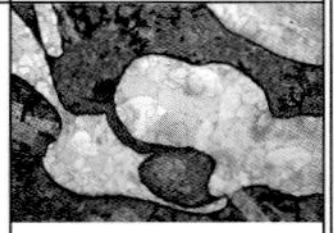 杏仁状安山岩中杏仁体内自生矿物孔隙，XY4井，5009.1m

储集空间类型		对应岩类	成因	特点	含油气性	微观照片
原生裂缝	收缩缝	玄武岩、安山岩、角砾熔岩	玄浆冷却收缩、冷却过程形成的裂缝	有柱状节理，呈张开式、面状裂开，但少错动	含油气性一般较好	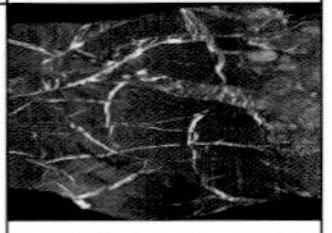 角砾凝灰岩，DX14井，3960.35m
	砾间缝	角砾化熔岩、次火山岩	自碎或隐蔽爆破	有复原性	含油气性好	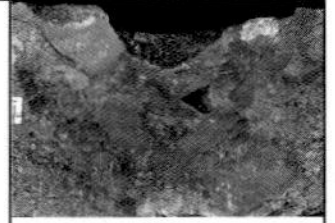 火山角砾岩，D402井，3788.34m
	节理和解理缝	玄武岩、安山岩、	岩浆体冷却收缩使岩体破裂而形成些冷缩节理缝	沿矿物解理发育的缝隙，多被后期溶蚀改造	含油气性一般较好	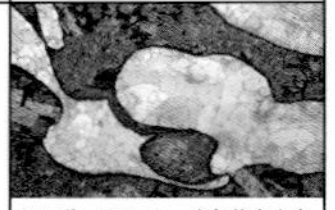 XY4井，5009.1m，杏仁状安山岩中杏仁体内自生碳酸盐矿物解理缝
次生裂缝	溶蚀缝	玄武岩、安山岩、火山角砾熔岩	风化、淋滤、溶蚀	沿裂缝、风化接触面和构造高部位发育	油气性好	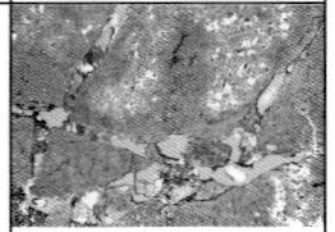 流纹岩，DX10井，3028.11m
	构造缝	各类岩石	构造应力作用	近断层发育，较平直，多为高角度裂缝	构造作用发生于油气运移之后则不含油	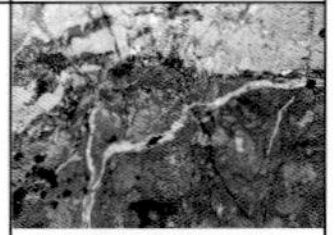 火山角砾岩，L6井，2934.2m
	成岩收缩缝	火山碎屑岩	碎屑颗粒的脱水作用	火山碎屑颗粒与其填隙物之间	含油性较好	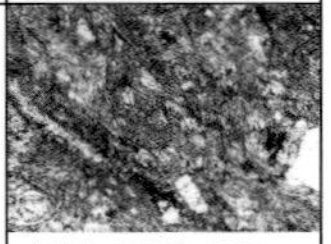 安山岩，D101井，3003.1m

图 4.13　滴西地区火山岩储集空间类型及特征

原生孔隙型可分为气孔、收缩孔和颗粒间孔三种：气孔形成于早成岩期气体膨胀溢出，以残余气孔为主的有效储集空间，该种储集空间由残余气孔-少量溶蚀孔隙组成，常在玄武岩、安山岩中发育，储集性能非常好，孔隙度一般可以达到20%以上；收缩孔为岩浆喷发时基质快速冷却形成，主要发育于玄武岩、安山岩中，但较少见；颗粒间孔发育于火山角砾岩，为火山碎屑颗粒间经成岩压实后残余孔隙，由于火山岩刚性组分较高，因而受压实作用影响小，所以该类储层空间往往构成风化壳深部的有效储层。

次生溶蚀孔隙(缝)有效储集空间由次生溶蚀孔-原生残余气孔组合而成，主要发育在富含气孔的玄武岩、安山岩及火山角砾岩，形成于风化淋滤、构造、有机酸、深部热液溶蚀等过程，沿风化接触面、裂隙和构造高部位发育。次生溶蚀孔隙(缝)是火山岩风化壳中重要的有效储集空间，分布于玄武岩、安山岩及火山角砾熔岩中(图4.14)，其发育程度与风化壳距离密切相关。

图4.14　滴西地区火山岩中孔隙的微观特征(扫描电镜)

(a)D403井，3705.6m，熔结火山碎屑岩，长石矿物中解理面及微孔隙特征；(b)D403井，3705.6m，熔结火山碎屑岩，斜长石中的溶孔及微裂缝；(c)DX184井，3546.8m，灰白色凝灰岩，部分长石颗粒已经发生较强溶蚀作用，微孔隙及溶孔非常发育；(d)DX184井，3546.8m，灰白色凝灰岩，斜长石矿物中微孔隙及溶蚀孔隙特征

孔隙-裂缝复合型有效储集空间也可分为两种：①以构造裂缝为主的有效储集空间，其储集空间由构造裂缝-溶蚀孔隙组合而成，在各类火山岩中都可出现，在玄武岩、安山岩和火山角砾岩中常见，FMI中构造裂缝表现为斜交缝和网状缝、气孔、诱导缝和充填-半充

填缝(图 4.15);②以粒间孔隙为主的有效储集空间,储集空间由粒间孔隙-溶蚀孔隙-构造裂缝组成,构造裂缝起连通作用,该类储集空间在火山角砾熔岩和火山碎屑岩中较为常见。

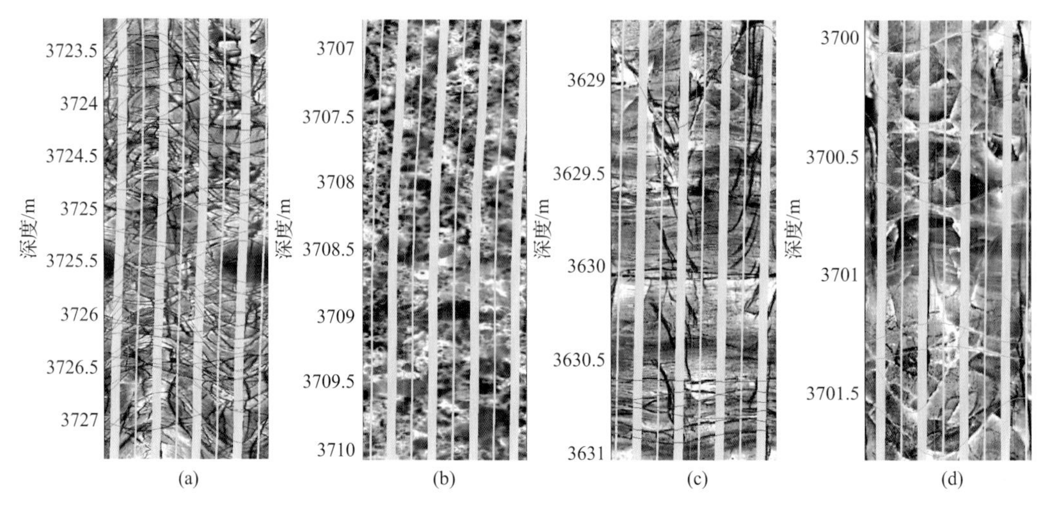

图 4.15 DX1428 井 FMI 图像

(a)斜交缝和网状缝;(b)气孔;(c)诱导缝;(d)充填缝

(二)五彩湾地区石炭系火山岩储集空间特征

五彩湾地区石炭系火山岩的岩石类型多样,最常见的火山岩有玄武岩、安山岩、火山角砾岩、凝灰岩及火山碎屑岩。火山岩的储层物性非均质性强,储集空间以溶蚀孔隙、气孔和微裂缝为主(图 4.16)。

从上述可知,溶蚀作用形成的溶蚀孔隙对于改善滴西地区和五彩湾地区石炭系火山岩储层的物性具有重要的作用,其发育程度对储层物性的影响较大,由于滴西地区和五彩湾地区石炭系火山岩储层常暴露于地表,经受了长期风化淋滤作用,因而在火山岩中常见绿泥石化、沸石化等风化蚀变作用,造成不稳定矿物发生强烈的风化蚀变和风化溶蚀,极大地改善了陆东地区石炭系火山岩储层的物性条件(图 4.17)。

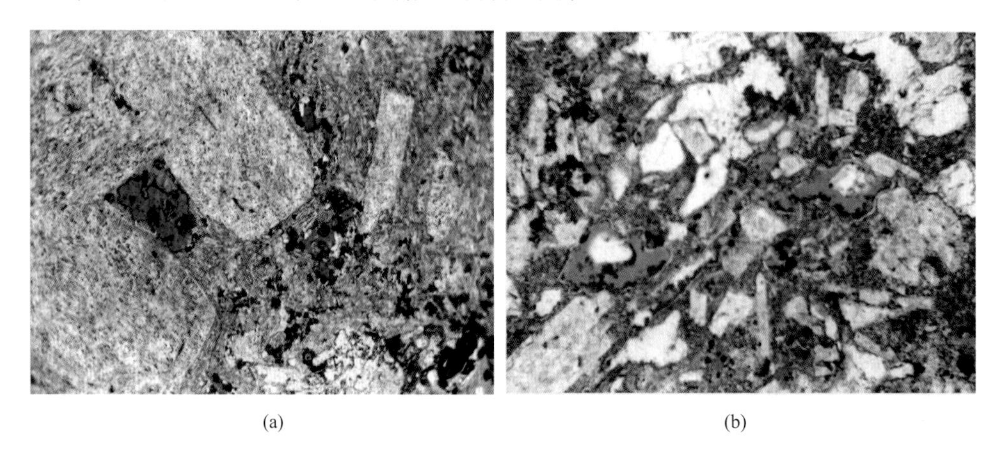

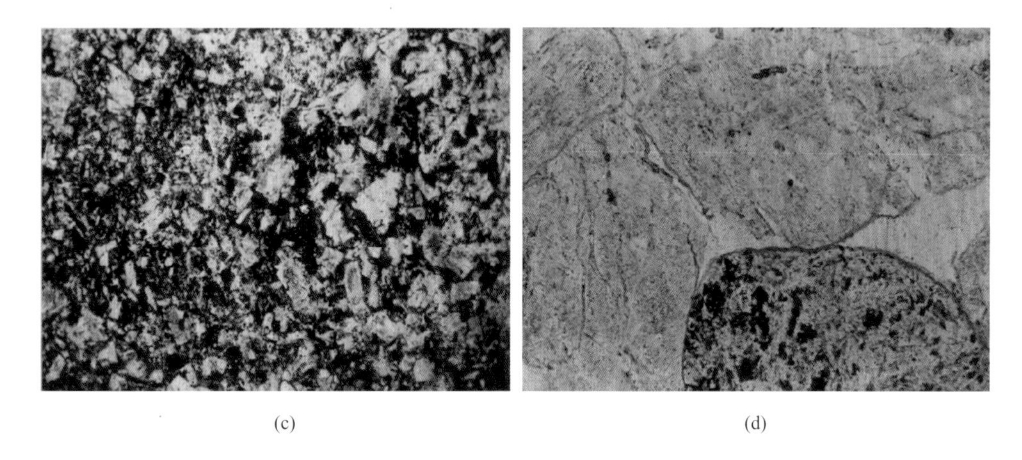

(c)　　(d)

图 4.16　五彩湾地区石炭系火山岩的储集空间特征

(a)C25 井，3032.5m，安山岩中气孔的特征，×50；(b)C27 井，2799.51m，杏仁状安山岩中溶孔孔隙发育，×50；(c)C204 井，3072.06m，火山角砾凝灰岩中溶蚀孔隙发育，×20；(d)C26 井，3352.55m，沉晶屑凝灰岩中微裂缝及溶蚀孔隙发育，×63

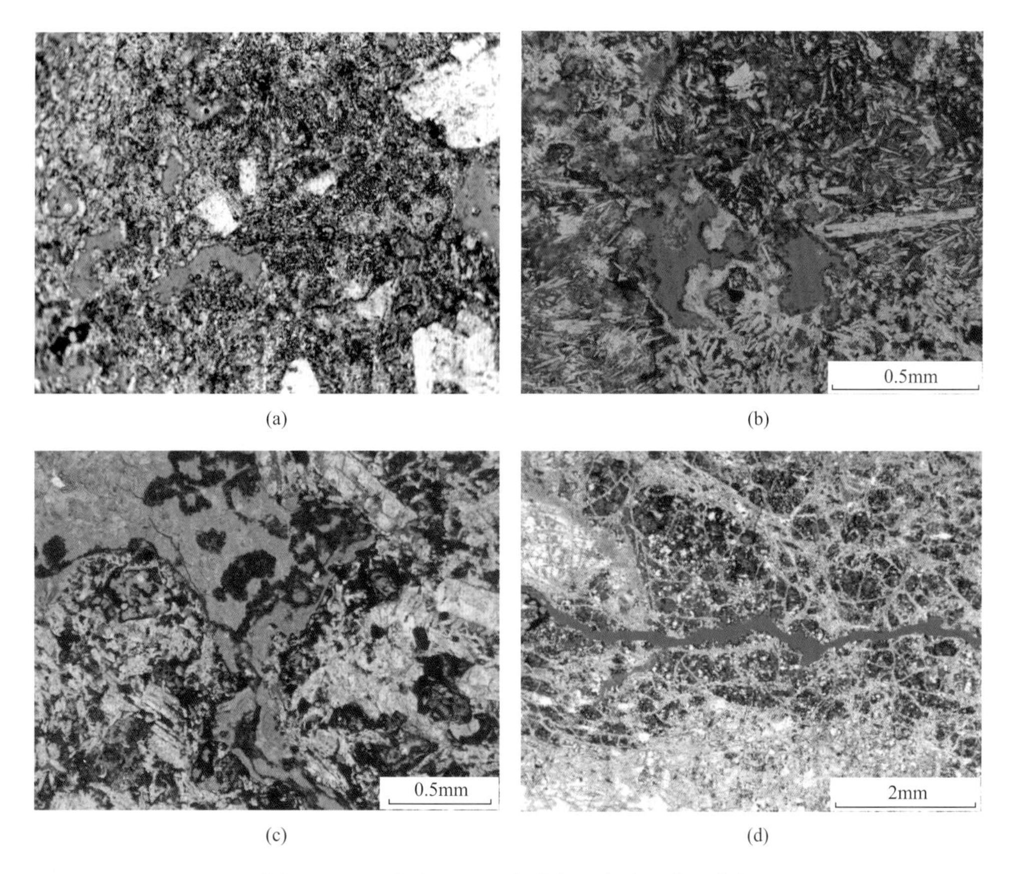

(a)　　(b)

(c)　　(d)

图 4.17　五彩湾地区石炭系火山岩溶蚀作用特征

(a)C25 井，3053.10m，气孔状安山岩；(b)DX5 井，3649.2m，安山岩气孔特征；
(c)DX17 井，3632.0m，玄武岩绿泥石化；(d)DX22 井，3639.0m，珍珠岩的沸石化

第二节 火山岩储层成岩作用特征

火山岩成岩作用可以划分为早期成岩作用和晚期成岩作用。早期成岩作用是指以冷凝或压实作用为主的成岩作用,如火山熔岩以冷凝固结成岩为主,其早期成岩作用的表现是岩浆由地下深部上升到地下较浅处或地表冷凝固结过程中产生的作用;而火山碎屑岩以压实固结为主,成岩方式等同或类似于沉积岩,其早期成岩作用的表现是碎屑物由于埋深(重力载荷)的增加,发生排气、排水、孔隙度减小、体积缩小、密度增加和孔隙流体沉淀胶结,最终导致碎屑颗粒彼此黏结、硬化、固结成岩。火山岩晚期成岩作用是指火山岩在早期成岩作用固结成岩后,由于受热液、风化淋滤和埋藏作用的影响,火山岩经历机械及化学压实作用、交代蚀变作用、溶解作用等。这两个时期无论是作用因素、方式和类型,还是引起岩石产生的变化及其对储层发育产生的影响都存在很大差异(Luo et al., 2005;Sruoga and Rubinstein, 2007;王璞君等,2008;李伟等,2010;陈欢庆等,2012)。基于火山岩成岩演化特殊性,本书在研究中将陆东地区火山岩演化分为五个成岩阶段:①火山岩形成阶段;②风化淋滤阶段;③埋藏构造阶段;④溶蚀改造阶段;⑤油气聚集阶段。

一、火山岩形成阶段

火山岩形成阶段的成岩作用类型主要为冷凝固结成岩作用和压实固结成岩作用。

1. 冷凝固结成岩作用

冷凝固结成岩作用主要是指火山熔岩和火山碎屑岩在成岩过程中所发生的一系列物理、化学作用,包括挥发分逸出、熔蚀作用、等容冷凝结晶、准同生期热液沉淀结晶、熔结作用和冷凝收缩等(图 4.18)。

(1) 挥发分逸出是指岩浆中所含的水、二氧化碳、氟、氯等易挥发的组分从岩浆中逸出的作用。逸出的挥发分物质可使熔岩流表面形成气孔构造,气孔是火山岩中数量最多的储集空间。

(2) 熔蚀作用形成的原因是深部岩浆喷出地表,压力突然降低,温度瞬时升高,从而使已经形成的斑晶遭到局部熔蚀。熔蚀作用使岩浆中结晶的斑晶呈残缺不全的港湾状和残晶状,被熔蚀的斑晶常常可见晶内熔蚀孔隙[图 4.18(a)、(b)]。

(3) 等容冷凝结晶是石泡形成的根本原因,常发生在火山熔岩流的顶部。熔岩表面凝固时,由于温度降低,熔浆在热力学非平衡条件下局部不均匀冷凝,外壳先冷凝固结,内部包含的热熔浆自外向内逐层冷凝形成圈层和圈层间的空腔,这种具有圈层和圈及层间空腔的多层同心圆球体即为石泡。

(4) 准同生期热液沉淀结晶是形成杏仁体的主要原因。在火山熔岩冷凝固结前热液活动普遍,进入到气孔和石泡空腔孔中的热液随着温度的逐渐降低沉淀结晶,在气孔或石泡空腔孔中形成杏仁体充填。

(5) 熔结作用常发生在火山碎屑熔岩中。载有大量塑性玻屑、浆屑及刚性碎屑的火山物质涌出火山口后形成沿山坡流动的火山灰流,在平缓地带迅速堆积,受热力和重荷的影响,玻屑和浆屑被压扁拉长,绕过刚性碎屑呈平行排列并彼此熔结。塑性碎屑与刚性碎屑间形成的假流纹构造是熔结作用发生的主要标志。

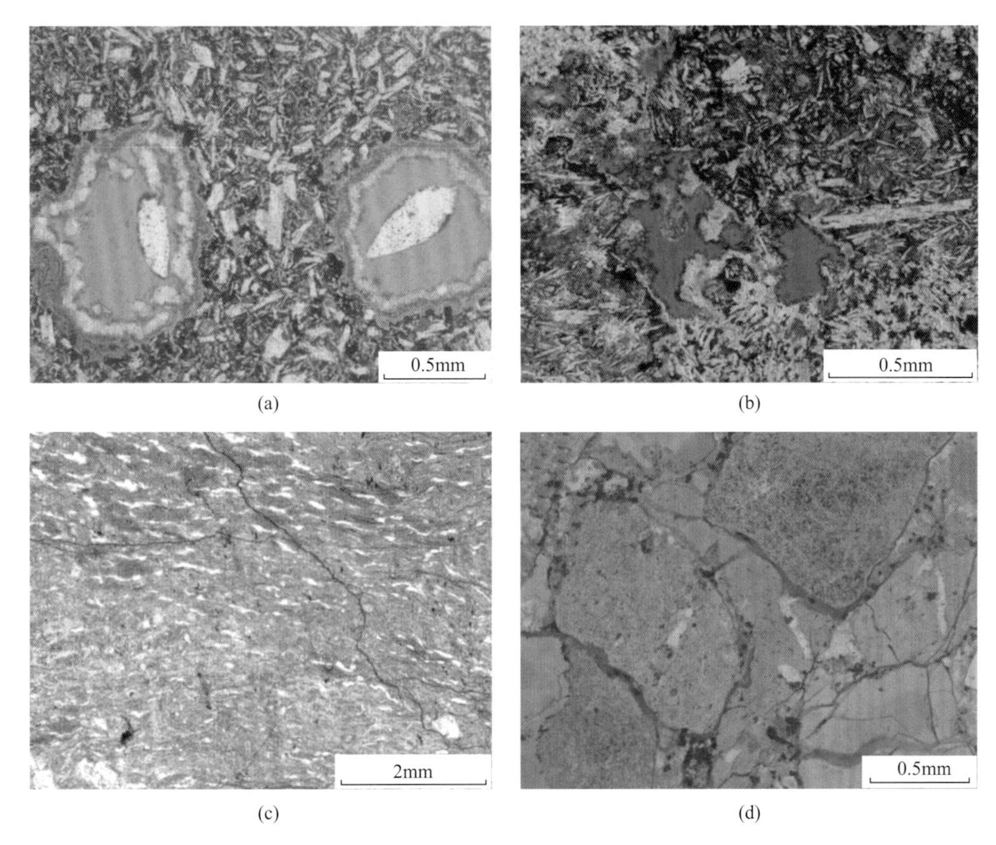

图 4.18　火山岩形成阶段微观特征

(a)D401 井,3859.2m,玄武岩气孔特征;(b)DX5 井,3649.2m,安山岩气孔特征;
(c)DX5 井,3649.2m,安山岩中冷凝收缩缝特征;(d)D402 井,3788.6m,火山角砾岩砾间缝

(6) 冷凝收缩作用发生在早期成岩作用中。火山熔岩冷凝固结时随着岩石体积收缩,可产生多种冷凝收缩缝,这些收缩缝的形成可增加储集空间,提高岩石的储集性能,有利于储层形成[图 4.18(c)]。

(7) 分熔冷凝结晶作用主要产生在中基性火山熔岩和火山碎屑熔岩中。偏基性基质与富硅熔体熔融状态下分离富硅组分形成中基性岩中的石英杏仁体。

2. 压实固结成岩作用

压实固结成岩作用主要是火山碎屑岩在成岩阶段发生的压实作用和胶结作用。主要表现为火山作用形成的火山碎屑物质在早期成岩压实和火山灰分解产物或化学沉积物胶结作用下固结成岩,其成岩方式和储层发育模式与正常沉积岩相似,陆东地区表现为火山角砾岩砾间缝[图 4.18(d)]。

二、风化淋滤阶段

火山岩喷发间隙或之后,暴露于表生环境中,受到大气、淡水等的风化淋滤作用,风化淋滤阶段地下水及降雨易沿裂缝、风化接触面和构造高部位对火山岩造成蚀变、淋滤、溶蚀,形成各种溶蚀孔隙。研究区所有火山岩几乎都经历了不同程度的风化淋滤作用。石炭纪末期准噶尔盆地东部发生强烈抬升褶皱，构造高部位的火山岩遭受长期的风化淋滤作用，从而大大改善储层的储集性能。以镜下常见溶蚀的辉石为例，风化反应的自由能很低，抗风化能力很弱，易溶于富含二氧化碳的大气水中，其反应式为

$$Ca(Mg,Fe)(SiO_3)+2CO_2+5H_2O \longrightarrow Mg^{2+}+Fe^{2+}+2Si(OH)_4+2HCO_3^-+O_2$$

对多数火山岩来讲，孔隙发育程度与淋滤作用密切相关，淋滤作用不但可以使岩石破碎，也可以使岩石的化学成分发生显著变化，如发生矿物的溶解、氧化、水化和碳酸盐化等。镜下可见表生作用下淡水淋滤形成的次生溶孔等(图 4.19)。在构造高部位，大气淡水淋滤形成的次生孔隙较发育，而在构造低部位，溶蚀作用形成的孔隙多已被绿泥石、方解石充填。因此，近火山口的高部位表生作用下淡水淋滤形成的次生孔隙较发育，充填作用弱，应是储层的有利部位。

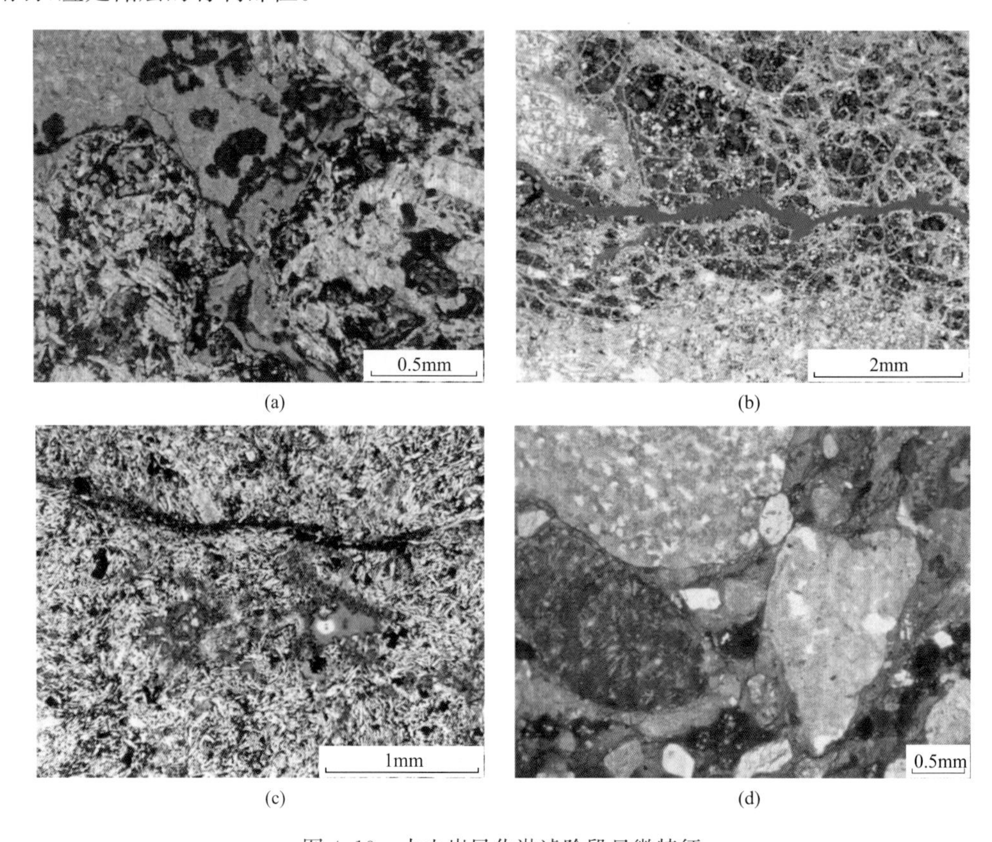

图 4.19 火山岩风化淋滤阶段显微特征

(a) DX17 井，3632.0m，玄武岩绿泥石化；(b) DX22 井，3639.0m，珍珠岩的沸石化；(c) DX5 井，3649.2m，安山岩沿裂隙蚀变；(d) D402 井，3691.4m，火山角砾岩蚀变缝

三、埋藏构造阶段

埋藏构造阶段可形成各类成岩自生矿物，最常见的是自生黏土矿物胶结物、自生碳酸盐类胶结物和自生沸石类胶结物及不同类型的硅质胶结矿物。埋藏成岩作用也常伴随着构造作用，造成火山岩中发育不同程度的构造裂缝。因此，埋藏构造阶段主要包括充填胶

结作用和构造断裂作用。

由于火山岩保存温度、压力、流体介质性质等的变化，原本稳定的矿物会变为不稳定矿物，并向新稳定矿物转化，伴随着蚀变、矿物转化的进行，携带大量矿物质的流体在流动过程中，当条件适合时会结晶、析出，它们对火山岩原有的储集性具有极大的破坏作用。充填在裂缝中的矿物不但占据一部分孔隙空间，更重要的是大大降低了储层的渗透性。镜下观察发现，大多数样品中被矿物充填的孔隙要比剩余的孔隙多。矿物充填还常具有分期性，也就是说，所充填的矿物可能是一次充填的，也可能是多次充填的结果。研究区火山岩中发生的充填作用主要有以下几个方面：

（1）绿泥石充填。绿泥石主要充填于岩石的气孔及溶蚀孔隙中，单晶呈鳞片状、纤维状，集合体呈放射状、绒球状。在杏仁状玄武岩和安山岩等气孔中充填的绿泥石，由气孔内壁边缘向中心生长，边缘呈皮壳状，中心呈放射状，气孔被充填或半充填。同时，绿泥石还会充填岩石的各种裂缝，使岩石的储集性变差（图 4.20）。绿泥石是一种可络合的矿物，对油气层储集空间有一定的损害。

图 4.20　火山岩埋藏构造阶段显微特征

(a) DX17 井，3635m，玄武岩气孔被充填；(b) DX5 井，3650.3m，安山岩气孔被充填；(c) DX22 井，3639m，珍珠岩中裂缝发育；(d) D402 井，3788m，火山角砾岩中构造缝

（2）方解石充填。这是研究区最强烈的充填作用之一，主要充填于玄武岩、安山岩气孔中，火山角砾岩、凝灰岩的粒间，其他类型火山岩的溶孔、张裂隙及长石等矿物的解理缝

中(图 4.20),可分为两大类充填模式:①玄武岩、安山岩杏仁体充填;②构造裂缝的充填。方解石的充填对研究区火山岩的储层物性有很大的影响,因此,为澄清方解石充填的物质来源,充填机理就显得尤为重要。

(3) 浊沸石充填。沸石充填也是研究区比较常见的一个充填作用,主要充填在火山角砾岩、凝灰岩的粒间、基质、裂缝、溶孔及气孔中。沸石的充填作用比较复杂,显微观察表明,研究区沸石充填有四种类型:①沸石充填在裂缝中,边缘呈晶簇状,中间为自形中晶;②沸石充填在气孔的中间部位,呈放射状,气孔的边缘被绿泥石充填,这种沸石是由岩浆热液中沉淀结晶形成的;③沸石充填在溶蚀孔隙中,呈云朵状,边缘常见一层黑色氧化环铁质膜;④沸石充填在呈交织状态的长石小晶体和微晶间。

火山喷发自始至终都伴随着断裂活动,陆东地区火山岩体通常沿基底断裂发育带分布,如滴南凸起上火山岩体主要沿滴水泉北断裂和滴水泉断裂呈串珠状分布,火山口则常位于东西向与东北向基底断裂汇合处,因此,早期的基底断裂控制了火山岩储层平面分布。火山喷发期间或后期,断裂发育使脆性火山岩在构成应力下产生裂缝,裂缝和微裂缝组成了储层内部流体疏导体系,增加了火山岩储层渗流能力。前已述及,晚石炭世陆东地区经历了强烈的褶皱隆起,使上石炭统火山岩体整体抬升,构造应力局部集中发育区产生断裂,主断裂伴生次级断裂,次级断裂伴生微裂缝。从火山岩储层渗透率与其距风化壳顶界距离关系可见,距风化壳同一岩性相同距离下,部分储层明显受断裂影响表现出较高渗流效果,钻遇井的 FMI 裂缝走向统计表明,晚石炭世期间,最大水平主应力方向为北西—南东向,这与主断裂走向一致,反映了构造断裂成因(图 4.21)。

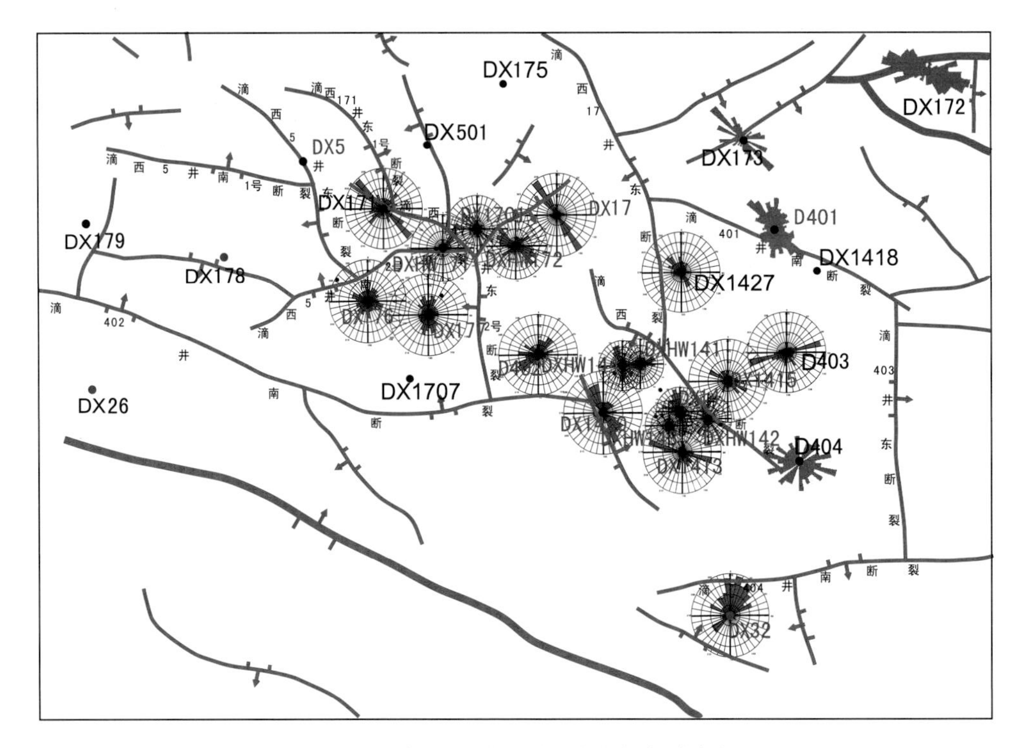

图 4.21 滴西 14 井区裂缝走向与断裂分布

四、溶蚀改造阶段

在溶蚀改造阶段中，最常见的成岩作用是酸性孔隙水对易溶矿物的溶蚀改造作用。造成火山岩中发育各类溶蚀孔隙，溶蚀孔隙的发育程度对火山岩储层的油气充注过程意义重大：一方面溶蚀作用使火山岩储层变为疏导格架，另一方面也改变了火山岩储层的湿润性。

研究区火山岩溶蚀作用非常常见，是该区火山岩重要的储集空间形成机制。在中基性的玄武岩、安山岩中主要发生早期充填物及蚀变物的再溶蚀，如早期充填的绿泥石、方解石被部分溶蚀(图 4.22)；英安岩中则主要发生角闪石、长石斑晶及基质的溶蚀，不但斜长石斑晶常发生溶蚀作用(图 4.22、图 4.23)，基质中也常见溶蚀孔隙或溶蚀扩大裂缝发育；而对于碱性、强碱性的粗面岩和响岩类岩石，由于它们岩性偏碱性较强，对酸性环境更为敏感，一旦介质环境由碱性变为酸性，则其中的大量碱性长石斑晶及基质就会发生溶蚀。酸性流体可以分为以无机酸为主和以有机酸为主，对于不同的地区，它们或是单独作用，或是联合作用，在后期存在火山喷发及深大断裂附近，可能以无机酸为主，在靠近油源

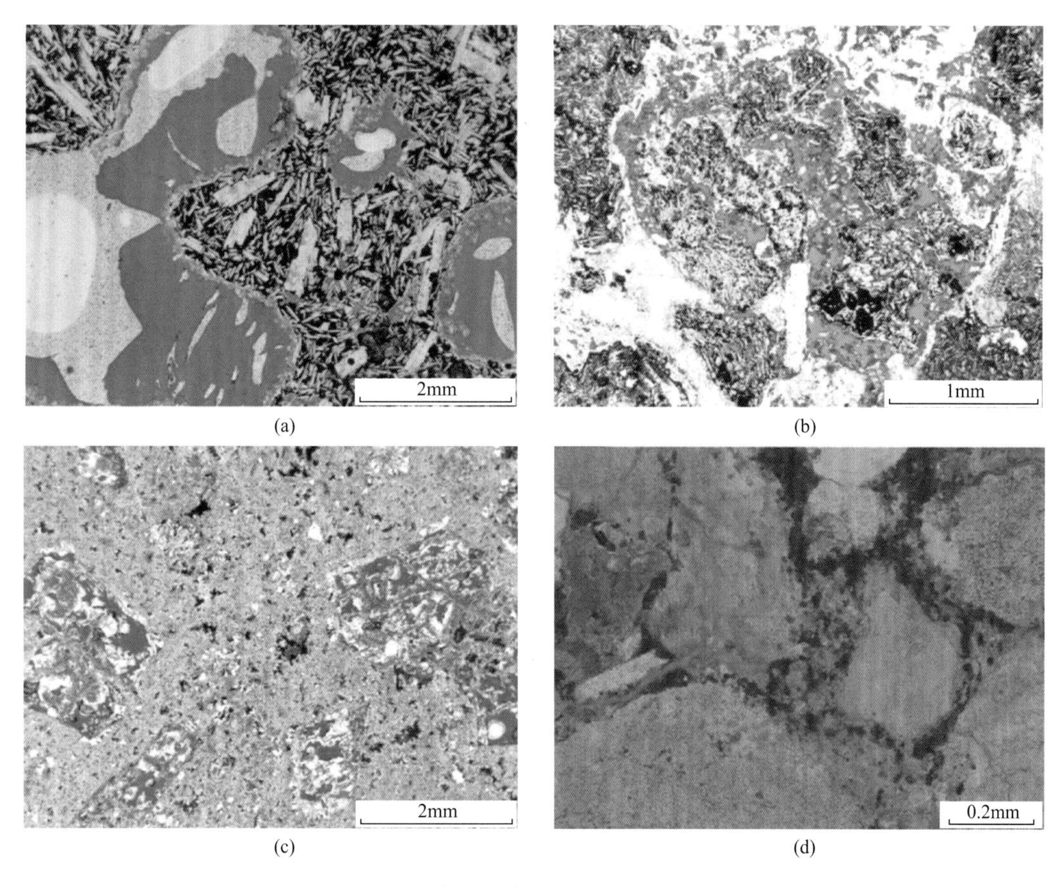

图 4.22　火山岩溶蚀改造阶段显微特征

(a)DX21 井，2868m，玄武岩中溶蚀孔隙；(b)DX5 井，3650.5m，安山岩中溶蚀孔隙；(c)DX20 井，3377m，花岗斑岩溶蚀孔隙；(d)D402 井，3787m，火山角砾岩中溶蚀缝

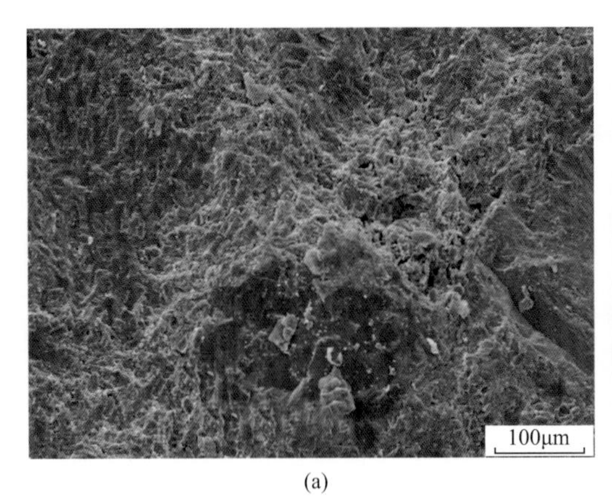

(a)

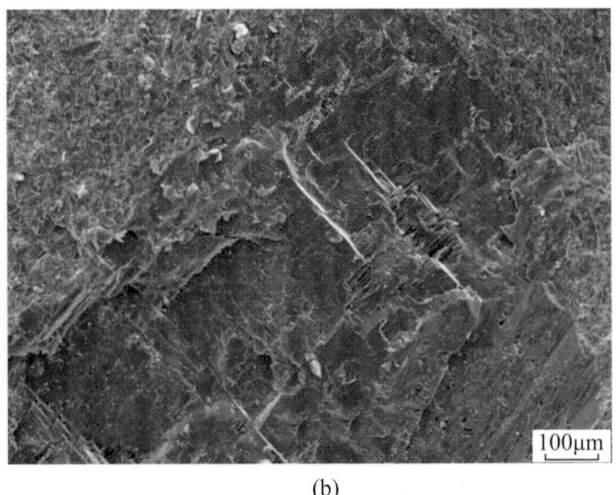

(b)

图 4.23 研究区火山岩的溶蚀作用特征(扫描电镜)
(a)DX20 井,3377m,花岗斑岩基质溶蚀孔微观特征;(b)DX20 井,3377m,斑晶溶蚀孔微观特征

地区可能有机酸的溶蚀作用更强。而大面积溶蚀作用能否发生,又与断层的发育情况息息相关。对于各种矿物,尤其是主要被溶蚀物——长石,是有机酸溶蚀还是无机酸溶蚀,其溶蚀的机制又大不相同。

在无机酸的作用下,钾长石($KAlSi_3O_8$)和钠长石($NaAlSi_3O_8$)等碱性长石反应后主要形成高岭石[$Al_2Si_2O_5(OH)_4$]或蒙脱石、石英(SiO_2)及钾、钠离子。扫描电镜下,DX5井 3650.5m 处灰褐色粗面安山岩中钾长石明显可见被溶蚀为港湾状、蜂窝状,而充填物为蒙脱石,这充分证实了溶蚀的发生和矿物的演化(图 4.24)。溶蚀后形成的高岭石、蒙脱石、石英及钾、钠离子被流体带出,这些携带物又为火山岩中气孔、裂缝的充填提供了充足的物质来源。由于反应产物被带出,因此使反应能连续进行,同时形成孔隙。两端元组分的溶蚀反应如下(雷天柱等,2008):

$$\underset{\text{Or(钾长石)}}{2KAlSi_3O_8} + 2H^+ + H_2O \longrightarrow \underset{\text{Kao(高岭石)}}{Al_2Si_2O_5(OH)_4} + \underset{\text{Q(石英)}}{4SiO_2} + 2K^+$$

$$\underset{\text{Ab(钠长石)}}{2NaAlSi_3O_8} + 2H^+ + H_2O \longrightarrow \underset{\text{Kao(高岭石)}}{Al_2Si_2O_5(OH)_4} + \underset{\text{Q(石英)}}{4SiO_2} + 2Na^+$$

这些矿物转化反应能否发生,主要受矿物所处的温度、压力、流体的酸碱度、物质组成等的影响,而它们综合起来又会体现在对热力学平衡的影响上,因而,可以根据热力学定律去判识。根据热力学第三定律,有

$$\Delta G(T,P) = \Delta G_0(T) + \int_1^P \Delta VR(P)\mathrm{d}P + RT\ln K$$

式中,$\Delta G(T,P)$ 为温度为 T 和压力为 P 条件下反应的自由能变化;$\Delta G_0(T)$ 为温度为 T (K)时,$P=0.1$MPa 条件下反应的自由能变化;$\Delta V(P)$ 为反应过程矿物体积随压力的变化;K 为平衡常数,对于溶液来说,K = 生成物中离子的活度积 / 反应物的离子的活度积。其中,平衡常数(K)在该反应中受溶液的酸碱度影响,当 pH 减小时,它将导致 $\Delta G(T,P)$ 值减小;若 pH 增大,它却会使 $\Delta G(T,P)$ 值增大,即酸性利于长石的溶解,碱性不利于

长石的溶蚀。当 $\Delta G(T,P)<0$ 时反应向右进行，当 $\Delta G(T,P)>0$ 时反应向左进行。

根据前人对上述反应的热力学计算可知，随温度的升高，长石溶解区间变小，随压力升高，长石溶解区间变大。即温度的降低和压力的升高将导致长石溶解度的增加，有利于长石的溶解。因此，对于含有大量长石的火山岩，仅从温压条件看，其对原矿物保存不利，但对溶蚀孔形成有利的区域有两处：①埋藏较浅时，主要受低温影响，易发生溶蚀；②在低温超高压区，主要受高压影响，也易发生长石的溶蚀。由于我们研究的油气有利储集空间从埋藏到成岩期间的温度和压力变化有限，因而，温压条件并非最主要影响因素。从该反应可以看出，溶液的酸碱度会对平衡常数(K)产生影响，当 pH 减小时，它将导致 $\Delta G(T,P)$值减小，若 pH 增大，它却会使 $\Delta G(T,P)$值增大，即酸性利于长石的溶解，碱性不利于长石的溶蚀。溶液的酸碱度是该反应连续进行的主导因素。

图 4.24　DX5 井，3650.5m，灰褐色粗面安山岩中钾长石被溶蚀为港湾状、蜂窝状，而蚀变的充填物为蒙脱石

(a)扫描电镜图片；(b)蒙脱石的 EDS 谱

研究区有机酸对长石的溶蚀与无机酸不同，有机酸(如羧酸)可以增加铝的活度，与铝结合形成络合物被流体带走，产生次生孔隙。油田水中常可发现大量的有机酸阴离子，有机酸溶解长石等铝硅酸盐矿物可以缓冲溶液中过剩的金属阳离子，进一步促进长石持续溶蚀。另外，有机酸提供 H^+ 的能力是碳酸的 6～350 倍。因此，有机酸可以使邻近储层的铝硅酸盐溶解度增加，并发生溶蚀作用，从而促进了储层次生孔隙的形成。Welch 和 Ullman(1993)研究发现，在相同 pH 的溶液中，有机酸溶解斜长石的速度是无机酸溶解斜长石速度的 10 倍左右。

既然酸性流体的存在是溶蚀作用发生的主控因素，那么酸的来源就显得格外重要。事实上，后期的火山脱气、沿深大断裂上涌的酸性深部流体、有机质演化过程中释放的有机酸都是重要的酸来源。对于不同的地区，无机酸和有机酸，或是单独作用，或是联合作用。在后期有火山喷发及深大断裂附近，可能以无机酸为主，在靠近油源地区可能有机酸的溶蚀作用更强。而大面积溶蚀作用能否发生，又与断层的发育情况息息相关。

五、油气聚集阶段

火山岩储层最终能否成为火山岩油气藏，不仅取决于火山岩储层的物性条件，还取决于油气运移路径及储层圈闭条件或储盖组合条件。通常距离生烃凹陷较近，圈闭条件和储盖组合条件较好，且物性条件优越的火山岩储层常优先成为油气聚集场所，流体包裹体荧光显微可见，火山岩储层均经历多次充注，研究区火山岩在孔隙中、杏仁体内、斑晶（长石斑晶、橄榄石斑晶、黑云母斑晶）及裂缝中含油（图 4.25）。

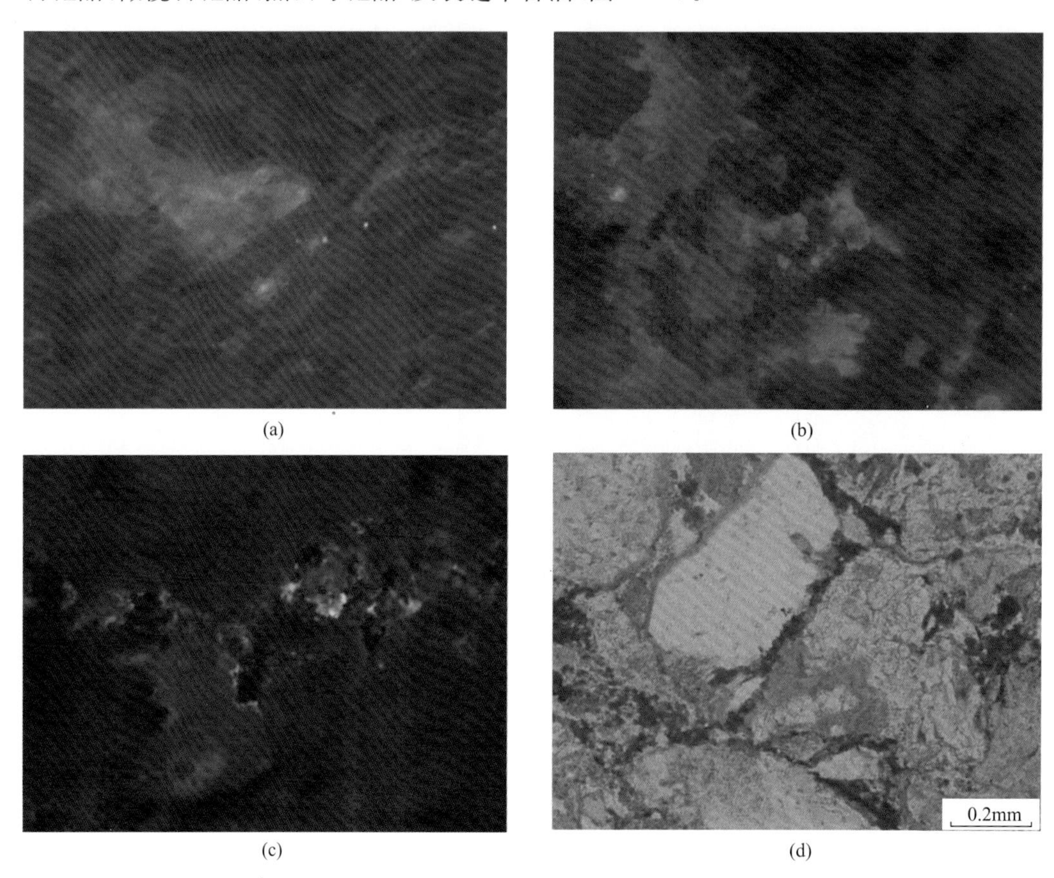

图 4.25　火山岩油气聚集阶段显微特征

(a)DX10 井，3093.9m，流纹岩中富含有机质（荧光）；(b)DX14 井，3672.2m，火山角砾岩的砾间孔缝中富含轻质原油（荧光）；(c)DX18 井，3450.6m，花岗斑岩的溶蚀孔隙中见大量轻质原油（荧光）；(d)D402 井，3787.5m，火山角砾岩溶蚀缝中见大量有机质充填

火山岩储层的形成、发展、充填、再形成等一系列的演化过程是非常复杂的，在整个过程中受多种地质作用影响和控制，储层在时空上的分布特征是众多控制因素相互叠加的结果。火山岩在地质历史上由早到晚的空间分布特征与其所处地区的构造演化背景密切相关，不同的构造演化时期有不同的岩性组合特征；储层原生储集空间主要受到火山喷发作用类型的控制，不同的火山喷发作用形成了不同的火山岩相，不同的岩相具有不同的原始孔缝特征；储层的次生储集空间的形成和原生储集空间的再改造受后期经历的构造运

动、风化淋滤作用及流体作用的影响和控制。简言之，区域构造作用及火山活动奠定了储层形成与分布的基础，岩性岩相决定了储集空间的发育程度与规模，各种后期成岩作用决定了储集层的质量。前已述及，滴西地区发育多种火山岩，从基性玄武岩、中性安山岩到酸性流纹岩，以及火山角砾岩均广泛发育。不类型火山岩在成岩五个阶段中均表现出不同储层发育特征，下节针对不同岩性探讨了不同成岩阶段与孔缝演化关系及对储层发育影响。

同时，研究区31个野外和井下样品中碳酸盐胶结物（充填物）的氧碳稳定同位素测试数据的计算表明，火山岩中的碳酸盐胶结物形成温度主要分布于三个区间，分别是10～25℃、70～115℃、130～160℃（图4.26），分别代表了风化淋滤阶段、埋藏成岩阶段、热液作用阶段碳酸盐类胶结物的充填作用，其中风化淋滤作用阶段，碳酸盐胶结物含量很少，对储层物性的影响很小；埋藏成岩阶段，碳酸盐胶结物发育于油气充注阶段前后，对储层物性的影响较大；在热液作用阶段，碳酸盐胶结物发育于油气充注期之后，对油气保存条件往往会产生一定的影响。

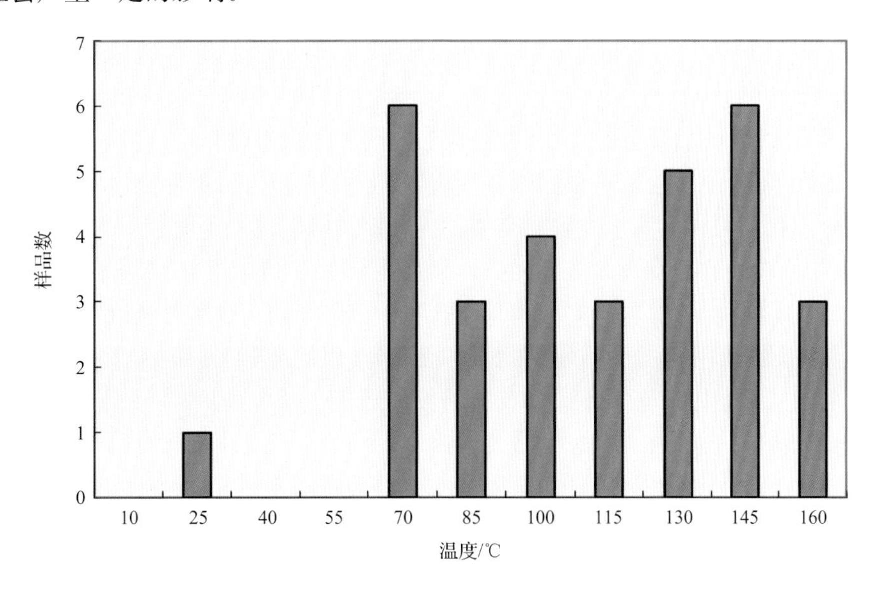

图4.26　陆东地区火山岩中碳酸盐充填物的形成温度

第三节　火山岩储层成岩演化过程及演化模式

研究区安山岩、玄武岩都属于溢流相火山岩，储集空间的演化模式比较相似，因此归为一类。玄武岩和安山岩通常为灰色和褐灰色，致密块状，常具有交织结构、含斑结构、气孔状构造。该类岩石的原生孔隙最主要的是气孔，气孔含量变化非常大（3%～30%），气孔含量主要取决于岩浆中挥发组分的含量，因此在离火山口较近的玄武岩和安山岩，以及岩浆表层的玄武岩和安山岩中气孔相对比较发育。此外，玄武岩和安山岩中还发育有少量晶间孔和收缩缝（解理缝），但这些原生孔隙含量都较低，对该类岩石储层物性影响不大（表4.3）。

表 4.3　基-中性火山岩成岩演化与孔缝形成关系

储层形成演化		形成阶段	风化淋滤	埋藏构造	溶蚀改造	油气聚集
成因机制		岩浆喷发成岩过程中气体膨胀溢出，形成气孔。岩浆冷却收缩形成裂缝	地下水及降雨沿裂缝、风化接触面和构造高部位淋滤形成溶蚀孔和扩大孔	埋藏成岩作用的胶结、充填作用及构造应力作用	成岩过程酸性孔隙对易溶矿物的溶蚀改造作用	油气顺疏导层运移到气孔、裂缝等储集空间聚集成藏
主要成岩作用	有利因素	岩浆气体膨胀和岩浆冷却收缩作用，有利气孔及裂缝形成	绿泥石化、沸石化作用、溶蚀作用	构造破裂作用	溶蚀作用	气孔、溶孔、裂缝等有效储集空间有利于油气聚集
	不利因素	气孔连通性较差；岩石致密坚硬	淡水方解石胶结充填	胶结作用、交代作用、充填作用	从孔隙水可沉淀自生物（高岭石等），充填孔隙及孔喉	气孔连通性及裂缝的封闭程度影响油气聚集效率和保存效果

研究区石炭系火山岩形成后大都遭受较长时间的风化淋滤作用，在风化淋滤阶段，玄武岩和安山岩基质（主要为长石微晶）和斑晶常发生不同程度的绿泥石化、蒙脱石化，在这一阶段部分气孔也可能被淡水方解石充填；之后，该类储层进入了埋藏成岩作用和构造作用阶段，该阶段储集岩中发育的破坏性成岩作用主要为胶结作用、交代作用，气孔被黏土矿物和碳酸盐矿物大量充填，晶间孔和基质孔隙中也常充填有碳酸盐类、沸石类和黏土类等矿物，但构造作用下，部分岩石发生断裂和破碎，产生的裂隙不但改善了岩石的储集性，而且为后期油气的运移和聚集创造了有利条件。随着埋藏深度的增加，富含有机酸和羧酸的酸性孔隙流体进入火山岩储层，将对玄武岩和安山岩气孔中的碳酸盐矿物、斑晶和基质中的长石等不稳定矿物发生溶蚀，形成的次生溶蚀孔隙改善了该类火山岩储层物性条件。该类火山岩如果成为有效的油气储层，其中最主要的储集空间主要为气孔中（包括杏仁体中）原生或次生的孔隙和构造裂缝，其他孔隙类型对储层物性条件影响相对较小。研究区玄武岩和安山岩非常发育，分布极为广泛，该类岩石通常物性条件并不是很好，孔隙度大都低于10%，但气孔发育的和熔渣状玄武岩的物性条件通常较好，孔隙度常达到15%以上，但是这类岩石分布相对比较局限，主要分布于火山口附近，并与火山爆发规模存在密切关系。

基-中性火山岩是滴西地区优质储层，其平均孔隙度为9.2%，最大孔隙度为21.9%。其储层空间主要形成于早期成岩阶段，主要为原生气孔，次生孔隙发育于风化淋滤和溶蚀改造阶段，而次生裂隙发育于构造埋藏阶段。孔隙演化表明，研究区玄武岩、安山岩良好储集性能主要受控于其成岩早期岩性、岩相特征（图 4.27）。

储层形成演化		形成阶段	风化淋滤	埋藏构造	溶蚀改造	油气聚集
显微照片		D401井, 3859.24m	D401井, 3856.45m	D401井, 3858.50m	D401井, 3862.77m	D401井, 3861.07m
原生	孔隙					
	裂隙					
次生	孔隙					
	裂隙					
孔隙演化/%	30 20 10					
孔隙特征		气孔、晶间孔、收缩缝、解理缝	溶蚀孔隙、溶蚀缝	自生矿物孔隙成岩缝、构造缝	溶蚀孔隙、溶蚀缝	平均孔隙度9.2%，最大孔隙度21.9%

图 4.27　基-中性火山岩孔缝演化特征

陆东地区发育酸性火山岩包括流纹岩(霏细岩)、英安岩和酸性侵入岩(如花岗斑岩和花岗岩)；酸性侵入岩体储层物性较差，且仅在研究区南部呈岩体发育，本节研究仅针对酸性溢流相流纹岩和英安岩研究不同成岩阶段储层发育特征。该类岩石的原生孔隙主要为气孔和晶间孔，但气孔相对不够发育。英安岩在风化淋滤阶段常沿气孔和晶间孔隙发生矿物的蚀变和充填作用，主要为长石等斑晶的绢云母化和部分气孔的方解石充填。在埋藏成岩作用和构造作用阶段，在英安岩中主要发生胶结交代作用和碎裂作用，气孔大都被黏土矿物和碳酸盐矿物充填，部分岩石发生断裂和破碎。随着埋藏深度的增加，富含有机酸和羧酸的酸性孔隙流体进入英安岩中，将其中斑晶和基质长石等不稳定矿物溶蚀，形成的次生溶蚀孔隙可较大地改善其储集条件(表 4.4)。在英安岩类储集岩中，气孔和斑晶中的溶蚀孔隙是其最重要的储集空间，因此，溶蚀作用发育程度决定了该类火山岩储层的物性。

酸性火山岩孔缝演化特征与基性火山岩相似，但其储层物性低于基性岩类，平均孔隙度 8.0%，最大孔隙度也仅为 13.5%(图 4.28)。主要原因在于原生孔缝，特别是原生气孔不够发育，但由于其酸性较大，常发育于构造中低部分，遭受溶蚀作用强烈，因此酸性火山岩孔缝的贡献主要来源于风化淋滤和构造埋藏阶段，但由于早成岩期气孔欠发育，油气聚集性能较差。

表 4.4 酸性火山岩成岩演化与孔缝形成关系

储层形成演化		形成阶段	风化淋滤	埋藏构造	溶蚀改造	油气聚集
成因机制		酸性岩浆喷发成岩过程气体膨胀溢出也可形成气孔。岩浆冷却收缩形成微裂缝	地下水及降雨沿裂缝、风化接触面和构造高部位淋滤形成溶蚀孔和扩大孔	埋藏成岩作用的胶结、充填作用及构造应力作用	成岩过程酸性孔隙水对易溶矿物的溶蚀改造作用	油气顺疏导层运移到溶孔、裂缝等储集空间后聚集成藏
主要成岩作用	有利因素	岩浆气体膨胀和岩浆冷却收缩作用，有利晶间孔、气孔及微裂缝形成	绿泥石化、沸石化作用、溶蚀作用	构造破裂作用	溶蚀作用造成长石等易溶矿物溶蚀及晶间孔溶蚀扩大	溶孔、晶间孔、微裂缝等有效储集空间有利于油气聚集
	不利因素	岩浆黏度大，气孔小，发育程度差	淡水方解石胶结充填	胶结作用、交代作用、充填作用	溶蚀作用伴随自生矿物沉淀物（高岭石等）充填孔隙及孔喉	气孔不发育、晶间孔连通性差，影响储层物性及油气聚集效率

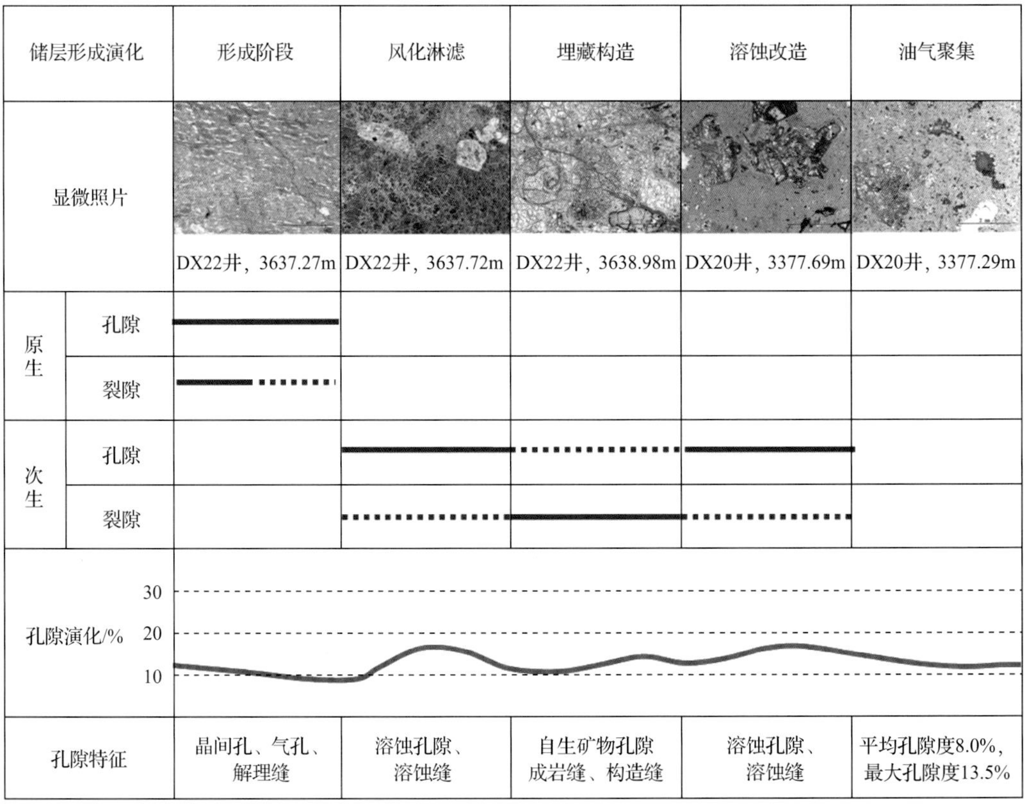

储层形成演化		形成阶段	风化淋滤	埋藏构造	溶蚀改造	油气聚集
显微照片		DX22井，3637.27m	DX22井，3637.72m	DX22井，3638.98m	DX20井，3377.69m	DX20井，3377.29m
原生	孔隙					
	裂隙					
次生	孔隙					
	裂隙					
孔隙演化/%		30 20 10				
孔隙特征		晶间孔、气孔、解理缝	溶蚀孔隙、溶蚀缝	自生矿物孔隙成岩缝、构造缝	溶蚀孔隙、溶蚀缝	平均孔隙度8.0%，最大孔隙度13.5%

图 4.28 酸性火山岩孔缝演化特征

火山角砾岩在研究区石炭系火山岩中比较常见，该类岩石的原生孔隙主要为裂缝，其中最常见的是砾间缝和角砾岩基质（主要为火山灰）受冷凝收缩形成的龟状裂纹。该类火山岩在风化淋滤阶段主要沿裂缝发生一些蚀变和充填作用，基本上是暗色不稳定矿物的蚀变和碳酸盐类矿物（主要是方解石）的充填。火山角砾岩在埋藏成岩作用阶段发生的胶结和交代作用也主要是沿裂隙、裂缝发生，部分火山角砾的粒间和火山角砾中晶间也可见到少量碳酸盐类、黏土类或沸石类矿物的充填或胶结。在这一阶段发生的构造作用往往是对该类火山岩储层物性影响最大的作用，由于火山角砾岩中裂隙和裂缝比较发育，受到构造作用后，火山角砾岩比其他火山岩更易发生破碎，形成更多的裂隙和裂缝。在溶蚀改造阶段，由于火山角砾岩中裂缝发育，孔隙流体运动流畅，常沿裂隙边缘发育溶蚀扩大孔（缝）（表 4.5）。油气成藏过程中，如果有火山角砾岩成为储集岩，那么可以确定构造作用是对其孔渗条件影响最大的因素。火山角砾岩通常是火山岩中物性较好的岩石类型，特别是在火山口和大断层附近发育的火山角砾岩，其孔隙度常可达到 10%以上（图 4.29）。

表 4.5　火山角砾岩成岩演化与孔缝演化关系

储层形成演化		形成阶段	风化淋滤	埋藏构造	溶蚀改造	油气聚集
成因机制		火山爆发过程火山角砾的自碎或隐蔽爆破形成砾间缝	地下水及降雨沿裂缝、风化接触面和构造高部位淋滤形成溶蚀孔和扩大孔	埋藏成岩作用的胶结、充填作用及构造应力作用	成岩过程酸性孔隙水对易溶矿物的溶蚀改造作用	油气顺疏导层运移到粒间孔、裂缝、溶孔等储集空间后聚集成藏
主要成岩作用	有利因素	火山爆发过程火山角砾降落极易形成粒间孔和砾间缝	绿泥石化、沸石化及溶蚀作用	火山角砾岩微裂发育，较易发育构造破裂作用	溶蚀作用造成长石等易溶矿物溶蚀及裂缝边缘的溶蚀扩大	粒间孔、溶孔微裂缝等有效储集空间有利于油气聚集
	不利因素	火山角砾分选差，孔隙分布不均匀，储层物性非均质性强	淡水方解石胶结充填于微裂缝及粒间孔中	胶结作用、交代作用、充填作用	溶蚀作用伴随自生矿物沉淀物（高岭石等）充填孔隙及孔喉	火山角砾岩中气孔和晶间孔不发育

喷发相火山角砾岩为研究区最为优质的储层，具有与沉积岩相同的成岩特征，同时又具有火山岩矿物组成，埋藏过程中，刚性组分可以保持孔隙不受压实作用影响，同时因为其脆性特征又使其具有受力易断裂特征。火山角砾岩原生储集空间为火山爆发过程中自碎或隐蔽爆破形成砾间缝，但与沉积岩相比，火山角砾分选差，孔缝分布不均匀，储层物性非均质性明显。火山角砾岩风化淋滤阶段改造对储层物性改善更为明显：一方面火山角砾岩发育于构造高点，受风化淋滤作用时间较长；另一方面火山角砾岩特有的原始孔缝组合也更易遭受淡水或地下水淋滤（图 4.29）。

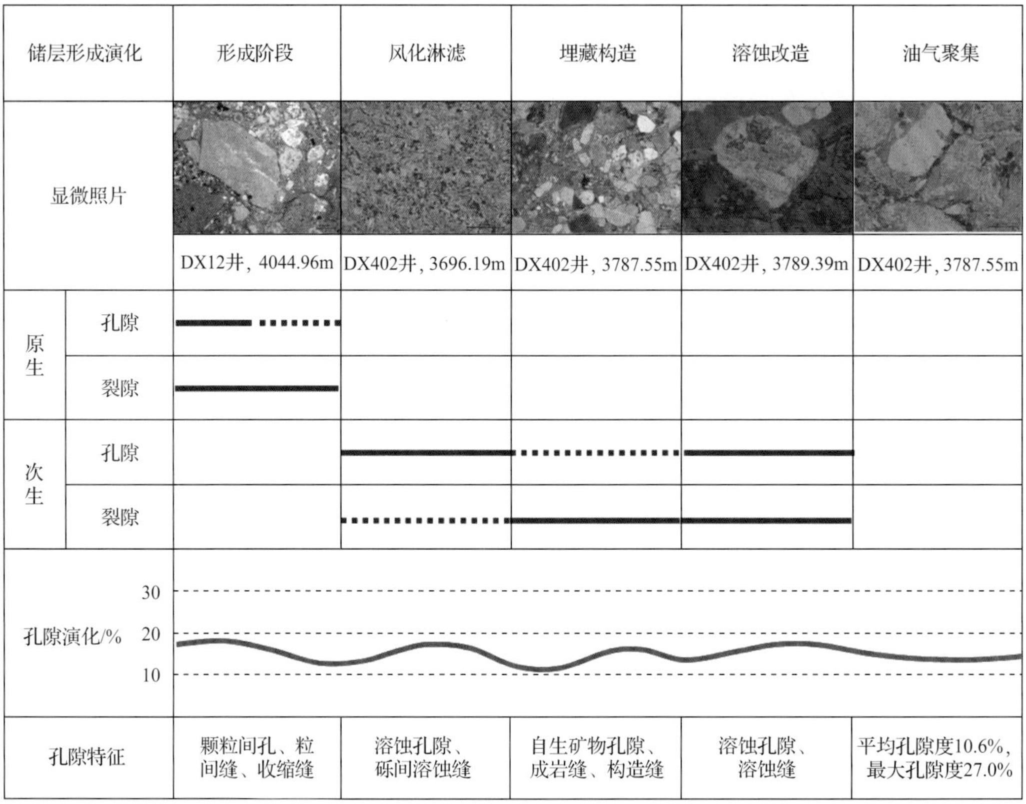

储层形成演化		形成阶段	风化淋滤	埋藏构造	溶蚀改造	油气聚集
显微照片		DX12井，4044.96m	DX402井，3696.19m	DX402井，3787.55m	DX402井，3789.39m	DX402井，3787.55m
原生	孔隙					
	裂隙					
次生	孔隙					
	裂隙					
孔隙演化/%	30 20 10					
孔隙特征		颗粒间孔、粒间缝、收缩缝	溶蚀孔隙、砾间溶蚀缝	自生矿物孔隙、成岩缝、构造缝	溶蚀孔隙、溶蚀缝	平均孔隙度10.6%，最大孔隙度27.0%

图 4.29　火山角砾岩孔缝演化特征

通过多种手段的研究分析认为，准噶尔盆地石炭系火山岩储层是多种成岩作用长期综合作用的结果，形成演化过程复杂，存在多期的充填和溶蚀作用。在不同的区带，不同岩性储层的演化也有明显的差别。下面以玄武岩、流纹岩、火山角砾岩储层储集空间为例，建立火山岩储集空间的演化模式。

(1) 形成阶段[图 4.30(a)、图 4.31(a)、图 4.32(a)]。该阶段是气孔、晶间孔隙、粒间孔隙、收缩缝等原生孔隙的形成阶段。这些原生储集孔隙为后期储层的发育奠定了基础。

(2) 风化淋滤阶段[图 4.30(b)、图 4.31(b)、图 4.32(b)]。火山岩形成以后，暴露在大气地表环境下，玄武岩中许多不稳定矿物受到各种地表地质作用的风化改造，形成微裂缝或局部原生孔隙部位在地表流体的作用下发生蚀变，形成一些蚀变矿物充填在原生储集空间中，降低了玄武岩储层的储集性能。

(3) 埋藏构造阶段[图 4.30(c)、图 4.31(c)、图 4.32(c)]。在构造作用下岩石埋深，形成众多的裂隙及破碎带，使原来孤立的气孔连通起来，从而提高了油气的储集性能。另外，断层控制地下水的溶蚀淋滤、渗透及沉淀充填作用的深度和范围，主导气孔中杏仁体充填或溶孔作用。

(4) 溶蚀改造阶段[图 4.30(d)、图 4.31(d)、图 4.32(d)]。火山岩经埋藏成岩后，在高温高压条件下，地层水对岩石斑晶、基质、裂缝产生强烈的溶蚀，形成大量的溶蚀孔隙，很大程度上增大了岩石的孔隙度，并且产生的溶蚀缝隙进一步提高了岩石的渗透率。

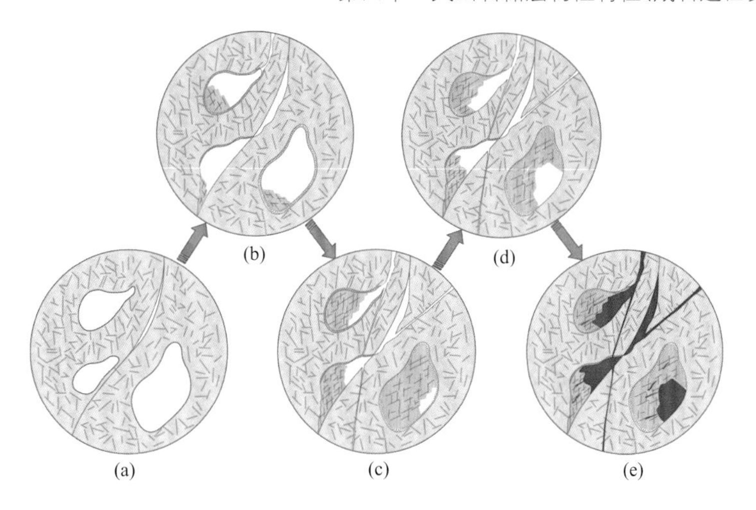

图 4.30　玄武岩储层储集空间演化模式

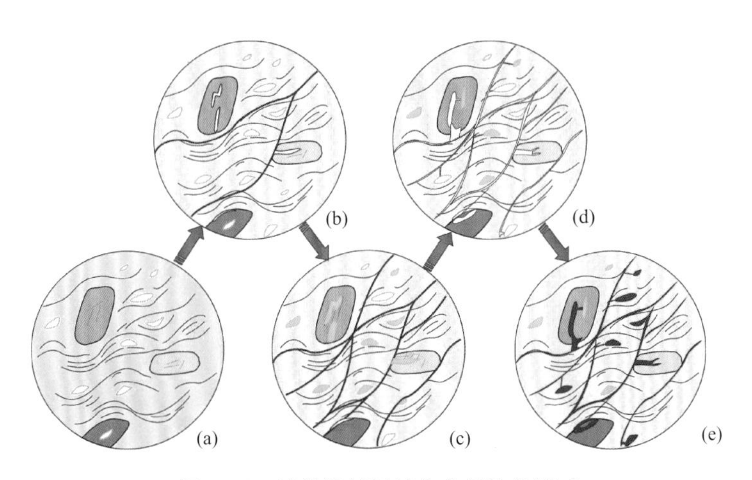

图 4.31　流纹岩储层储集空间演化模式

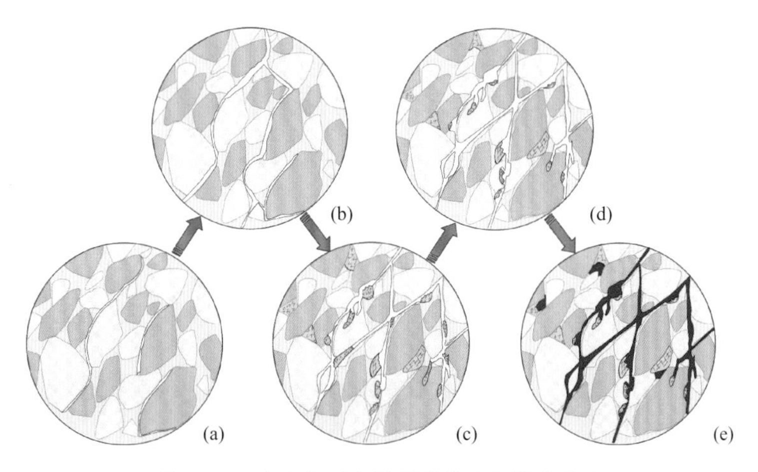

图 4.32　火山角砾岩储层储集空间演化模式

(5) 油气聚集阶段[图 4.30(e)、图 4.31(e)、图 4.32(e)]。在该阶段，油气经过运移进入前期形成的各种孔隙、裂缝中。由于油气作为一种有机流体介质，必然会在孔隙中与其接触的岩石相互作用，进一步对孔隙的发育产生作用。

在上述研究的基础上，建立了陆东地区石炭系不同岩石类型火山岩的成岩演化特征、储集空间类型及其发育序列、孔隙演化模式为一体的成岩演化-孔隙演化综合模式图。总体来讲，石炭系中基性火山岩(以玄武岩和安山岩为主)储层孔隙类型以气孔、裂缝和溶孔为主。埋藏阶段气孔较易被方解石等充填。储层物性条件中等-较好(图 4.33)。酸性火山岩(以流纹岩为主)储层的孔隙类型以溶蚀孔隙、裂缝和溶蚀缝为主。易溶组分含量高，溶蚀孔隙发育，孔缝连通性较好。储层物性条件中等-较差(图 4.34)。火山角砾岩储层的孔隙类型以粒间孔、砾间缝和溶蚀孔为主。埋藏构造和溶蚀阶段较易发生微裂缝和溶蚀孔隙。储层物性条件较好-优良(图 4.35)。

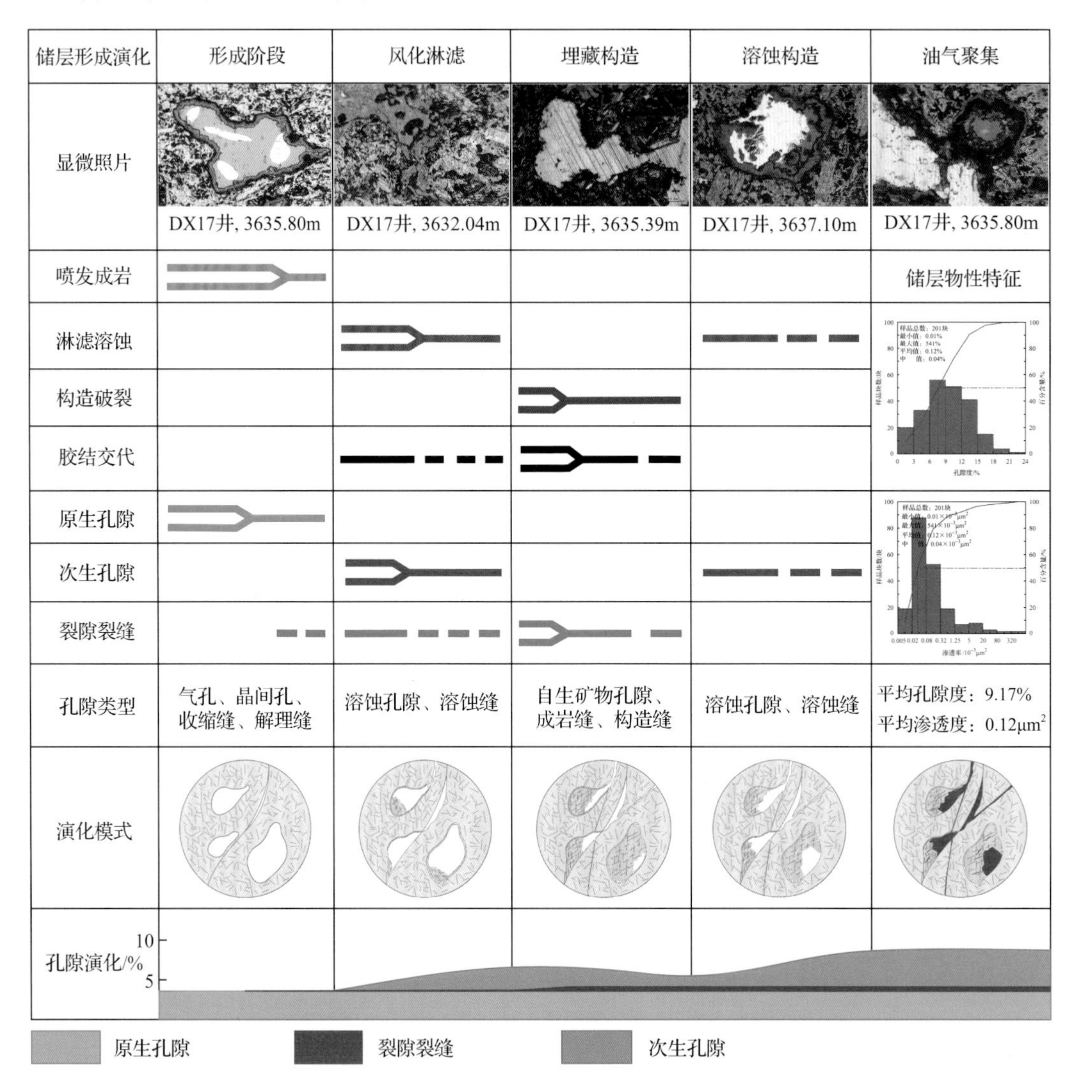

图 4.33　中基性火山岩的成岩演化-孔隙演化模式图

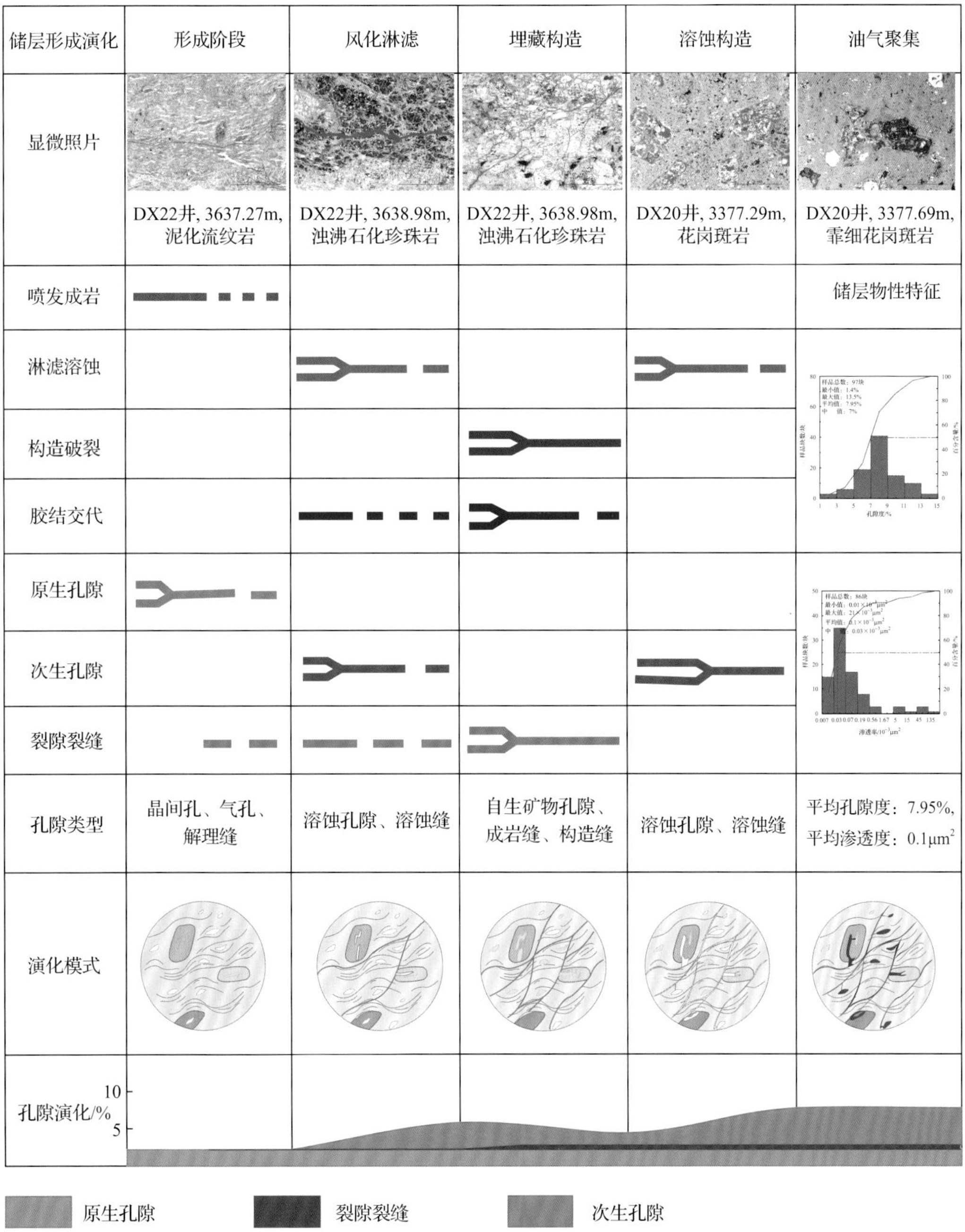
储层形成演化
形成阶段
风化淋滤
埋藏构造
溶蚀构造
油气聚集
显微照片
DX22井, 3637.27m,
泥化流纹岩
DX22井, 3638.98m,
浊沸石化珍珠岩
DX22井, 3638.98m,
浊沸石化珍珠岩
DX20井, 3377.29m,
花岗斑岩
DX20井, 3377.69m,
霏细花岗斑岩
喷发成岩
储层物性特征
淋滤溶蚀
构造破裂
胶结交代
原生孔隙
次生孔隙
裂隙裂缝
样品总数：97块
最小值：1.4%
最大值：13.5%
平均值：7.95%
中　值：7%
样品块数/块
百分含量/%
孔隙度/%
样品总数：86块
最大值：21×10⁻³μm²
中　值：0.03×10⁻³μm²
渗透率/10⁻³μm²
孔隙类型
晶间孔、气孔、
解理缝
溶蚀孔隙、溶蚀缝
自生矿物孔隙、
成岩缝、构造缝
溶蚀孔隙、溶蚀缝
平均孔隙度：7.95%,
平均渗透度：0.1μm²
演化模式
孔隙演化/%
10
5
原生孔隙
裂隙裂缝
次生孔隙

图 4.34　酸性火山岩的成岩演化-孔隙演化模式图

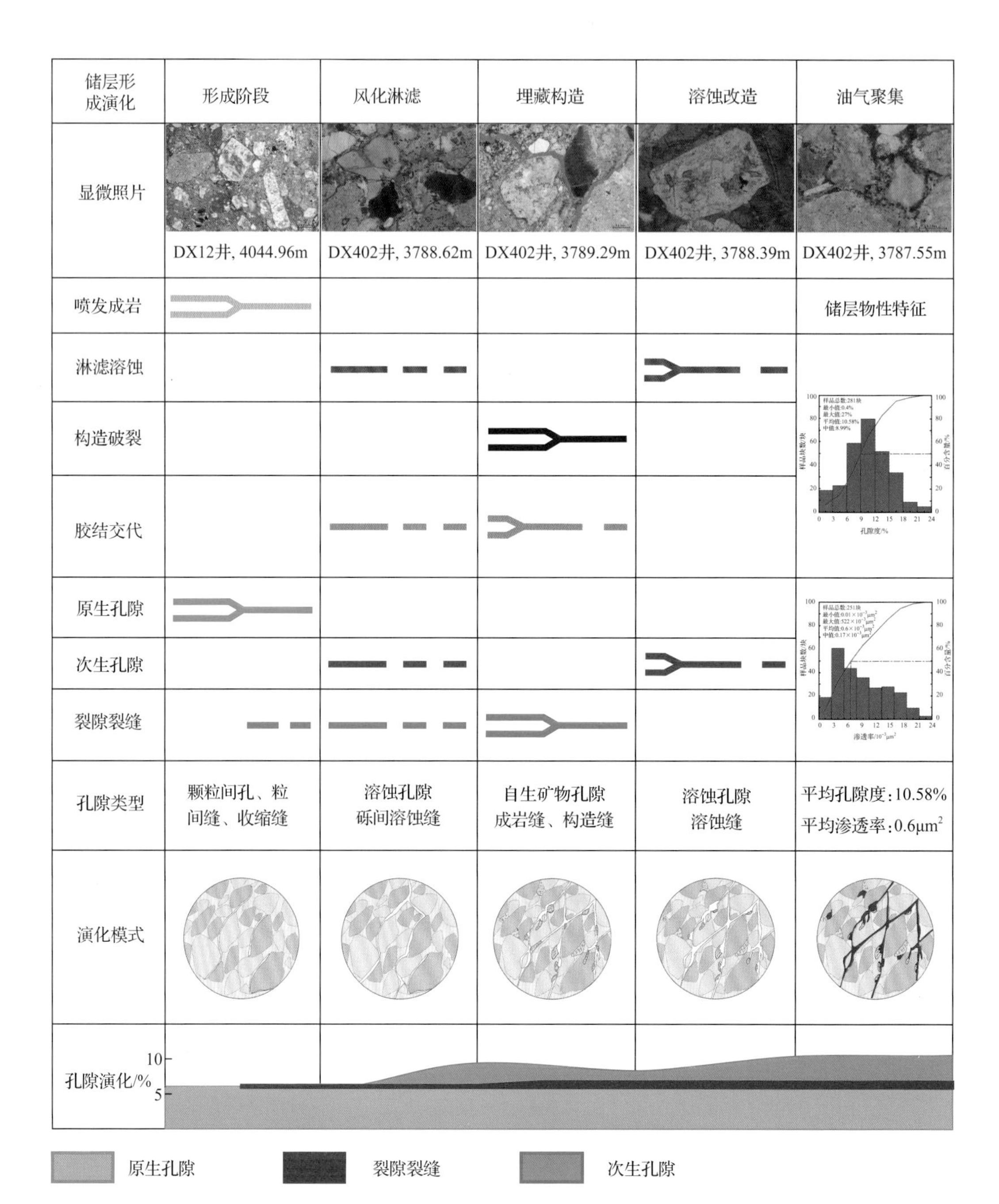

图 4.35　火山角砾岩的成岩演化-孔隙演化模式图

第五章　火山岩裂缝发育特征及分布规律

第一节　区域构造背景

一、区域构造特征

滴西14井—滴西18井区位于陆梁隆起东段滴南凸起，作为准噶尔盆地的一部分，具有前寒武纪结晶基底和中海西期石炭纪褶皱基底，经历了海西、印支、燕山等多次构造运动(赵白，1993；况军，1993)。早-中石炭世，受准噶尔陆块与哈萨克斯坦板块碰撞的影响，发生火山活动，形成火山喷发岩、火山碎屑岩等沉积。石炭纪末，玛纳斯地体与乌伦古地体拼贴，在三个泉北形成北西西向拼接带，此时，海西期褶皱基底基本形成(蔡忠贤等，2000)。滴西14井—滴西18井区受南北向强烈的挤压作用，滴水泉北断裂、滴水泉南断裂等相继定形。海西晚期是研究区构造的第一次主要形成期，研究区的深层逆断层主要在该时期形成，构造活动具有南北向水平挤压作用下的压扭性特征。

印支期构造继承了海西晚期的压扭性构造活动特点，进一步加强了深层压扭性构造的形成。印支运动早期，滴水泉断裂、滴水泉北断裂、滴水泉南断裂和滴北凸起北断裂等再次活动，不仅控制着二叠系的保存，同时也控制着三叠系的沉积。印支期是该区的一个转折点，早期的大部分逆断层已基本停止活动，外压内张的新阶段由此开始(陈发景等，2005)。

燕山运动是对该区构造具有明显的控制作用，该时期的构造变形体制由早期的压扭性变为张扭性，构造活动整体表现为外压内张的新局面。在区域性北东—南西向水平挤压作用下，受深层主断裂走滑作用派生的拉张应力和基底隆升产生的拉张应力联合作用，使得研究区发生伸展-走滑运动，在侏罗系内部产生一系列具张扭性质的正断层。侏罗系末期的燕山运动使滴南凸起、滴北凸起进一步隆升，伴随着这次构造运动，工区内许多二级构造带及大部分局部构造也基本定型(陈新等，2002)。

喜马拉雅运动为准噶尔盆地重要的一次掀斜运动，总体造成盆地北升南降，在此区域构造背景下，滴西14井—滴西18井区侏罗系以上构造呈一南倾的单斜。研究区区域构造演化和主要构造事件如表5.1所示(吴晓智等，2012)。

表5.1　区域构造演化与构造事件简表

构造期	应力场特征	主要构造事件	构造类型
海西中期	近南北向挤压应力场	玛纳斯地体与乌伦古地体拼贴，基底形成并开始隆升	基岩披覆构造
海西晚期	近南北向压扭应力场	构造活动强烈，深层主要逆断层形成，基底抬升	逆断层、冲断(起)构造、叠瓦构造、正花状构造、断展褶皱

续表

构造期	应力场特征	主要构造事件	构造类型
印支期	近东西向压扭应力场	构造活动不如海西晚期,深层逆断层进一步加强	逆断层、冲断(起)构造、叠瓦构造、正花状构造、断展褶皱、横向变换构造
燕山早期	北东-南西向区域挤压,早期为张扭应力场,晚期发生构造反转	构造活动较强,早期在侏罗系形成大量正断层,晚两次发生构造反转,使基底大幅度隆升	正断层(雁列式正断层)、掀斜断块、负花状构造、逆牵引构造、雁列式褶皱、反转构造
燕山晚期	近南北向挤压应力场	构造活动较弱,以区域性向南掀斜作用为主,断层不发育。克拉美丽地区构造活动较活跃,产生向西侧向挤压作用	少量正断层
喜马拉雅期	近南北向挤压应力场	构造活动较弱,以掀斜作用为主,形成南倾单斜构造	单斜构造

二、研究区构造特征

滴西 14 井—滴西 18 井区构造发展史上经历了海西构造运动、印支构造运动、燕山构造运动等多次构造运动,受这些构造运动的影响,区内发育多期断裂(图 5.1)。由于不同时期构造运动强度和持续时间的不均一性,形成了研究区复杂的断裂系统。工区内区域性断裂走向与区域构造走向基本一致,皆具有活动的阶段性和发展的继承性。多数中、小羽状断裂与区域性大断裂呈锐角相切,断距较小,多集中发育于构造高部位,这些断裂活动期较短,反映了早期构造运动方向的形迹。

滴南凸起上发育一系列近东西向、北西向的断裂,不同方向的断裂是不同期次构造运动的结果,其中近东西向断裂规模较大,主要断裂要素如表 5.2 所示。

表 5.2 滴西 18 井—滴西 14 井区主要断裂要素表

断裂名称	断层性质	断开层位	最大断距/m	倾角/(°)	倾向	走向
滴水泉北断裂	逆	C—T	650	45	南	东西
滴水泉南断裂	逆	C—T	200	65	北	东西
滴 402 井南断裂	逆	C—P	90	60	北	近东西
滴 401 井南断裂	逆	C—P	20	45	北东	北西
滴西 17 井东断裂	逆	C—P	30	75	西	南北
滴 403 井东断裂	逆	C—P	40	50	东	南北
滴 404 井南断裂	逆	C—P	50	65	南	东西
滴西 5 井东断裂	逆	C—P	30	65	南西	北西
滴西 5 井南 1 号断裂	逆	C—P	25	70	北	东西
滴西 5 井南 2 号断裂	逆	C—P	20	65	北	东西

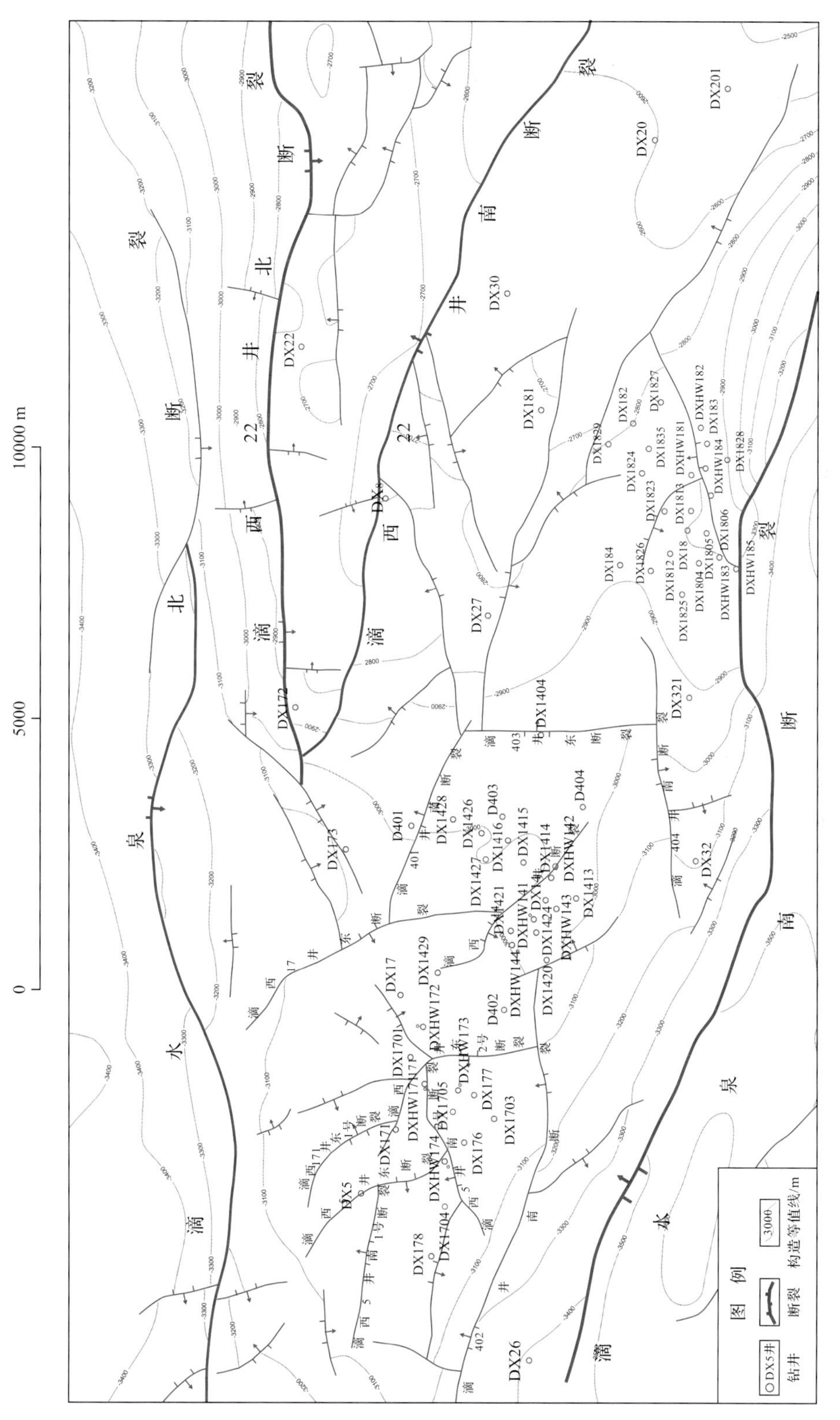

图 5.1　滴南凸起滴西 18 井—滴西 14 井区断裂分布图

根据断裂规模和形成时间，将滴西14井—滴西18井区断裂系统分为两级，现分别叙述如下。

（1）Ⅰ级断裂为构造区边界断裂，这些深层逆掩断裂形成于海西晚期，如滴水泉北断裂、滴水泉南断裂、滴402井南断裂、滴西22井南断裂、滴西22井北断裂等，这些断裂作为区域内构造的分界线，主要呈东西走向、北西—东南走向展布。Ⅰ级断裂开始形成于石炭纪、二叠纪，延续到印支期—燕山期，持续时间长，断开层位多，对二叠系分布及三叠系圈闭的形成具有明显的控制作用，是深层油气向浅部地层运移、聚集的重要通道。

滴水泉北断裂位于滴西14井—滴西18井区北部，是一条延伸较长的逆断裂，走向近东西向，延伸约56km，为一南倾的逆断层，断开层位石炭系—侏罗系，断距为100～650m。该断层形成于海西中晚期，在燕山早期仍有活动，具同生断层的特点，对三叠系、侏罗系的沉积有明显控制作用，为滴南凸起与滴水泉凹陷的分界断裂（图5.2）。

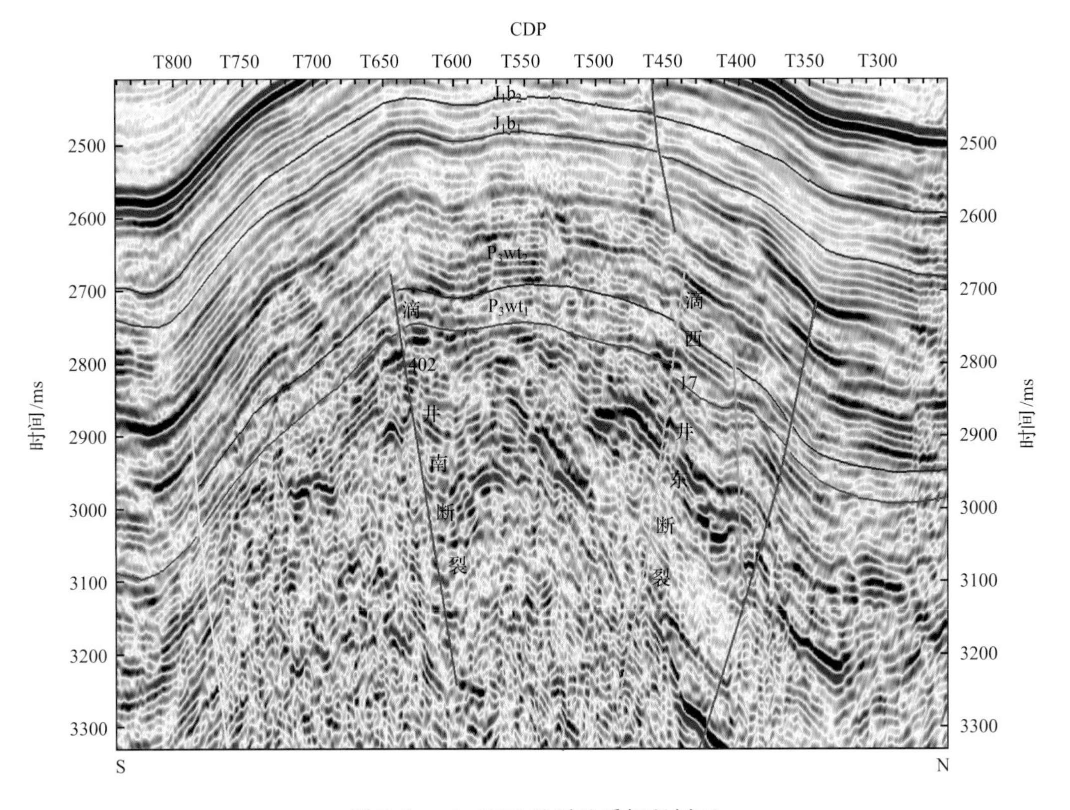

图5.2 Line1550地震地质解释剖面

滴水泉南断裂位于滴西14井—滴西18井区南部，走向为北东东向，延伸长度近80km，为一向北北西倾斜的逆断层，断开层位石炭系—三叠系，断层落差为20～200m。该断层形成于海西中晚期，在三叠纪末基本停止活动，对三叠系、二叠系的沉积有控制作用，为滴南凸起与东道海子凹陷和五彩湾的分界断裂。

滴402井南断裂位于滴西14井断鼻南部，位于滴南凸起中部，成为控制滴西地区南北方向三级构造带的主要分界断裂。滴402井南断裂在平面上近东西向展布，东西向延伸39km，倾向北，倾角为60°，断层落差为30～200m，在研究区内最大断距约为90m。该断裂断开层位为石炭系—三叠系，该断裂形成于石炭纪末到二叠纪初，二叠纪末期基本停止活动。

滴西17井东断裂位于滴西14井断鼻北部，延伸长度约为4.8km，走向南北，倾向西，倾角为75°，断裂整体较陡，但断距不大，最大断距30m左右。该断裂在地震剖面Trace540线上表现为上、下两盘厚度相当，说明该断裂为同沉积断裂，但是地震波组错断现象非常明显，推测该断裂于石炭纪开始活动，至二叠系上统梧桐沟组沉积期结束，主要活动时间为海西运动中、晚期(图5.3)。

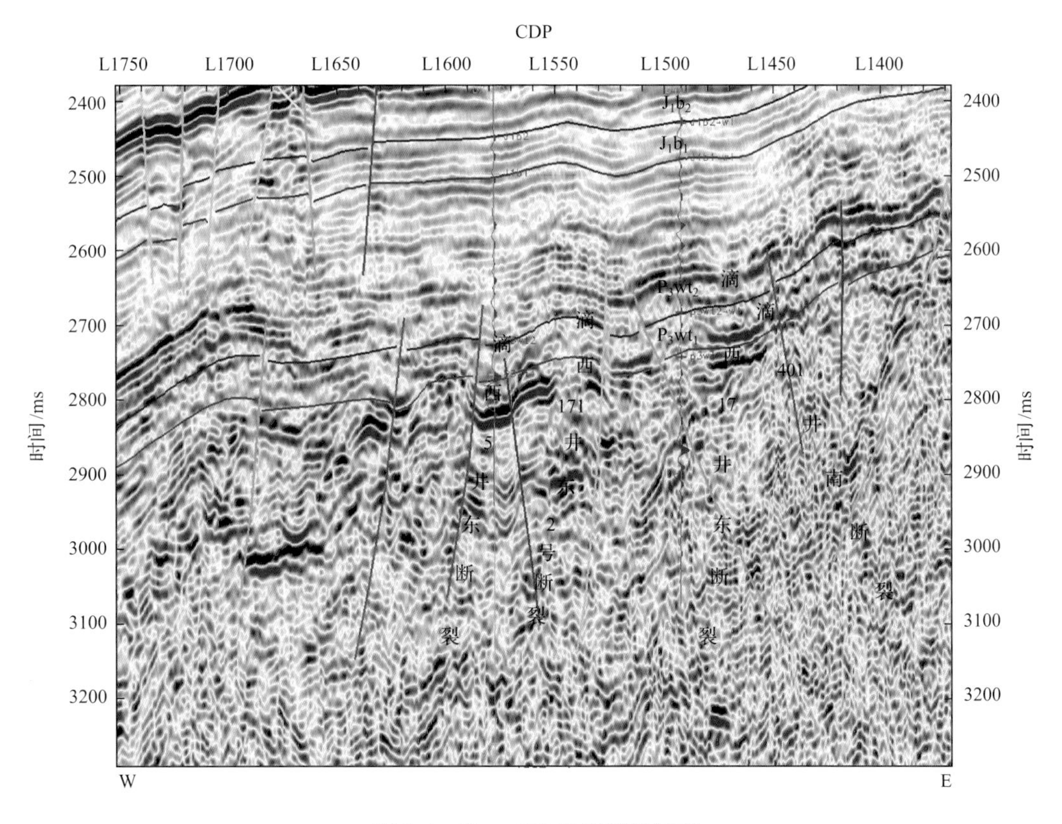

图5.3　Trace540地震解释剖面

滴西5井南1号断裂位于滴西14井断鼻西部，在平面上呈东西方向展布，延伸长度约3.4km，走向东西，倾向北，倾角为70°，最大断距约为25m。该断裂在Line1645地震剖面上表现为层位明显错断，呈逆断层性质，该断裂与滴西井南2号断裂基本平行，形成时期，断开层位均一致，属可靠断裂。

滴西5井南2号断裂位于滴西14井断鼻中部，延伸长度为3.4km，走向近东西方向，倾向北，倾角为65°，最大断距为20m，该断裂在Line1600地震剖面上表现为下断至石炭系，上断至二叠系的逆断裂，主要活动时期为中晚海西期。

滴西 5 井东断裂位于滴西 14 井断鼻中部，在平面上近南北向展布，延伸长度约为 3.4km，走向北西，倾向南西，倾角 65°，最大断距为 30m，改断裂在 Line1630 地震剖面上表现为上、下两盘都有明显的牵引现象，西段与滴西 5 井南 1 号断裂、2 号断裂形成断块，东面与滴西 171 井断裂形成构造，使得构造更加复杂化，对油气的分布起着一定的分割作用，属一条可靠性断裂（图 5.4）。

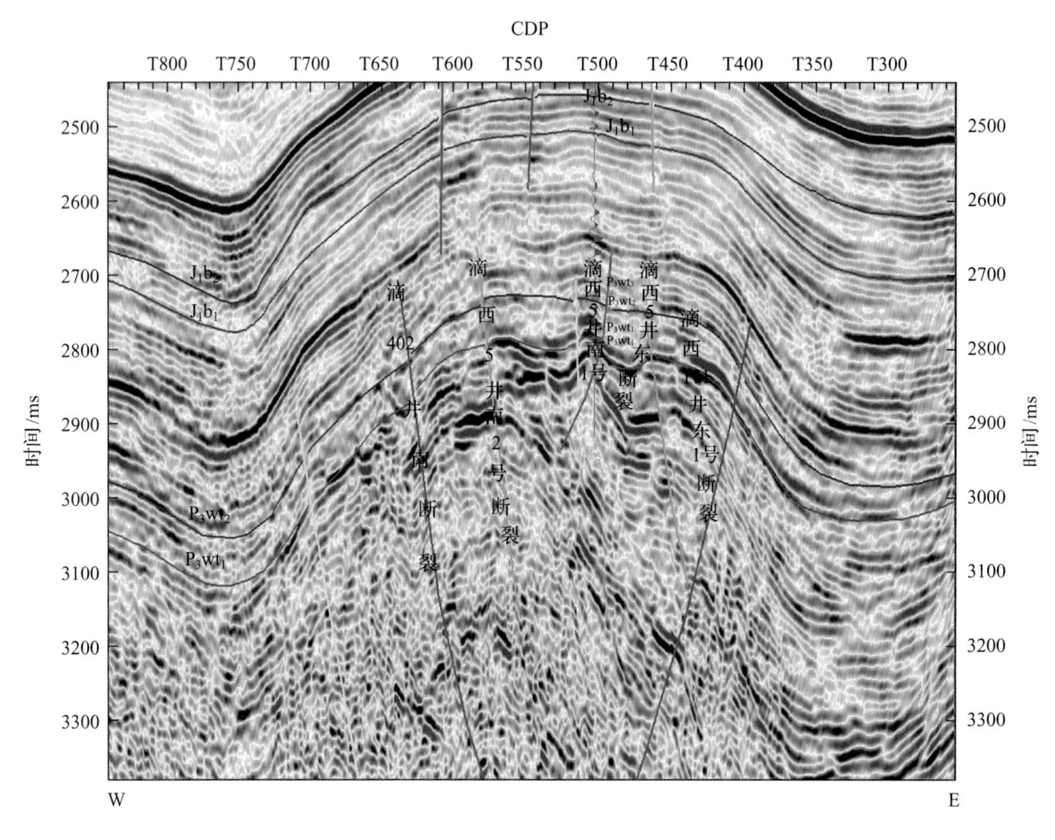

图 5.4　Line1630 地震解释剖面

（2）Ⅱ级断裂是分布于滴西 14 井—滴西 18 井区Ⅰ级断裂之间的断裂。该级断裂形成于两期，早期断裂是印支构造运动的结果，断裂由构造高部位向四周呈近似放射状分布（图 5.5），其构造走向多呈东西向、近东西和近南北向，断穿最老的地质层位为二叠系梧桐沟组。晚期断裂形成于燕山运动Ⅰ幕，主要为侏罗系内部断裂；该期断裂以正断裂为主，规模都不大，断距较小，一般小于 20m，断开层位多数仅限于中、下侏罗统，到中晚侏罗世，断裂活动基本停止，因此，侏罗系内部断裂仅对局部构造起到控制作用，在断裂发育区往往形成小型地垒、地堑构造。

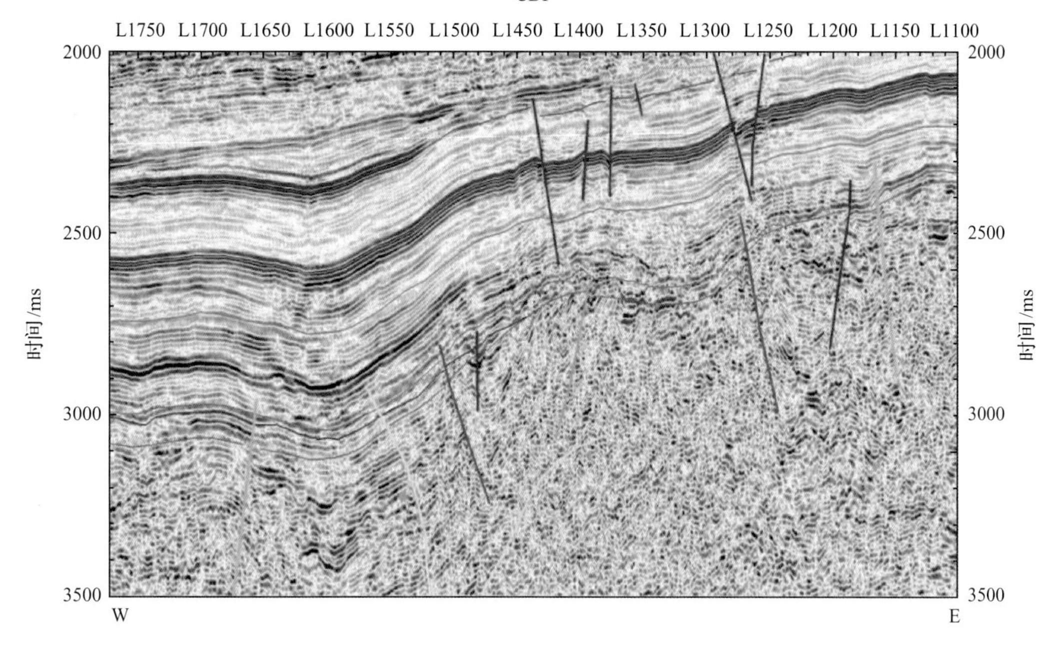

图 5.5　Trace780 地震地质解释剖面

第二节　裂缝的评价方法

由于地层结合力丧失，岩石沿一个面分开成为裂缝，它是岩石发生破裂的直接产物，一般形成于有利构造部位低孔隙度的脆性地层中。在火山岩储层中，裂缝网络对于油气的产出具有决定性的作用。火山岩原生孔洞一般都呈孤立状态。裂缝的存在，使孤立的孔洞得以连通，成为有效的储集空间，同时裂缝的发育有利于储层的次生改造。通常将具有相同走向和倾向的裂缝的总体称为裂缝系统，由不同裂缝系统构成的地层内裂缝总体称为裂缝网络。本书通过电成像对裂缝进行识别及评价，并通过偶级横波测井判别了裂缝的有效性。

一、裂缝电成像识别

电成像对于裂缝的识别非常直观，是目前测井仪器中识别裂缝可靠性最高的测井方法。电成像对于识别裂缝发育段，以及裂缝的空间形态非常有效，为储层评价提供了重要的信息(陆敬安等，2004；Wang et al.，2009)。

裂缝按性质可分为天然缝和诱导缝；按几何形态分为开口缝和闭合缝；按产状分为高角度缝、低角度缝和水平缝。裂缝又可分为有效缝和无效缝，其中有效缝为开口缝，包括斜交缝、网状缝、直劈缝和半充填缝；无效缝指为方解石(或其他固体充填物)全充填的闭合缝(图 5.6、图 5.7)。

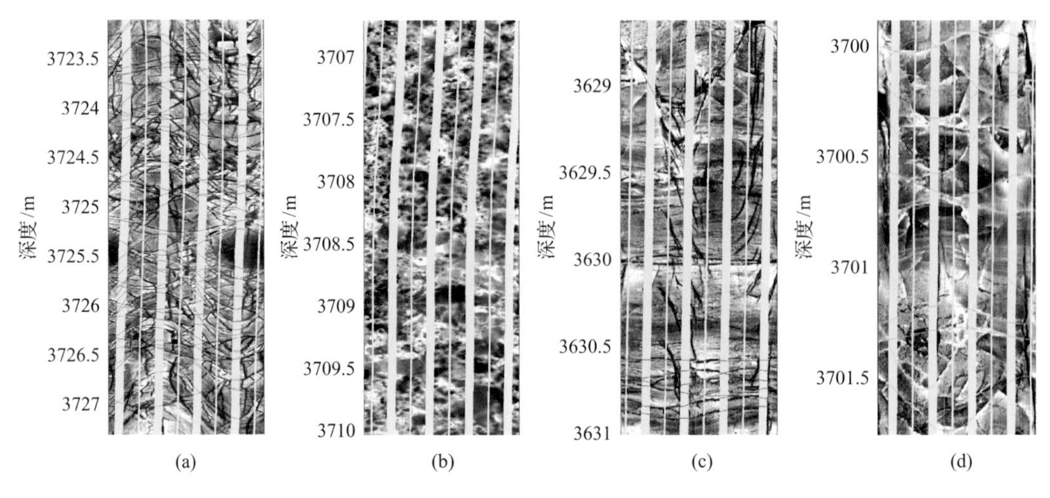

图 5.6　DX177 井裂缝识别图

(a)斜交缝/网状缝;(b)气孔;(c)诱导缝;(d)充填缝

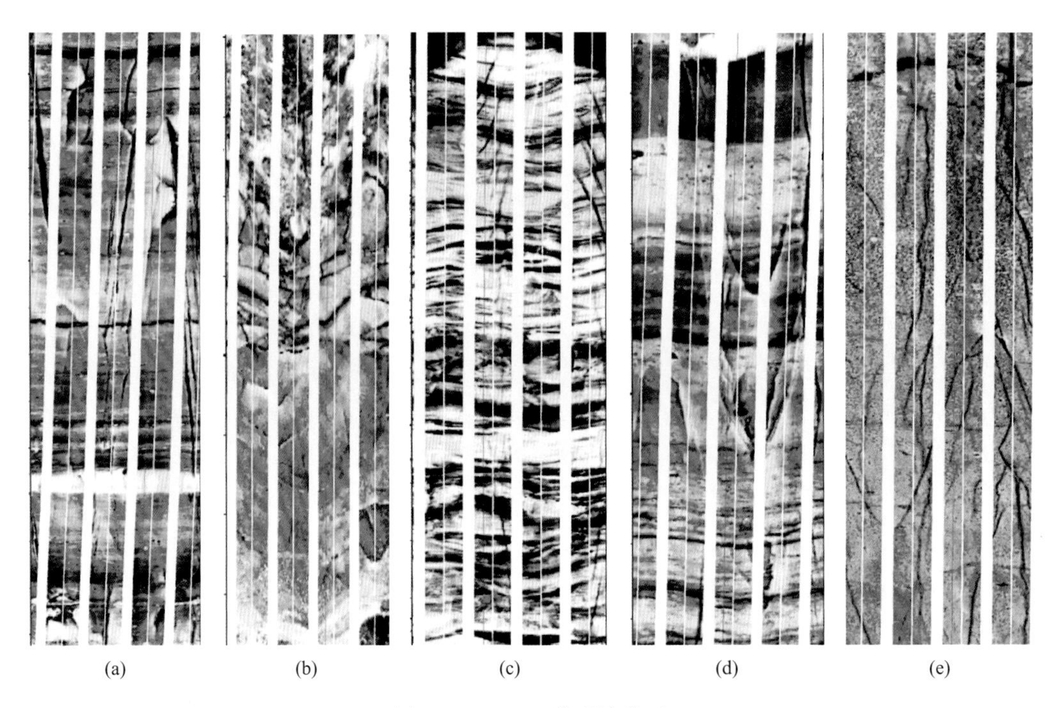

图 5.7　DX181 井裂缝类型

(a)高角度缝;(b)斜交缝;(c)诱导缝;(d)充填-半充填缝;(e)斜交网状缝

1. 直劈缝的成像特征

倾角接近或等于 90°的开口缝,FMI 图像显示为对称平行的两条黑色竖线,缝宽不定,通常情况下两条竖线相互平行,延伸较长(图 5.8)。

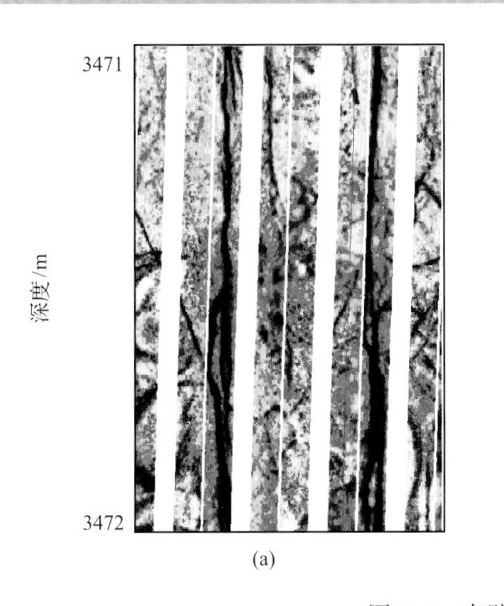

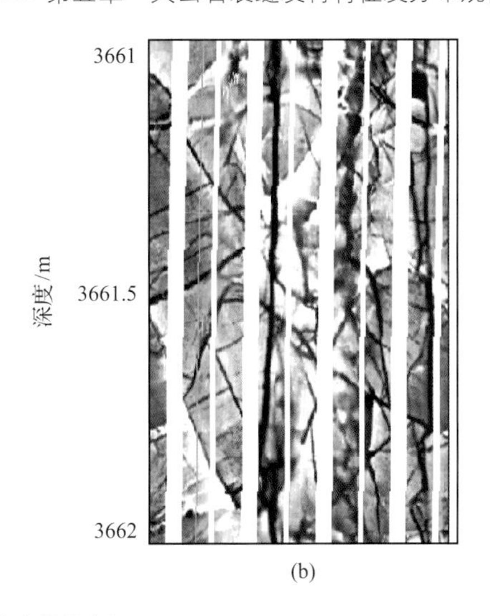

图 5.8　直劈缝成像特征

(a)DX18 井直劈缝；(b)DX17 井网状缝直劈缝

2. 斜交缝成像特征

裂缝的倾角为 70°～90°的裂缝为高角度裂缝，FMI 图像显示为高幅度的正弦曲线；倾角度数为 30°～70°的开口缝为低角度斜交缝，FMI 图像也显示较低幅度的正弦曲线（图 5.9）。

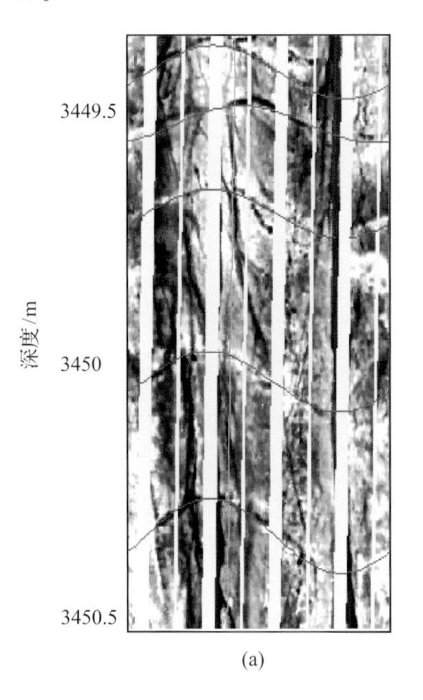

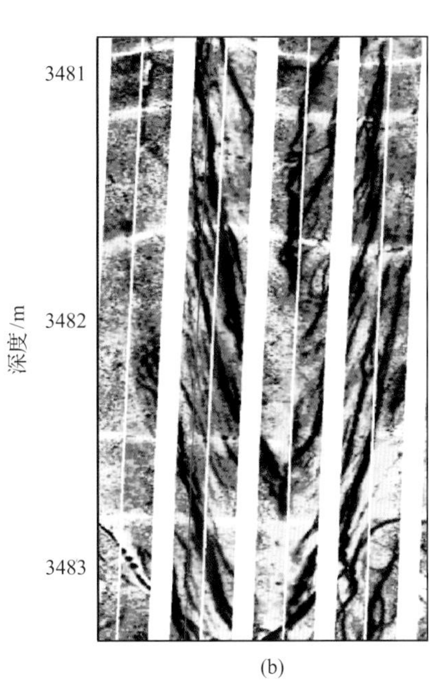

图 5.9　DX18 井斜交缝成像特征

3. 水平缝成像特征

水平缝一般指倾角度数小于 10°的低角度缝。

4. 网状缝成像特征

裂缝相互切割岩石呈网状特征，当存在多条裂缝时，裂缝产状杂乱分布，彼此交切，FMI 图像显示为多条相互交错的正弦曲线(图 5.10)。

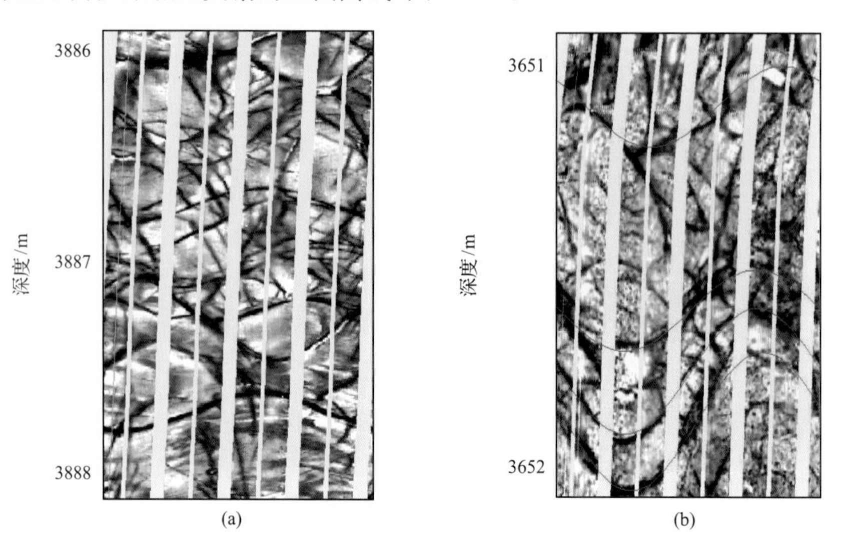

图 5.10　网状缝成像特征

(a)DX402 井网状缝；(b)DX182 井网状缝和斜交缝

5. 充填缝、半充填缝的成像特征

充填缝、半充填缝在图像上完全具有开口缝的形态，只是裂缝面被介质充填，一般多为高阻介质充填，在图像上表现为裂缝面呈高阻亮色(图 5.11)。

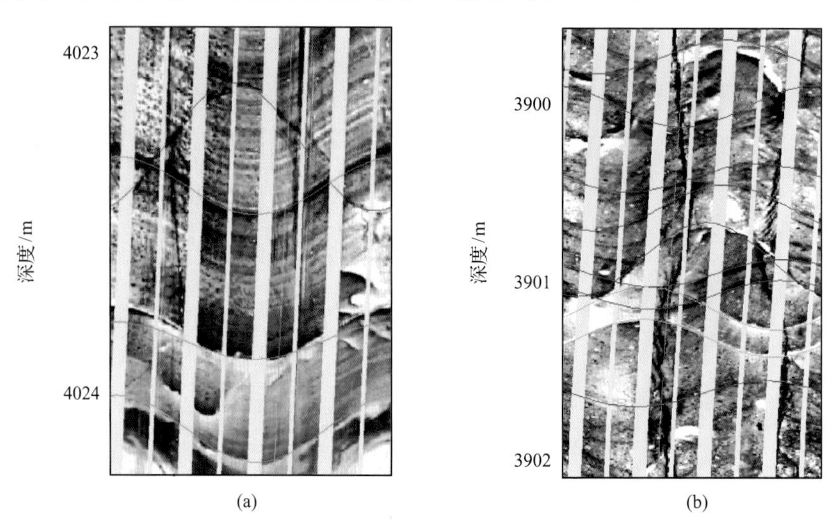

图 5.11　充填缝缝成像特征

(a)DX14 井充填、半充填缝；(b)DX182 井斜交缝、充填缝

6. 诱导缝的成像特征

钻井作业过程中，由于机械外力所形成的裂缝，属于无效缝，一般具有以下特点：发育

较短，FMI 图像上呈八字形，终止于软地层界面或绕过高强度地质体（如角砾、砾石团块等），无充填现象，形不成正弦曲线，如图 5.12 所示。

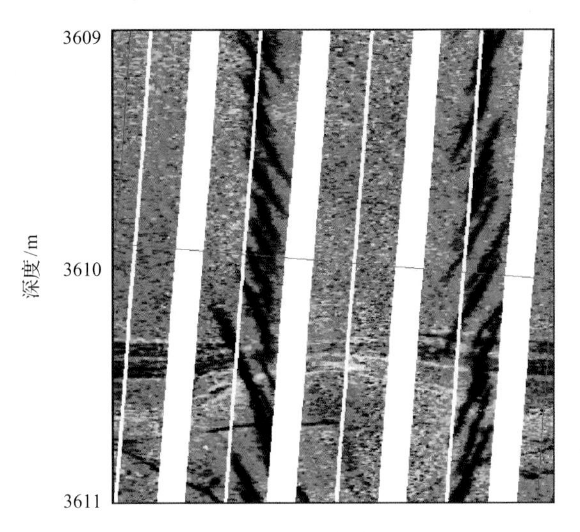

图 5.12　DX18 井诱导缝

7. 不规则缝的成像特征

在成像图中可以看出裂缝的正弦曲线不规则。

8. 气孔的成像特征

气孔在 FMI 图像上同样显示为暗色斑点（图 5.13）。

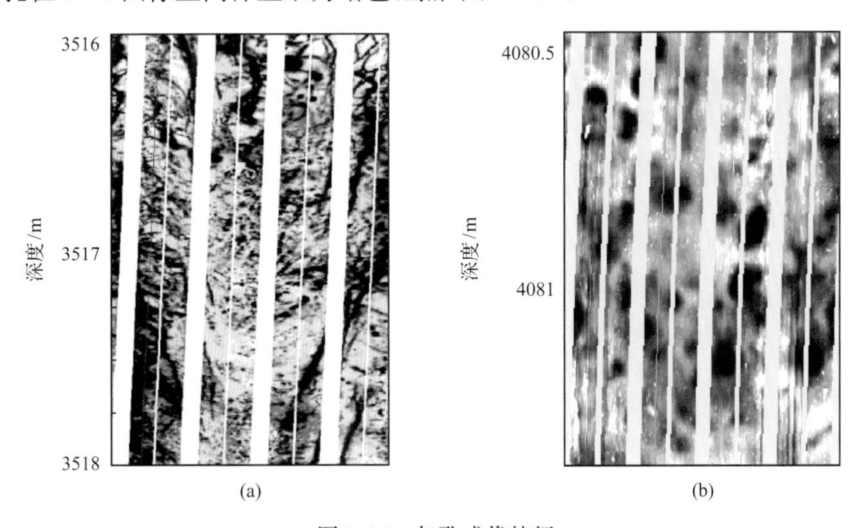

图 5.13　气孔成像特征
(a)DX18 井气孔；(b)DX17 井气孔

二、裂缝电成像评价

在微电阻率成像测井图像上，张开的裂缝响应为颜色相对较深的高电导率异常。但由于裂缝的张开度通常比微电阻率成像测井的分辨率要小得多，因此，不能直接从图像上读出裂缝的张开度，但可以根据裂缝在微电阻率成像测井图像上的色度的深浅间接地计算（王瑞雪等，2015）。

裂缝视参数的定量计算包括在统计窗长内进行裂缝视参数的连续统计计算和分层统计计算。

开口裂缝的定量计算基于实验及数学模拟得出的经验公式（中国石油勘探与生产分公司，2009）：

经验公式1：

$$W = aA\mathrm{RXO}^{b}\mathrm{RM}^{1-b} \tag{5.1}$$

经验公式2：

$$W = aA\mathrm{RXO}^{1-b}\mathrm{RM}^{b} \tag{5.2}$$

式中，W 为裂缝宽度；A 为由裂缝造成的电导异常的面积；RXO 为地层电导率（一般情况下是侵入带电阻率）；RM 为泥浆电阻率；a、b 为与仪器有关的常数，其中 b 接近为零；A、RXO 均为基于标定到浅侧向电阻 RLLS 后的图像计算的。

裂缝孔隙度为（李善军等，1997）

$$\mathrm{VPA} = \sum W_i L_i/(\pi L D) \tag{5.3}$$

式中，VPA 为裂缝孔隙度；W_i 为第i 条裂缝的平均宽度；L_i 为第i 条裂缝在统计窗长L 内（一般 L 选为 1m 或者 0.6096m）的长度；D 为井径。

实际上，该裂缝孔隙度是一个面积意义上的孔隙度。

裂缝密度为统计窗长内的裂缝条数，裂缝长度为统计窗长内所拾取的裂缝长度总和。裂缝、孔洞等的地质参数计算结果如下。

VDC 为裂缝密度（条/m），即统计窗长内所见到的裂缝总条数。对孔洞、溶洞，砾石、结核或团块来说，VDC 分别为孔洞、砾石、结核或团块在统计窗长内的个数。

VTL 为裂缝长度（1/m 或 m/m^2），即每平方米井壁所见到的裂缝长度。

VAH 为裂缝的平均水动力宽度（mm），即统计窗长内各裂缝轨迹宽度的立方和开立方。

VPA 为裂缝视面积孔隙度（%），即统计窗长内各裂缝的视开口面积与 EMI 图像的面积之比；对孔洞、溶洞、砾石、结核或团块来说，VPA 分别为孔洞、砾石、结核或团块面积与声电成像图像的面积百分比。

VPV 为裂缝视体积孔隙度（%），即统计窗长内各裂缝的视开口体积与统计窗长岩石体积之比。

VDA 为裂缝平均视宽度；对孔洞、溶洞，砾石、结核或团块来说，VDA 为其平均视直径。

计算上述参数时，可给出窗长和步长得到连续的定量计算参数，窗长为统计范围（如 0.6096m），步长即采样间距（如 0.1524m），亦可按分层深度计算给出分层地质参数统计成果表。

用成像测井资料计算裂缝张开度的最大优点是不受裂缝产状限制，这是双侧向计算法无可比拟的。成像测井计算张开度方法的计算精度主要取决于裂缝拾取是否正确，真裂缝与假裂缝、天然裂缝与诱导裂缝能否鉴别准确，微细裂缝能否分辨出来。

对区块内的主要关键井进行裂缝参数解释处理，得到裂缝孔隙度，利用裂缝孔隙度划分储层裂缝有效厚度，进而在有效厚度段内进行加权平均计算得到平均裂缝有效孔隙度（图 5.14，表 5.3）。

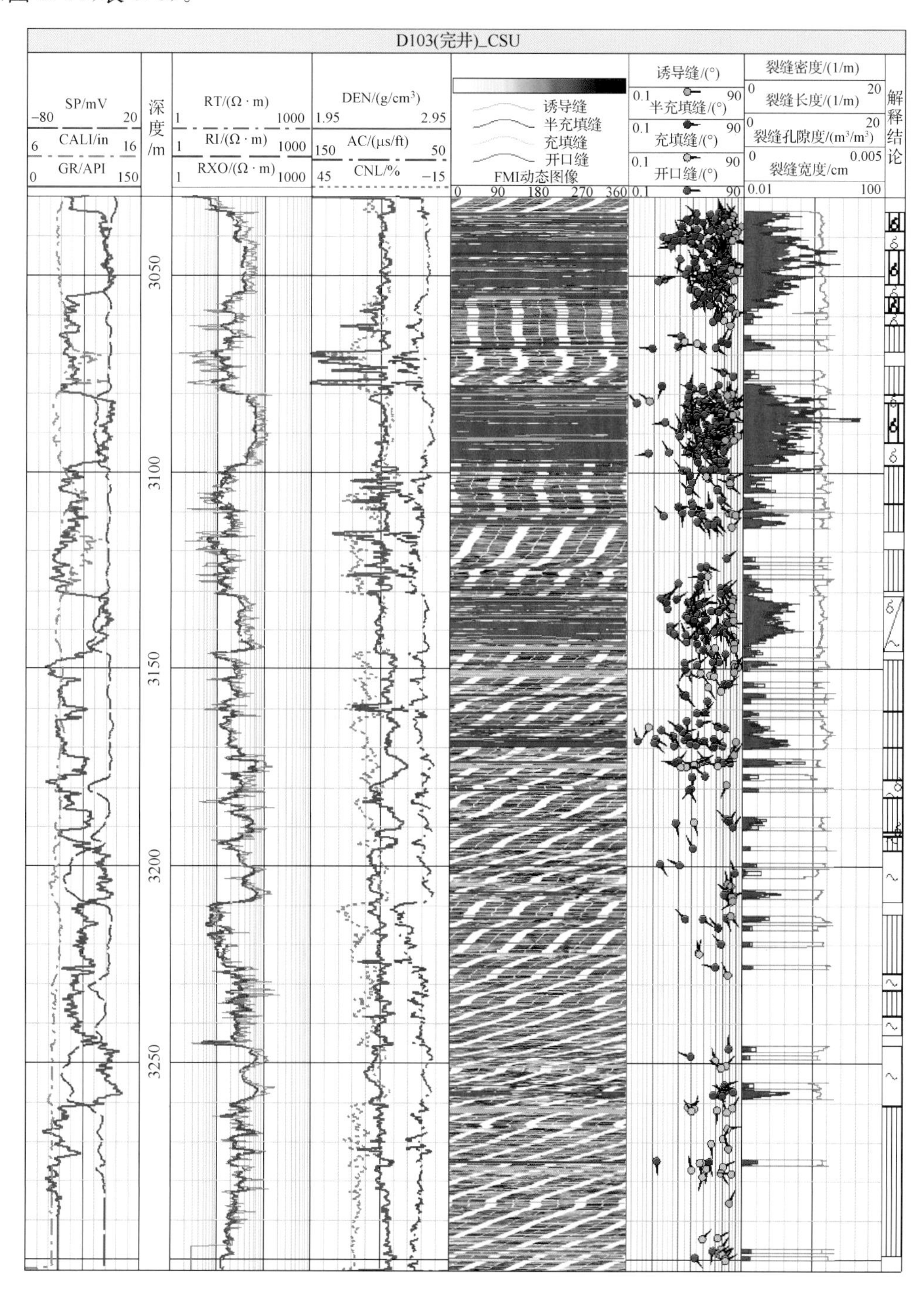

图 5.14　D103 井 FMI 裂缝孔隙度处理成果图

表 5.3　克拉美丽气田石炭系气藏裂缝计算数据表

井区	井号	地层厚度/m	裂缝条数/条	裂缝厚度/m	裂缝孔隙度/%
滴西 10 井区	DX10	173	286	63.6	0.21
	D103	265.5	422	80.6	0.25
	D104	497	320	54.2	0.19
滴西 14 井区	DX14	409	271	97.3	0.14
	D401	569.3	267	65.3	0.19
	D402	391	203	61.7	0.16
	D403	363.5	238	73	0.15
	D404	288	76	18.7	0.13
滴西 17 井区	DX17	548.5	236	33.8	0.23
	DX171	193	104	28.6	0.17
	DX172	370	265	60.8	0.23
	DX173	170	178	41	0.24
滴西 18 井区	DX18	633.5	1105	290.5	0.19
	DX181	476.6	116	36.3	0.12
	DX182	641.5	207	69.9	0.14
	DX183	800.5	861	265.1	0.13

三、利用斯通利波信息判别裂缝的有效性

斯通利波是一种制导波，在低频情况下，它近似为管波，在井筒内沿井壁表面传播，其能量从井壁开始向两侧呈指数衰减，对地层导流特性有灵敏的反映，它在井筒传播过程中由于孔、洞、缝的存在而发生能量的衰减和时差的增大，并且储层空隙空间类型不同，斯通利波的响应有明显差异(Homby et al.,1989;余春昊和李长文,1998;赵立新,2012)。因此，斯通利波可以较好地反映储层的渗透性。但用斯通利波评价储层渗透性时，应注意泥饼的影响。当井壁存在泥饼时，将阻止流体在井眼和储层间流动，斯通利波能量衰减不明显，在这种情况下，不可以用斯通利波能量评价储层的渗透性(杨帆等,2012)。

穿过井眼但径向延伸很浅的裂缝，因裂缝延伸较浅，当钻开地层很短时间之后裂缝便没有渗透性，裂缝的有效性差。当地层裂缝发育时，裂缝的宽度较大，裂缝的径向延伸较远时，地层的渗透率较大。尽管成像测井能有效地反映井壁的裂缝，但由于成像测井的径向探测深度浅，不能分析其有效性(夏文豪,2009)。斯通利波反映地层渗透率敏感，因此可以利用斯通利波能反映渗透率敏感的特征间接反映裂缝的有效性。因此裂缝型储层有效性评价的方法之一是利用测井新技术，在成像测井识别天然张开裂缝的基础上(主要与充填缝、压裂缝、层界面、诱导缝的区别)(许孝凯等,2012)，利用斯通利波来判断裂缝的渗透性从而判断裂缝的有效性。斯通利波与渗透性具有以下关系。

1. 斯通利波变密度特征与渗透性的关系

对于有效孔、洞、缝储渗系统，其间必然有地层流体，故而形成声阻抗界面，使得声波

发生反射和干涉，常在斯通利波变密度图中呈现人字形干涉条纹。

2. 低频斯通利波速度与储层渗透性的关系

对于致密地层，斯通利波速度只与井内流体性质和地层岩石的剪切模量有关；但对于缝洞发育的储层，斯通利波速度与储层渗透性有密切关系，当然，斯通利波速度也受其他因素的影响。

3. 低频斯通利波能量与储层渗透性的关系

斯通利波能量衰减受岩性影响小，主要受控于孔、洞、缝的有效性，因此，在评价储层的渗透性方面，斯通利波明显优于纵、横波。当然必须注意井壁泥饼性质、井眼几何形态和层界面反射衰减的影响。

斯通利波对地层导流特性的灵敏反映，除了可以在一定程度上反映裂缝外，斯通利波能量的相对变化可用来定性划分渗透层。斯通利波可认为是由井眼诱导产生的一种压力脉冲，它将使流体向地层运动，这取决于地层的渗透性，这种流向地层的运动是斯通利波的能量减小。因此对于岩性基本相同的地层，渗透性越好，对斯通利波的声吸收能力越强，斯通利波泄漏的能量越大。井壁的岩性越软，对斯通利波的吸收越大（陈庆和张立新，2009；马玉龙，2015）。

从偶相声波成像测井（DSI）资料中提取的斯通利波能量分析处理成果图显示，当能量衰减曲线变化幅度大时，反射系数大，表明储层渗透性好于其他段。

对工区内测有斯通利波资料的DX17井、DX18井两口井进行了斯通利波能量衰减分析处理，表明裂缝发育处能量衰减曲线增大，反射系数曲线增大，斯通利波变密度呈人字形波形反射特征，但网状裂缝的斯通利波变密度特征不明显，如图5.15、图5.16所示。

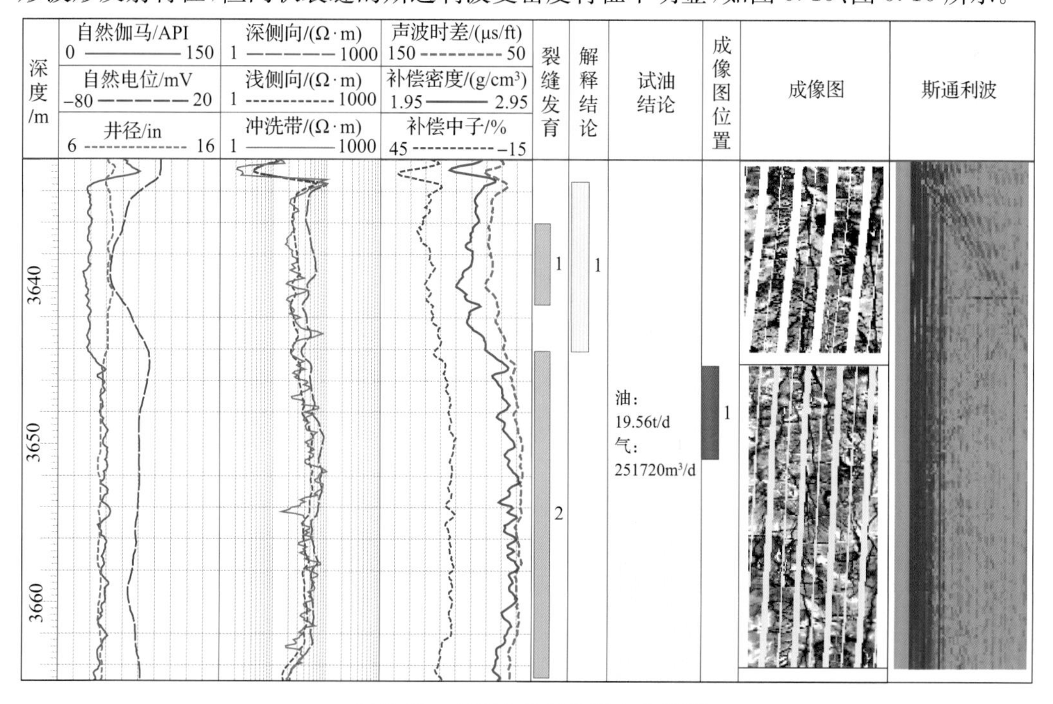

图5.15　DX17井测井综合曲线图

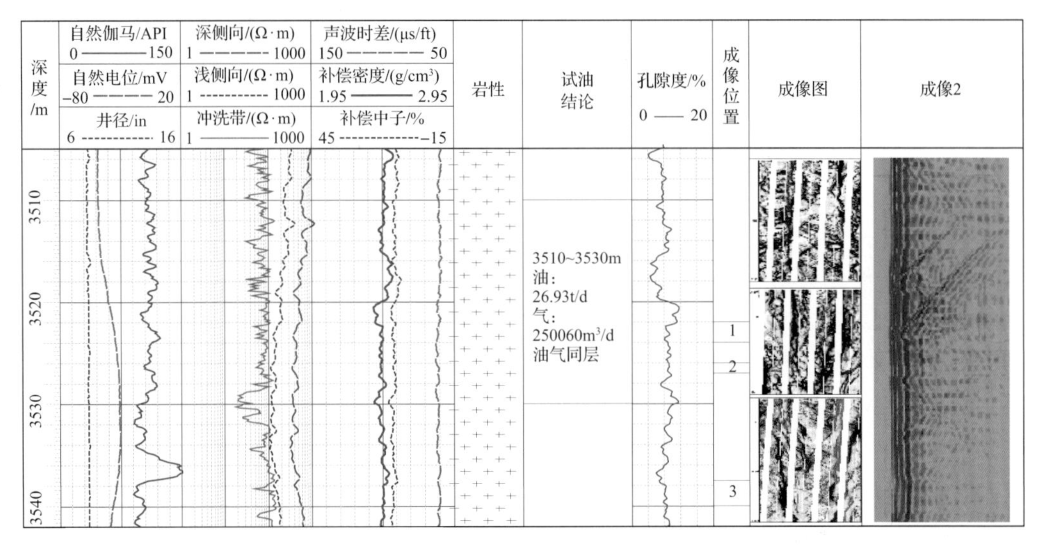

图 5.16　DX18 井测井综合曲线图

DX17 井石炭系 3645～3651m 的两张 FMI 图像显示裂缝主要发育类型有斜交缝、斜交网状缝和直劈缝(图 5.15)。对应斯通利波能量衰减分析结果显示，裂缝发育段斯通利波能量衰减曲线有异常变化，且变密度表现为人字反射波，但人字反射波特征不明显，如图 5.15 所示。

四、斯通利波信息对裂缝的响应

孔隙空间结构对斯通利波信息的影响具有多重性，即孔隙空间的类型、大小、形状、分布不同，斯通利波信息的响应特征将发生很大的变化。

裂缝的产状、张开度、径向延伸度都将影响斯通利波各种信息的响应特征。

1. 裂缝对能量的响应

裂缝可能造成能量衰减的原因有两个：①地层中构成声阻抗界面，使斯通利波发生反射；②为地层和井之间提供了流体流动的通道。因此裂缝的张开度和径向延伸越大，能量衰减越剧烈。

裂缝产状对能量衰减的程度有较大的影响，国外实验研究表明，相对于同样张开度且无限延伸的裂缝，倾斜裂缝导致的能量衰减大于水平裂缝，当倾角为 45°时，衰减量大约增加 20%；当倾角为 70°时，衰减量将成倍增加(Brie et al.，1990)。

2. 裂缝对时差的响应

裂缝的存在，必将影响岩石的切变模量和体积模量，因此由低频斯通利波的传播方程可知，裂缝肯定会引起时差的变化。虽然目前还没有建立两者间的定量关系(范晓敏和李舟波，2007)，但实际测井资料已充分说明，裂缝越发育，渗透性越好，时差增加越大。因此，在裂缝段，斯通利波渗透率反映了裂缝的发育程度，从而也反映了裂缝的渗透性。

孔、洞、缝与斯通利波速度和能量的相互关系如图 5.17 所示。

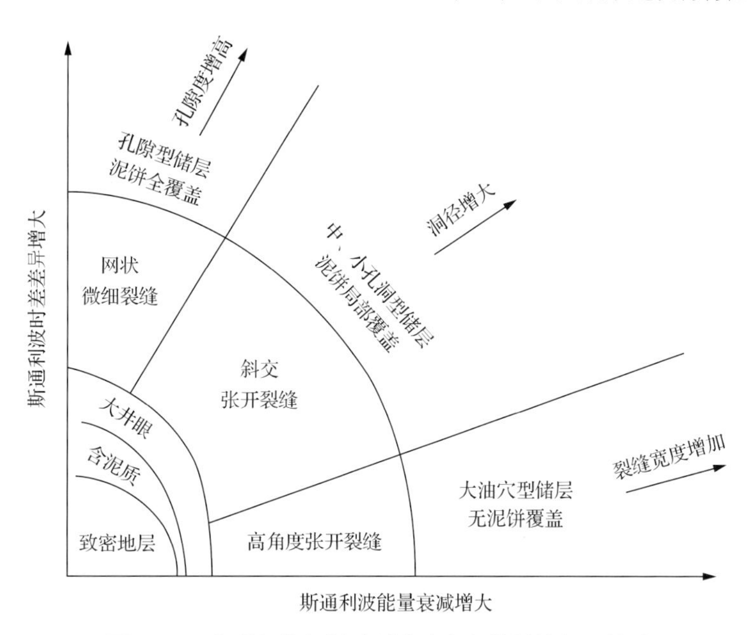

图 5.17　孔、洞、缝与斯通利波速度和能量的相互关系

五、斯通利波的非裂缝响应特征

对于斯通利波的人字形反射特征，以及能量衰减都是在波阻抗界面处发生的，而在岩性界面处及井径扩径处波阻抗大，斯通利波也会表现为明显的人字形的干涉波形（李长文等，2003）。图 5.18 中的 DX17 井 3530m 处井径扩径，该处斯通利波表现出明显的人字形特征，能量衰减增大，反射系数曲线增大。

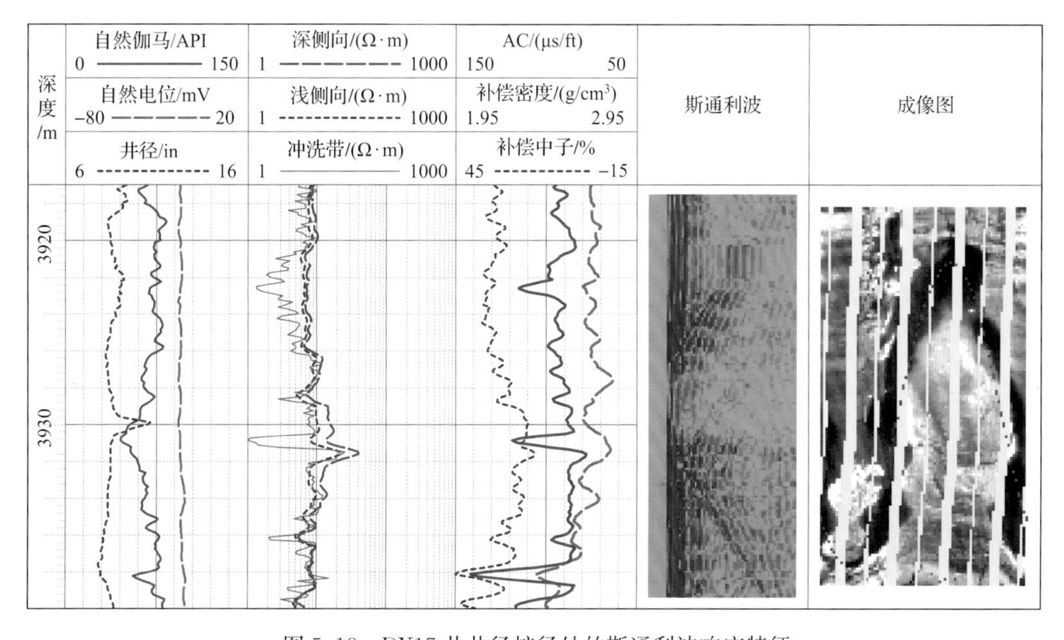

图 5.18　DX17 井井径扩径处的斯通利波响应特征

在DX17井3619～3630m段，岩性主要为凝灰岩与凝灰质砂砾岩的互层，层理特征发育，存在明显的岩性界面，斯通利波变密度曲线显示明显的人字形，如图5.19所示。

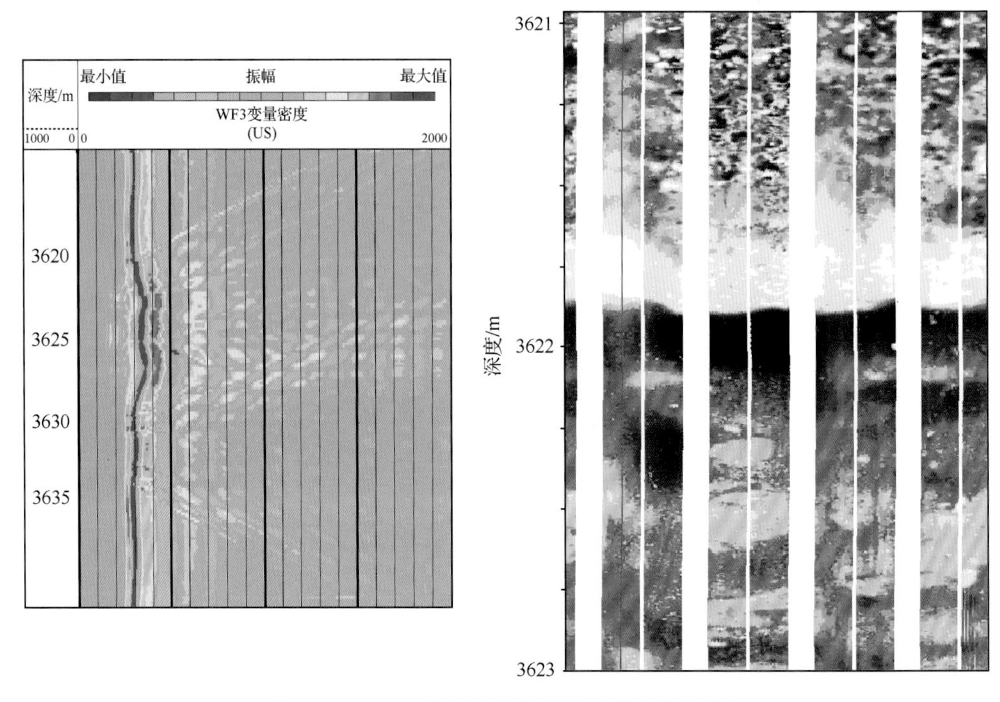

图5.19　DX17井岩性变化的斯通利波响应特征

图5.20所示井段的岩性为薄互层的凝灰岩，岩性层状特征明显，斯通利波干涉条纹明显。工区内常见具有层状特征的凝灰岩，斯通利波常表现为明显的人字形干涉特征，在实际应用中注意与裂缝的区别。

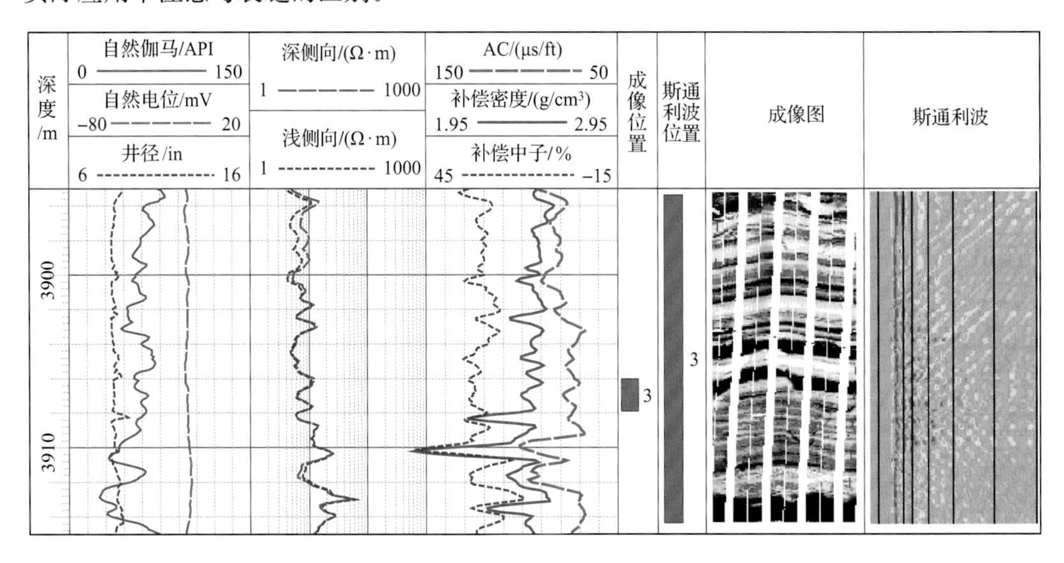

图5.20　DX17井薄互层岩性的斯通利波响应特征

六、利用双侧向判别裂缝有效性评价

通过对工区内双侧向测井响应特征的研究表明，一般双侧向的差异幅度越大，裂缝的有效性越好，储层的产量越大。

DX5 井(图 5.21)与 DX17 井(图 5.22)两井地层具有很好的对比性，曲线特征非常相似。在储层发育段，DX17 井岩心分析的最大孔隙度为 17.6%，最小值为 5.2%，平均值为 11.66%；而 DX5 井岩性分析孔隙度最大孔隙度为 23.7%，最小孔隙度为 9.8%，平均值为 15.46%。DX5 井的物性要明显优于 DX17 井。

成像显示 DX17 井裂缝发育，双侧向呈现较大的幅度差。而 DX5 井裂缝欠发育，双侧向呈现微小的幅度差(幅度差主要是由流体和泥浆侵入引起的)，可见双侧向的差异大小在一定程度上能定性反映裂缝的有效性。

DX17 井在 3633～3670m 处试油：产油 19.56t/d，气 251720m^3/d；DX5 井完井试油自喷：产气 1.074×10^{4}m^3/d，产水 32.03m^3/d。DX5 井储层的物性要好于 DX17 井，但油气产量上，DX17 井要远远大于 DX5 井，这主要是裂缝对储层的渗透性有重要的改善作用。

DX18 井 3820～3840m 成像图上显示裂缝较发育，双侧向有正差异特征；3840～3852m 成像显示裂缝不发育，双侧向无幅度差，且电阻率较高；3852～3870m 成像显示裂缝较发育，双侧向相对围岩电阻率下降并呈现幅度差(图 5.23)。而 DX18 井相应井段成像显示网状裂缝非常发育，双侧向呈现非常大的幅度差。成像显示图 5.24 所示井段的裂缝发育程度要明显的大于图 5.23 所示的井段，双侧向的幅度差也明显大于图 5.23 所示的井段，可见双侧向的差异大小在一定程度上能定性反映裂缝的发育程度。

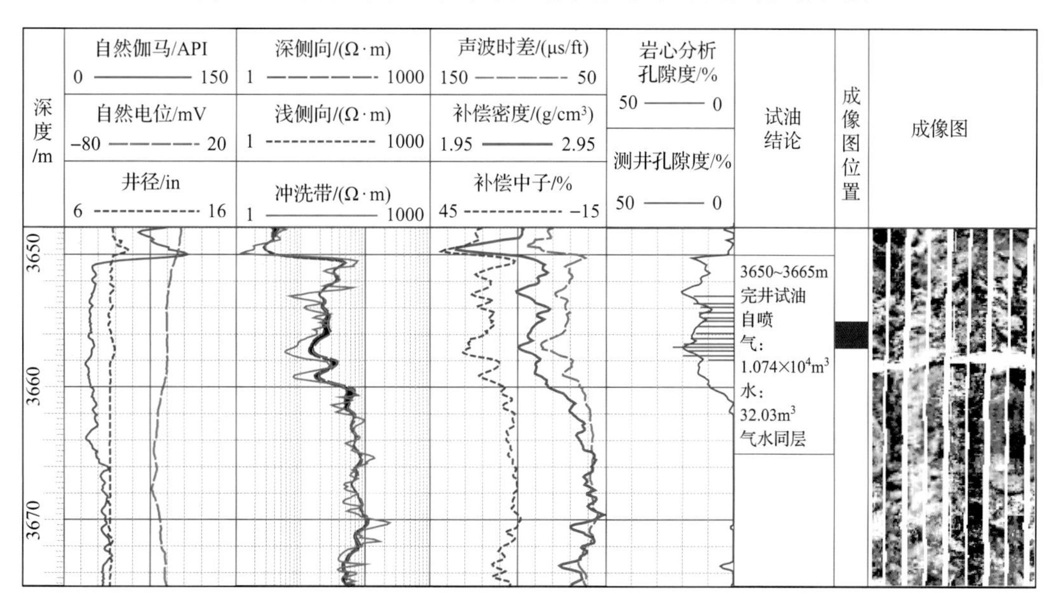

图 5.21　DX5 井测井综合曲线图

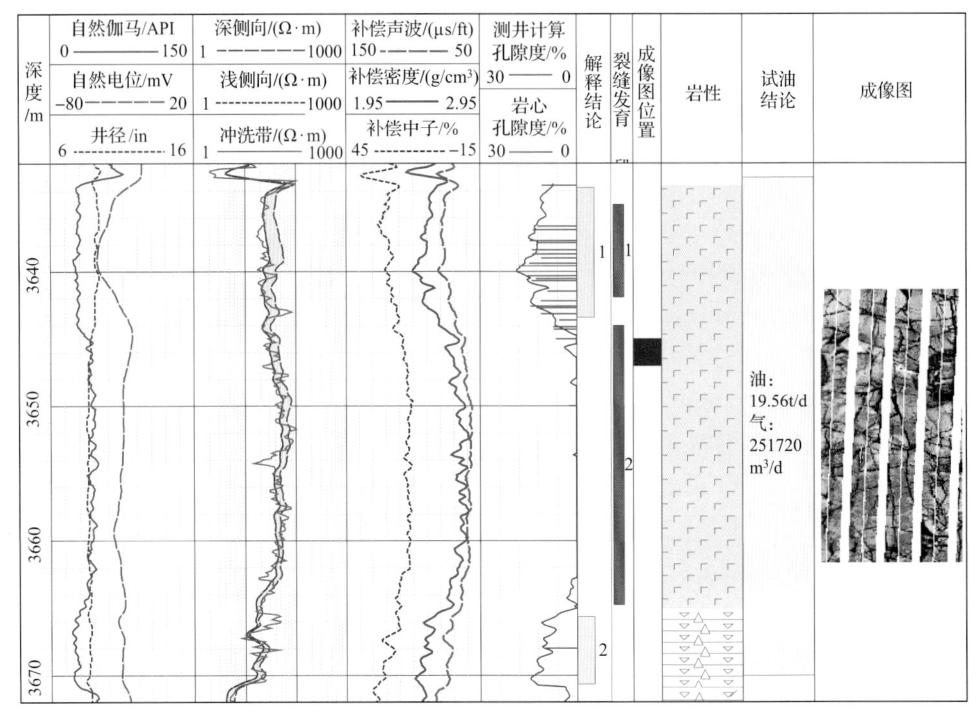

图 5.22　DX17 井测井综合曲线图

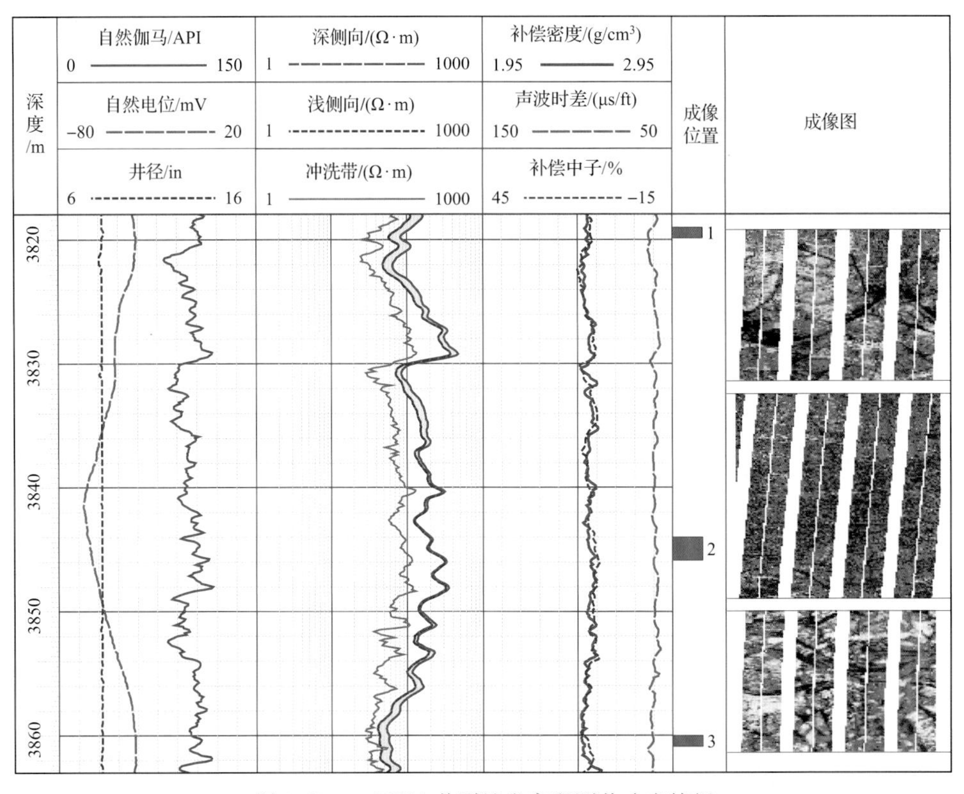

图 5.23　DX18 井裂缝发育段测井响应特征

DX18井岩性主要为酸性花岗斑岩，基质孔隙度为8.0%左右，基质孔隙度较低，在3510～3530m试油：产油26.93t/d，气250060m³/d(图5.24)。较低的基质孔隙度但单井产能很大，这主要是因为裂缝对储层的渗透性起到了非常好的改善作用。

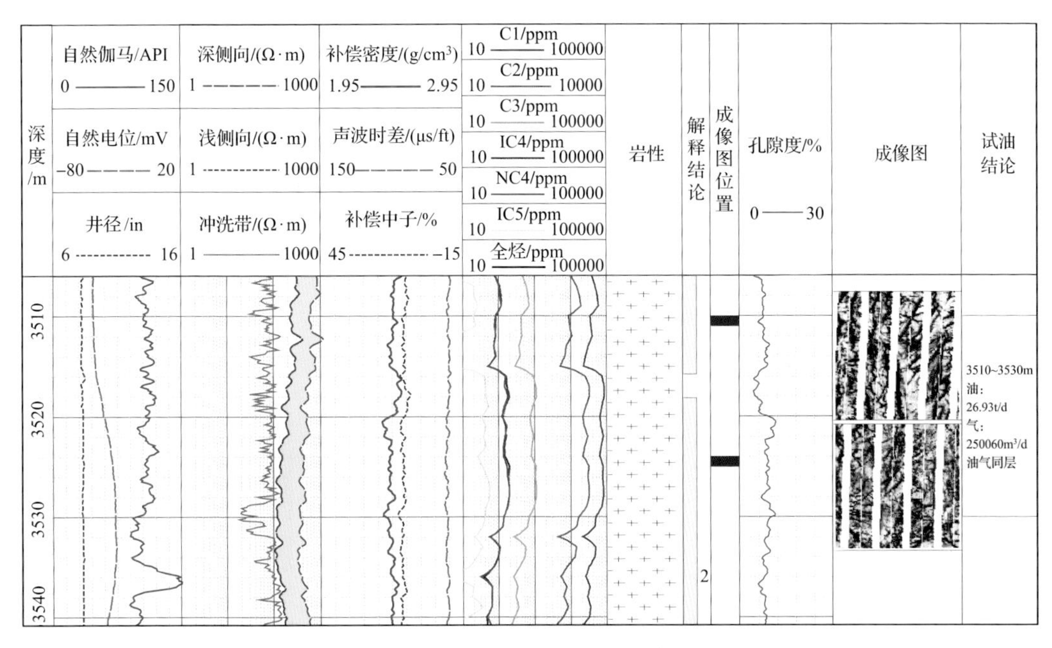

图5.24　DX18井花岗岩测井综合曲线图

第三节　裂缝与岩性关系

一、岩性特征

滴西14井区选取DX14井、D401井、D402井、D403井、D404井进行统计，五口井累计钻揭石炭系火成岩储层厚度为2018.8m，该区储层岩性主要为凝灰岩、火山角砾岩、火山沉积岩(凝灰质砂砾岩、炭质泥岩)、基质熔岩(玄武岩、安山玄武岩)、酸性侵入岩(流纹岩、霏细岩)少量发育。其中凝灰岩累计厚度744m，占总厚度的36.85%；火山角砾岩累计厚度为480.9m，占总厚度的23.82%；其他火山沉积岩、基性熔岩、酸性侵入岩分别占总厚度的16.01%、15.40%和7.92%(图5.25)。

滴西17井区选取DX17井、DX171井、DX172井、DX173井进行统计，四口井累计钻揭石炭系火成岩储层厚度为1281.5m，该区储层岩性主要为火山沉积岩(凝灰质砂砾岩、粉砂岩、泥岩)、基质熔岩(玄武岩、安山玄武岩、安山岩)和凝灰岩，酸性侵入岩(流纹岩、珍珠岩)和火山角砾岩发育厚度较薄。其中火山沉积岩累计厚度为469.8m，占总厚度的36.66%；基性熔岩累计厚度为414.3m，占总厚度的32.33%；凝灰岩累计厚度为262.9m，占总厚度的20.52%(图5.26)。

滴西18井区选取DX18井、DX181井、DX182井、DX183井进行统计，四口井累计钻揭石炭系火成岩储层厚度为2552.1m，该区储层岩性主要为酸性侵入岩(花岗斑岩、二长

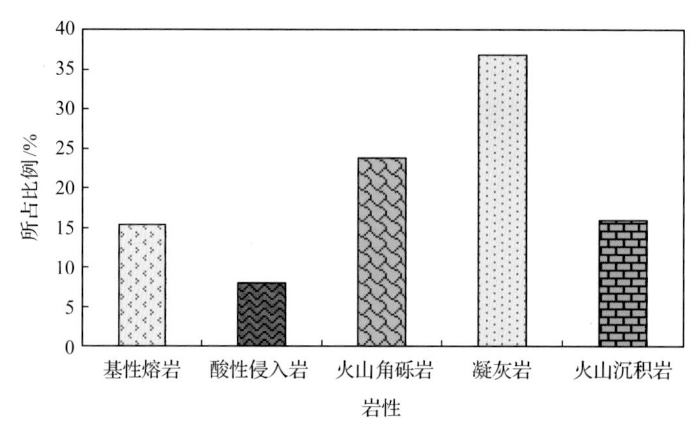

图 5.25　滴西 14 井区石炭系岩性统计图

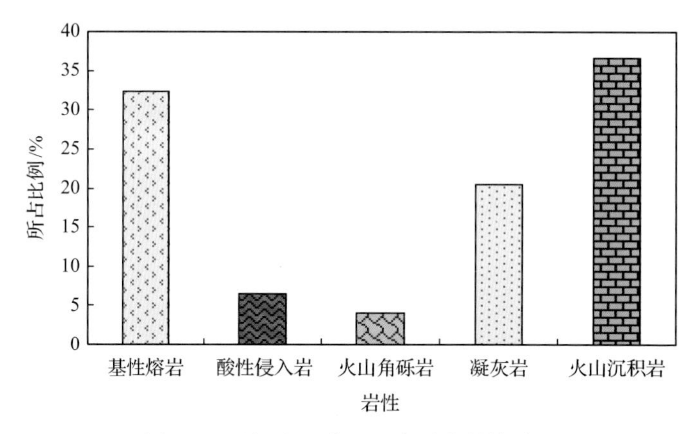

图 5.26　滴西 17 井区石炭系岩性统计图

玢岩)、火山角砾岩、凝灰岩和火山沉积岩(凝灰质砂砾岩、砂砾岩、泥岩),基质熔岩(玄武岩)发育厚度较薄。其中酸性侵入岩累计厚度 1102.5m,占总厚度的 43.20%;火山角砾岩累计厚度为 529.8m,占总厚度的 20.76%;凝灰岩累计厚度为 526m,占总厚度的 20.61%;火山沉积岩累计发育厚度为 328.8m,占总厚度的 12.88%(图 5.27)。

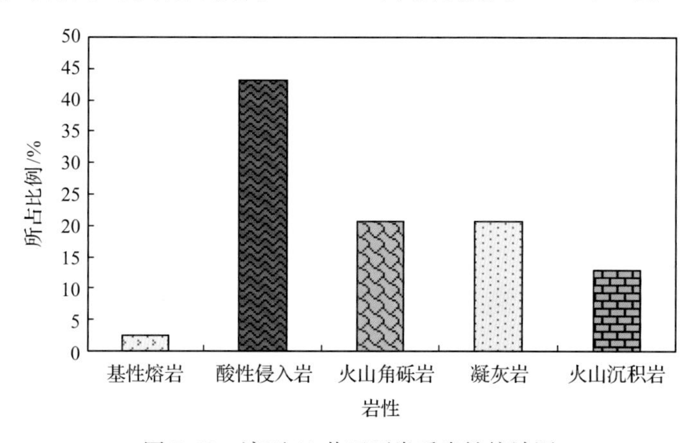

图 5.27　滴西 18 井区石炭系岩性统计图

克拉美丽气田全区统计岩性主要为酸性侵入岩和凝灰岩，火山沉积岩和火山角砾岩次之。横向上，自滴西14井区—滴西17井区—滴西18井区—滴西10井区，基性熔岩和火山碎屑岩发育厚度逐渐变薄，酸性侵入岩逐渐增厚，反映滴西14井区和滴西17井区火山岩相主要以喷发相和溢流相为主，滴西18井区和滴西14井区火山岩相主要以侵入相为主。

二、裂缝与岩性关系

滴西14井区裂缝发育类型根据裂缝的开启状态可分为开启缝(斜交缝、网状缝)、闭合缝(填充缝)、半闭合缝(充填-半充填缝)，其中半闭合缝在五口井中累计拾取817条，裂缝发育密度为0.405条/m；闭合缝累计拾取238条，裂缝发育密度为0.118条/m；开启缝中的斜交缝累计拾取344条，裂缝发育密度为0.17条/m，其次开启状态的网状缝比较发育。三类裂缝合计拾取1399条，裂缝发育密度为0.693条/m(表5.4，图5.28、图5.29)。

表5.4 滴西14井区石炭系裂缝发育统计表

岩性	岩性厚度		半闭合缝		闭合缝		开启缝			合计	
							斜交缝				
	厚度/m	比例/%	条数	裂缝密度/(条/m)	条数	裂缝密度/(条/m)	条数	裂缝密度/(条/m)	网状缝发育规模	条数	裂缝密度/(条/m)
基性熔岩	310.8	15.40	311	1.001	161	0.518	131	0.421	发育	603	1.94
酸性侵入岩	159.8	7.92	20	0.125	4	0.025	23	0.144	发育	47	0.294
火山角砾岩	480.9	23.82	217	0.451	27	0.056	104	0.216	欠发育	348	0.724
凝灰岩	744	36.85	184	0.247	28	0.038	64	0.086	欠发育	276	0.371
火山沉积岩	323.3	16.01	85	0.263	18	0.056	22	0.068	不发育	125	0.387
合计	2018.8	100.00	817	0.405	238	0.118	344	0.170		1399	0.693

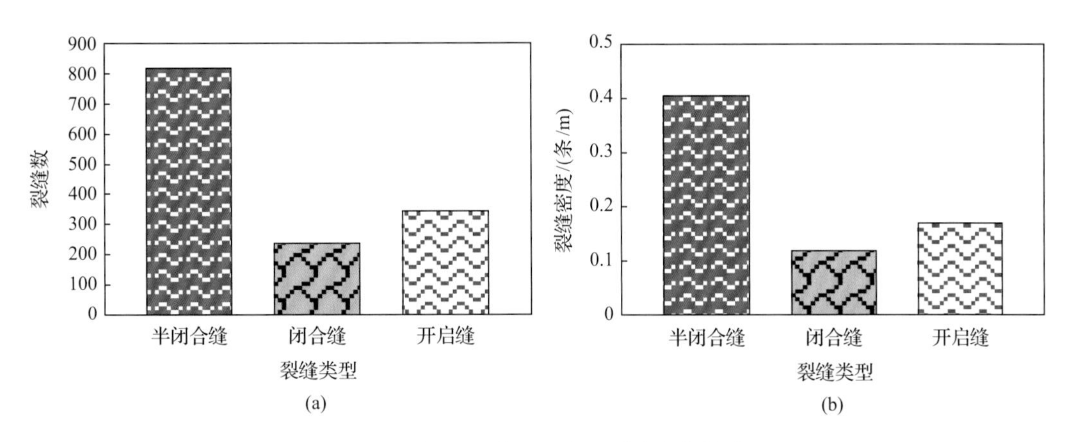

图5.28 滴西14井区石炭系裂缝发育统计图

(a)裂缝类型与裂缝数关系图；(b)裂缝类型与裂缝密度关系图

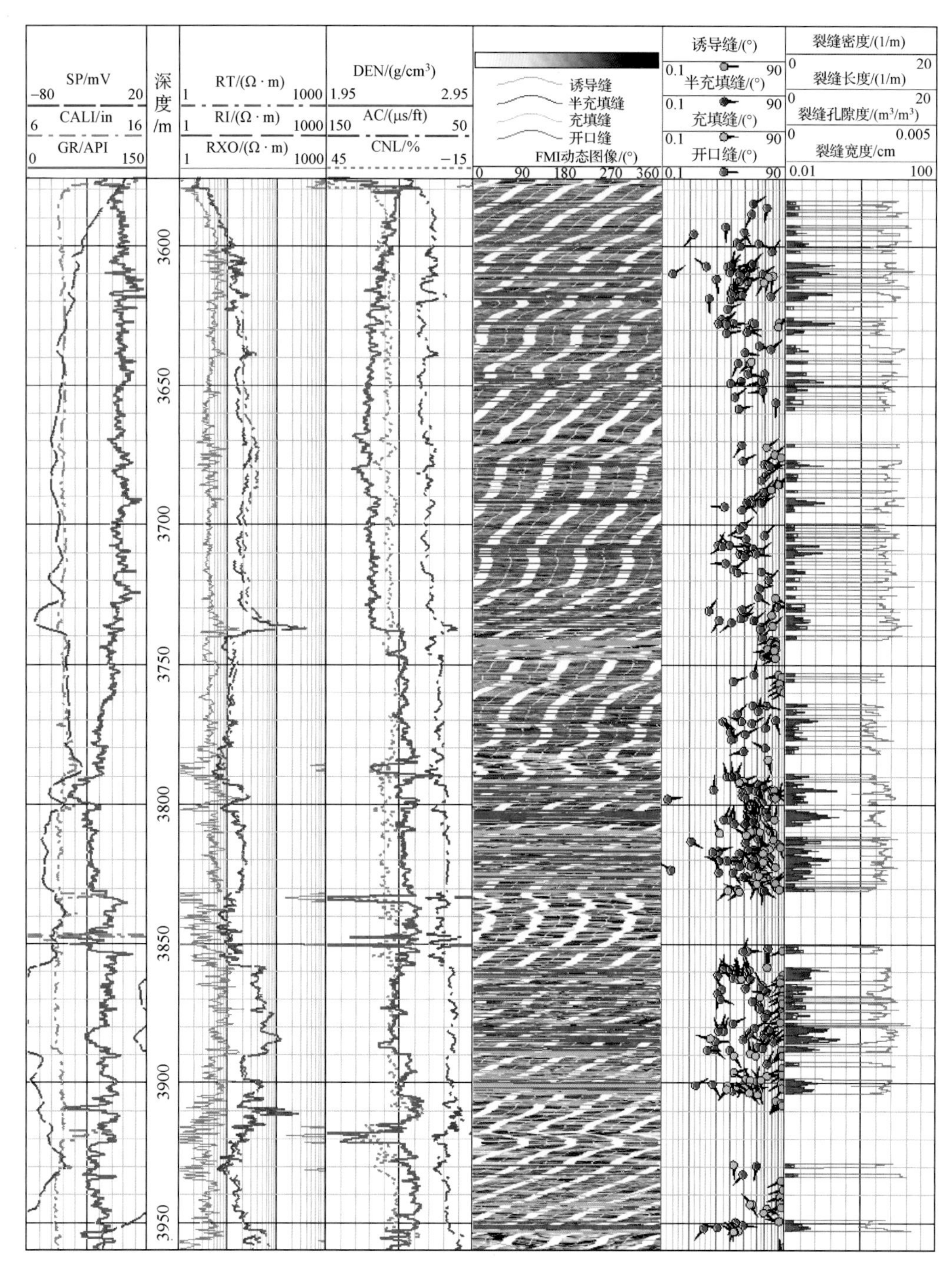

图 5.29 DX14 井石炭系裂缝解释成果图

滴西 14 井区基性熔岩裂缝最为发育，其次是火山角砾岩和凝灰岩，其中开启缝主要发育在基性熔岩和火山角砾岩储层内，半闭合缝主要发育在基性熔岩、火山角砾岩及凝灰岩储层内，闭合缝主要分布在基性熔岩内。从裂缝发育密度来看，半闭合缝密度在基性熔岩中最高，其次为火山角砾岩，开启缝的发育特征类似于半闭合缝(图 5.30)。

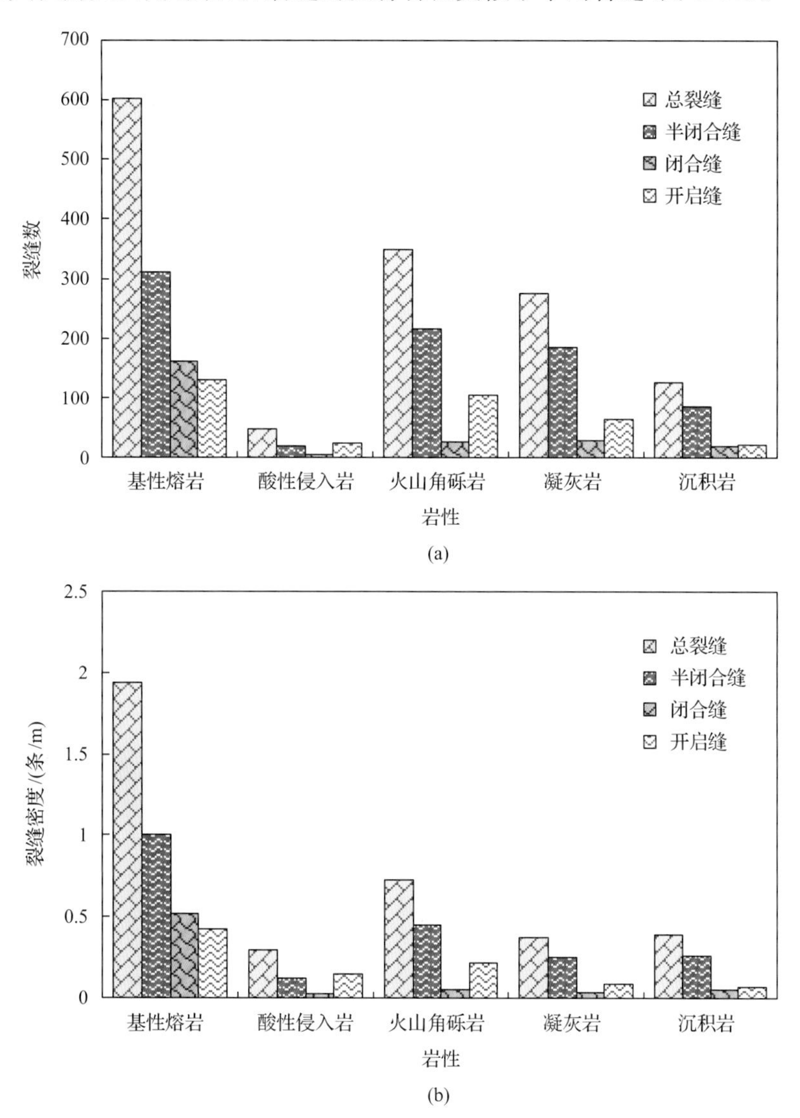

图 5.30　滴西 14 井区石炭系裂缝条数与岩性关系统计图(a)及裂缝密度与岩性关系统计图(b)

滴西 17 井区裂缝发育类型有开启缝、闭合缝、半闭合缝。其中半闭合缝在四口井中累计拾取 644 条，裂缝发育密度为 0.503 条/m；闭合缝累计拾取 139 条，裂缝发育密度为 0.108 条/m；开启缝累计拾取 195 条，裂缝发育密度为 0.152 条/m。三类裂缝合计拾取 978 条，裂缝发育密度为 0.763 条/m(表 5.5，图 5.31、图 5.32)。

表 5.5 滴西 17 井区石炭系裂缝发育统计表

岩性	岩性厚度		半闭合缝		闭合缝		开启缝		合计	
	厚度/m	比例/%	条数	裂缝密度/(条/m)	条数	裂缝密度/(条/m)	条数	裂缝密度/(条/m)	条数	裂缝密度/(条/m)
基性熔岩	414.3	32.33	507	1.224	102	0.246	127	0.307	736	1.776
酸性侵入岩	82.5	6.44	31	0.376	1	0.012	7	0.085	39	0.473
火山角砾岩	52	4.06	7	0.135	1	0.019	6	0.115	14	0.269
凝灰岩	262.9	20.51	52	0.198	12	0.046	13	0.049	77	0.293
火山沉积岩	469.8	36.66	47	0.100	23	0.049	42	0.089	112	0.238
合计	1281.5	100.00	644	0.503	139	0.108	195	0.152	978	0.763

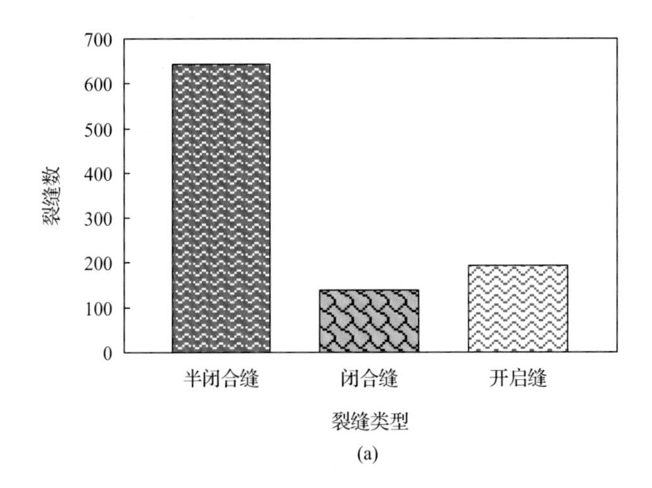

(a)

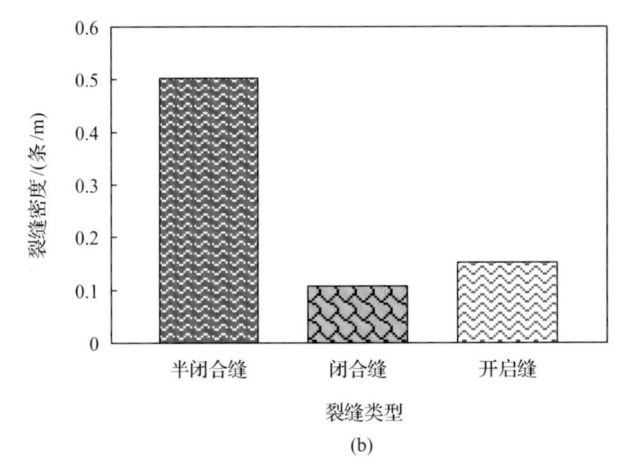

(b)

图 5.31 滴西 17 井区石炭系裂缝发育统计图

(a)裂缝类型与裂缝数关系图;(b)裂缝类型与裂缝密度关系图

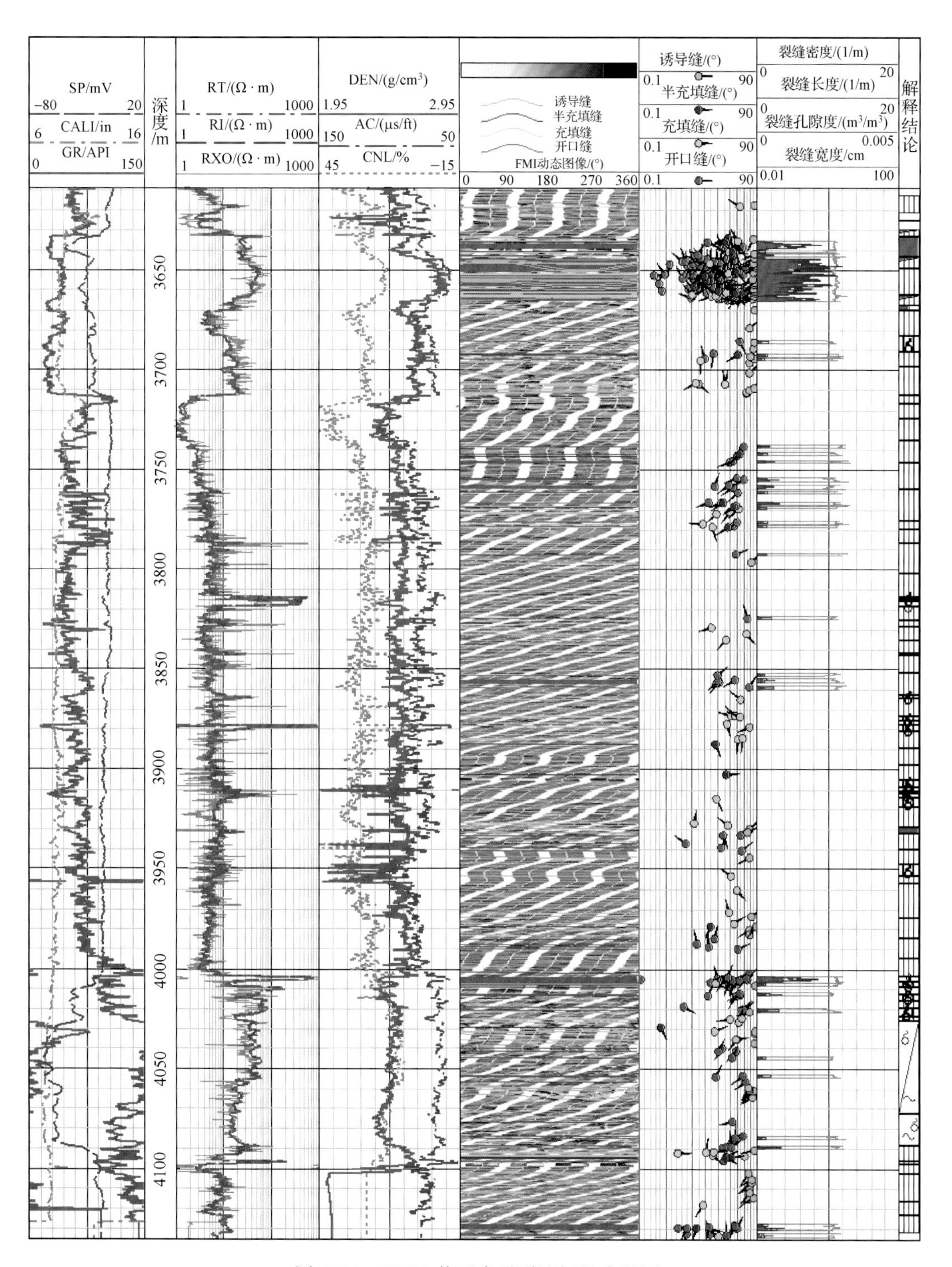

图 5.32　DX17 井石炭系裂缝解释成果图

滴西17井区发育的裂缝主要有半闭合缝和开启缝，均主要分布在基性熔岩地层，其次是凝灰岩地层，在沉积岩和酸性侵入岩地层也偶有发现。从裂缝发育密度来看，各类岩性中半闭合缝的密度最高，其次为开启缝，而且在基性熔岩地层中，三类裂缝的密度都较其他岩性地层要高，最有利于裂缝发育(图5.33)。

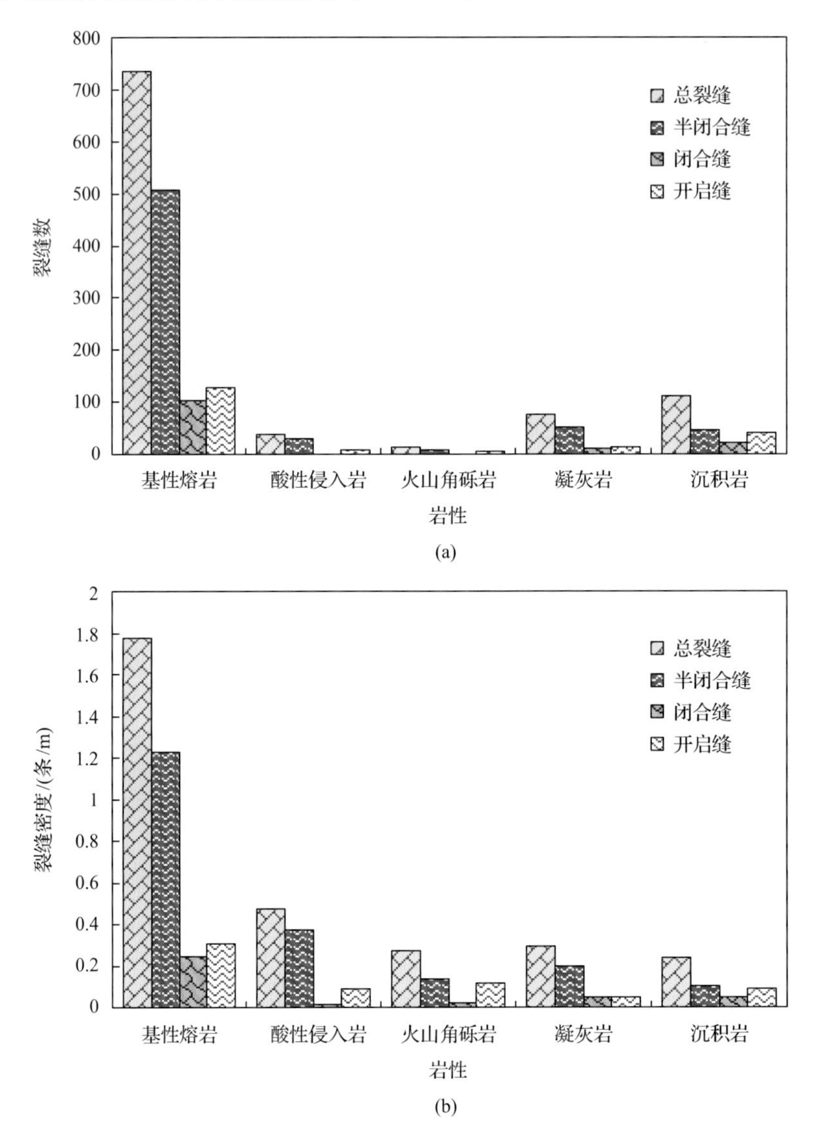

图5.33 滴西17井区石炭系裂缝条数与岩性关系统计图(a)及裂缝密度与岩性关系统计图(b)

滴西18井区发育的裂缝类型同样可划分为开启缝、闭合缝、半闭合缝三种。其中半闭合缝在四口井中累计拾取1784条，裂缝发育密度为0.699条/m；闭合缝累计拾取505条，裂缝发育密度为0.198条/m；开启缝累计拾取344条，裂缝发育密度为0.135条/m。三类裂缝合计拾取2633条，裂缝发育密度为1.032条/m(表5.6，图5.34、图5.35)。

表 5.6 滴西 18 井区石炭系裂缝发育统计表

岩性	岩性厚度		半闭合缝		闭合缝		开启缝		合计	
	厚度/m	比例/%	条数	裂缝密度/(条/m)	条数	裂缝密度/(条/m)	条数	裂缝密度/(条/m)	条数	裂缝密度/(条/m)
基性熔岩	65	2.55	47	0.723	23	0.354	16	0.246	86	1.323
酸性侵入岩	1102.5	43.20	1474	1.337	360	0.327	121	0.110	1955	1.773
火山角砾岩	529.8	20.76	179	0.338	50	0.094	36	0.068	265	0.500
凝灰岩	526	20.61	57	0.108	46	0.087	96	0.183	199	0.378
火山沉积岩	328.8	12.88	27	0.082	26	0.079	75	0.228	128	0.389
合计	2552.1	100.00	1784	0.699	505	0.198	344	0.135	2633	1.032

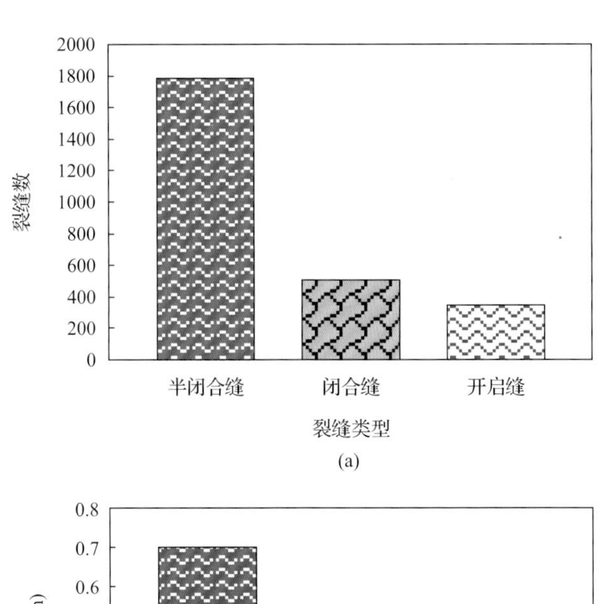

(a)

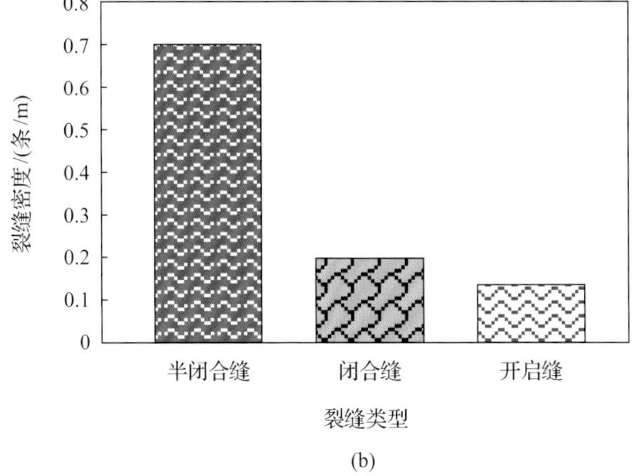

(b)

图 5.34 滴西 18 井区石炭系裂缝发育统计图

(a)裂缝类型与裂缝数关系图;(b)裂缝类型与裂缝密度关系图

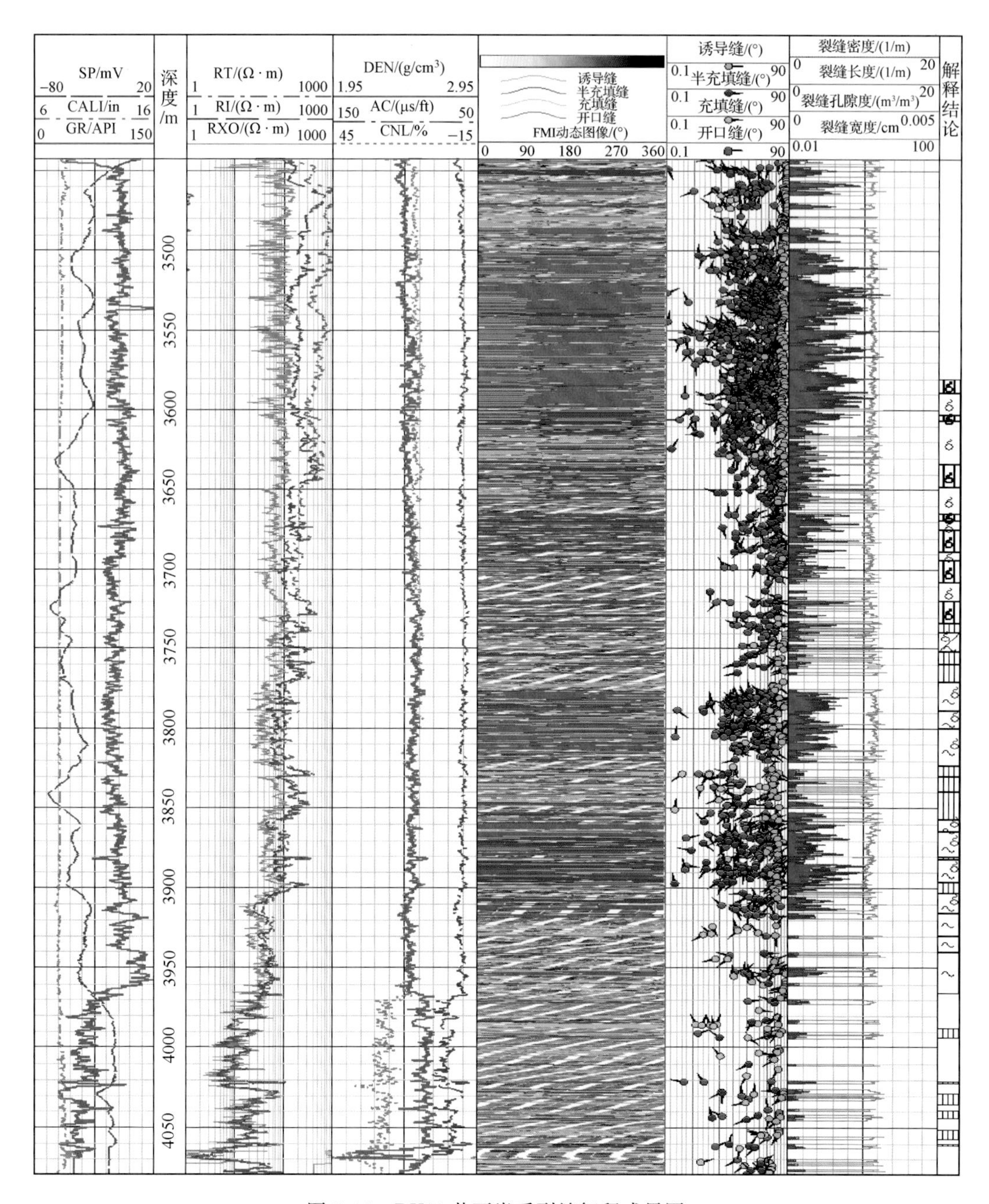

图 5.35　DX18 井石炭系裂缝解释成果图

滴西 18 井区主要发育半闭合缝、开启缝，主要分布在酸性侵入岩储层，其次在火山角砾岩和凝灰岩储层内也有少量发育。从裂缝发育密度来看，与其他井区不同的是该井区发现的三类裂缝均在酸性侵入岩中展示出密度最高的发育特征，而基性熔岩次之(图 5.36)。

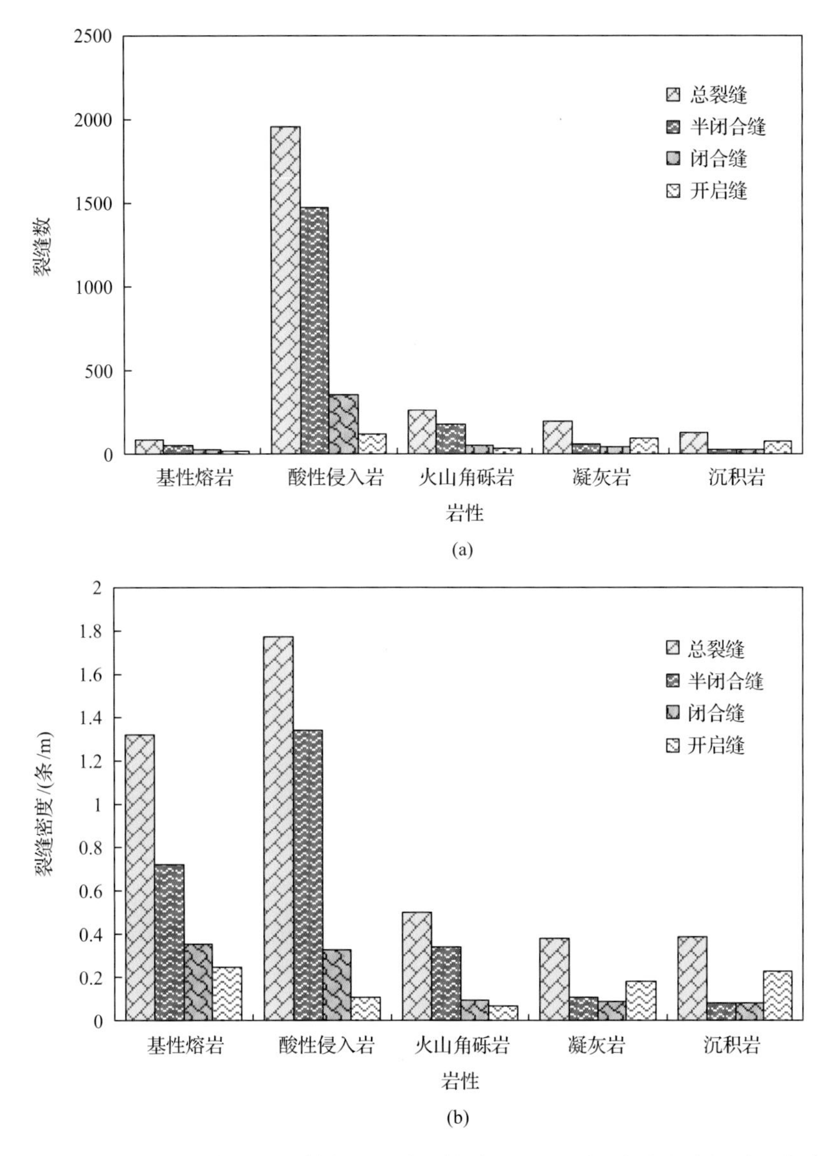

图 5.36　滴西 18 井区石炭系裂缝数与岩性关系统计图(a)及裂缝密度与岩性关系统计图(b)

总体上来看，克拉美丽气田发育的裂缝以半闭合缝为主，其次为开启缝。裂缝主要分布在基性熔岩、酸性侵入岩储层内，火山角砾岩储层次之，凝灰岩、火山沉积岩储层内裂缝欠发育。从裂缝密度来看，三类裂缝的密度在基性熔岩和酸性侵入岩中最高，其次是火山角砾岩。从裂缝在不同岩性厚度的发育情况统计来看，各种岩性随着厚度的增加，与裂缝条数呈正相关关系，而裂缝密度则不具备良好的线性相关性，仅在基性熔岩、火山角砾岩、酸性侵入岩地层裂缝密度与厚度呈一定的正相关关系(图 5.37)。

总之，影响裂缝发育的岩性因素很多，主要有岩石成分、粒度大小、胶结情况等，这些因素直接决定着岩石的抗压、抗张和抗剪强度，进而影响地层受力时岩石断裂破坏的难易程度及断裂破坏的程度。所以说，在相同构造应力场作用下，裂缝的发育程度在不同岩性中明显不一致，通常情况下，具有较高脆性组分的岩石中裂缝的发育程度比含低脆性组分岩石更高。

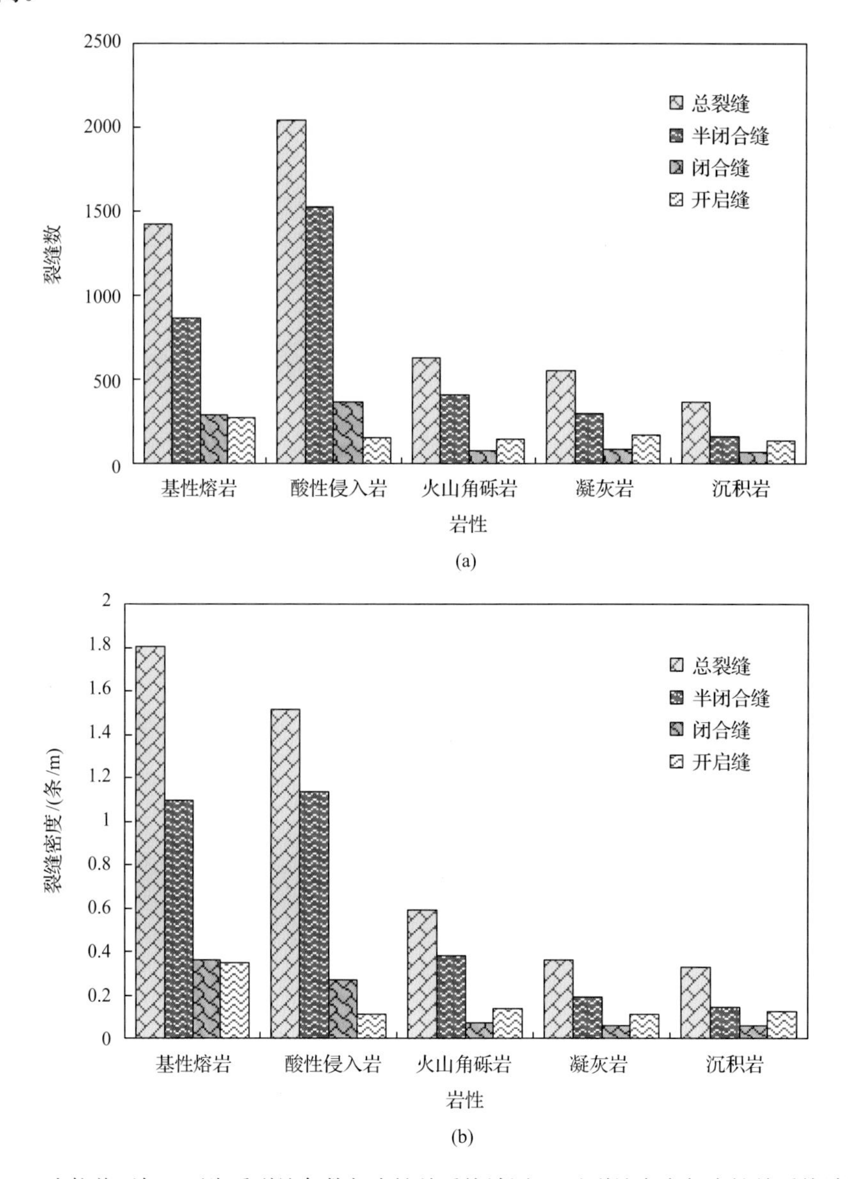

图 5.37　克拉美丽气田石炭系裂缝条数与岩性关系统计图(a)及裂缝密度与岩性关系统计图(b)

三、裂缝与岩性厚度关系

分岩相建立单层岩性厚度与裂缝发育条数及发育密度的交会图，寻求三者之间的关系。整体上，裂缝发育条数与单层岩性厚度呈正比关系，即岩性厚度越厚，裂缝发育条数越多(袁丹，2013)，裂缝密度与单层岩性厚度基本上呈现随岩性厚度增大，裂缝密度逐渐变小趋势(图 5.38、图 5.39)。

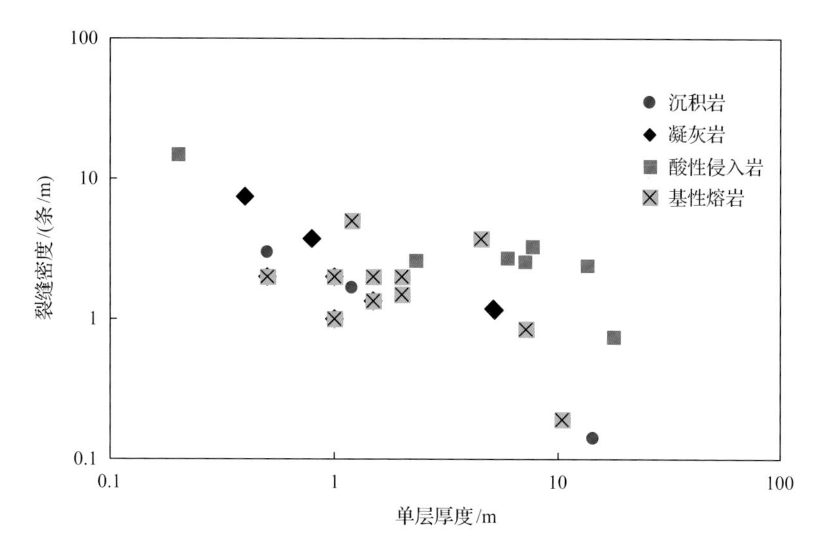

图 5.38　裂缝密度与单层厚度统计关系

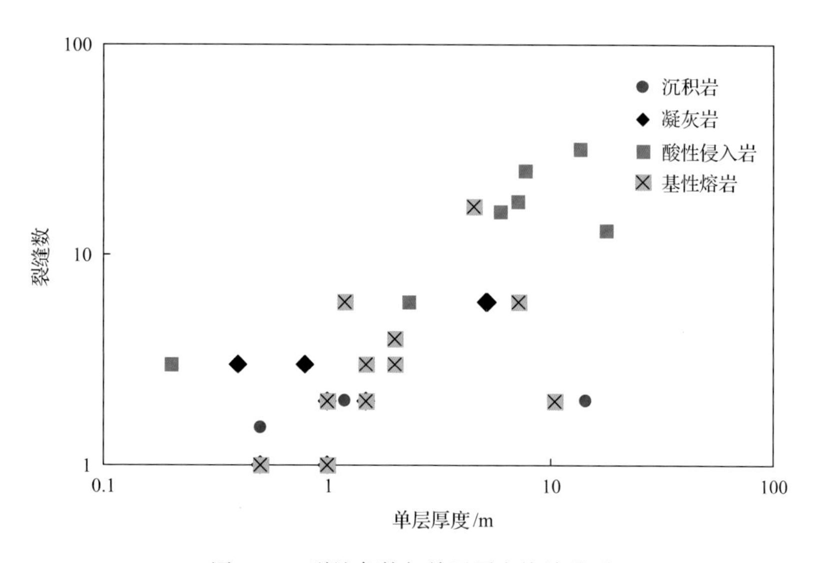

图 5.39　裂缝条数与单层厚度统计关系

由图 5.38、图 5.39 可知，岩层单层厚度对裂缝发育的影响主要表现为：裂缝的发育受层厚控制，裂缝通常分布在岩层内，与岩层垂直，并终止于岩性界面上。一方面，岩层中的裂缝发育程度明显受单层厚度的控制，即岩层越薄裂缝越发育；另一方面，单层厚度薄的岩层中岩石的颗粒更加细小，岩石颗粒和单层厚度共同控制着裂缝的发育程度，即岩层越薄，颗粒越细，裂缝就越发育。在一定厚度范围内，裂缝的平均密度与岩层厚度呈负相关关系，表明当其他条件相同时，薄岩层中的裂缝比厚岩层中的裂缝更为发育，而岩层厚度和裂缝（断裂）间距具有正相关性，同一种岩层，厚度大，裂缝稀疏，规模大；厚度小，裂缝密，规模小。

图 5.40 和图 5.41 为不同岩性岩层厚度与裂缝发育条数及发育密度的关系图，结果表明，裂缝的发育亦受岩层厚度的控制，随着岩层厚度的增加，各种火山岩中，裂缝条数也呈现较明显的增加，然而裂缝密度并没有明显的规律，基本上表现为随着岩层厚度的增加，裂缝密度变化不大。

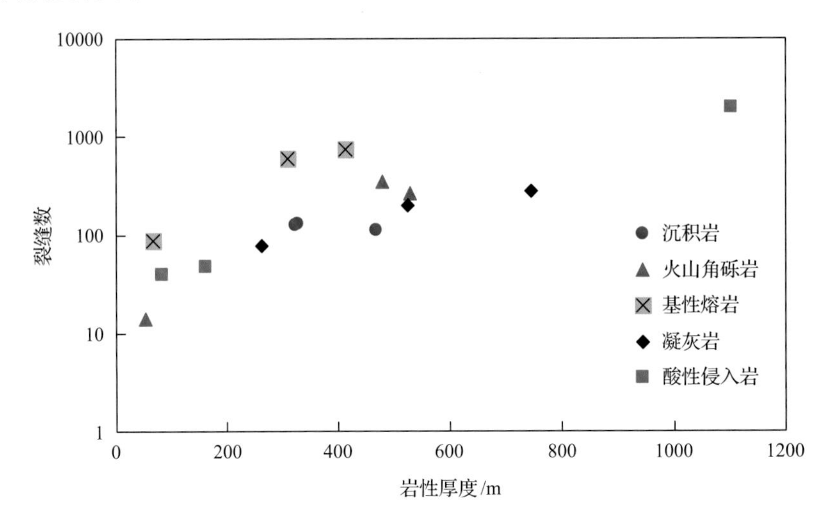

图 5.40　克拉美丽气田石炭系裂缝条数与岩性厚度关系统计图

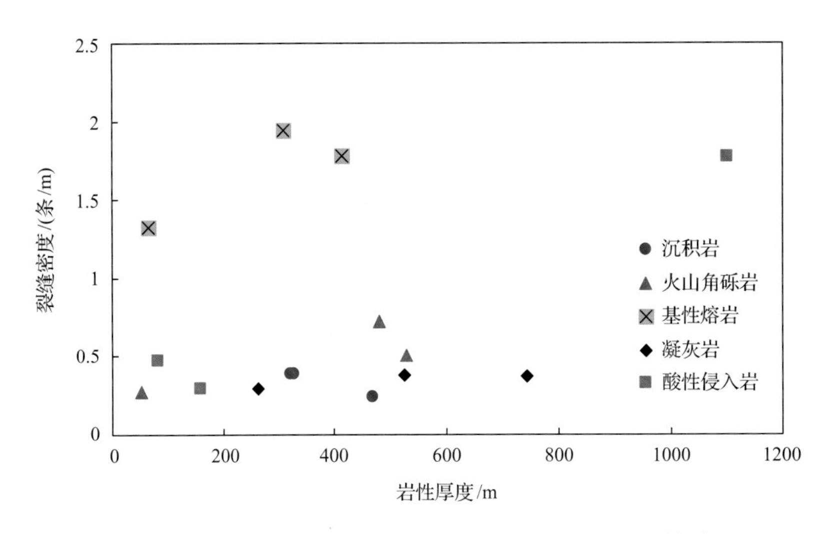

图 5.41　克拉美丽气田石炭系裂缝密度与岩性厚度关系统计图

第四节　断裂与裂缝空间展布特征

一、断裂及裂缝的走向受构造应力场控制

滴西地区的断裂主要形成于海西期构造运动，断裂以近东西向为主，断裂的走向明显

受板块或地体碰撞及区域构造应力场控制。中-晚古生代，受玛纳斯地体与乌伦古地体拼合、碰撞的影响，研究区处于近南北向挤压应力场环境，经历了强烈的构造挤压、褶皱变形，形成持续隆升的基底隆起(图 5.42)，隆起的边界为延伸距离较长、断距较大的近东西向断裂，如滴水泉北断裂、滴水泉西断裂、滴 402 井南断裂、滴西 22 井北断裂等，这些近南北向的基底断裂不仅控制了研究区主体构造形态，还对裂缝的空间展布特征起到控制作用。

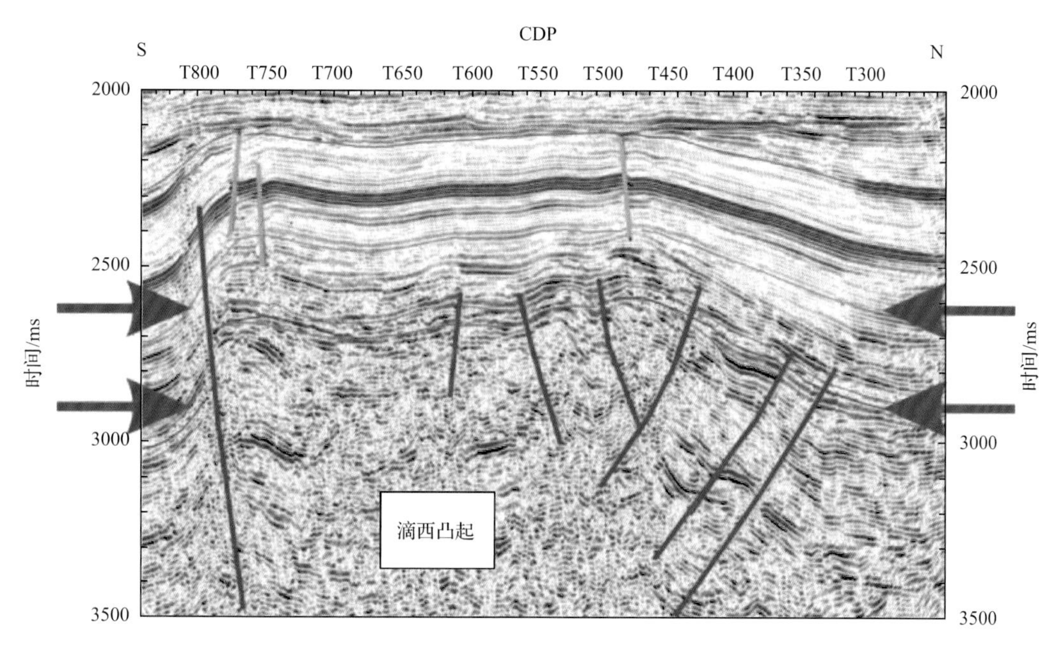

图 5.42 滴西地区南北向构造挤压剖面

晚石炭世—二叠纪，西伯利亚板块和哈萨克斯坦板块相对于准噶尔地体发生了顺时针的旋转，从而产生了右行压扭性应力场(图 5.43)。在强烈的压扭性应力场作用下，深层压扭性断裂继承性发育，滴南地区几条主要基底断裂发生明显的多期走滑活动，早期主要表现为右行，晚期主要表现为左行。区域构造应力场不仅造成上石炭统火山岩体整体抬升，而且在构造应力局部集中发育区主断裂伴生次级断裂，次级断裂伴生微裂缝。印支期，在左行张扭应力场作用下，深部主干断裂表现为走滑-正断层活动性质，它控制了上盘右阶雁列式正断层和左阶雁列式褶皱的形成，而下盘断层不发育。现今滴水泉北断裂、滴水泉南断裂和滴水泉断裂等，具右行压扭走滑性质，为逆断层，其伴生的断裂以北西—南东向为主，与主断裂相比，这些次级断裂虽然延伸较短，断距相对较小，但空间分布非常广泛，为研究区裂缝的发育提供了良好的环境(吴孔友等，2005)。晚期构造形迹是现今的应力场特征的最直接反映，通过对滴南地区 20 口井的井眼稳定性及 FMI 成像测井上诱导缝走向统计表明，研究区最大水平主应力方向为北西—南东向，与主要断裂走向基本一致或较小角度相交。

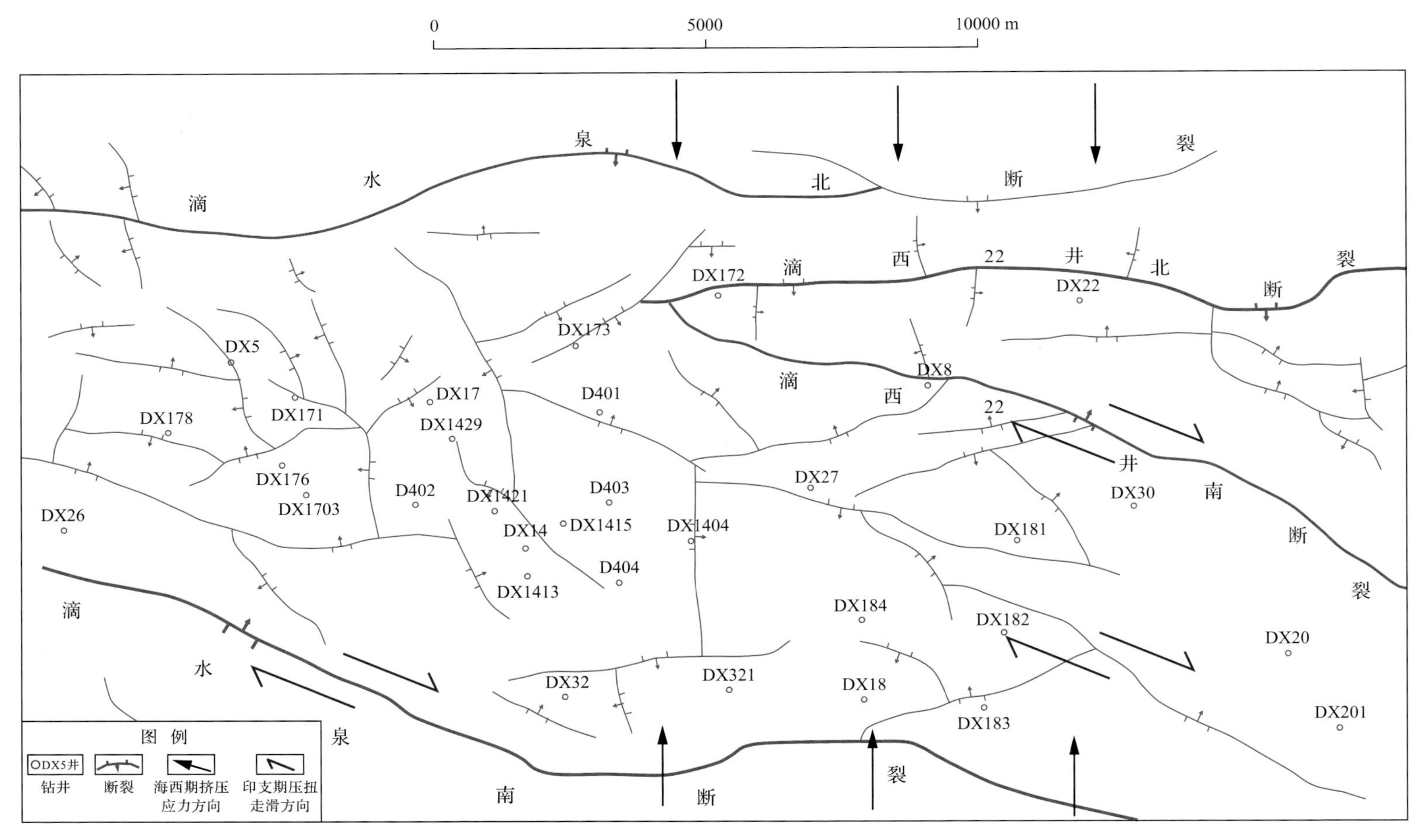

图 5.43　滴西地区构造应力方向、裂缝走向及断裂分布特征

二、天然裂缝往往与断裂伴生，受断裂规模和活动强度控制

天然裂缝主要是由断层形成的统一应力场和断层错动引起的诱导应力场作用下，断层内及附近岩石沿破裂面没有发生明显的位移而形成的一种伴生或诱导构造。大量研究结果表明（范存辉等，2010；孟振江，2012；邱殿明，2013），无论正断层还是逆断层，其在活动过程中由于受到巨大构造应力的作用，使得断层两盘附近的岩石发生破碎，破裂岩充填在断裂带中，断层两盘受张应力或剪切作用形成不同类型的裂缝（图 5.44），这些天然裂缝包括在伸展环境中形成的张裂缝，还有在压扭环境中形成的剪切裂缝。

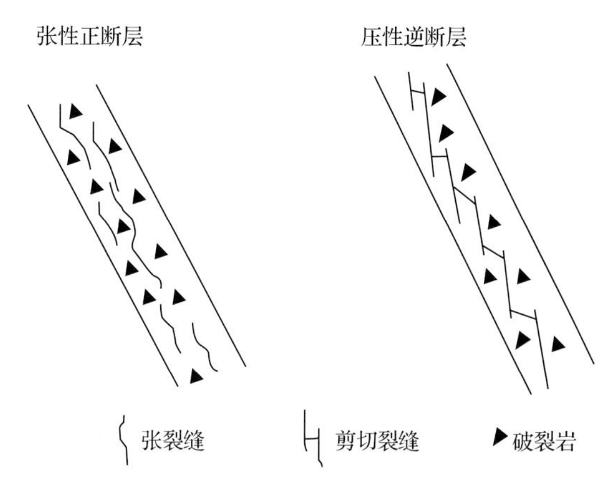

图 5.44　断层与裂缝关系示意图

滴西地区的基底断裂在其形成与后期活动过程中，往往伴生有大量的天然裂缝，包括高角度缝、斜交缝、充填-半充填缝、网状缝等，这些裂缝平面上分布于断层附近，在断裂带中的裂缝彼此相连形成裂缝网络。断裂交汇部位、离主断裂越近或应力集中部位裂缝最为发育（图 5.45），断裂规模越大、活动越强烈，表明这些部位应力作用最强，相应的裂缝密度越大，因此，裂缝系统发育程度取决于岩石的力学性质和断层位移规模。

三、断裂开启与有效裂缝关系

裂缝的开启与封闭实际上是断裂活动开启与封闭的具体表现，也就是说，断裂的垂向封闭在某种程度上也就是裂缝的垂向封闭。断裂活动时期，在断裂活动产生的诱导作用下，断裂填充带内部的裂缝发生扩张，体积增加，形成空腔，成为有效的开启缝，并作为断裂活动时期油气渗滤运移的主要通道。当断层活动停止后，裂缝将在上覆沉积载荷的作用下紧闭，失去流体输导能力。因此，断裂与其派生的裂缝形成于同一应力场和同样的地层内，开启缝与断裂形成于同一构造应力场，断层的开启与裂缝的有效性具有同步性。

由于受断裂缝规模、不易取心观察描述、活动开启规律难以认识等因素的影响，断层封闭性定量描述的局限性，很难同步获得断裂与裂缝开启性的直接证据，但从区域断裂形成演化史、成像测井资料显示的裂缝形态描述来看，构造运动对断裂和裂缝起到改造作用，而断裂活动对裂缝的开启起到了控制作用（蒋臻蔚等，2012）。通过对滴西 18 井区开启缝走向统计，开启缝的走向与断层的走向基本一致，少量裂缝走向与断层以一定的角度

末端区
挤压
拉伸
拉伸
挤压
交汇区
转换区
断垒区裂缝发育
外凸区
次级反向断层

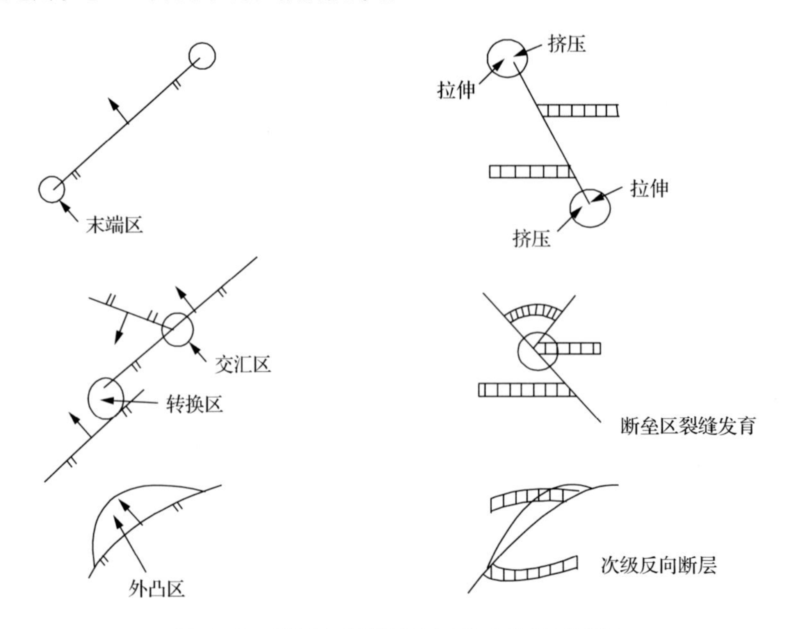

图 5.45　断层与裂缝发育区分布关系示意图

相交，表明开启缝主要沿着断裂延伸方向分布，断裂封闭性与裂缝的开启作用之间存在必然的联系，裂缝的有效性随着断裂活动而呈现出阶段性的特征(图 5.46)。

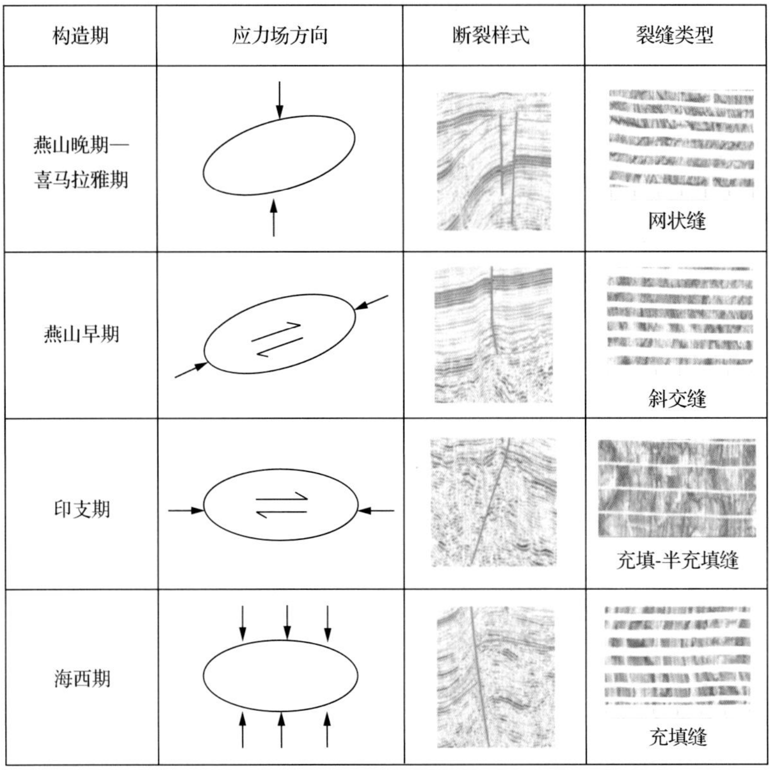

构造期
应力场方向
断裂样式
裂缝类型
燕山晚期—喜马拉雅期
网状缝
燕山早期
斜交缝
印支期
充填-半充填缝
海西期
充填缝

图 5.46　滴西地区不同构造期断裂样式与裂缝类型

滴西地区的断裂形成于海西期、印支期和燕山期，海西期主要在压扭作用下形成挤压构造，受海西期强烈的南北向挤压应力作用，发育逆冲、冲断(起)构造、叠瓦构造、正花状构造、褶皱等挤压性构造，断裂及裂缝处于封闭状态，以形成充填缝为主。印支期，滴西地区构造应力场的最大主应力方向变为近东西向，从而使断层的开启性相对变好，断裂附近发育充填-半充填缝。燕山早期受北东—南西向区域张扭应力场作用形成张扭性走滑构造，晚期发生构造反转，在侏罗系形成大量正断层(雁列状展布)、掀斜断块、负花状构造、逆牵引构造、雁列式褶皱、反转构造，沿着断裂带派生出一系列斜交裂缝。燕山晚期—喜马拉雅期，滴西地区受近南北向挤压应力作用，构造活动较弱，受东面克拉美丽山隆升的影响，产生向西侧向挤压作用，滴西地区以向西掀斜作用为主，断层不发育。由于应力释放，早期断裂附近形成开启性较好的网状缝。

图 5.47 为滴南凸起滴西 14 井—滴西 18 井区石炭系火山岩内开启缝走向图，裂缝走向以北西—南东向为主，与该地区最大水平主应力方向基本一致，开启缝与盆地晚期构造活动有密切关系。

图 5.48 为滴南凸起滴西 14—滴西 18 井区石炭系火山岩内闭合缝走向图，闭合缝走向与开启缝走向近垂直，以北东—南西向为主。

图 5.49 为滴南凸起滴西 14—滴西 18 井区石炭系火山岩内半闭合缝走向图，走向与闭合缝走向和开启缝都不一致，是多期构造活动的产物。

四、裂缝纵向发育特征

上述分析可知，滴西地区石炭系裂缝较为发育，且主要分布在基性熔岩、酸性侵入岩中，随着岩性厚度的增加，裂缝的纵向发育规模随之增大。同时对于具备一定厚度的岩性体来说，裂缝在纵向上的发育部位也有所不同。本节研究针对发育裂缝最多的酸性侵入岩和基性熔岩，初步对裂缝在这两种岩体中的纵向发育特征进行分析。

(一) 侵入岩中裂缝发育特征

众所周知(胡冬亮等，2008；杨新明，2010)，侵入岩是岩浆岩侵入上覆地层慢慢冷却而成，根据形成时所处的位置深浅，分为深成岩和浅成岩。由于地壳表层或浅层地层中的温度比较低，高温熔融状的岩浆在冷凝、结晶过程中与围岩存在比较大的温度差，侵入岩体的顶、底部会因为迅速冷凝而形成收缩缝，但由于岩体不同部位的地层压力和温度条件与围岩环境差异的不同，收缩缝的发育程度、规模和裂缝的开度也存在较大差异。由于冷却温度及压力的差异性，导致了侵入岩浆层顶、底部与中部的收缩裂缝的产生，在侵入岩体的顶底面形成的收缩缝密度较大且垂直于岩体顶、底面。

因此，从理论上来讲，对于厚层的侵入岩体，岩体顶部裂缝是最为发育区，裂缝开度也较大，伴随有破裂节理，随着向岩体内部延伸，裂缝发育程度逐渐减小，裂缝开度也减小，在同一套岩体中自上而下多形成发育-欠发育-发育或者发育-欠发育的裂缝发育模式(图 5.50)。

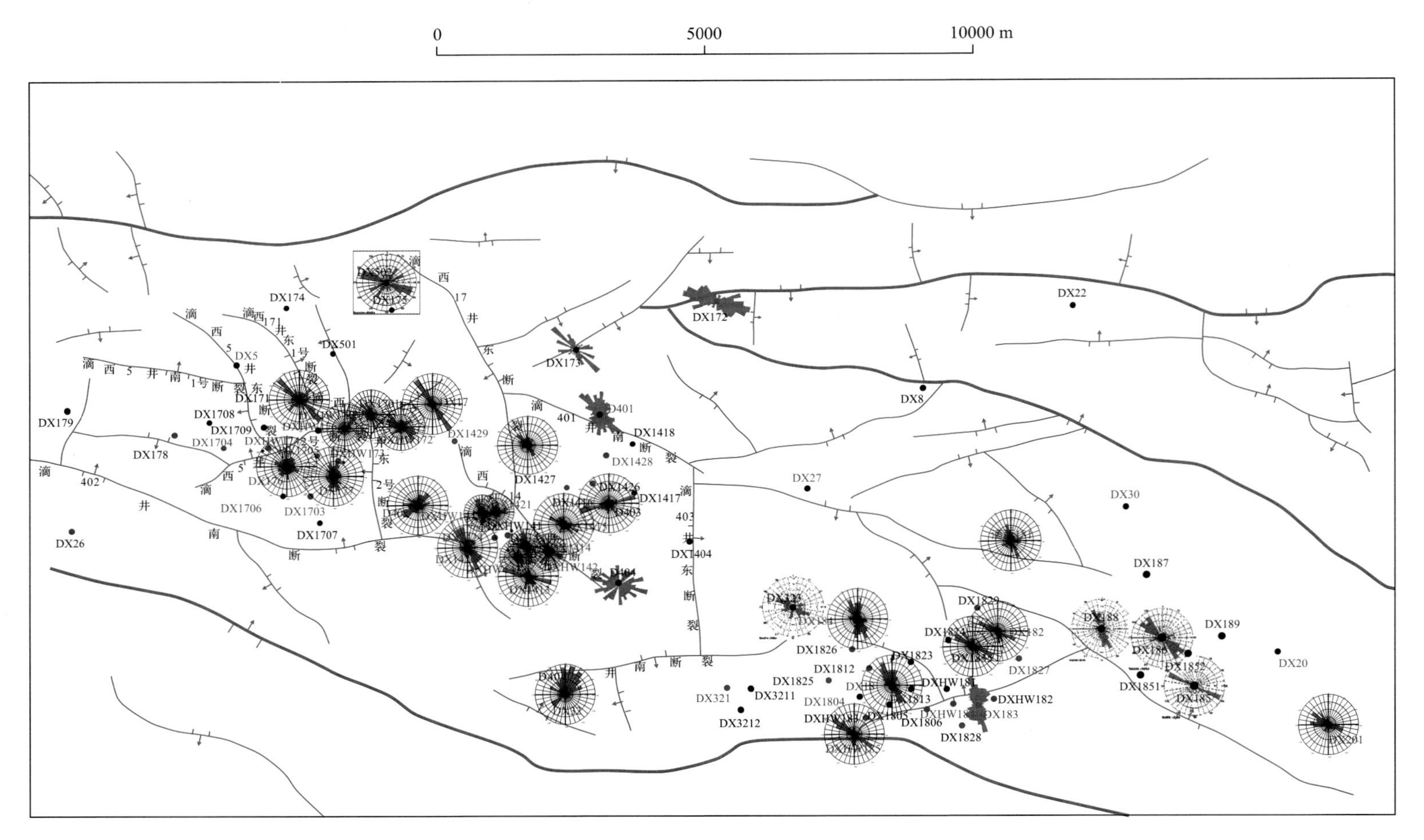

图 5.47　滴南凸起滴西14—滴西18井区石炭系开启缝走向图

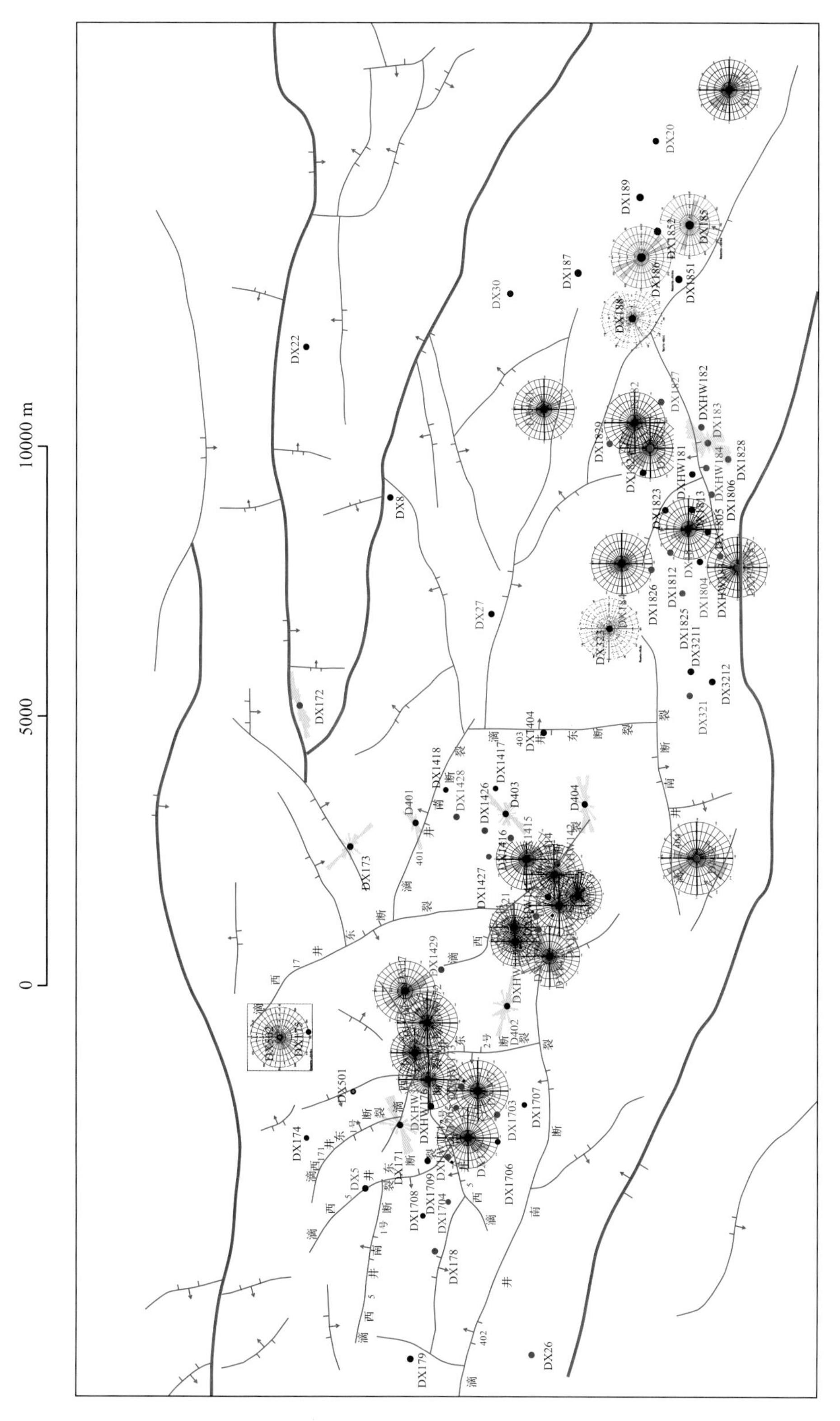

图 5.48　滴南凸起滴西 14—滴西 18 井区石炭系闭合缝走向图

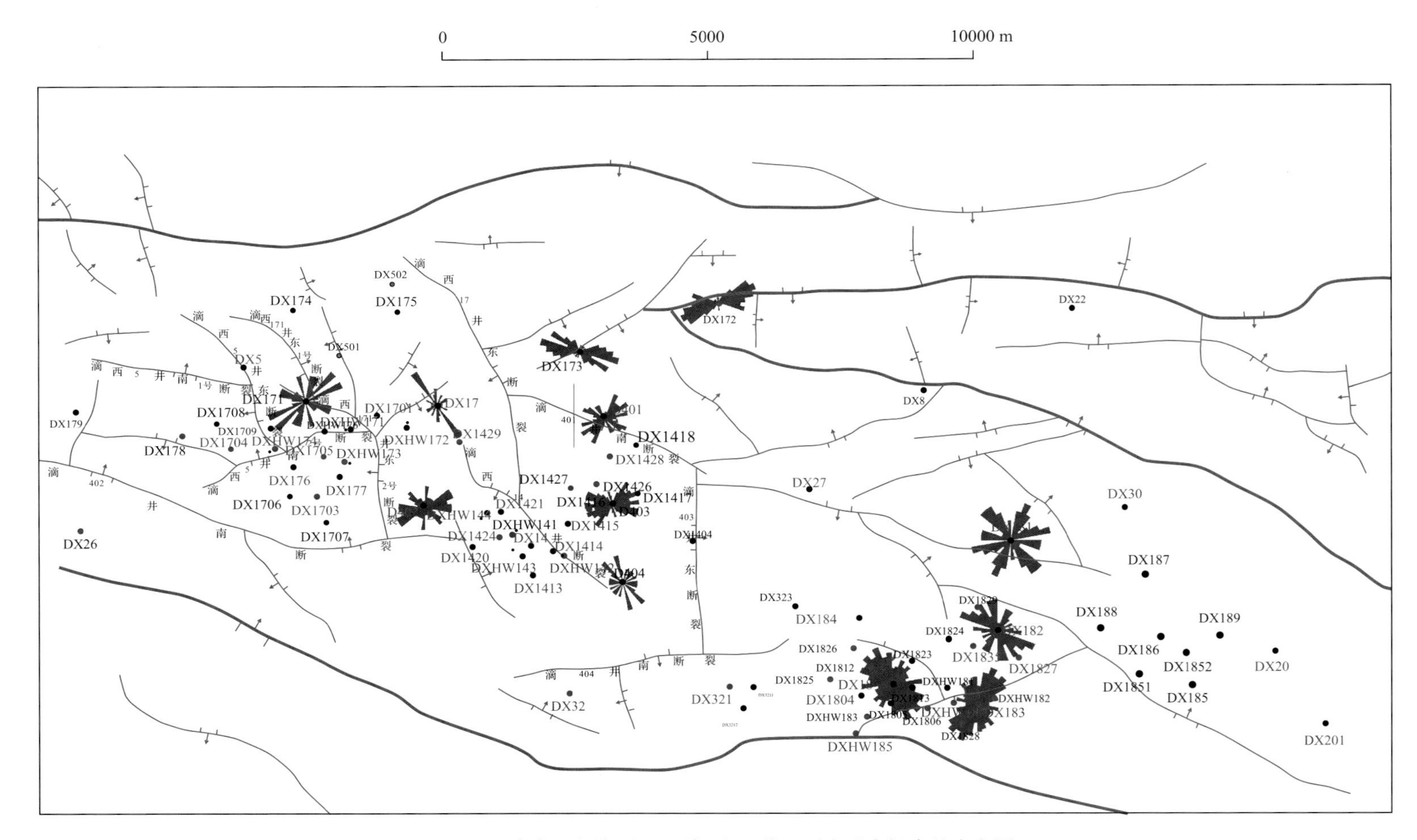

图 5.49 滴南凸起滴西 14—滴西 18 井区石炭系半闭合缝走向图

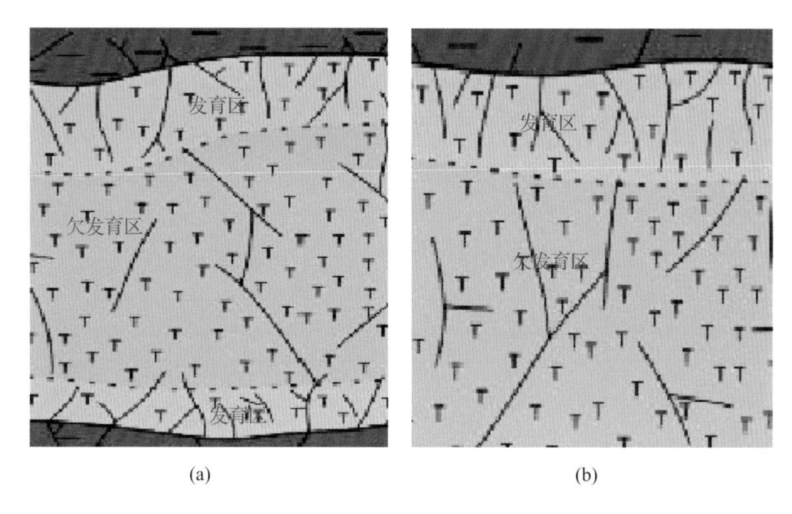

(a)　　(b)

图 5.50　侵入岩中裂缝发育模式

(a)裂缝发育-欠发育-发育模式;(b)裂缝发育-欠发育模式

位于滴西 18 井区的 DX188 井,石炭系顶部发育一套 63m 的典型侵入岩体,解释岩性为二长玢岩,电阻率成像测井图像上发现裂缝较为发育,气孔欠发育(图 5.51),根据常规曲线特征和成像测井图像可进一步将该套侵入岩相划分为上部亚相、中部亚相、下部亚相。从常规曲线特征(双侧向差异特征及密度、声波曲线的起伏)和成像资料清晰可见,该侵入岩体裂缝比较发育,主要集中在上、中部亚相,而在下部亚相发育较少;从侵入岩体整体来看,气孔发育规模较小,仅下部亚相和上部亚相见有零星分布,而在中部亚相基本未见。该井的裂缝发育模式即为发育-欠发育,在成像测井图像上清晰可见(图 5.52、图 5.53)。据统计,该井在该套侵入岩中共解释开启缝 196 条,其中上部和中部有 158 条,约占到总裂缝数量的 80%。

勘探实践证实,滴西 18 井区侵入岩断裂十分发育,具有一定规模的裂缝发育体系,裂缝型储层是该井区主要的储层类型,目前多口井已在侵入岩体中获得高产气流。

(二)基性熔岩中裂缝发育特征

与侵入岩体相比,熔岩是指自火山口向外溢流而形成的火成岩,主要为基性的玄武岩、安山岩及玄武安山岩,整体上来说,溢流相的熔岩中既发育气孔和杏仁构造导致的孔隙,也发育收缩、炸裂、球形风化形成的裂缝。这主要是因为溢流相的熔岩本身特有的层状结构决定了裂缝多在该种岩体的顶、底层发育,从成岩机理理论上来说,典型的溢流相熔岩自上而下的发育模式有两种(图 5.54):①上部为气孔状熔岩带,中部为致密块状熔岩带(裂缝发育),下部为气孔状熔岩带(裂缝发育);②上部为气孔状熔岩带,中部为致密块状熔岩带(裂缝发育),形成这种模式的原因主要是溢流相的熔岩岩石脆性较强,往往呈现出致密的块状结构,裂缝容易形成和保存,且多为构造缝。

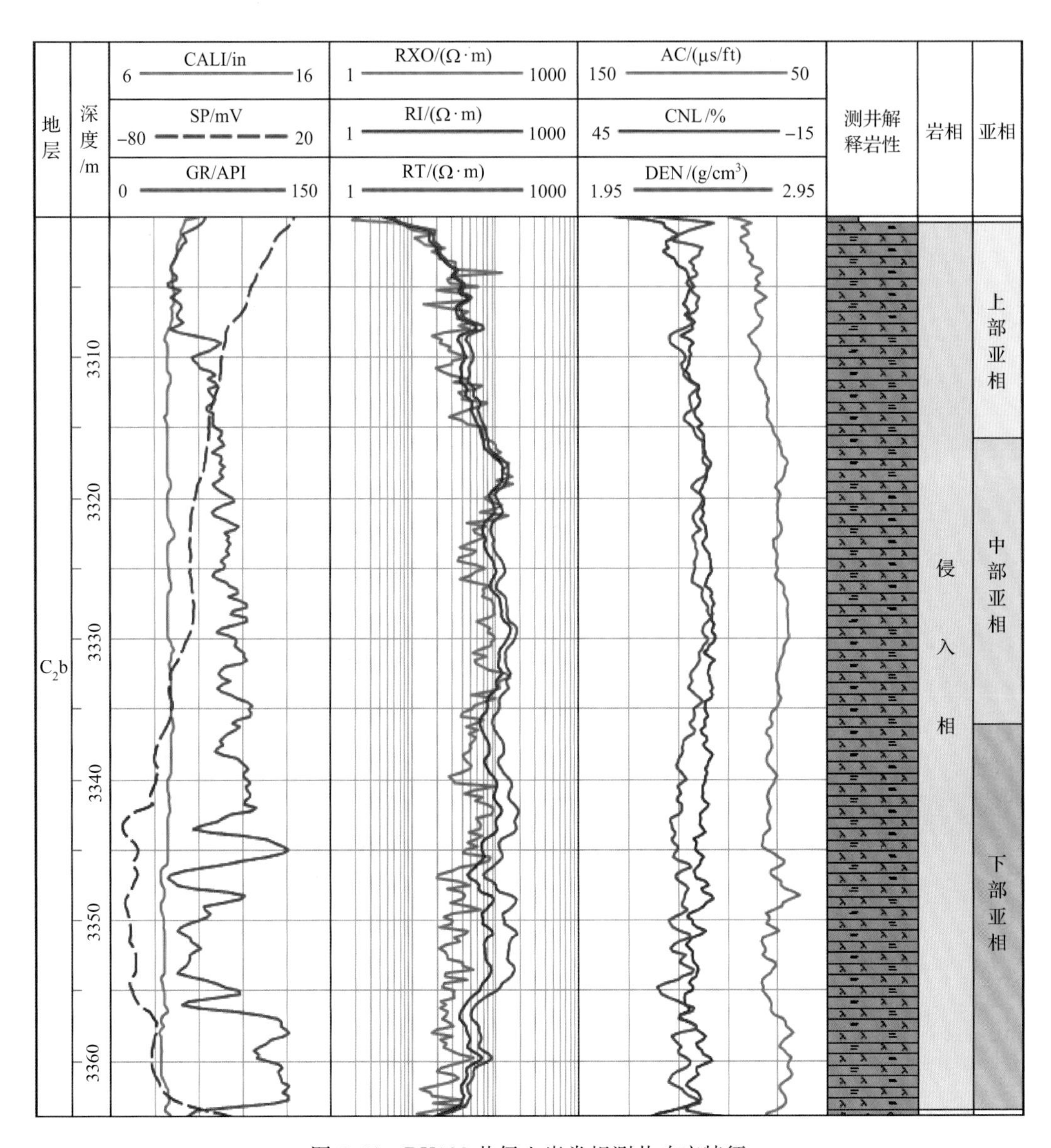

图 5.51　DX188 井侵入岩常规测井响应特征

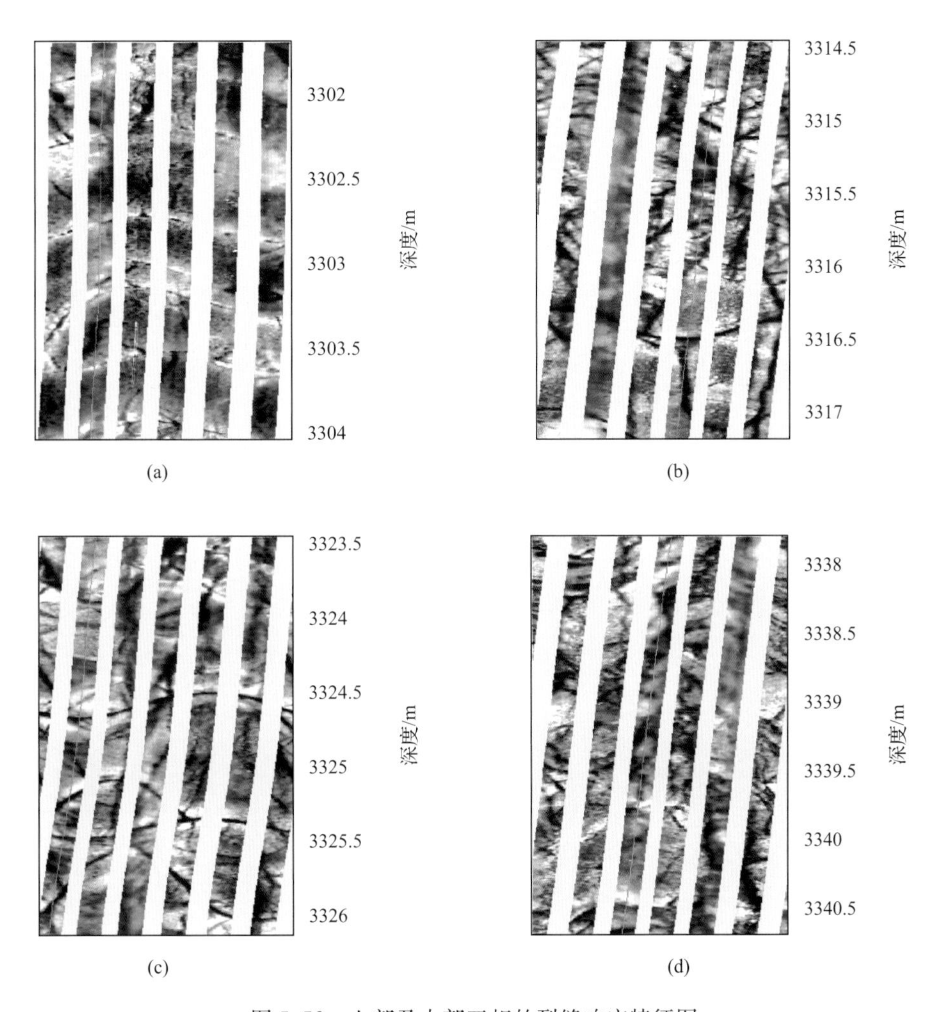

图 5.52　上部及中部亚相的裂缝响应特征图

(a)上部亚相闭合缝响应特征；(b)上部亚相网状缝响应特征；(c)中部亚相开启缝响应特征；(d)中部亚相半闭合缝响应特征

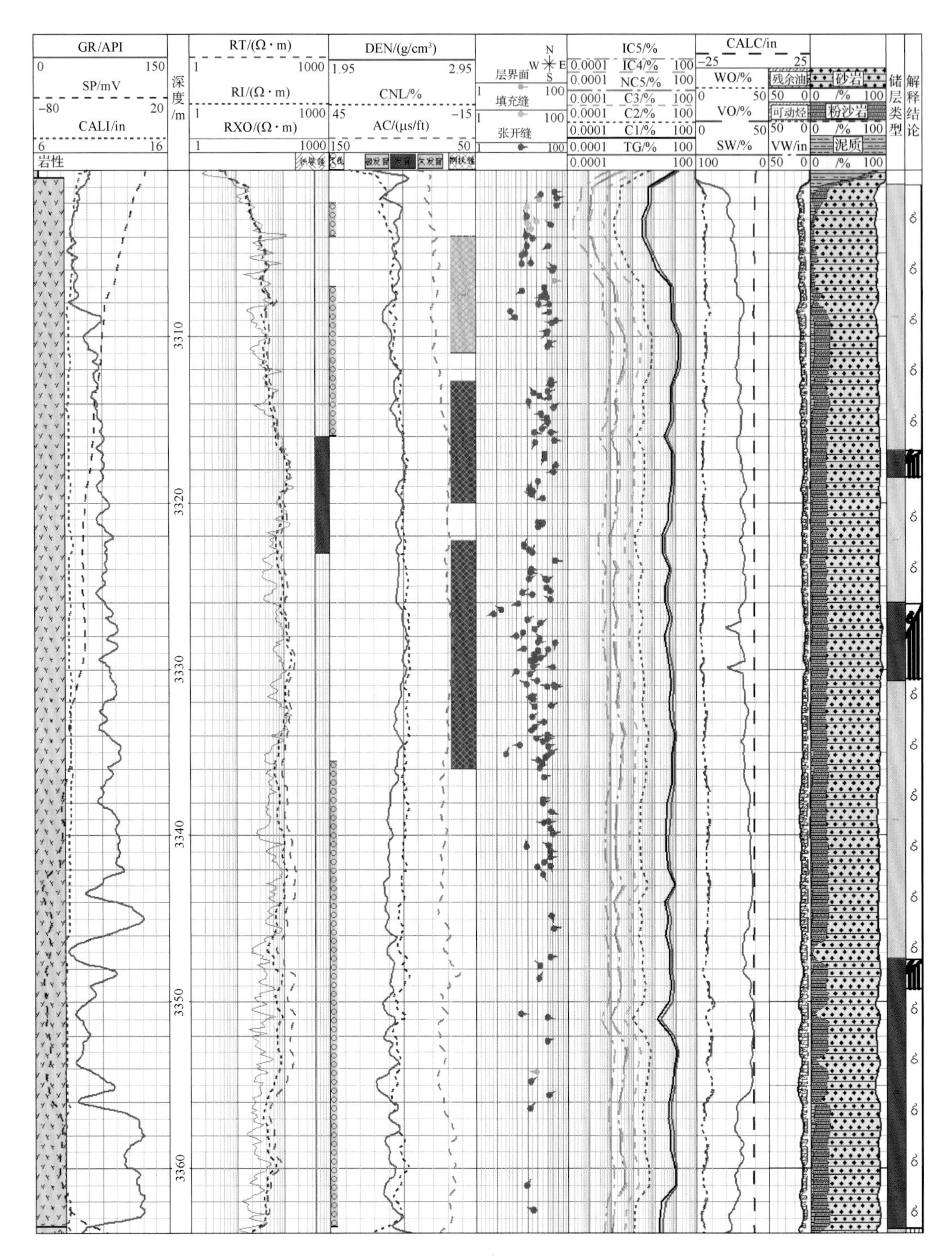

图 5.53　DX188 井侵入岩裂缝-气孔纵向分布特征

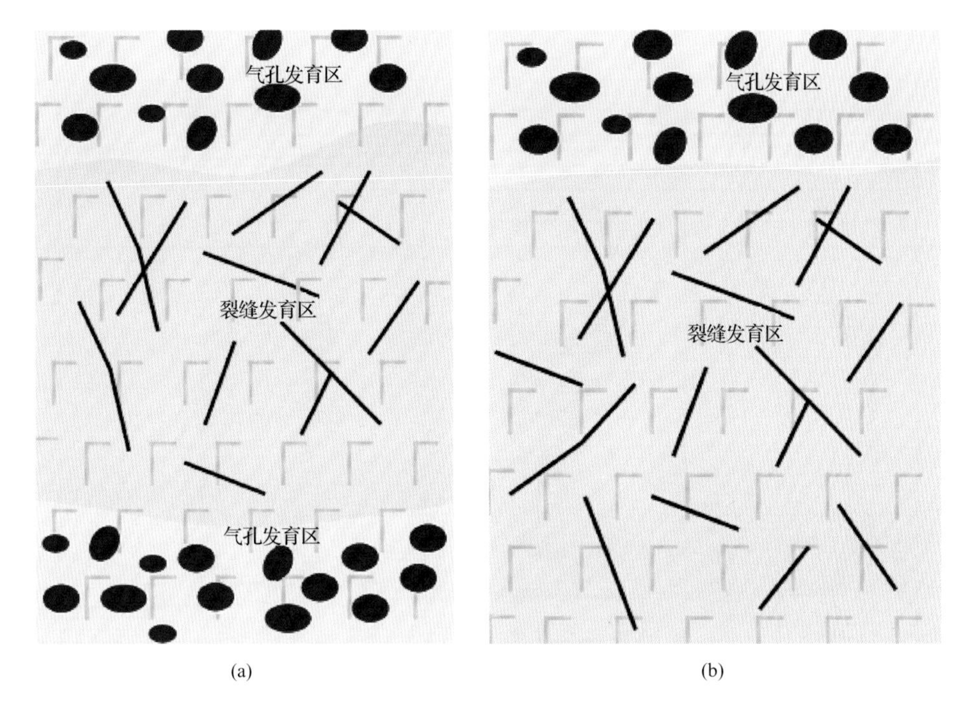

图 5.54　熔岩中气孔和裂缝发育模式

(a)气孔-裂缝-气孔发育模式;(b)气孔-裂缝发育模式

位于滴西 14 井区的 D401 井石炭系顶部发育一套厚达 83m 的玄武岩体,中间夹有 2m 厚的一套凝灰岩层(图 5.55)。从成像测井图像分析可知(图 5.56),该套玄武岩体整体呈现块状结构,距玄武岩体顶部 4m 位置发育大量气孔,其次在深度为 3860～3865m 处,发现大量气孔发育,而且气孔半径大于顶部气孔。可见,在这种致密玄武岩体中,气孔较多位于火山岩体顶部及火山喷发间歇期,这与淋滤、风化作用密切相关。对这种基性熔岩来说,由于岩石本身比较致密,加之快速堆积,不发育层理,因此当有构造活动引起的应力时,就会由于应力作用而形成大量裂缝,因此裂缝较集中在岩体内部,以网状缝为主,裂缝宽度与应力大小密切相关。

通过对测井解释成果的统计,滴西 14 井区钻遇熔岩的井,熔岩顶部都发育大量气孔,若熔岩存在多期喷发,则气孔更为发育,而在中下部则发育大量裂缝,同时这也成为该井区玄武岩体油气藏的主要储集空间,若存在油气,均能达到工业油气流的标准。

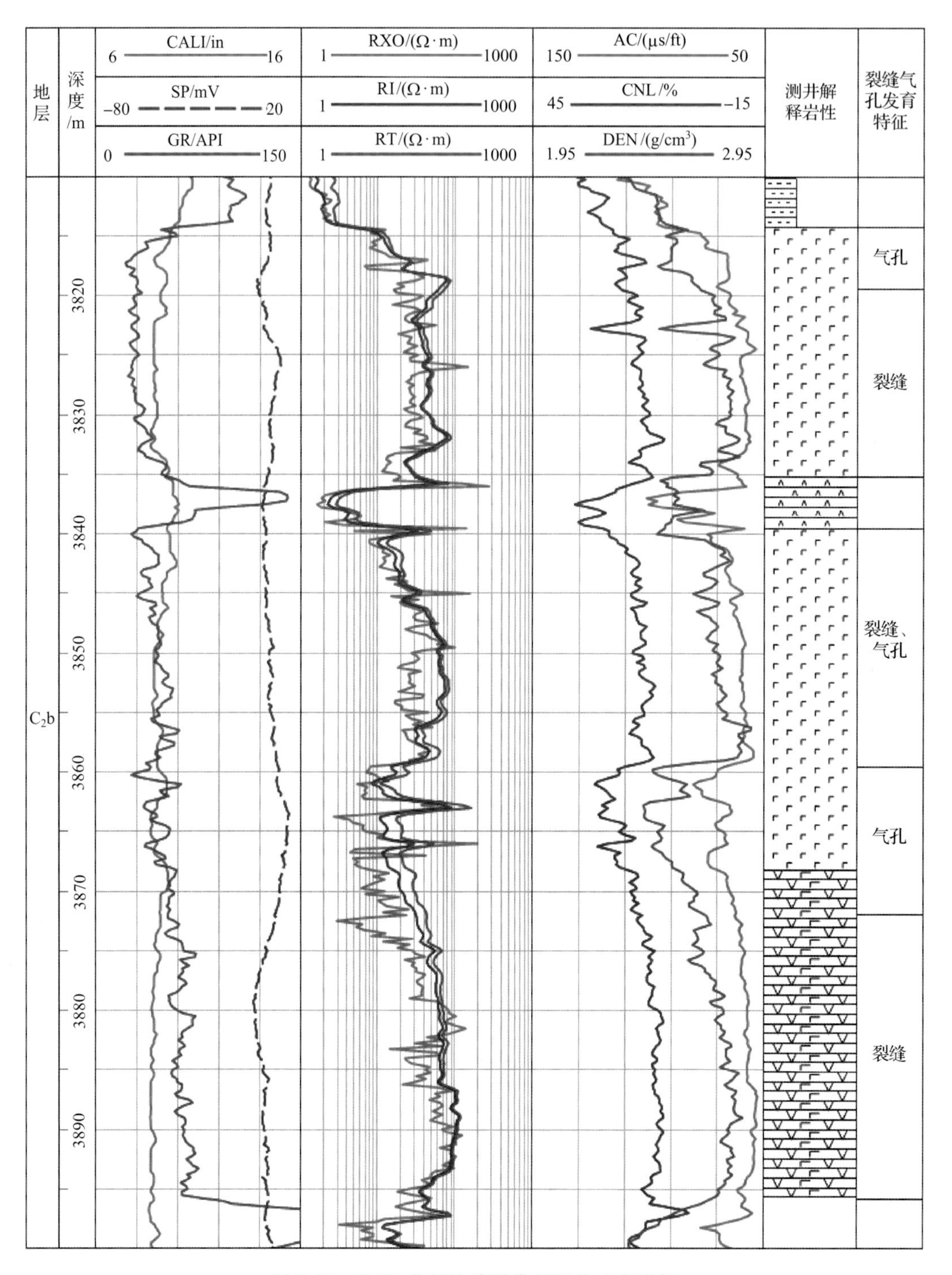

图 5.55 D401 井基性熔岩常规测井响应特征

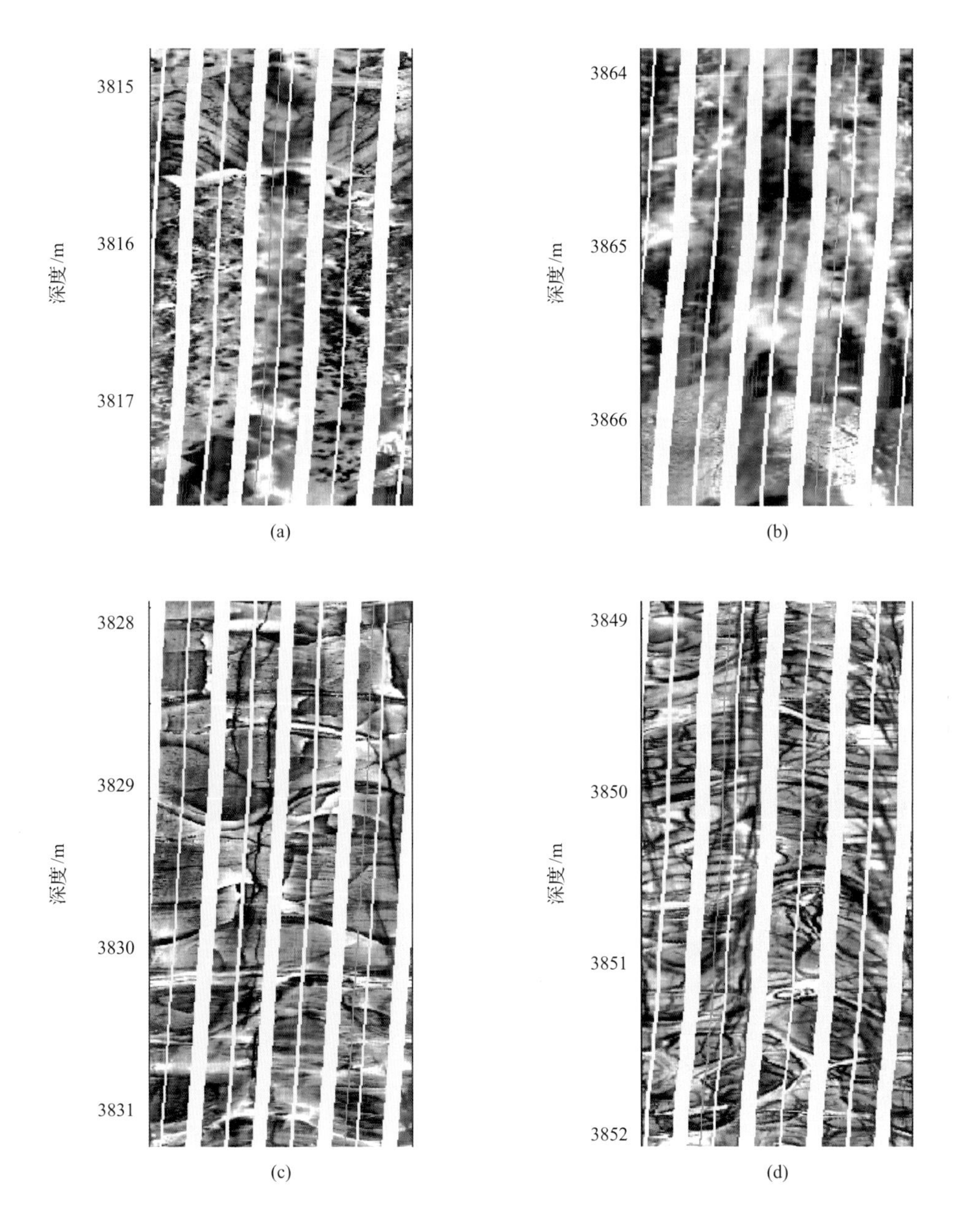
3815
3816
3817
深度/m
(a)
3864
3865
3866
深度/m
(b)
3828
3829
3830
3831
深度/m
(c)
3849
3850
3851
3852
深度/m
(d)

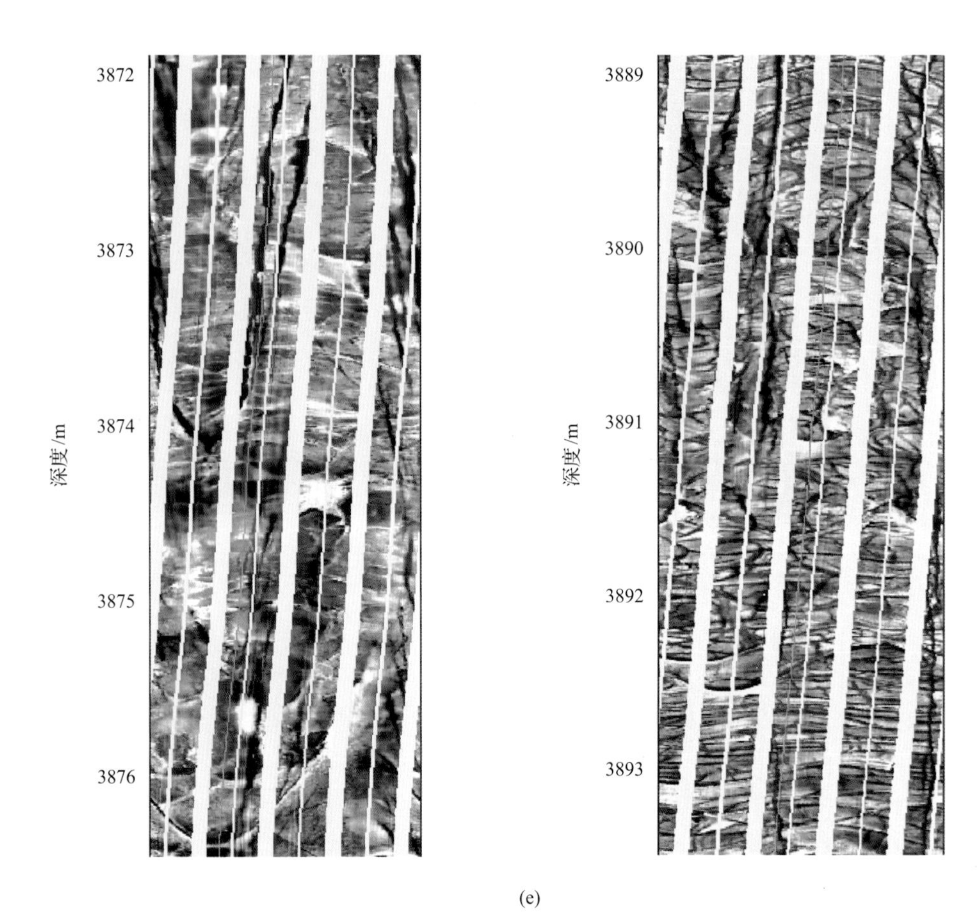

(e)

图 5.56　D401井石炭系顶部成像测井图像

(a)顶部玄武岩中小气孔成像特征;(b)中部玄武岩中大气孔成像特征;(c)上部玄武岩中裂缝成像响应;(d)中部玄武岩中裂缝成像响应;(e)下部玄武-安山岩中裂缝响应特征

第六章　石炭系烃源岩地球化学特征

第一节　石炭系地层对比及烃源岩分布

烃源岩作为含油气系统重要组成部分，对盆地油气资源分布具有首要控制作用。准噶尔盆地东部在俯冲时期和后碰撞火山活动间歇期发育了区域性烃源岩，分别为下石炭统滴水泉组和上石炭统巴山组，为石炭系自生自储油气藏提供了必要的烃源供给。石炭纪特殊热事件背景下发育的烃源岩不仅控制了油气藏的规模和分布，同时其有机质地球化学特征也为了解石炭纪洋陆环境演化提供依据。

前人针对石炭系烃源岩开展多方面研究：石炭系烃源岩以深灰色泥岩和灰色泥岩为主，其次为凝灰岩、炭质泥岩、粉砂质泥岩和煤，滴水泉组主要为深灰色或灰色泥岩，巴山组则包括灰色泥岩、沉凝灰岩、炭质泥岩；两套烃源岩有机质类型为II_2-Ⅲ，均表现出弱氧化-还原条件下陆缘高等植物为主的母源特征（国建英和李志明，2009；何登发等，2010a；李林等，2013a，2013b；张生银，2014；张生银等，2015），但是由于滴水泉组和巴山组烃源岩大多发育于火山岩覆盖之下，其各自分布范围和地质条件难以界定，特别是陆东-五彩湾地区巴山组与滴水泉存在混淆。

本书基于对前人研究成果整理，总结露头地层特征和叠置特征，对准噶尔盆地东部地区石炭系滴水泉组和巴山组烃源岩进行井-震追踪，借助岩石热解和干酪根镜检等技术进行烃源岩综合评价，并通过烃源岩有机质分子组成和同位素特征探讨两套烃源岩空间分布和地质演变，进一步分析准噶尔盆地东部石炭系洋陆转化过程中沉积环境演替的细节问题。

一、烃源岩沉积地层分布

（一）下石炭统滴水泉组

准噶尔盆地东部地区石炭系滴水泉组地层主要发育在滴水泉凹陷、东海道子凹陷、五彩湾凹陷及陆南地区，其中克拉美丽山西侧的滴水泉地区剖面出露最为完整（图 6.1），克拉美丽山南侧双井子地区滴水泉组等同于松喀尔苏组。事实上，下石炭统塔木岗组、松喀尔苏组和滴水泉组为早石炭世一套同期前陆沉积层系。鉴于滴水泉组命名特殊性，将陆东地区下石炭统这套发育于沟-弧-盆背景下沉积层系统称为滴水泉组进行研究，包括松喀尔苏组、南明水组、黑山头组等早石炭世地层。鉴于下石炭统沉积地层埋藏深度较大，仅在部分钻井有所揭示（如 DX16 井、DX18 井）。五彩湾凹陷与 CS1 井钻遇厚度超过 500m 灰色泥岩，考虑到其上下均发育爆发相凝灰岩-火山角砾岩和溢流相安山岩，将其归为巴山组火山间隙期沉积地层，而 CS2 井钻遇大套灰色泥岩，因缺少下伏火山岩，将其归为下石炭统滴水泉组进行讨论。

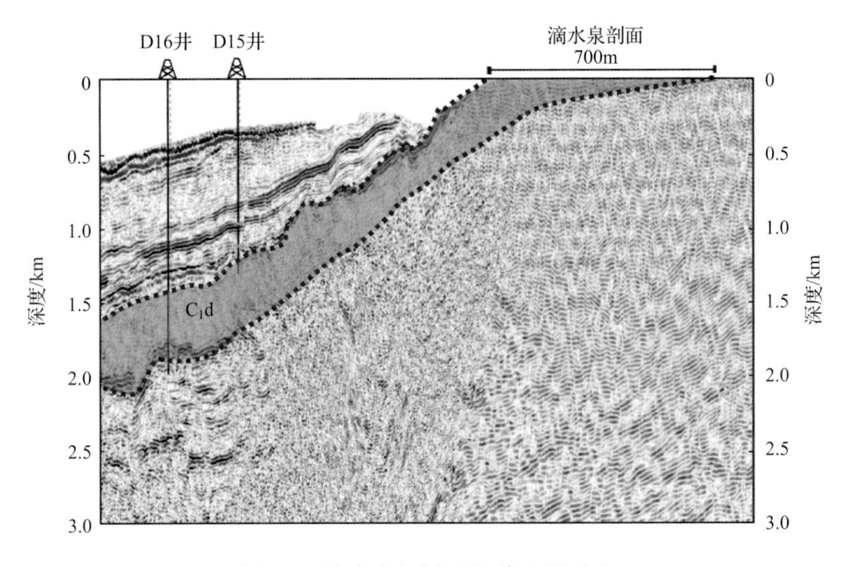

图 6.1 滴水泉组剖面盆-缘地震对比

早石炭世准噶尔盆地具有多洋岛-多岛弧分布特征(吴琪等,2012;田晓莉,2013)。滴水泉组沿北部克拉美丽残余洋和南部准噶尔残余洋发育,来自邻近岛弧有机质在弧-洋边缘地区快速沉积,最终演化为陆东地区重要的烃源岩。目前钻揭情况表明,滴水泉沉积组系在北部克拉美丽残余洋最为发育也最为稳定,滴水泉剖面出露泥岩达 800m,Q5 井钻遇石炭系沉凝灰岩和砂岩达 1350m,而 LC1 井(上部安山岩 Rb/Sr 年龄为 323.01Ma)、WL1 井、WC1 井(玄武岩锆石年龄为 324.6Ma±2.3Ma)钻遇厚度超过 1000m 的泥岩和沉凝灰岩(图 6.2)。虽然早石炭世洋壳发育部分弧后盆地,但其分布范围相对有限,因此滴水泉最主要特征为弧-洋体系发育,有机质物源以海洋低等藻类生物为主,其分布受控于早石炭世特殊古地理环境。

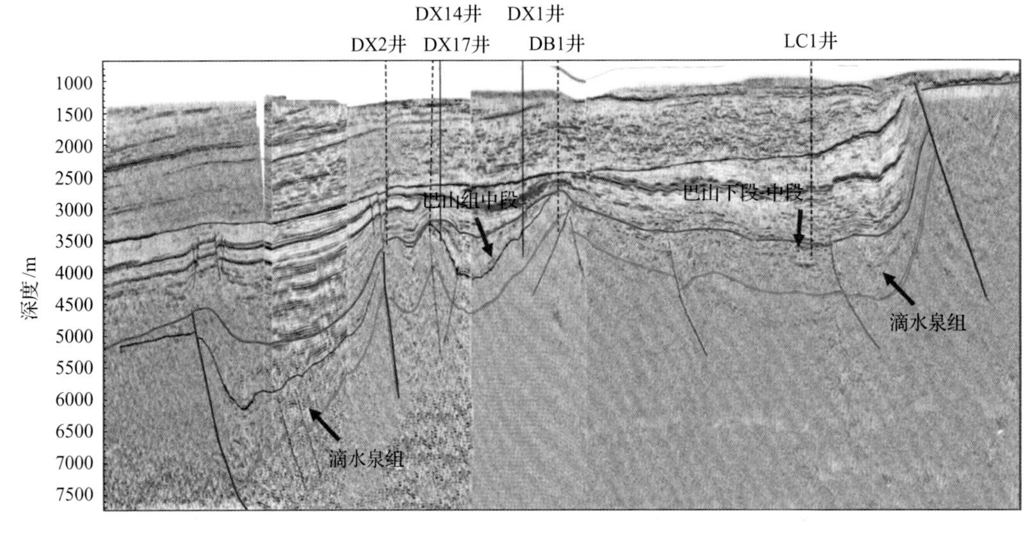

图 6.2 陆东地区石炭系地层地震解释

（二）上石炭统巴山组

巴山组沉积地层主要发育于后碰撞火山活动间歇期，巴山组期间存在一次较大的火山间隙，陆东地区发育了区域性厚层碎屑沉积，DZ1 井、DX20 井、DX22 井及 CS1 井单层沉积厚度超过 300m。火山间歇期的沉积地层的岩性-岩相主要受控于凹陷至火山机构距离和火山活动强弱，陆东地区表现为炭质泥岩和沉凝灰岩，而五彩湾地区则为泥岩沉积和沉凝灰岩。巴山组火山活动以中心式喷发为主，并兼有裂隙喷发特点，火山岩中间沉积夹层空间变化较快，石炭纪末期差异性抬升使区域性追踪沉积地层难度增加。

野外露头资料和地震解释表明，巴山组火山岩发育于早石炭世晚期—晚石炭世长期地质历史时期，必然存在多个火山活动旋回和火山间歇期，区域内也发育多套沉积地层。但考虑到巴山组晚期沉积凹陷水体变浅，盆地内碎屑补给趋于饱和，有效烃源岩厚度和成熟度不可避免减小，巴山组中段及深部沉积地层更有可能为石炭系及其上覆油气藏提供烃源，因此巴山组稳定而具有烃源价值沉积地层发育石炭纪早—中期。相对而言，五彩湾地区可能继承了石炭纪早期的沉积特点，沉积地层厚度较大，区域稳定性更强。

二、烃源岩分布特征

准噶尔盆地石炭系滴水泉组的地层主要发育于盆地腹部、北部及陆东地区，厚度一般为 1000m 左右，最厚达到 2000m 以上，在白家海凸起断裂以西，滴水泉组的地层更加发育。因而滴水泉组烃源岩也主要发育于腹部、北部及陆东地区，厚度为 200～500m。石炭系巴山组地层在盆地的分布范围较广，西北缘、腹部、陆东地区均有分布，厚度一般为 500～600m，最厚可达 1000m 以上。巴山组烃源岩则主要分布于腹部及陆东地区，厚度为 100～500m。

第二节　石炭系烃源岩有机地球化学特征及源岩评价

一、有机地球化学特征

（一）有机质碳同位素特征

有机质中稳定碳同位素组成在烃源岩热演化过程中不会产生明显变化，其中 $\delta^{13}C$ 值主要取决于原生有机质的地质年代、沉积环境和类型等。陆东地区石炭系烃源岩干酪根 $\delta^{13}C$ 值为－26.75‰～－20.01‰，平均值为－23.93‰，整体表现出偏腐殖型干酪根特征。DN7 井干酪根 ^{13}C 值最为富集，其 $\delta^{13}C$ 值范围为－23.02‰～20.01‰；而 CC2 井滴水泉组烃源岩干酪根 $\delta^{13}C$ 值较最低，其范围为－26.75‰～24.33‰，平均值为－25.94‰（图 6.3）。研究区巴山组烃源岩干酪根 $\delta^{13}C$ 值普遍高于滴水泉组，反映了石炭纪期间陆源高等植物对烃源岩贡献趋于增加。

研究区烃源岩氯仿沥青“A”碳同位素组成与干酪根相近，其 $\delta^{13}C$ 值范围为－32.71‰～－21.73‰，平均值为 27.81‰，略低于干酪根 1‰～3‰（图 6.4），原因在于

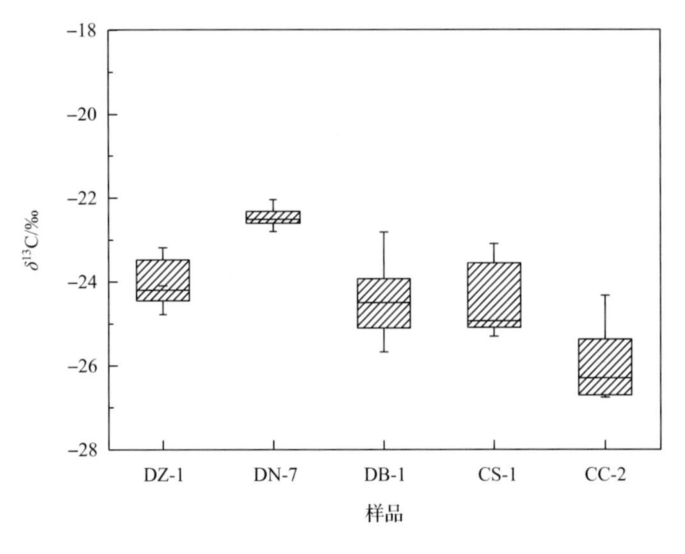

图 6.3 干酪根碳同位素

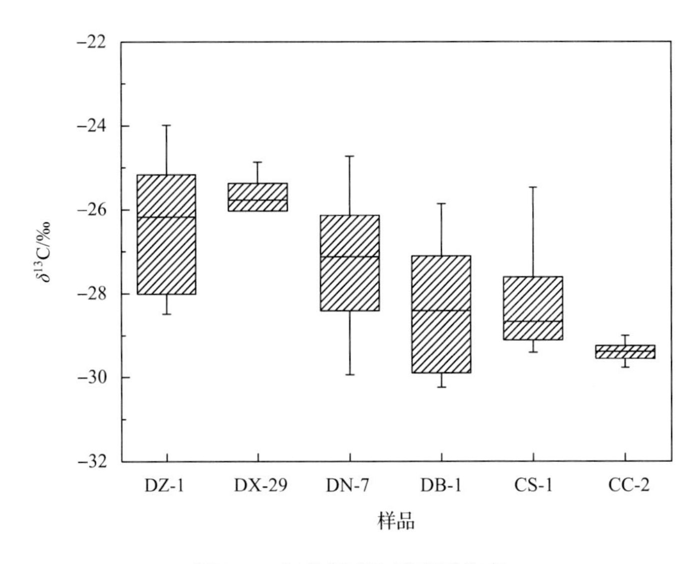

图 6.4 氯仿沥青"A"碳同位素

陆源高等植物的参与使石炭系烃源岩有机质复杂化，烃源岩演化机制也不同于早古生代海相有机质，干酪根成烃演化和同位素分馏造成干酪根-氯仿沥青"A"碳-原油^{13}C逐渐贫化。烃源岩氯仿沥青"A"$\delta^{13}C$区域分布特征仍然表现为CC2井滴水泉组低于上石炭统巴山组，其中滴水泉组烃源岩氯仿沥青"A"$\delta^{13}C$平均值为－29.42‰，而巴山组烃源岩样品氯仿沥青"A"$\delta^{13}C$平均值为－27.00‰。

陆东地区石炭系烃源岩单体正构烷烃碳同位素分布同样反映了石炭纪海陆演化特征(图6.5)，Q5井滴水泉组样品(Q5-3，样品号，余同)单体正构烷烃$\delta^{13}C$范围为－30.77‰～－27.60‰，平均值为－28.98‰，其中C_{15}～C_{25}正构烷烃$\delta^{13}C$范围为－29.60‰～

－27.60‰，C_{26}～C_{29}正构烷烃 $\delta^{13}C$ 范围为－30.77‰～－29.31‰；DX8 井深部巴山组样品（DX8-8，3511m）单体正构烷烃碳同位素分布与样品 Q5-3 相近，其正构烷烃 $\delta^{13}C$ 略高于样品 Q5-3，范围为－29.71‰～－27.10‰，平均值为－28.40‰，C_{15}～C_{25}正构烷烃$\delta^{13}C$范围为－29.56‰～－27.10‰，C_{26}～C_{29}正构烷烃 $\delta^{13}C$ 范围为－29.71‰～－29.06‰；DX8 井 3407m 样品（DX8-4）单体正构烷烃碳同位素则反映了明显的陆源植物有机质特征，其单体正构烷烃 $\delta^{13}C$ 范围为－26.62‰～－25.05‰，平均值为－26.05‰，其中 C_{15}～C_{25}正构烷烃 $\delta^{13}C$ 范围为－26.62‰～－25.05‰，C_{26}～C_{29}正构烷烃 $\delta^{13}C$ 范围为－26.30‰～－25.72‰。近海现代沉积物研究表明，C_{15}～C_{25}正构烷烃主要来源于海洋藻类或浮游生物，而 C_{26}～C_{29}正构烷烃主要来自陆源高等植物，但石炭系有机质经历了晚古生代异常热事件和石炭纪后期热演化，正构烷烃均一化引起的单体碳同位素重新分馏，对于滴水泉组样品 Q5-3 和巴山组样品 DX8-8，同位素重新分馏后使 C_{26}～C_{29}正构烷烃 $\delta^{13}C$ 低于 C_{15}～C_{25}正构烷烃，而 DX8-4 样品同位素重新分馏后使得 C_{26}～C_{29}正构烷烃 $\delta^{13}C$ 略低于 C_{15}～C_{25}正构烷烃，说明石炭纪晚期陆源植物异常发育，深海-浅海相环境演变为类似于陆相沼泽的环境。

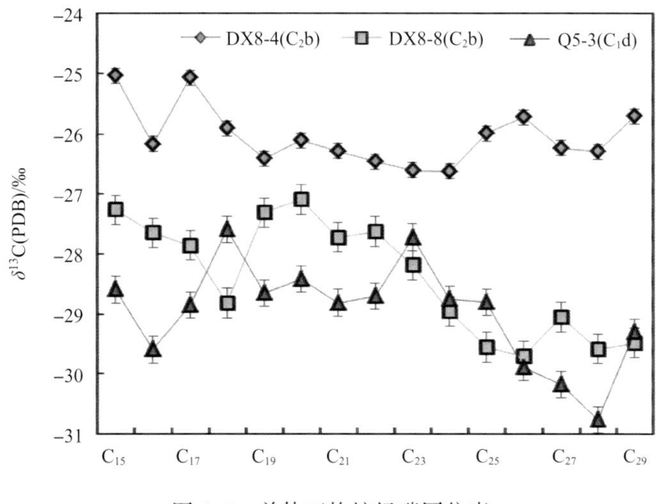

图 6.5　单体正构烷烃碳同位素

（二）正构烷烃特征

正构烷烃是有机质主要组成部分，其广泛分布海陆相各类有机质，在地质体中具有较好的热稳定性，能够保持母质来源信息和沉积环境特征。一般来说，高碳数的烃类主要来源于高等维管植物蜡质和针叶树起源的脂碎屑，低碳数烃类则主要起源于海洋藻类的类脂物（藻类、浮游生物和细菌输入）。

陆东地区石炭系烃源岩有机质正构烷烃组成反映海陆过渡沉积环境，下石炭统滴水泉组（C_1d）样品正构烷烃多呈单峰分布，主碳数主要为 C_{16}或 C_{17}，部分样品以 C_{19}或 C_{23}为主峰分布；上石炭统巴山组样品正构烷烃则呈单峰-双峰分布，低碳峰群多以 C_{16}、C_{17}或

C_{19}为主峰，高碳峰群则以C_{27}为主峰分布(图 6.6)；石炭纪期间植物开始从海洋向陆地延伸，这种过渡环境下陆相高等植物进化并不成熟，主要为泥盆纪古滨海蕨类衍生植物，相对于现代陆相有机质，其正构烷烃表现较低陆源指数。

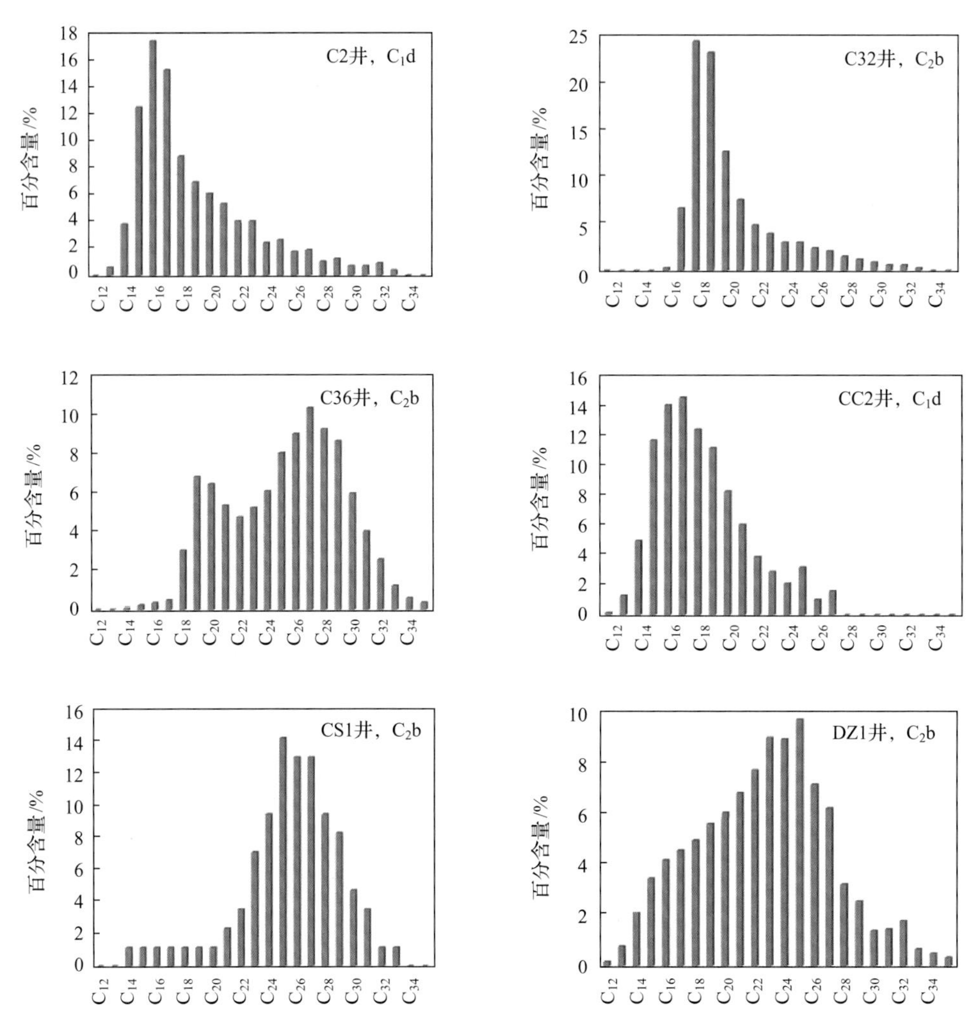

图 6.6 陆东地区石炭系烃源岩正构烷烃分布

CC2 井钻遇较完整的下石炭统滴水泉沉积剖面，其正构烷烃主峰数多为C_{17}或C_{19}，陆源指数Alk_{terr}为 1.02～9.12，平均值为 4.01(表 6.1，图 6.7)。通常而言，低碳数主峰和低陆源指数表征了海洋低等生物有机质，但 CC2 井烃源岩干酪根碳同位素和 Q5 井单体正构烷烃碳同位素均反映了陆源有机质特征，原因是石炭纪海陆演化过渡期陆地植物群进化程度较低，陆源植物多为滨海相环境海洋衍生生物，其有机质正构烷烃承继前石炭纪海洋植物特征，但由于石炭纪气候演变使这些衍生植物(蕨类植物)碳同位素表现了陆源植物特征。

表 6.1　陆东地区烃源岩正构烷烃参数特征

井号	层位	样品数量	深度范围[①]/m	岩性	主碳数	CPI_{15-23}[②]	CPI_{25-35}[②]	Alk_{terr}[②]	CPI	$\sum nC_{21-}/\sum nC_{22+}$	$(nC_{21}+nC_{22})/(nC_{28}+nC_{29})$	β-Caro/Σn-alka	γ-Caro/Σn-alk
C2	C_1d	1	2053.65	深灰色泥岩	C_{16}	1.12	1.27	4.42	1.27	3.46	4.00	10.56	1.29
C26	C_2b	1	3499.1	灰色凝灰岩	C_{19}	1.06	1.08	17.85	1.07	0.67	0.87	/	/
C32	C_2b	1	4088.41	绿灰色凝灰质砂岩	C18	0.95	1.10	4.26	1.10	3.06	4.56	/	/
C33	C_2b	1	3233.8	灰色凝灰岩	C_{17}	1.01	1.25	4.07	1.25	3.75	3.09	/	/
C36	C_2b	1	3873.44	灰绿色中砂岩	C_{27}	1.05	1.08	24.48	1.08	0.30	0.56	0.74	0.49
C53	C_2b	1	4087.43	灰色灰质细砂岩	C_{25}	1.29	1.15	28.52	1.14	0.04	0.20	/	/
C55	C_2b	4	4033.62～4061.92	灰色灰质细砂岩	C_{21},C_{23}	1.01～1.14，1.05	1.12～1.35，1.27	3.17～7.07，5.33	1.12～1.35，1.27	0.3～0.92，0.67	5.8～32.53，15.65	/	/
C59	C_2b	1	3389.74	凝灰岩	C_{23}	1.04	1.15	12.35	1.15	0.59	2.50	/	/
CC2	C_1d	42	3315～4061.92	深灰色泥岩	C_{17},C_{19}	0.93～1.13，1.08	1.19～3.12，1.95	1.02～9.12，4.01	1.19～3.12，1.95	0.45～8.98，3.76	2.2～13.75，5.48	0.73～4.48，2.33	0.4～1，0.66
CS1	C_2b	28	1820～4818	沉凝灰岩、炭质泥岩	C_{17},C_{19},C_{23},C_{29}	0.75～1.17，1.04	0.81～1.83，1.12	6.17～38.77，16.32	0.8～1.83，1.11	0.05～3.44，0.67	0.06～4.41，1.65	0.18～14.23，3.19	0.2～1.83，0.92
D15	C_2b	2	1083.5，1240.9	沉凝灰岩	C_{17}，C_{23}	1.06，1.06	1.18，1.21	8.49，9.27	1.18，1.2	1.14，0.92	3.18，2.9	/	/
D402	C_2b	1	3693.35	沉凝灰岩	C_{27}	1.58	1.16	31.60	1.14	0.01	0.13	/	/
D403	C_2b	1	3653.33	沉凝灰岩	C_{27}	0.96	1.13	19.30	1.13	0.58	0.88	/	/
DN7	C_2b	4	3470～3662	黑色泥岩	C_{17}，C_{23}，C_{27}	1.05～1.17，1.03	1.13～1.33，1.22	6.75～9.37，14.62	1.13～1.33，1.22	0.8～1，0.77	2.67～5.44，2.01	0.6～3.6，2.65	/

续表

井号	层位	样品数量	深度范围[①]/m	岩性	主碳数	CPI_{15-23}[②]	CPI_{25-35}[②]	Alk_{terr}[②]	CPI	$\sum nC_{21-}/\sum nC_{22+}$	$(nC_{21}+nC_{22})/(nC_{28}+nC_{29})$	β-Caro/Σn-alka	γ-Caro/Σn-alk
DN8	C_2b	5	4060～4241	深灰色泥岩	C_{17}，C_{23}，C_{27}	1.01～1.05，1.03	1.1～1.5，1.22	7.1～31.18，14.62	1.09～1.5，1.22	0.11～1.72，0.77	0.22～3.22，2.01	2.65～2.65，2.65	0.53～0.53，0.53
DX14	C_2b	1	3960.56	黑色凝灰岩	C_{18}	1.05	1.10	11.48	1.10	0.74	1.50	/	/
DX18	C_2b	1	3450.58	沉凝灰岩	C_{20}	1.03	1.10	10.77	1.09	1.06	2.00	/	/
DX183	C_2b	2	3670.16，3701.47	沉凝灰岩	C_{18}，C_{21}	1.04，1.05	1.13，1.15	5.16，11.81	1.12，1.15	1.89，0.47	5.15，3.11	0.24，2.04	/
DX184	C_2b	1	3549.925	沉凝灰岩	C_{17}	1.05	1.09	6.60	1.08	1.74	3.30	0.31	0.15
DX21	C_2b	1	2867.99	沉凝灰岩	C_{25}	1.35	1.17	25.38	1.16	0.03	0.41	/	/
DX33	C_2b	2	3518.41，3525.5	沉凝灰岩	C_{25}	1.02,0.98	1.13,1.14	10.81,11.26	1.12,1.13	0.9,10.97	1.78,1.48	/	/
Q5	C_1d	1	2143.3	沉凝灰岩	C_{16}	0.66	4.88	0.66	1.81	0.71	3.68	/	/
DX29	C_2b	9	3326～3395	深灰色沉凝灰岩	C_{23}	1.04～1.16，1.1	1.44～2.43，1.82	1.45～5.59，3.68	1.44～2.43，1.82	0.76～1.04，0.9	13.33～47，24.96	2.54～2.54，2.54	/
DX34	C_2b	3	3188.99～3190.13	沉凝灰岩	C_{18}，C_{21}	1.03～1.04，1.03	1.15～1.16，1.16	6.45～8.53，7.35	1.15～1.15，1.15	0.86～1.33，1.17	3.31～4.03，3.64	/	/
DX8	C_2b	4	3360.82～3607.7	炭质泥岩	C_{18}，C_{24}	0.93～1.06，0.99	1.34～10.67，5.42	0.94～9.89，3.2	1.21～1.34，1.25	0.55～0.71，0.67	2.85～5.55，4.2	/	/
DZ1	C_2b	23	3640～4603.6	炭质泥岩	C_{17}，C_{19}，C_{23}，C_{27}	0.92～1.14，1.04	1.09～2.18，1.39	1.65～19.16，7.41	1.09～2.18，1.38	0.37～1.52，0.94	1.6～41，9.08	0.3～10，3.06	0.08～5.83，1.22

① 样品不足三个，仅列出每个样品深度。

② 列出项为参数范围和平均值，样品不足三个，仅列出每个样品参数。$CPI_{15-23}=1/2[\sum C_{15-21}(odd\ carbon)/C_{14-20}(even\ carbon)+\sum C_{15-21}(odd\ carbon)/C_{16-22}(even\ carbon)]$，$CPI_{25-35}=1/2[\sum C_{25-35}(odd\ carbon)/C_{24-34}(even\ carbon)+\sum C_{25-35}(odd\ carbon)/C_{26-36}(even\ carbon)]$，$Alk_{teer}=(C_{27}+C_{29}+C_{31}+C_{33})/\sum C_{14-38}$。

注："/"代表未检出。

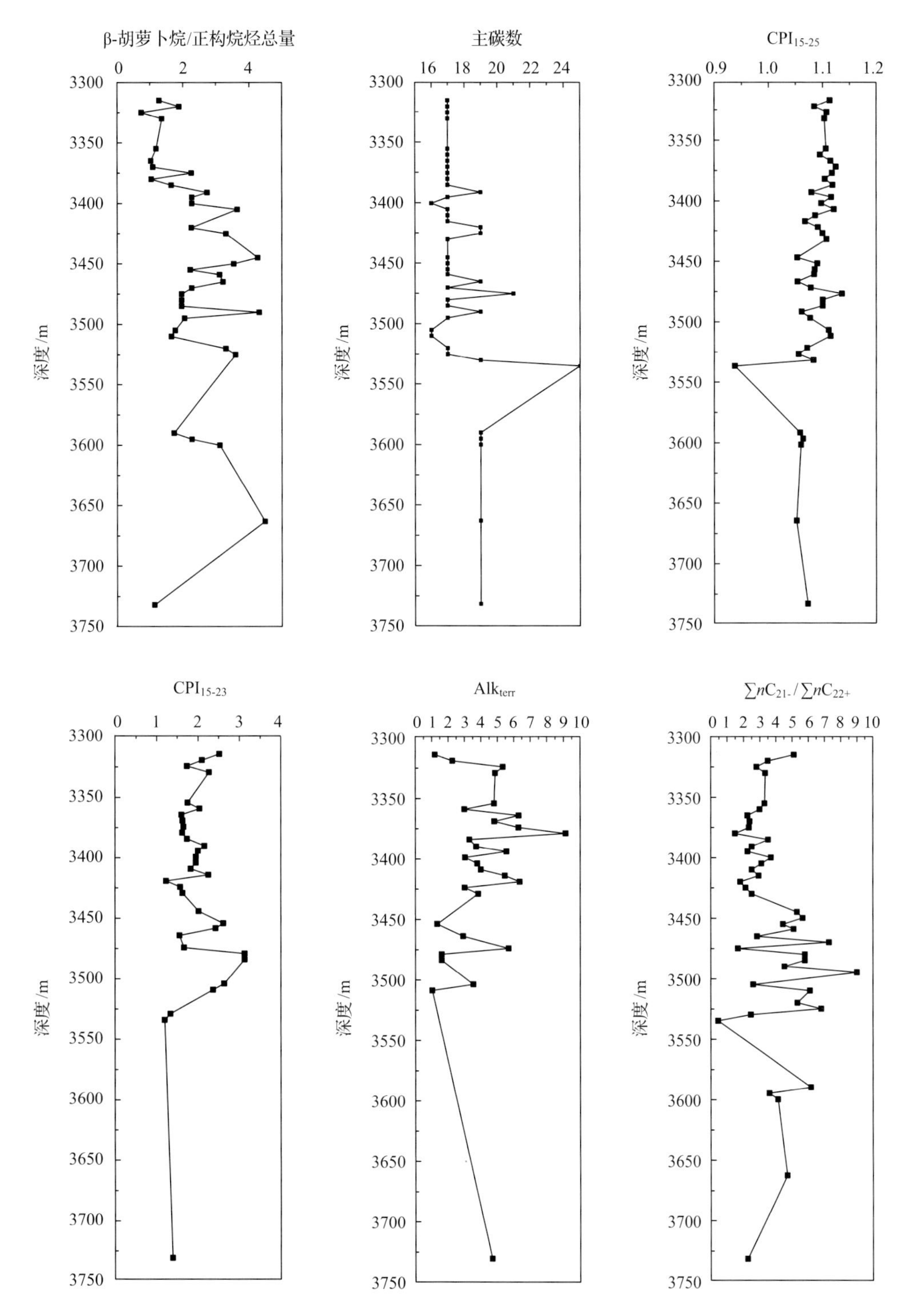

图 6.7　CC2 井正构烷烃参数剖面

同时CC2井有机质均检测到β-胡萝卜烷,β-胡萝卜烷/正构烷烃总量(β-Caro/Σn-alkanes)范围为0.73～4.48,平均值为2.33,并且随着样品深度逐渐增加,反映早石炭世期间残余海海水逐渐退出陆地,石炭纪潮湿温暖背景下水体逐渐由咸水变为淡水;而$\sum nC_{21-}/\sum nC_{22+}$范围为0.45～8.98,平均值3.76,3500～3300m时,$\sum nC_{21-}/\sum nC_{22+}$具有变小趋势,也表征有机质海洋生物贡献减少。正构烷烃CPI_{15-23}范围为0.93～1.13,平均值为1.08,说明前碳峰奇碳优势不明显,而CPI_{25-35}范围为1.19～3.12,平均值为1.95(表6.1),反映了一定奇碳优势,与其较低的热演化程度相符合(0.45%<R_o<1.86%)(图6.7)。

相对而言,上石炭统巴山组烃源岩有机质反映了更加明显陆源特征。CS1井有机质正构烷烃具单峰-双峰两种分布形态,其中正构烷烃前碳峰主碳数为C_{17}或C_{19},后碳峰主碳数为C_{23}或C_{27};陆源指数Alk_{terr}范围为6.17～38.77,平均值为16.32,明显高于滴水泉组(C_1d)组样品;同时$\sum nC_{21-}/\sum nC_{22+}$范围为0.05～3.44,平均值为0.67(表6.1,图6.8),远低于滴水泉期有机质海洋植物贡献。陆东地区DZ1井具有相似特征,其正构烷烃前碳峰主碳数为C_{17}或C_{19},后碳峰主碳数为C_{23}或C_{27},陆源指数Alk_{terr}范围为1.65～19.16,平均值为7.41;$\sum nC_{21-}/\sum nC_{22+}$范围为0.37～1.52,平均值为0.94(表6.1,图6.9),说明晚石炭世巴山组期间部分凹陷内早期残余海洋生物相当发育。

鉴于巴山组期间具有大规模火山活动,有机质主要沉积火山喷发间歇期,因此水体通常随火山活动振荡,CS1井28个样品中仅有14个样品检测到β-胡萝卜烷,β-胡萝卜烷/正构烷烃总量变化较大,其范围为0.18～14.23,平均值为3.19,但就其随深分布来看,仍然表现出水体由咸水向淡水转化过程。而DZ1井15个样品β-胡萝卜烷/正构烷烃总量范围为0.3～10,平均值为3.06,其垂向变化并不明显。CS1井奇碳优势并不显著,其正构烷烃CPI_{15-23}范围为0.75～1.17,平均值为1.04;CPI_{25-35}范围为0.81～1.83,平均值为1.12。而DZ1井CPI_{15-23}范围为0.92～1.14;平均值为1.04;CPI_{25-35}范围为1.09～2.18,平均值为1.39,具有一定奇碳优势。

(三)萜类化合物特征

陆东地区石炭系样品检测到萜类化合物包括三环萜烷和五环三萜烷,其中三环萜烷其碳数分布为C_{19}～C_{29}(缺少C_{27}),五环三萜烷主要为C_{27}～C_{35}(缺C_{28})17β(H)、21α(H)-藿烷系列和C_{29}～C_{30}17α(H)和21β(H)-莫烷系列。三环萜烷系列主要来源于原生动物的细胞膜,其代表了藻类生物源输入,而五环三萜烷则反映了细菌或陆源植物特征。研究区Σ三环萜烷/Σ五环萜烷平均值为0.61,但DX12井下石炭统滴水泉组两个样品Σ三环萜烷/Σ五环萜烷分别达到4.2和4.47,说明早石炭世准噶尔盆地东部地区发育富海相沉积环境(表6.2)。

一般而言,C_{27}-17α(H)-三降藿烷(Tm)与C_{27}-18α(H)-三降藿烷(Ts)的比值能有效地反映沉积环境和有机质成熟度,在后生作用阶段,C_{27}-17α(H)-三降藿烷(Tm)的稳定性比C_{27}-18α(H)-三降藿烷(Ts)要差,随着原油成熟度的增加,Ts/Tm值也随之升高,对于未成熟样品Ts/Tm还可以反映沉积环境的氧化还原条件,低的Ts/Tm值为氧化环境,高值为还原环境。此外,γ-蜡烷是C_{30}的五环三萜类,高含量γ-蜡烷代表了强还原高盐环境。

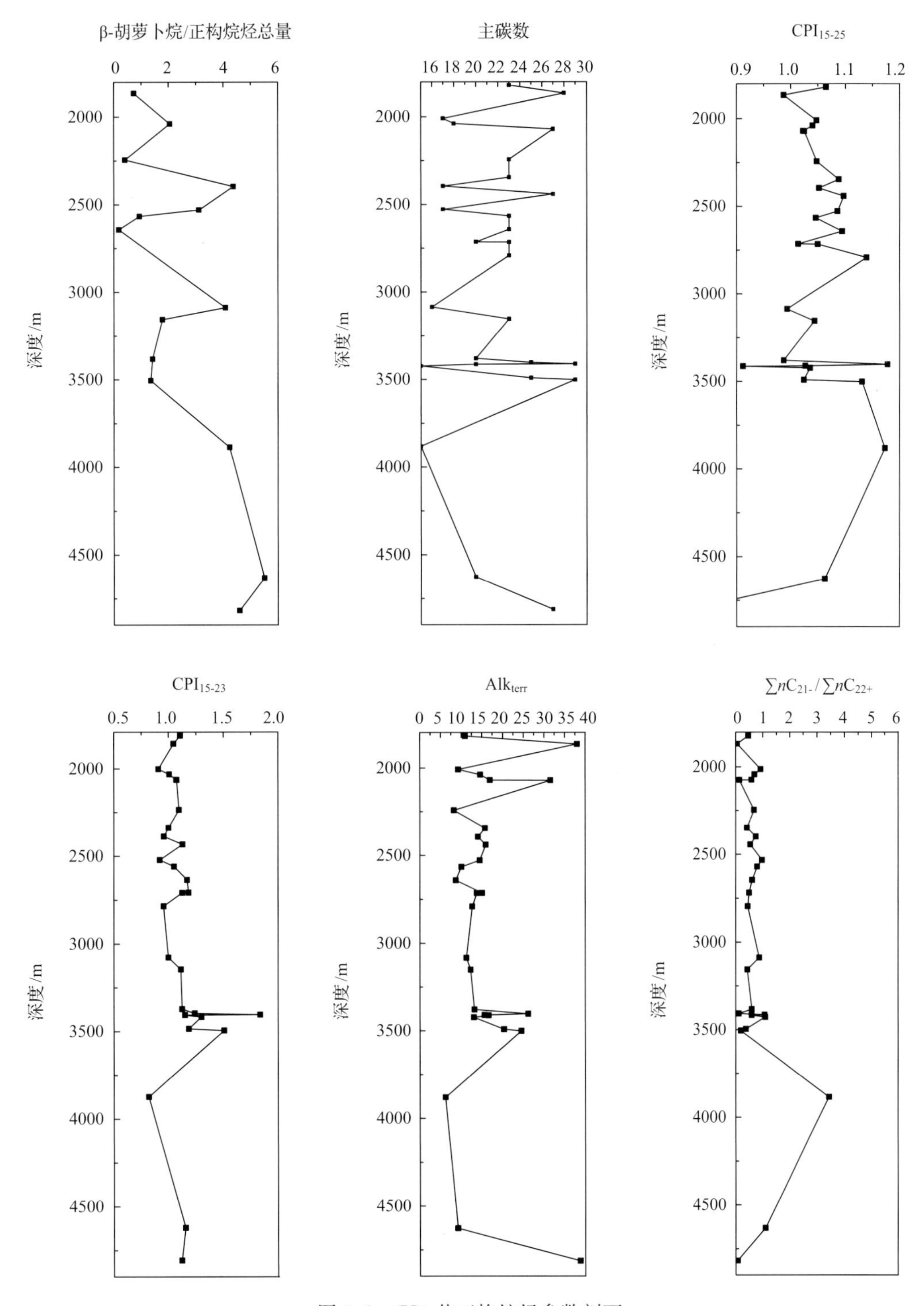

图 6.8 CS1 井正构烷烃参数剖面

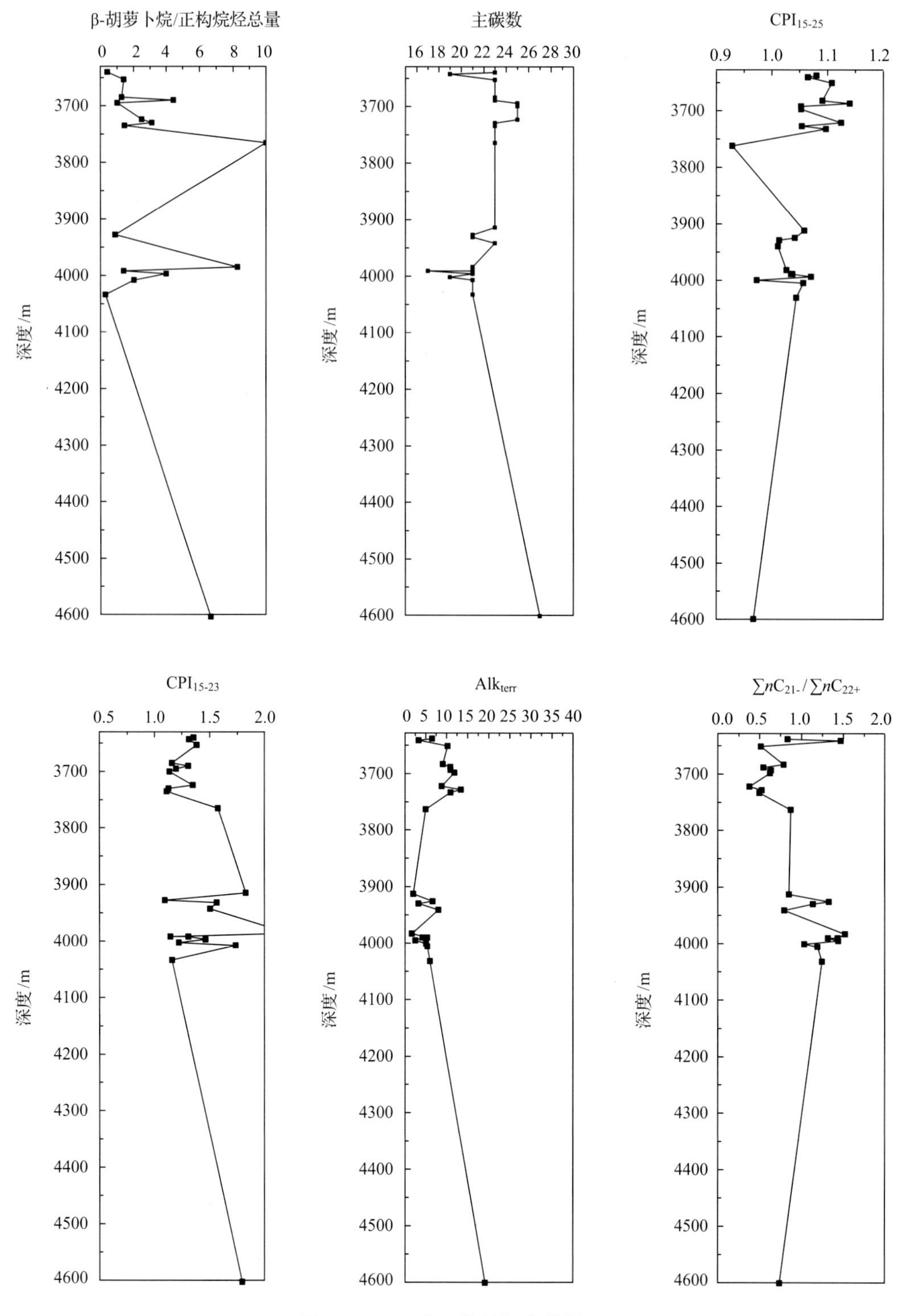

图 6.9 DZ1 井正构烷烃参数剖面

表 6.2　陆东地区烃源岩萜烷类参数特征

井号	层位	样品数量	样品深度/m	岩性	$C_{31}\alpha\beta$-22S/(S+R)	$C_{32}\alpha\beta$-22S/R	$\sum C_{27}+C_{29}/\sum C_{31}+$	γ-蜡烷/$C_{31}\alpha\beta/2$	Ts/Tm	∑三环萜烷/∑五环萜烷
C2	C_1d	1	2053.65	泥岩	0.49	1.45	1.53	1.06	0.29	0.86
C26	C_2b	1	3499.1	灰色凝灰岩	0.60	1.27	2.42	0.82	0.56	0.71
C32	C_2b	1	4088.41	绿灰色凝灰质砂岩	0.55	1.15	3.58	1.01	0.43	/
C33	C_2b	1	3233.8	沉凝灰岩	0.51	1.23	3.77	0.76	0.26	/
C36	C_2b	1	3873.44	灰绿色中砂岩	0.53	2.09	3.84	0.81	0.57	0.64
C55	C_2b	3	3401.98～4034.89	沉凝灰岩	0.52～0.63，0.58	1.24～1.62，1.45	2.05～2.82，2.32	0.75～0.84，0.79	0.42～0.63，0.52	0.49～0.87，0.73
C58	C_2b	1	3505.22	煤	0.43	0.88	2.54	0.31	1.75	0.84
C59	C_2b	1	3389.74	凝灰岩	0.57	1.44	1.71	0.67	0.94	0.49
CC2	C_1d	43	3315～3732	深灰色泥岩	0.53～0.58，0.56	1.29～1.54，1.44	0.68～2.22，1.39	0.3～1.04，0.69	0.61～1.98，1.05	0.21～0.59，0.39
CS1	C_2b	22	1820～4380	沉凝灰岩、炭质泥岩	0.51～0.57，0.54	0.99～1.5，1.4	0.81～3.35，1.79	0.2～1.32，0.95	0.12～0.96，0.52	0.07～1.36，0.63
D12	C_1d	2	1126.5～1253.09	黑色泥岩	0.48，0.57	1.16，1.28	2.16，4.67	0.53，0.83	0.53，0.82	4.2，4.47
D15	C_2b	2	1083.5～1204.9	深凝灰岩	0.54，0.57	1.25，1.35	0.63，0.88	0.29，0.46	1.23，2.02	0.59，1.36
D21	C_2b	1	623.45	灰色中砂岩	0.57	1.10	1.07	0.26	0.13	0.23
DN7	C_2b	3	3470～3662	炭质泥岩	0.53～0.58，0.56	1.18～1.68，1.42	0.78～2.32，1.19	0.35～0.84，0.55	0.37～2.22，1.33	0.15～0.39，0.24

续表

井号	层位	样品数量	样品深度/m	岩性	$C_{31}\alpha\beta$-22S/(S+R)	$C_{32}\alpha\beta$-22S/R	$\sum C_{27}+C_{29}/\sum C_{31}+$	γ-蜡烷/$C_{31}\alpha\beta$/2	Ts/Tm	∑三环萜烷/∑五环萜烷
DX12	C_2b	2	4047.5～4188.5	深灰色沉凝灰岩	0.55，0.57	1.39，1.43	1.63，2.15	0.7，0.74	0.77，0.84	2.49，8.78
DX17	C_2b	3	3633.16～3914.1	沉凝灰岩	0.49～0.58，0.54	/	1.59～6.12，4.28	0.39～0.82，0.63	0.88～3.76，2.2	0.36～1.72，1.11
DX183	C_2b	1	3701.47	深灰色凝灰岩	0.43	1.19	4.64	1.04	1.09	0.59
DX184	C_2b	1	3549.925	深灰色凝灰岩	0.49	1.58	3.29	0.80	3.43	1.64
DX28	C_2b	4	3806～4022	深灰质炭质泥岩	0.54～0.56，0.55	1.37～1.41，1.39	1.41～1.49，1.46	0.75～1.02，0.93	0.44～0.48，0.46	0.18～0.21，0.2
DX29	C_2b	9	3317～3395	深灰色沉凝灰岩	0.55～0.59，0.57	1.41～1.48，1.44	0.62～1.72，0.95	0.1～0.63，0.3	0.07～0.45，0.18	0.08～0.26，0.13
DX33	C_2b	2	3518.41～3525.55	深灰色沉凝灰岩	0.56，0.56	1.2，1.36	1.48，2.08	0.47，0.8	0.69，0.72	0.16，0.32
DX34	C_2b	3	3188.99～3190.13	灰色凝灰质砂砾岩	0.59～0.59，0.59	1.33～1.55，1.42	1.48～2.19，1.89	0.31～0.46，0.39	2.49～3.83，3.17	0.29～0.36，0.32
DX8	C_2b	4	3360.82～3607.7	炭质泥岩	0.57～0.59，0.58	1.32～1.36，1.34	0.67～1.19，0.88	0.07～0.16，0.11	0.1～0.42，0.2	0～0.02,0
DZ1	C_2b	24	3640～4603.6	灰黑色炭质泥岩	0.53～0.6，0.57	1.26～1.53，1.42	0.7～3，1.13	0.11～1.07，0.45	0.21～1.33，0.55	0.05～0.66，0.22
Q5	C_1d	1	2143.3	炭质泥岩	0.58	1.39	1.57	0.06	0.07	0.00

研究区CC2井滴水泉组样品成熟度较低，其Ts/Tm范围为0.61～1.98，平均值为1.05；伽马蜡烷相对含量（γ-蜡烷/$2C_{31}\alpha\beta$）范围为0.3～1.04，平均值为0.69；Ts/Tm与γ-蜡烷/$2C_{31}\alpha\beta$两者垂向分布相似，均表现为随深度增加而增大特征，反映了水体由咸水向淡水转向过程（图6.10）。CS1井伽马蜡烷相对含量为0.2～1.32，均值为0.95，说明其沉积过程中水体盐度要高于CC2井（图6.11）；而DZ1井伽马蜡烷相对含量范围为0.11～1.07，平均值为0.45，反映了巴山组火山活动间歇期陆东地区（滴南凸起）淡水冲注更为明显（图6.12）。而对于CS1井和DZ1井两者之间相关性较差，特别是CS1井在水体淡化趋势下Ts/Tm增加，说明后生作用阶段有机质热演化程度控制了C_{27}-17α(H)-三降藿烷（Tm）和C_{27}-18α(H)-三降藿烷（Ts）之间转换（表6.2，图6.11）。

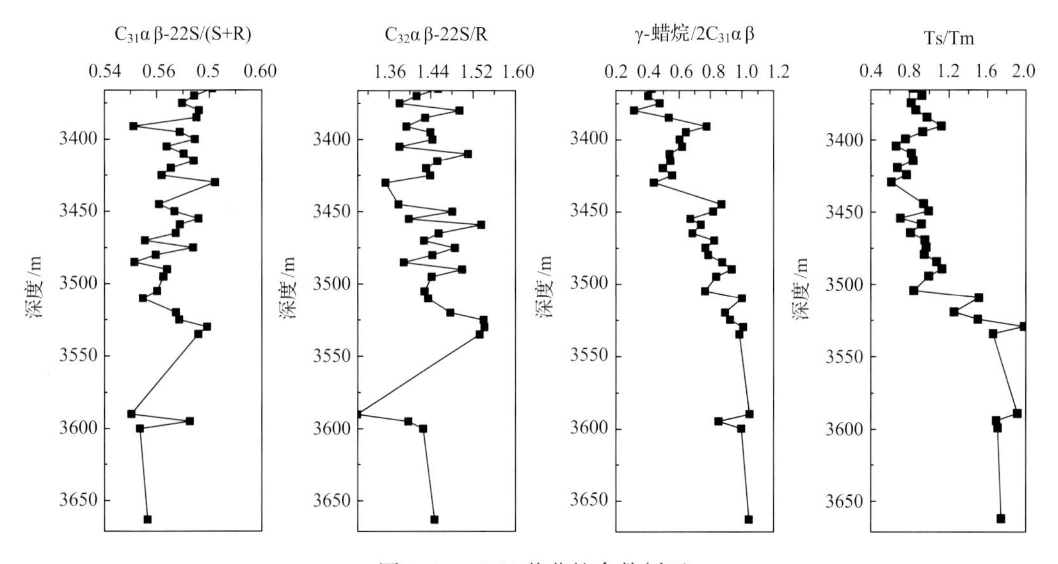

图6.10 CC2井萜烷参数剖面

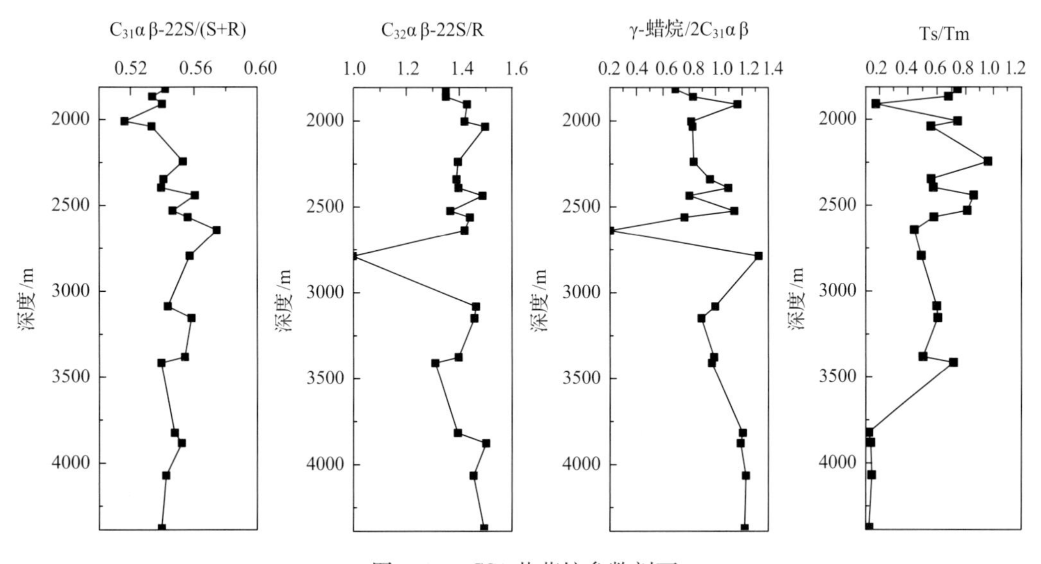

图6.11 CS1井萜烷参数剖面

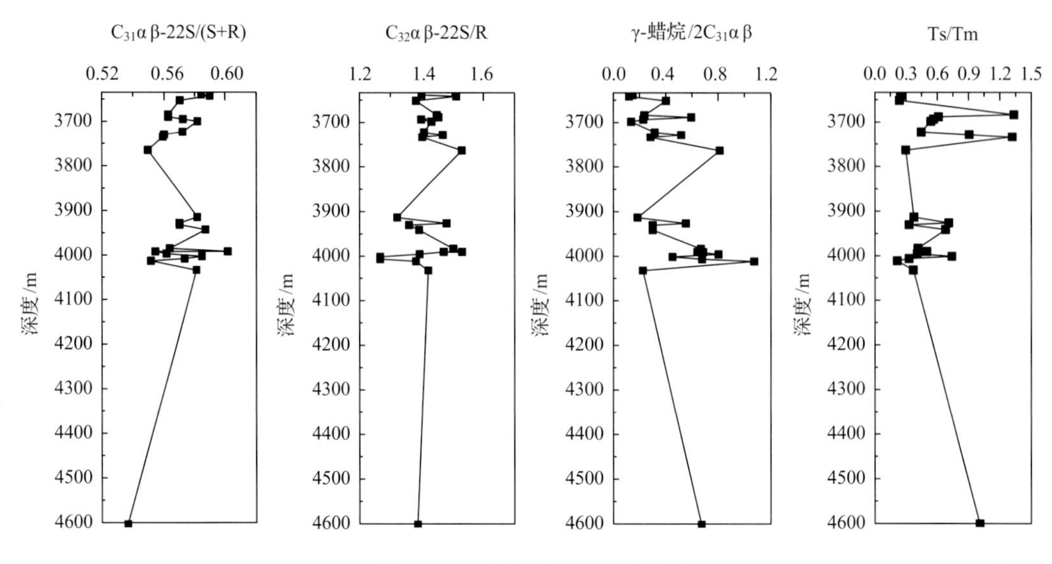

图 6.12　DZ1 井藿烷参数剖面

藿烷在地质条件受热过程中，R 构型会向 S 构型转化，形成 R+S 的混合构型，一般来讲，藿烷系列 22S/(22S+22R) 比值愈高代表成熟度愈高(Peters and Moldowan，1993)。陆东地区石炭系烃源岩有机质 C_{31} 17α(H)，21β(H)-升藿烷 22S/(22S+22R)范围为 0.43～0.63，平均值为 0.56；C_{32} 17α(H)，21β(H)-二升藿烷 22S/(22S+22R)值为 0.88～2.09，平均值为 1.41。藿烷异构体组成表明，研究区有机质均已经达到成熟阶段，但对于晚古生代特殊的海陆过渡条件有机质组成，现有成熟度标准显然过低，同时 C_{32} 17α(H)，21β(H)-二升藿烷 22S/(22S+22R)表征出的不同区域(地层)成熟度差异未能与镜质体反射率(R_o)吻合。此外，CC2 井、CS1 井和 DZ1 井 C_{31} 17α(H)，21β(H)-升藿烷和 C_{32} 17α(H)，21β(H)-二升藿烷 22S/(22S+22R)随埋深程度并未表现出相似变化趋势(图 6.10～图 6.12)。鉴于上述因素，对于有机质成熟度方面考量，将更多参考镜质体反射率(R_o)和甾烷类化合物异构体组成。

(四) 甾类化合物特征

甾类化合物是另一大类生物标志化合物，为具有烷基侧链的四环化合物，四环结构统称甾核。一般认为，在规则甾烷中，C_{27} 甾烷主要来自低等水生生物和藻类的有机质输入，而以 C_{29} 甾烷为主的沉积物则可以表征陆生高等植物，C_{28} 甾烷在水生生物和高等植物中均有分布，且无含量优势。研究区沉积物中检测到甾烷包括 C_{21}～C_{22} 孕甾烷系列，C_{27}～C_{29} 规则甾烷和重排甾烷系列及少量的 4-甲基甾烷系列，主要以规则甾烷为主，其中 C_{27} ααα20R相对含量范围为 5.07%～44.05%，平均值为 19.95%，C_{28} ααα20R 相对含量范围为 12.12%～38.58%，平均值为 25.78%，C_{29} ααα20R 相对含量范围为 33.28%～82.81%，平均值为 33.28%，其整体丰度大小为 C_{29}>C_{27}>C_{28}(表 6.3，图 6.13～图 6.15)。规则甾烷的分布显示陆东地区烃源岩样品均落入陆源有机质和非海相有机质中，说明沉积物中甾类化合物主要为陆源有机质贡献。

表 6.3 陆东地区烃源岩甾烷类参数特征

井号	层位	样品数量	样品深度/m	岩性	$C_{29}\alpha\alpha\alpha$-20S/20(S+R)	$C_{29}\alpha\beta\beta$/($\alpha\beta\beta+\alpha\alpha\alpha$)	$C_{27}\alpha\alpha\alpha$20R/%	$C_{28}\alpha\alpha\alpha$20R/%	$C_{29}\alpha\alpha\alpha$20R/%
C2	C_1d	1	2053.65	泥岩	0.45	0.52	12.93	30.79	56.28
C26	C_2b	1	3499.1	灰色凝灰岩	0.45	0.45	18.36	28.69	52.95
C32	C_2b	1	4088.41	绿灰色凝灰质砂岩	0.41	0.49	24.70	29.84	45.45
C33	C_2b	1	3233.8	安山岩	0.46	0.48	16.79	37.64	45.57
C36	C_2b	1	3873.44	灰绿色中砂岩	0.48	0.51	17.19	30.13	52.68
C55	C_2b	3	3401.98～4034.89	深凝灰岩	0.43～0.47,0.45	0.46～0.53,0.51	15.12～44.05,25.77	22.66～32.39,28.61	33.28～52.48,45.6
C58	C_2b	1	3505.22	煤	0.49	0.58	13.59	19.41	67.00
C59	C_2b	1	3389.74	凝灰岩	0.43	0.52	19.32	23.78	56.90
CC2	C_1d	43	3315～3732	深灰色泥岩	0.38～0.44,0.42	0.36～0.48,0.41	17.33～29.92,25.09	18.32～28.64,24.09	45.98～56.13,50.8
CS1	C_2b	22	1820～4380	沉凝灰岩,炭质泥岩	0.41～0.58,0.49	0.39～0.48,0.44	8.55～33.79,21.83	24.16～36,27.97	41.88～67.28,50.18
D12	C_1d	2	1126.5～1253.09	黑色泥岩	0.42,0.43	0.47,0.49	23.69,39.28	22.34,28.21	38.37,48.08
D15	C_2b	2	1083.5～1204.9	深凝灰岩	0.44,0.49	0.52,0.54	14.11,18.13	15.79,15.93	66.07,69.94
D21	C_2b	1	623.45	灰色中砂岩	0.26	0.37	13.44	14.88	71.68
DN7	C_2b	3	3470～3662	炭质泥岩	0.47～0.52,0.5	0.4～0.51,0.47	14.9～23.65,20.12	21.78～27.83,25.37	52.8～57.26,54.49
DX12	C_2b	2	4047.5～4188.5	深灰色沉凝灰岩	0.4,0.43	0.4,0.46	23.42,26.7	25.08,25.81	48.21,50.75

续表

井号	层位	样品数量	样品深度/m	岩性	C_{29}ααα-20S/20(S+R)	C_{29}αββ/(αββ+ααα)	C_{27}ααα20R/%	C_{28}ααα20R/%	C_{29}ααα20R/%
DX17	C_2b	3	3633.16～3914.1	沉凝灰岩	0.49～0.49，0.49	0.42～0.48，0.46	15.56～23.99，20.33	30.15～33.58，32.08	42.42～51.93，47.57
DX183	C_2b	1	3701.47	深灰色凝灰岩	0.50	0.47	29.34	20.35	50.31
DX184	C_2b	1	3549.925	深灰色凝灰岩	0.51	0.52	23.49	25.11	51.40
DX28	C_2b	4	3806～4022	深灰质炭质泥岩	0.46～0.46，0.46	0.51～0.52，0.51	20.9～24.24，23.07	23.96～26.75，25.85	48.99～53.17，51.07
DX29	C_2b	9	3317～3395	深灰色沉凝灰岩	0.46～0.49，0.48	0.45～0.5，0.47	12.57～22.63，16.06	19.94～27.98，24.7	49.54～67.3，59.23
DX33	C_2b	2	3518.41～3525.55	深灰色沉凝灰岩	0.43,0.44	0.44,0.46	12.31,12.44	29.65,35.83	51.72,58.02
DX34	C_2b	3	3188.99～3190.13	灰色凝灰质砂砾岩	0.48～0.58，0.54	0.44～0.55，0.5	/	/	/
DX8	C_2b	4	3360.82～3607.7	炭质泥岩	0.46～0.51，0.49	0.34～0.52，0.44	6.28～12.73，8.72	19.31～38.58，27.92	48.68～73.09，63.34
DZ1	C_2b	24	3640～4603.6	灰黑色炭质泥岩	0.42～0.49，0.46	0.46～0.51，0.49	7.27～28.43，11.52	17.66～32.52，26.52	48.02～75.06，61.95
Q5	C_1d	1	2143.3	炭质泥岩	0.36	0.17	5.07	12.12	82.81

其中CC2井C_{27}ααα20R相对含量范围为17.33%～29.92%，平均值为25.09%；C_{29}ααα20R相对含量范围为45.98%～56.13%，均值为50.8%。CC2井C_{27}ααα20R相对含量垂向变化并不明显，而C_{29}ααα20R相对含量呈随深度增加趋势，表明早石炭世CS2井（五彩湾凹陷）陆源有机质输入逐渐增加（图6.13）。CS1井C_{27}ααα20R相对含量范围8.55%～33.79%，平均值为21.83%；而C_{29}ααα20R相对含量范围为41.88%～67.28%，平均值为50.18%（图6.14）。DZ1井C_{27}ααα20R相对含量较低，范围7.27%～28.43%，均值为11.52%；C_{29}ααα20R相对含量较高，其范围为48.02%～75.06%，平均值为61.95%（图6.15）。滴水泉组与巴山组C_{27}、C_{28}、C_{29}相对含量特征说明，陆东地区早石炭世—晚石炭世期间陆源植物逐渐代替海洋低等藻类，至巴山组期间研究区陆源植物高度发育并成为石炭纪最主要植物群落（图6.16）。

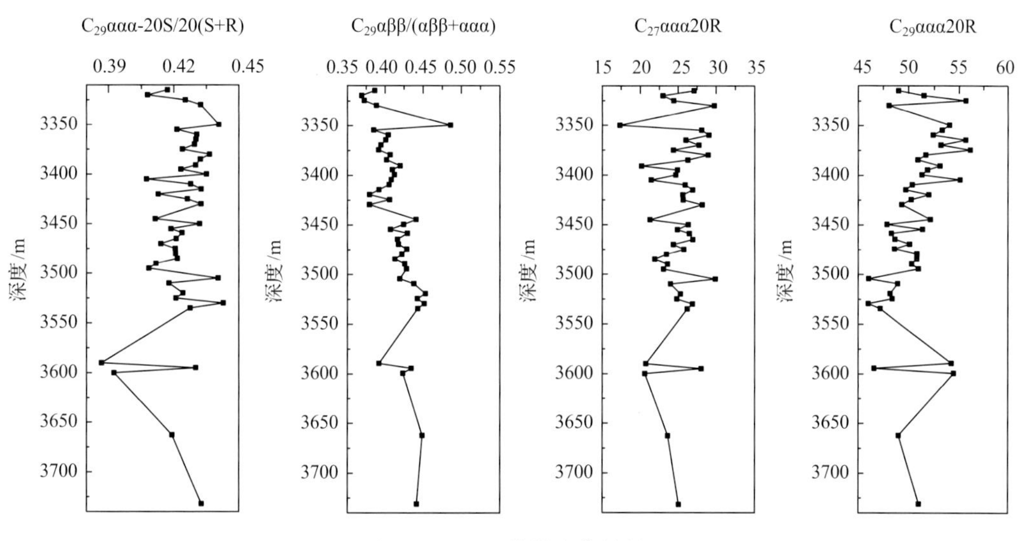

图6.13　CC2井甾烷参数剖面

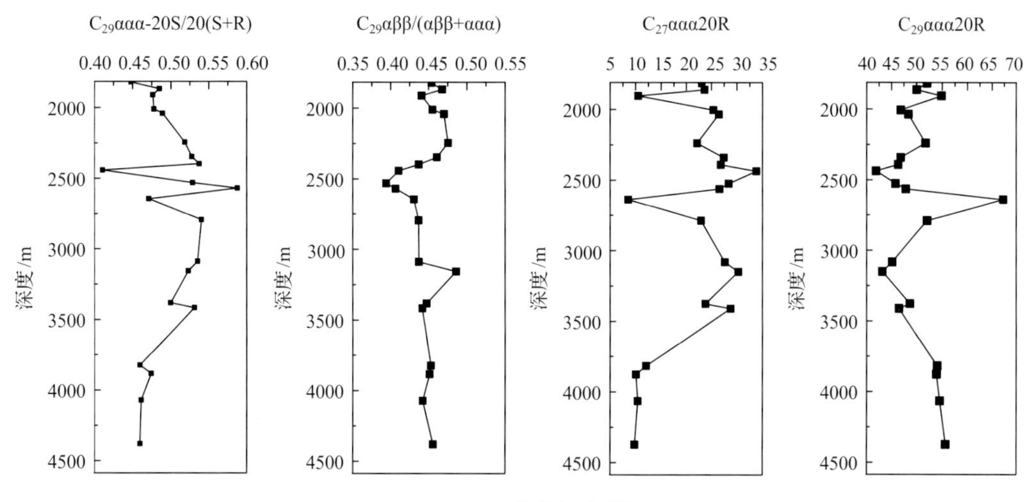

图6.14　CS1井甾烷参数剖面

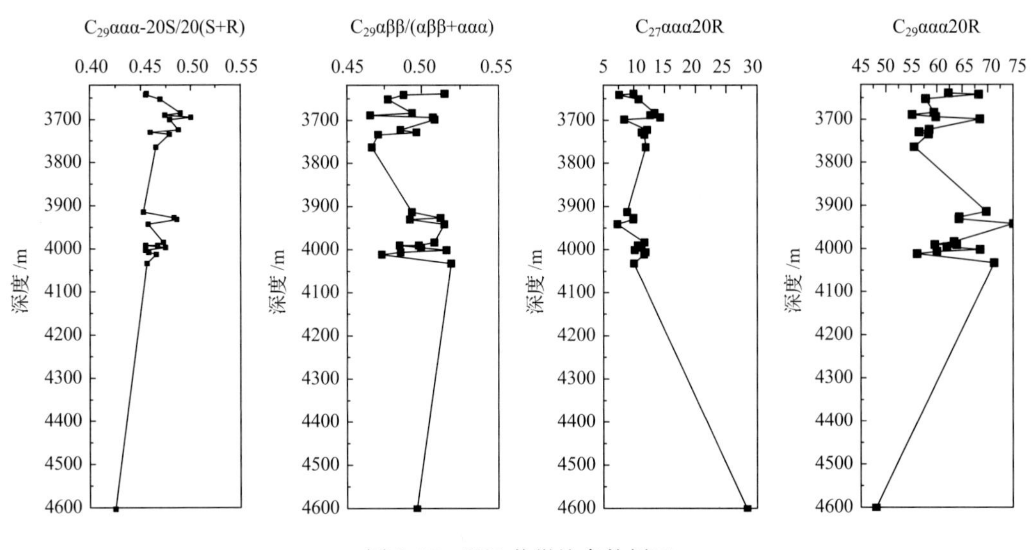

图 6.15 DZ1 井甾烷参数剖面

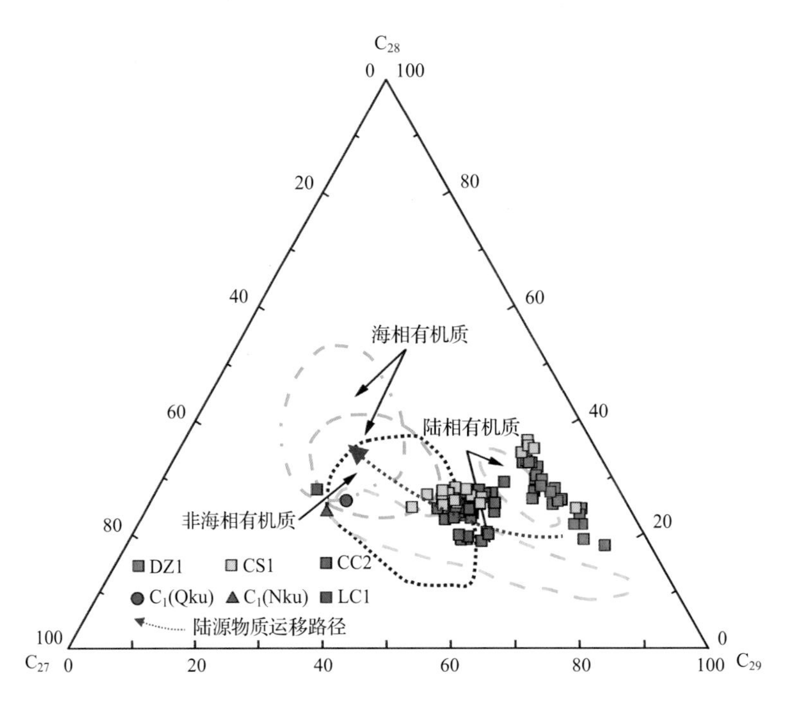

图 6.16 甾烷 ααα20R 相对含量(单位:%)(底图据 Peters,1986;C_1和 LC1 数据来自 Qin et al.,2008)

同藿烷类化合物相似,甾类化合物一般都以 20R 构型存在,后生作用过程中,20R 构型会向 20S 构型转变,产生一种 20R+20S 混合构型。Mackenzie 和 Maxwell(1981)研究表明:C_{29} ααα20S/(20S+20R)<0.2 为未成熟,0.2~0.4 为低成熟-中成熟,0.4~0.6 为高成熟,大于 0.6 为过成熟。此外 C_{29} αββ 比 C_{29} ααα 具有较高的稳定性,在生油带前半段,C_{29} αββ/(ααα+αββ)值骤然上升,可从 0 上升为 0.5,最高达 0.8,此外重排甾烷也可反映成熟度。研究区石炭系烃源岩有机质 C_{29} ααα20S/(20S+20R)范围为 0.26~0.59,平均值

为 0.46；$C_{29}\alpha\beta\beta/(\alpha\alpha\alpha+\alpha\beta\beta)$范围为 0.17～0.58，均值为 0.46，两者均反映了研究区有机质热演化程度较高，其表征成熟度同样高于镜质体反射率(R_o)，但不同区域(地层)有机质成熟度差异仍然与镜质体反射率(R_o)相符，即 CC2 井样品 $C_{29}\alpha\alpha\alpha20S/(20S+20R)$和$\alpha\beta\beta/(\alpha\alpha\alpha+\alpha\beta\beta)$均低于 CS1 井和 DX18 井等的样品。其中 CC2 井 $C_{29}\alpha\alpha\alpha20S/(20S+20R)$范围为 0.38～0.44，平均值为 0.42；而 $C_{29}\alpha\beta\beta/(\alpha\alpha\alpha+\alpha\beta\beta)$范围为 0.36～0.48，平均值 0.41，同时其参数剖面也表现出随埋深增加趋势。CS1 井 $C29\alpha\alpha\alpha20S/(20S+20R)$范围为 0.41～0.58，平均值为 0.49；$C_29\alpha\beta\beta/(\alpha\alpha\alpha+\alpha\beta\beta)$范围为 0.39～0.48，平均值为 0.44。DZ1 井 $C_{29}\alpha\alpha\alpha20S/(20S+20R)$范围为 0.42～0.49，平均值为 0.46；$C_{29}\alpha\beta\beta/(\alpha\alpha\alpha+\alpha\beta\beta)$范围为 0.46～0.51，其平均值为 0.49。

二、烃源岩评价

(一) 有机质丰度

有机质丰度反映了烃源岩生成油气物质基础，是进行烃源岩评价的基本依据之一，其直接影响了盆地油气资源量规模和分布特征。本节选用总有机碳(TOC)和生烃潜量(S_1+S_2)评价了有机质丰度。

岩心和露头样品总有机碳测定结果表明：陆东地区烃源岩有机碳丰度均值为 1.78%，其中陆东地区 DZ1 井和 DN7 井有机碳丰度较高，平均 TOC 超过 2%；DB1 井有机碳丰度最低，平均 TOC 为 0.5%；五彩湾地区和滴水泉剖面样品平均 TOC 则为 1%左右。国内外学者大多认为泥质烃源岩有机碳下限值为 0.4%～0.5%，据此可评定研究区钻遇沉积岩均可作为有效烃源岩。有机碳丰度区域性差异与烃源岩岩性密切相关，DZ1 井主要为深灰色沉凝灰岩、煤和炭质泥岩，其中煤和炭质泥岩平均 TOC 分别为 12.1%和 2.6%；DB1 井烃源岩为浅灰色沉凝灰岩，这类样品平均 TOC 含量小于 1%，使得 DB1 井总有机碳含量较低(图 6.17、图 6.18)。烃源岩 TOC 分布范围反映了垂面上岩性均一性，

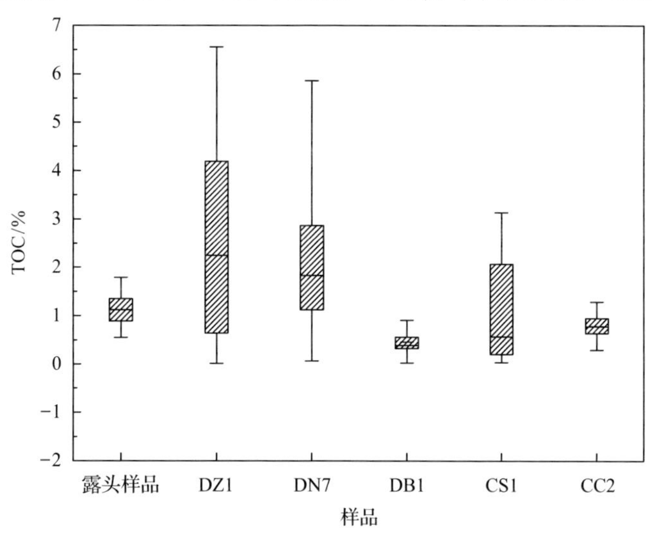

图 6.17　有机碳丰度区域分布

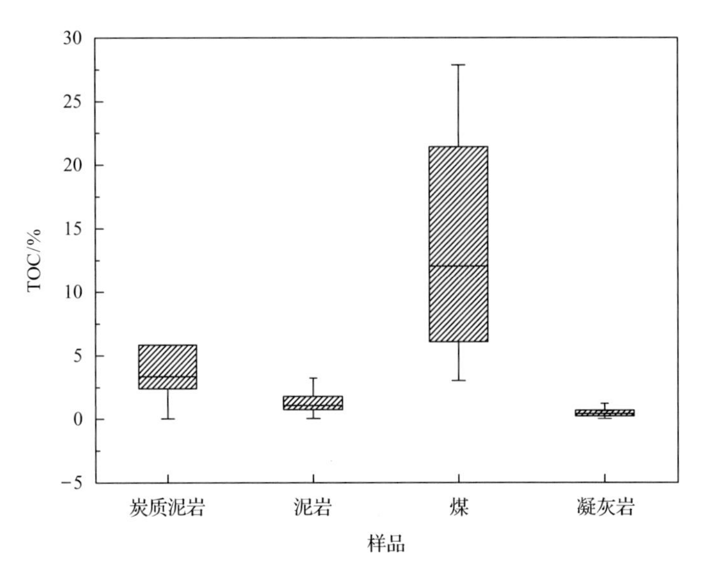

图 6.18　有机碳丰度岩性分布

即有机质沉积环境稳定性。泥岩沉积为主的 CC2 井和滴水泉剖面样品 TOC 分布相对集中，这种长期稳定沉积环境下发育的烃源岩无疑是盆地资源评价过程中首要考量因素。

岩石热解定量分析烃源岩生烃潜量作为评价烃源岩有机质丰度常用手段，烃源岩有机质全部热解后生成可溶烃（S_1）与热解烃（S_2）总量称为生烃潜量。陆东地区石炭系烃源岩生烃潜量（S_1+S_2）为 0.02～71.41mg/g，平均值为 4.17mg/g，总体反映有机质丰度较好；钻揭烃源岩热解参数剖面反映出研究区生烃潜量与总有机碳（TOC）密切相关，S_1、S_2与其 TOC 垂向分布上具有相似的特征。CC2 井生烃潜量范围为 0.43～3.04mg/g，平均值为 1.32%，其优质烃源岩集中于 3500～4500m（图 6.19）。CS1 井因含煤系地层和炭质泥岩，生烃潜量随深度变化较大，其范围为 0.02～13.69mg/g，平均值为 2.76mg/g，其优质烃源岩主要分布于 3000～3500m（图 6.20）。滴水泉剖面样品长期遭受风化淋滤，岩石有机质流失，其生烃潜量为 0.22～3.7mg/g，平均值为 0.74mg/g（图 6.21）。陆东地区 DZ1 井含量大量煤系地区和炭质泥岩，其平均生烃潜量高达 13.34mg/g（图 6.22）。总体而言，陆东地区烃源岩有机质丰度较高，总有机碳和生烃潜量表明：研究区各类烃源岩均可作为好-较好生油岩，滴水泉组泥岩的有机质丰度低于巴山组沉凝灰岩、炭质泥岩和煤，但其烃源岩时空分布均质性高。

（二）有机质类型

已有研究成果证实，陆东地区石炭系烃源岩有机质类型为Ⅱ$_2$-Ⅲ，并且以Ⅲ型干酪根为主（秦黎明等，2008；何登发等，2010a；王绪龙等，2010；陈学国，2012；石冰清等，2012；石冰清，2013），此次研究通过岩石热解和干酪根碳氢氧原子相对组成对陆东地区（包括滴南凸起和滴北凸起）、五彩湾地区、滴水泉剖面和 CC2 井泥岩样品有机质分析。基于热石热

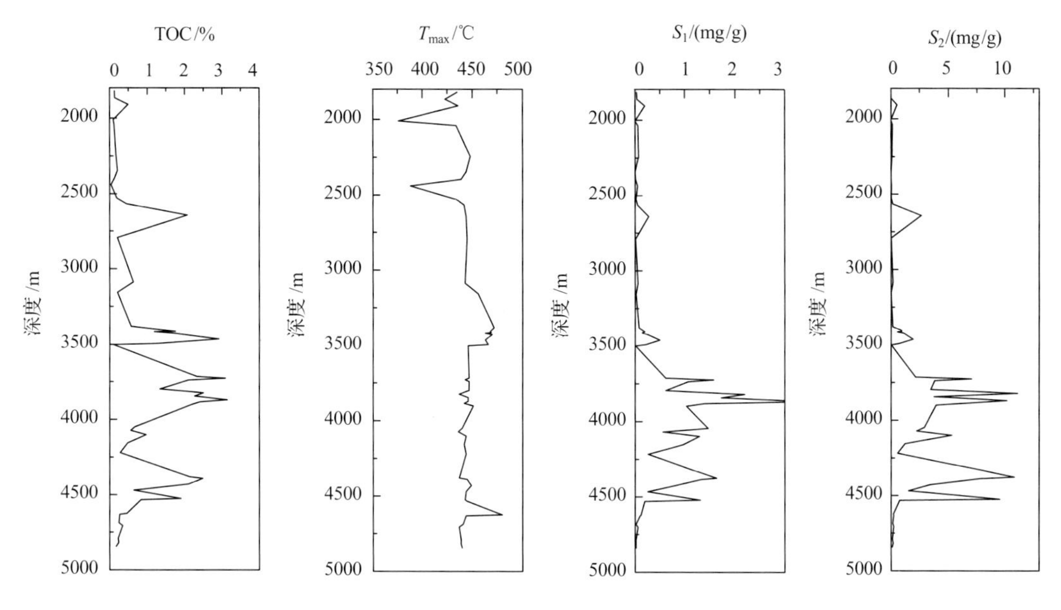

图 6.19　CC2 井岩石热解参数

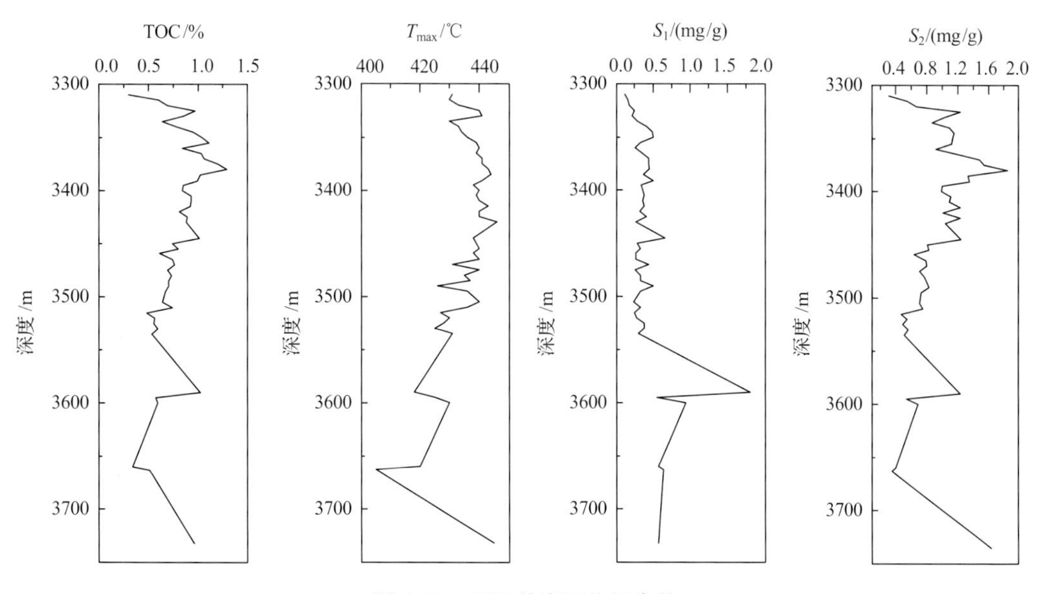

图 6.20　CS1 井岩石热解参数

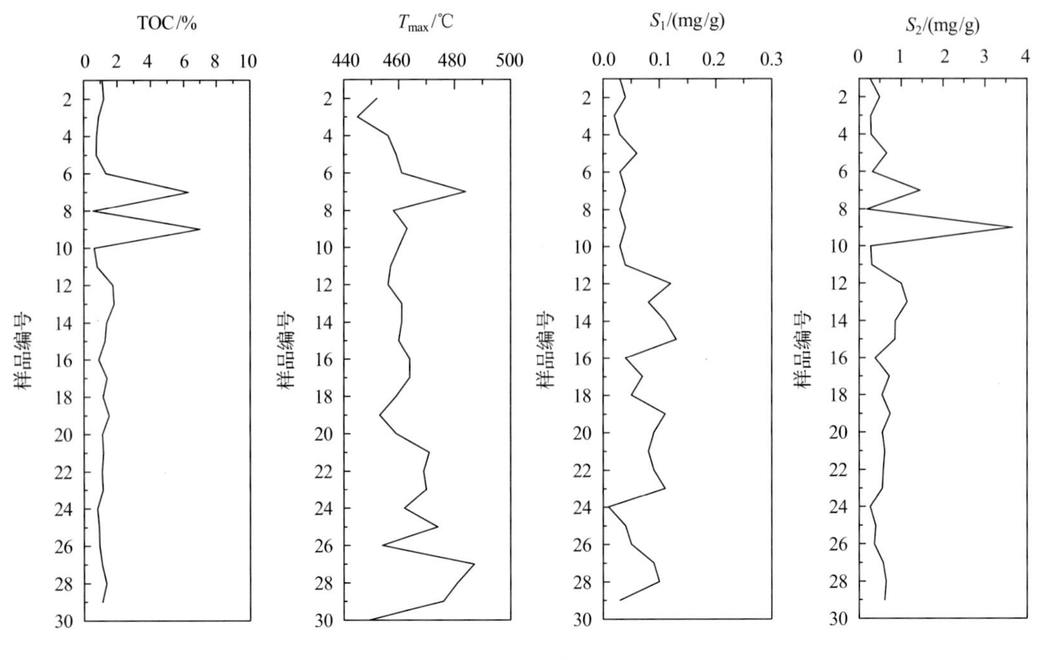

图 6.21 滴水泉剖面岩石热解参数

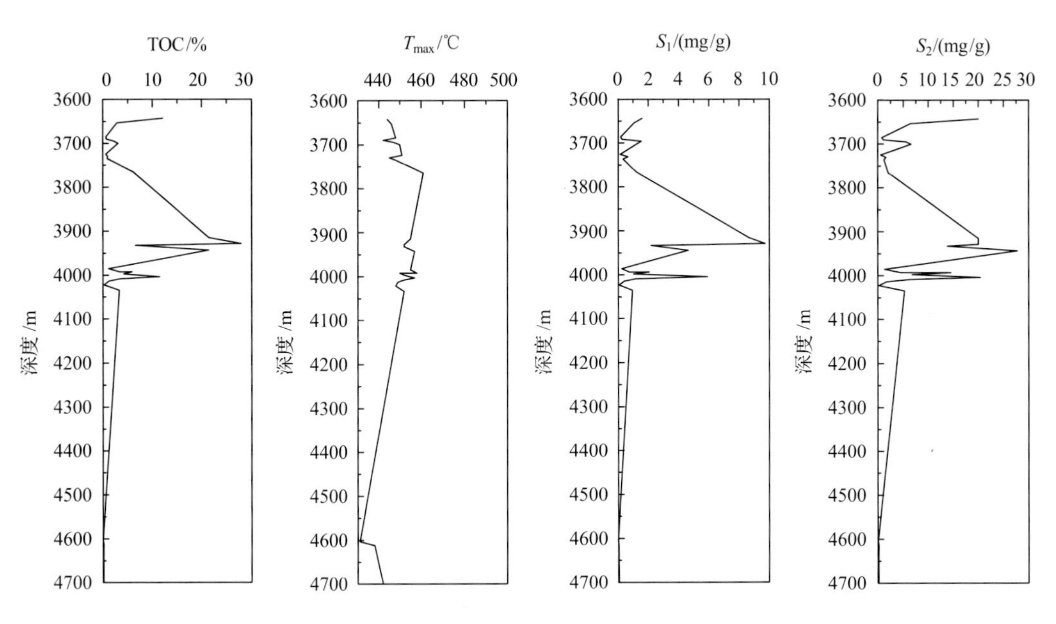

图 6.22 DZ1 井岩石热解参数

解参数 HI-T_{max}图解表明：五彩湾地区烃源岩有机质类型为Ⅱ$_1$-Ⅲ，少数样品甚至表现出Ⅰ型干酪根特征，但大部分样品为Ⅲ型；陆东地区烃源岩有机质则为Ⅱ$_2$-Ⅲ型，主要为Ⅲ型干酪根；滴水泉剖面样品有机质类型为Ⅱ$_1$-Ⅱ$_2$，其Ⅱ$_2$型干酪根占大多数；CC2 井烃源岩样品有机质为Ⅱ$_2$-Ⅲ型，且以Ⅱ$_2$干酪根为主(图 6.23)。研究区石炭系烃源岩均经历了较高热演化，而滴水泉剖面样品也经过长期地质历史风化而使其原有生源信息“失真”，因此有必要结合干酪根碳氢氧原子相对组成对石炭系滴水泉组和巴山组烃源岩有机质类型进一步判别。用“范克雷维伦类型图解”对干酪根类型判断表明，陆东-五彩湾地区巴山组石炭系烃源岩有机质为Ⅱ$_2$-Ⅲ型，主要为Ⅲ型干酪根，但选取 CC2 井滴水泉组样品全部为Ⅱ$_2$型干酪根(图 6.23)。综合而言，研究区下石炭统滴水泉组烃源岩有机质为Ⅱ$_2$-Ⅲ型，主要为Ⅱ$_2$型干酪根；上石炭统巴山组烃源岩有机质为Ⅱ$_2$-Ⅲ型，但以Ⅲ型干酪根为主。

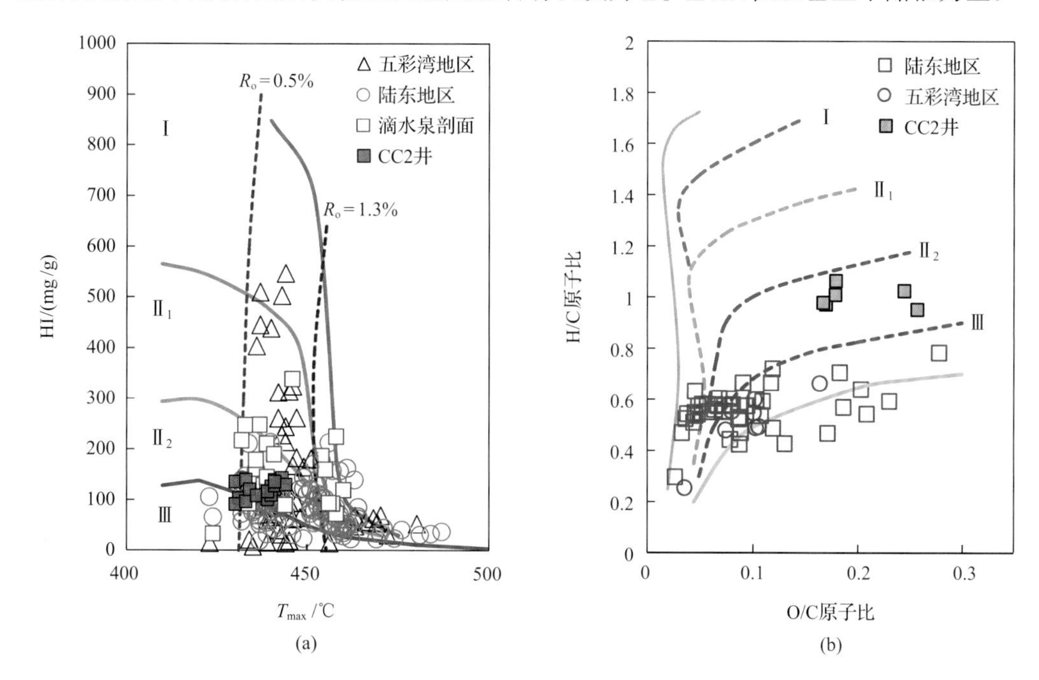

图 6.23　基于 HI-T_{max}和 C-H-O 原子比烃源类类型判断

(a)来源于 Espitalié 等(1984)；(b)来源于 Tissot 和 Welte(1984)

(三) 烃源岩成熟度

烃源岩有机质热演化阶段不同，直接影响了油气生成的数量和性质，岩石最高热解温度(T_{max})大多高于 435℃，表明有机质演化进入成熟阶段。陆东地区烃源岩岩心样品镜质体反射率(R_o)测定结果显示，除 CC2 井部分浅层样品处于低熟($0.5\% < R_o < 0.7\%$)，研究区大部分样品有机质为成熟—高熟—过熟阶段，其中 CS1 井样品进入“生气窗”。盆地演化过程最大埋深直接影响烃源岩有机质热演化程度(R_o)，研究区石炭系滴水泉组与巴山组烃源岩有机质成熟度和深度具有良好相关性(图 6.24)，且并未表现出下石炭统滴水泉组热演化程度更高。前已述及，石炭纪准噶尔盆地东部经历洋-陆转换和后碰撞火山作

用，火山活动结束后海西期断裂控制下发生长期区域性差异抬升，构造运动和火山活动破坏了石炭系沉积地层原始的时空分布，滴水泉组和巴山组烃源岩层系发生走滑掀斜甚至反转。石炭纪后期研究区进入陆内裂陷阶段，形成准噶尔盆地中生代—新生代的构造雏形。因此，晚海西后期构造运动和盆地演化是影响石炭系烃源岩演化的最主要因素，而热演化特征也造成陆东地区油气藏分布于现今生烃凹陷周缘。

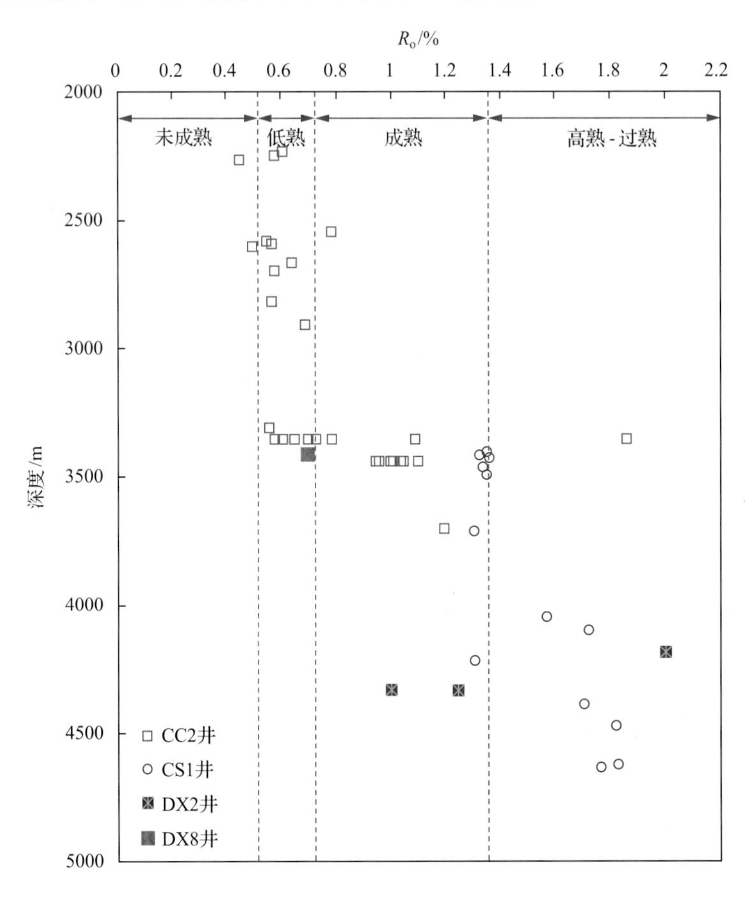

图 6.24　烃源岩有机质成熟度与深度关系

综上所述，石炭纪期间发育上、下石炭统两套烃源岩具有较好生烃条件，明显具有以腐殖型有机质为主的特征。尽管下石炭统滴水泉组有机质丰度略低，但其沉积环境稳定性和烃源岩类型优于上石炭统巴山组。鉴于早—晚石炭世古地理和构造背景迥异，巴山组与滴水泉组区域分布继承性尚不清楚(沉积环境和物源差异见本章第三节)，有机质热演化特性主要受后海西期盆地演化影响，石炭纪后期构造格架控制了烃源岩成熟度，因此，中生代—新生代生烃凹陷中埋深条件控制了石炭系优质烃源岩分布，而相同热演化背景下滴水泉组则具有更好的生烃条件。

第三节　石炭系烃源岩发育环境及气源分析

一、石炭系烃源岩沉积环境

综合烃源岩有机元素组成、有机质碳同位素(包括干酪根、氯仿沥青“A”和单体正构烷烃碳同位素)和分子组成,并结合火山岩发育构造背景重新厘定。石炭系烃源岩反映了海陆过渡背景下,烃源岩沉积环境由滨海—残余海—淡水湖泊—沼泽演化。早石炭世陆东地区为局限型残余海相环境,陆源植物和海洋藻类共同组成滴水泉组烃源岩有机质$Ⅱ_2$型干酪根,淡水河流携带的陆源有机质一方面为烃源岩形成提供重要“碳源”,另一方面也使得局限咸水环境向淡水湖泊转化。滴水泉组烃源岩发育环境仍然具有明显海相“烙印”,因此其烃源岩类型要优于巴山组。

巴山组烃源岩发育于火山活动间歇期,其中最主要烃源岩发育于早石炭世末期,期间受火山喷发和构造运动水体震荡明显,仍然继承了早石炭世残余海(咸水湖泊)沉积环境,但后碰撞伸展背景下陆内裂陷成为咸水湖泊最主要发育环境,期间高度发育的陆源植物进入咸水-半咸水环境,最终演化为巴山组最主要烃源岩。中—晚石炭世陆东地区广泛发育淡水沼泽环境,少数地区仍然保留残余海相环境,由于石炭世末期准噶尔地区区域性抬升,严重制约了该时期有机质保存和热演化,故不作为陆东地区主要烃源岩研究。构造运动和沉积环境变化伴随生物种群演化,石炭纪期间生物群落(特别是低等蕨类)从滨海向陆地延伸,并在石炭纪温暖潮湿气候条件下得到充足发育和进化,于晚石炭世陆源植物演化为陆东地区(甚至新疆北部)最为主要种属(张生银,2014)。

二、石炭系天然气来源

本节研究选取了陆东地区 18 口井 37 块石炭系火山岩油气藏天然气样品,总体而言,陆东地区全烃碳同位素值为$-32.76‰\sim-26.2‰$,平均值为$-29.02‰$。五彩湾地区火山岩气藏中天然气样品全烃同位素值为$-32.76‰\sim-26.2‰$,平均值为$-29.08‰$。滴西地区天然气样品全烃同位素值为$-30.11‰\sim-27.75‰$,平均值为$-28.98‰$(表 6.4,表中 C 和 CS 开头的样品属于五彩湾地区,以 DX 开头的样品属于滴西地区),其整体碳同位素低于五彩湾地区;同时五彩湾地区和滴西地区甲烷含量平均值分别为 84.64%与 91.26%,这种同位素和甲烷含量差异反映了生烃母质类型时空变化,即滴西地区天然气为巴山组烃源岩贡献,而五彩湾地区天然气则来源于下石炭统滴水泉组和上石炭统巴山组共同演化。

陆东地区 δC_1-C_1/C_{2+} 交汇图表明(图 6.25),所有火山岩气藏中天然气甲烷含量均较高,其含量范围为 80.11%～94.37%,但五彩湾地区天然气类型偏湿气,而滴西地区天然气则偏干气;同时,五彩湾地区 CS1 井、C53 井样品明显有别于滴西地区(如滴西 18 井区、滴西 17 井区)各样品,滴西地区天然气样品表现出随甲烷含量增加,其碳同位素偏重趋势,反映了明显的单一烃源岩热演化成烃特征。而五彩湾地区则可能为多源供烃的结果,其甲烷含量与碳同位素之间相关性并不明显。

表 6.4　陆东地区石炭系天然气组成及碳同位素分布特征

井号	深度/m	碳同位素(VPDB)/‰					含量/mol%①						
		全烃	甲烷	乙烷	丙烷	丁烷	甲烷	乙烷	丙烷	异丁烷	正丁烷	异戊烷	正戊烷
C53	3462	−32.76	−35.85	−25.87	−23.65	−23.18	86.47	7.51	3.44	1.11	0.99	0.28	0.20
C54	2984	−27.56	−30.63	−25.36	−22.97	−22.62	83.77	7.66	4.56	1.71	1.43	0.48	0.40
C54	3019	−27.96	−30.9	−25.19	−25.22	−22.75	82.60	8.07	5.01	1.88	1.61	0.47	0.37
C54	3019	−27.83	−30.92	−25.21	−23.1	−22.57	80.97	8.56	5.34	2.04	1.84	0.66	0.60
C55	3311	−26.2	−28.27	−25.49	−23.15	−22.26	80.31	8.95	5.81	2.18	1.81	0.55	0.39
C55	3348	−26.48	−28.45	−25.52	−22.76	−22.03	80.11	8.83	6.18	2.26	1.88	0.46	0.28
C551	3320	−28.55	−29.82	−26.6	−23.6	−22.64	86.14	7.56	3.84	1.08	0.97	0.23	0.19
CS1	2451	−28.62	−32.08	−23.28	−20.1	−21.69	87.34	8.02	2.30	1.07	0.84	0.23	0.21
CS1	2671	−27.21	−32.47	−22.99	−20.56	−21.84	84.91	7.75	3.47	1.87	1.12	0.44	0.44
CS1	3531.14	−31.86	−34.51	−25.59	−23.02	−22.88	87.72	7.44	3.14	0.52	0.76	0.20	0.21
CS1	3534	−31.81	−34.66	−25.11	−23.01	−22.83	88.14	7.51	2.90	0.48	0.65	0.16	0.16
CS1	3534	−32.13	−35.05	−25.97	−23.78	−23.5	87.19	7.66	3.37	0.58	0.80	0.20	0.20
D103	3132	−28.51	−29.94	−26.94	−25	−25.07	88.47	6.04	2.62	1.13	0.97	0.50	0.27
D401	3859	−28.3	−28.83	−26.37	−24.13	−24.24	91.00	5.37	1.98	0.71	0.57	0.21	0.16
D402	3829	−30.11	−30.75	−27.62	−24.87	−24.55	93.22	4.26	1.50	0.37	0.41	0.12	0.10
D403	3594	−28.81	−29.77	−27.15	−24.15	−24.53	91.30	5.30	1.84	0.60	0.56	0.22	0.18
D403	3594	−28.97	−30.06	−26.86	−24.34	−24.72	89.51	5.93	2.54	0.79	0.75	0.28	0.19
D403	3720	−29.23	−30.06	−27.37	−24.84	−24.98	91.46	5.13	1.92	0.56	0.57	0.20	0.16
D403	3824	−29.29	−31.33	−27.45	−24.63	−25.22	91.47	5.12	1.92	0.55	0.58	0.20	0.16

续表

井号	深度/m	碳同位素(VPDB)/‰					含量/mol%[1]						
		全烃	甲烷	乙烷	丙烷	丁烷	甲烷	乙烷	丙烷	异丁烷	正丁烷	异戊烷	正戊烷
D403	3910	−28.81	−29.78	−27.51	−24.85	−25.12	91.16	5.25	1.99	0.64	0.58	0.22	0.17
DX14	3581.69	−30.01	−30.48	−27.59	−25.18	−25.31	94.37	3.65	1.17	0.29	0.32	0.11	0.09
DX14	3652	−29.67	−30.54	−27.76	−25.04	−25.12	92.61	4.53	1.70	0.42	0.47	0.15	0.12
DX171	3670	−29.53	−30.42	−26.11	−24.22	−24.18	92.87	4.28	1.55	0.50	0.48	0.16	0.15
DX171	3670	−29.72	−30.43	−26.21	−24.36	−24.23	93.23	4.19	1.48	0.45	0.42	0.13	0.10
DX172	3552	−28.53	−29.4	−25.86	−23.64	−23.95	91.37	5.14	1.68	0.87	0.53	0.22	0.19
DX173	3666	−28.52	−29.41	−26.6	−24.03	−24.30	92.39	4.78	1.57	0.52	0.45	0.16	0.13
DX18	3345	−29.16	−30.6	−27.24	−24.66	−24.6	90.96	5.27	2.12	0.60	0.65	0.22	0.17
DX18	3510	−29.34	−30.03	−27.07	−24.71	−24.66	90.79	5.34	2.17	0.61	0.66	0.24	0.19
DX182	3382.06	−29.51	−30.68	−26.57	−23.91	−24.07	88.49	6.27	2.80	1.04	0.84	0.36	0.21
DX182	3635	−29.09	−30.42	−26.54	−23.65	−23.74	88.52	6.37	2.77	1.00	0.80	0.34	0.19
DX183	3830	−29.32	−30.41	−26.83	−23.59	−23.84	89.26	5.86	2.55	0.84	0.87	0.36	0.26
DX20	3312.62	−28.7	−29.84	−26.71	−24.81	−25.12	90.53	5.27	2.32	0.80	0.66	0.28	0.15
DX21	2848.74	−28.36	−29.37	−27.05	−24.99	−24.36	93.85	3.39	1.74	0.49	0.38	0.09	0.06
DX21	2906	−28	−29.47	−27.14	−24.96	−24.18	88.50	4.26	3.16	1.27	1.50	0.69	0.61
DX26	3997	−27.75	−28.46	−25.59	−23.98	−24.12	91.59	4.98	1.36	1.19	0.48	0.25	0.16
DX33	3518	−28.8	−29.4	−27.48	−26.83	−24.44	92.10	4.14	2.14	0.56	0.67	0.22	0.17
DX401	3900	−28.55	−29.14	−27.06	−24.59	−25.07	92.48	4.98	1.62	0.48	0.30	0.08	0.06

① 表示摩尔分数。

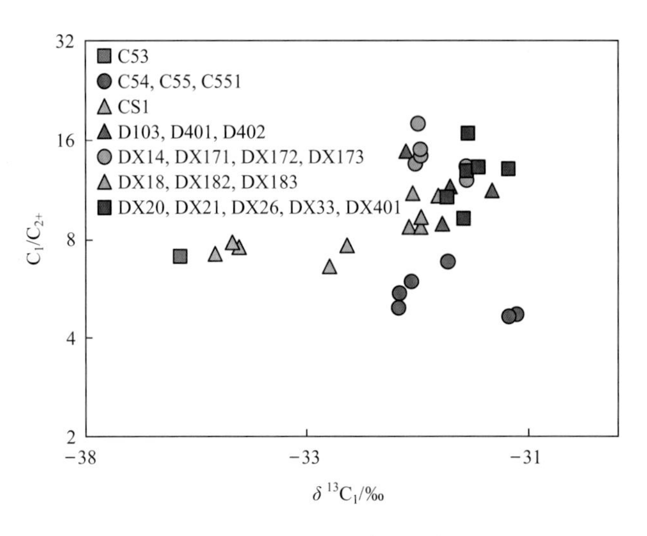

图 6.25　$\delta^{13}C_1$-C_1/C_{2+}天然气类型判别(底图据 Bernard et al.,1976)

早期勘探研究认为,陆东地区天然气主要来源于其上覆巨厚二叠系梧桐沟组泥岩,但随着石炭系滴水泉组和巴山组烃源岩的发现,石炭系生油的问题得到逐渐验证,本节研究通过分析天然气碳同位素与碳数分布关系(图 6.26),结合之前进行热演化分析证实陆东地区天然气源岩碳同位素分布于−29‰～−23‰,而进一步通过乙烷含量与其碳同位素关系图表明(图 6.27),其源岩碳位素为−28‰左右。陈世加等(2011)研究表明陆东地区二叠系泥岩干酪根碳同位素为−24‰,而本节研究陆东地区石炭系烃源岩干酪根 $\delta^{13}C$ 值为−28.75‰～24.33‰,平均值为−27.94‰,因此,该研究结果认为陆东地区天然气主要来源石炭系巴山组与滴水泉组生烃供给,结合天然气组成可以进一步得出研究区整个表现为近源成藏特征。其中,滴水泉地区主要为巴山组烃源岩生烃,五彩湾地区主要为滴水泉组与巴山组共同生烃。

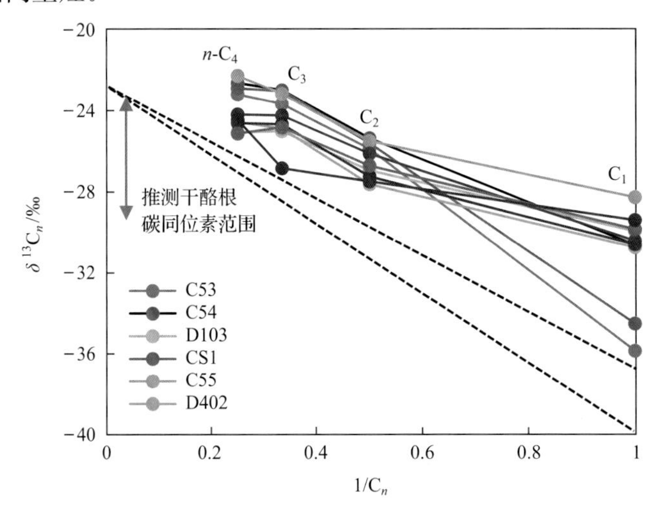

图 6.26　天然气碳同位素分布图及烃源岩推测(底图据 Chung et al.,1988)

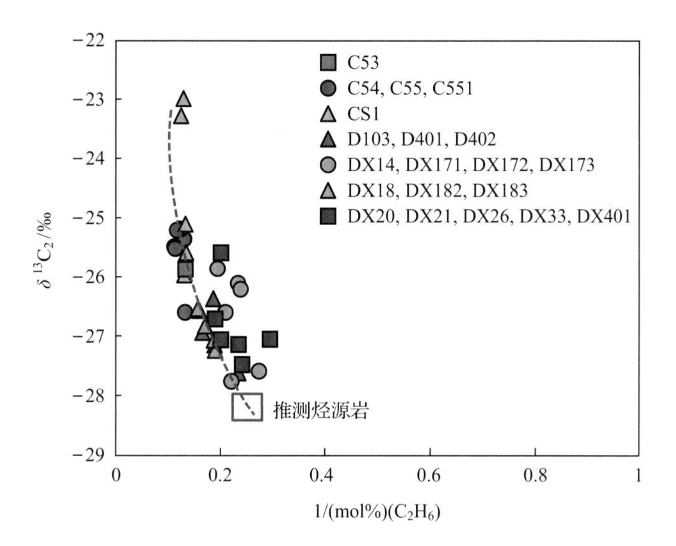

图 6.27　乙烷碳同位素与浓度变化关系(底图据秦黎明等,2008)

第七章 火山岩气藏成藏条件及成藏规律

第一节 石炭系火山岩气藏成藏条件

一、火山岩气藏的储层物性

在对陆东地区主要火山岩类的物性特征研究的基础上，本书也对各井区的气层火山岩物性特征进行分析。滴西地区主要分为四个井区：滴西17井区、滴西14井区、滴西18井区、滴西10井区。对这四个井区火山岩的物性特征统计表明，滴西17井区气层孔隙度分布在6.9%～25.6%，平均孔隙度为12.9%；渗透率分布在$0.010\times10^{-3}\sim10.900\times10^{-3}\mu m^2$，渗透率平均值为$0.206\times10^{-3}\mu m^2$。滴西14井区气层物性最好，孔隙度分布在7.1%～22.2%，平均孔隙度为14.4%；渗透率分布在$0.010\times10^{-3}\sim836.000\times10^{-3}\mu m^2$，渗透率平均值为$0.844\times10^{-3}\mu m^2$。滴西18井区气层孔隙度分布在5.9%～21.9%，平均孔隙度为10.8%；渗透率分布在$0.010\times10^{-3}\sim211.000\times10^{-3}\mu m^2$，平均值为$0.071\times10^{-3}\mu m^2$。滴西10井区气层孔隙度分布区间为6.0%～14.8%，平均孔隙度为10.7%；渗透率为$0.012\times10^{-3}\sim77.000\times10^{-3}\mu m^2$，平均值为$0.198\times10^{-3}\mu m^2$（表7.1）。

表7.1 各井区石炭系储层物性特征

井区	储层孔隙度/%	气层孔隙度/%	储层渗透率/$10^{-3}\mu m^2$	气层渗透率/$10^{-3}\mu m^2$
滴西17井区	0.4～25.6 10.4	6.9～25.6 12.9	0.010～10.900 0.101	0.010～10.900 0.206
滴西14井区	0.2～27.0 9.9	7.1～22.2 14.4	0.010～836.000 0.212	0.010～836.000 0.844
滴西18井区	1.3～21.9 8.9	5.9～21.9 10.8	0.010～211.000 0.085	0.010～211.000 0.071
滴西10井区	0.4～14.8 10.0	6.0～14.8 10.7	0.010～844.000 0.187	0.012～77.000 0.198

注：横线上方为范围值，下方为平均值。

从这四个井区储层物性与深度的关系图上可以看到，滴西10井区气藏埋深较浅，位于3000～3200m，其他井区气藏埋深分布于3400～4200m（图7.1）。对于孔隙度来说，除滴西18井区随着埋藏深度的增加，孔隙度出现较明显的降低外，其他三个井区的孔隙度随深度的变化不明显；对渗透率来说，滴西14井区随后埋藏深度的增加，渗透率增加，而其他三个井区的渗透率随深度的变化不明显（图7.1）。

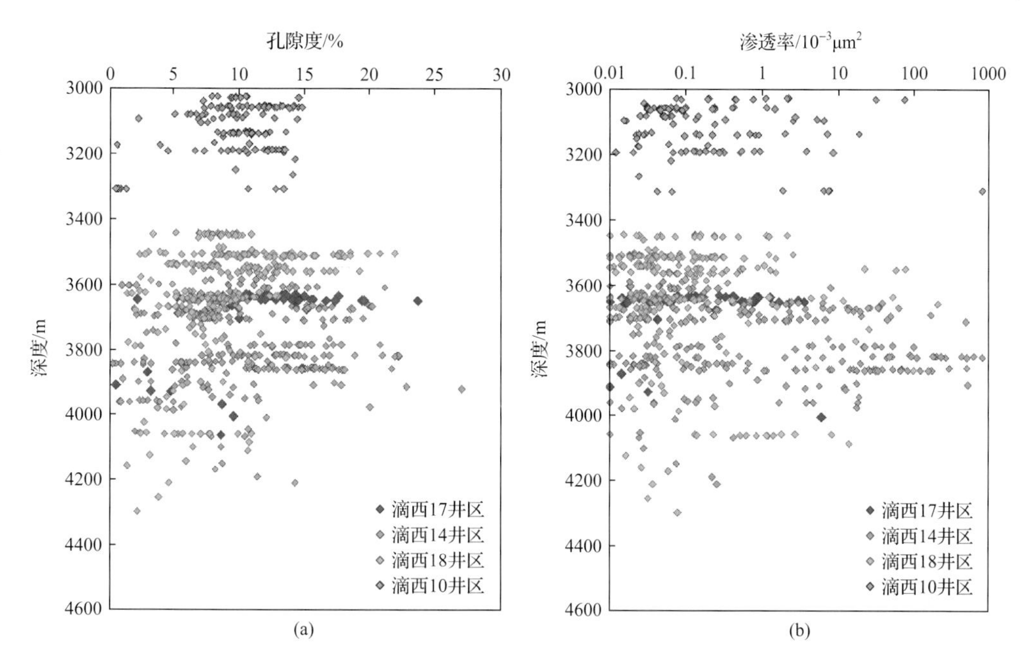

图 7.1 滴西地区气藏储层的深度与孔隙度(a)和渗透率(b)的关系

从这四个井区储层的孔隙度与渗透率的关系图上可以看到,总体来说,储层的孔隙度与渗透率的相关性不明显,说明该区储层的孔喉匹配较差,储集空间以次生的溶蚀孔隙为主;同时滴西 14 井区储层物性较好,其次为滴西 17 井区和滴西 18 井区,滴西 10 井区储层物性最差(图 7.2)。在这四个井区不同类型火山岩的孔隙度和渗透率的关系图上,各类火山岩的孔隙度和渗透率的相关性总体较差,其中爆发相的火山岩(以火山角砾岩为主、凝灰岩为辅)储层的孔隙度和渗透率均较高,孔喉匹配性相对较好,而酸性火山岩的孔隙度和渗透率均较低,储层孔喉匹配性较差(图 7.3)。

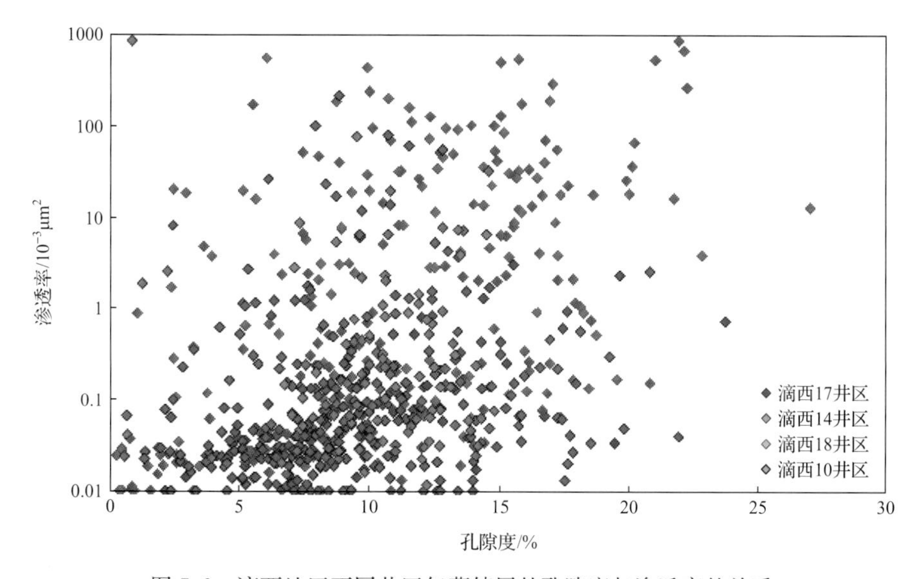

图 7.2 滴西地区不同井区气藏储层的孔隙度与渗透率的关系

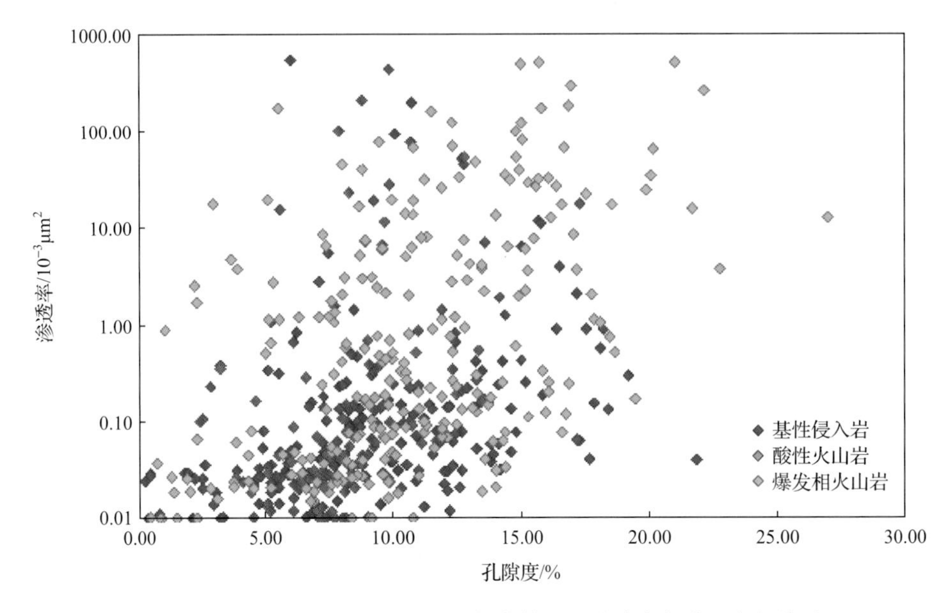

图 7.3　滴西地区不同岩性火山岩气藏储层的孔隙度与渗透率的关系

二、火山岩风化壳储层

滴西地区巴山组火山岩从基-中性玄武岩、安山岩到酸性流纹岩都有发育，依据火山岩野外露头、岩心及显微观察可知，玄武岩、安山岩原生气孔、次生溶蚀孔发育，火山角砾岩原生粒间孔、次生溶蚀孔发育。同时，火山岩样品孔隙度统计结果表明：火山角砾岩储集物性最好，平均孔隙度达 15%，最大孔隙度为 23%左右；玄武岩、安山岩次之，平均孔隙度均高于 10%；尽管钻遇酸性流纹岩数量相对较少，但仍然表现出较好储集性能，平均孔隙度接近 10%；相对而言，侵入岩类（如二长玢岩、花岗斑岩）由于缺乏原生孔隙，后期构造断裂是提供储集空间的主要因素，其物性较差，孔隙度为 6%～8%（图 7.4）。总之，近火山口爆发相火山角砾岩和溢流相玄武岩、安山岩，甚至流纹岩为有利储集岩性。

统计滴西地区储层孔隙度与渗透率数据表明，火山岩储层非均质性较强，孔隙度与渗透率相关性差，其中基-中性火山岩（如玄武岩、安山岩等）孔渗相关性最差（$R^2=0.1253$），酸性火山岩（如流纹岩等）孔渗相关性次之（$R^2=0.1792$）。相对而言，火山碎屑岩具有较好相孔渗透相关性（$R^2=0.2311$）（图 7.5），同时储层物性也表现出良好储集性能，大部样品孔隙度大于 6%，渗透率高于 $0.5\times10^{-3}\mu m^2$。

前已述及，爆发相火山角砾岩为最有利储层，其原因在于火山碎屑颗粒间发育原生粒间孔，一方面为火山岩储层提供原始贡献；另一方面，风化淋滤过程中大气淡水或火山热液体往往沿原生粒间孔隙运移，并沿原有储层空间继承性发育形成次生溶蚀孔。此外，王璞珺等（2003）提出爆相内部“岩体内松散层”概念，研究区爆发相火山岩表现出优良的储集性能也可能与之有关。与火山角砾岩相似，溢流相火山岩原生气孔发育提供原生孔隙，同时也为后期次生溶蚀作用提供了必要的空间。值得注意的是，虽然流纹岩和霏细岩占所有统计岩石比例不足 3%，但均表现出良好的储集性能，杜金虎（2012）研究松辽盆地中

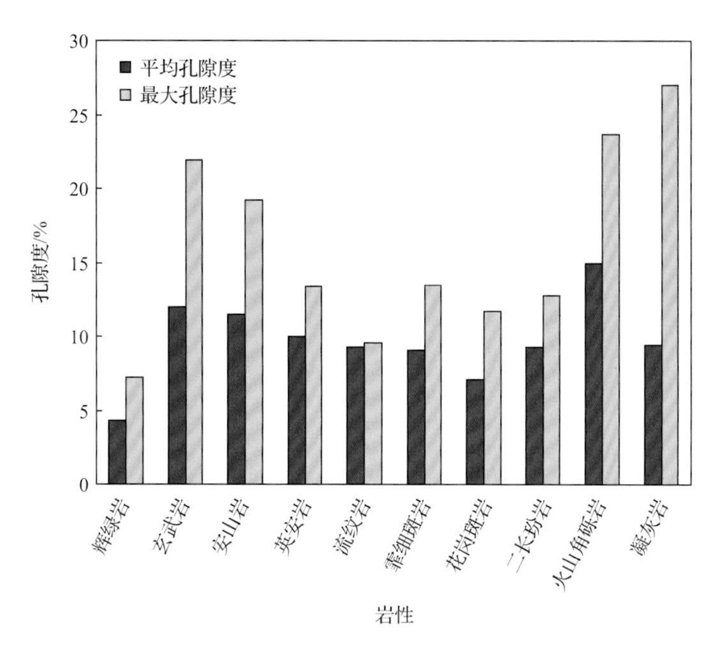

图 7.4　滴西地区不同岩性火山岩孔隙度

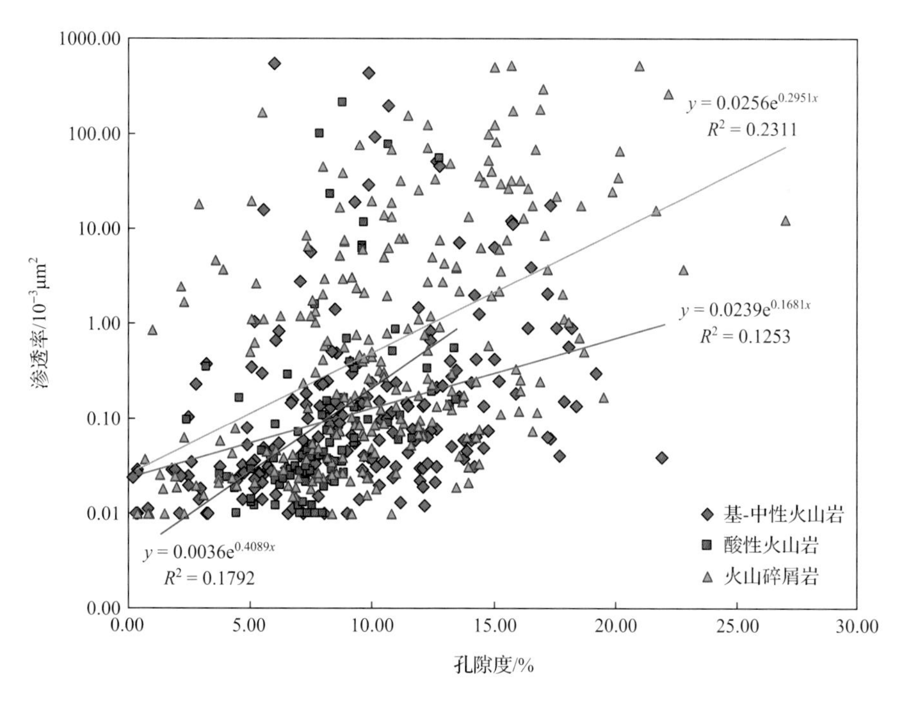

图 7.5　滴西地区不同岩性火山岩孔渗特征

生代火山岩储层认为，由于岩浆酸度增加，黏度增大而流动降低，岩浆中气体不易逃逸，有利于原生孔隙发育，同时 SiO_2 含量增加后，岩石脆性增大，受力后易于产生裂隙，因此，流纹岩和霏细岩是滴西地区潜在重要储层。

火山岩储层孔隙发育程度与风化淋滤作用密切相关，物理风化作用使岩石破碎，化学溶解使岩石中易溶物质被溶蚀，形成次生孔隙，从而达到改善储集物性的效果。火山喷发间隙期及晚期抬升阶段，滴西地区各类岩石均受到不同程度风化淋滤，这种表生环境下风化淋滤作用对储层改善表现在两个方面：一是风化淋滤早期地表水或大气降水沿风化解理面溶蚀形成大量孔、洞、缝，使其形成有利储层；另一方面，淋滤溶蚀后期一些次生矿物（如绿泥石、石英、沸石、方解石、方解石等）会填充于孔隙和裂缝，使储集空间埋深过程保持结构完整性，但沸石、方解石等矿物又极易溶解，有机质热演化过程中流体-岩石相互作用使这些充填矿物再次溶解，形成溶蚀孔缝。

如第三章所述，石炭系巴山组长期火山活动中存在多次火山间隙，为风化淋滤创造了良好的基础。DX20 井钻揭资料显示，滴西地区巴山组上序列存在五个主要火山活动旋回。C28 井钻揭资料显示五彩湾地区巴山组上序列存在 7 个主要火山活动旋回（图 3.26、图 3.28），井-震解释表明陆东地区存在多个火山中心，火山喷发具有裂隙喷发与中心式喷发兼有的特点，火山岩分布不受古生代造山带和现今构造单元影响，火山机构类型控制了火山岩岩相分布。多期和多火山中心喷发使爆发相凝灰岩和火山角砾岩成为区域内主要火山岩，研究区主要火山机构位于 DX182 井附近，火山中心以西的次火山机构可能以裂隙喷发为主，其火山活动相对较弱，发育中-基性安山岩和玄武岩，远离主火山机构的西北地区由于构造位置低缓，火山喷发后期沉积了巨厚的沉凝灰岩；而火山中心以东则存在数个小型火山口，发育有喷发相火山角砾岩和溢流相玄武相或流纹岩，这种火山岩的多期喷发为风化淋滤作用创造了条件，更易形成多套风化壳。

风化淋滤对火山岩储层物性具有明显的改善作用，对火山岩孔隙度与深度、距风化壳距离统计显示：火山岩储层孔隙度与埋藏深度并不具有明显相关性，各类火山岩在不同深度均可形成有利储层（孔隙度大于 6%），有效储层分布于埋深 3000～3800m（图 7.6），甚至在 4200m 火山角砾岩仍然可以形成有效储层，反映了火山岩受压实影响较小，但是以火山岩风化壳顶面为界，火山岩孔隙度与距风化壳距离呈现出一定规律性，有效储层主要集中在距风化壳顶界 300m 范围内，超过 300m 火山岩储层物性表现出随距离增加而降低的趋势（图 7.7）。由上述结果可知，火山岩风化体对储层具有明显控制作用，陆东地区克拉美丽气田滴西气藏及五彩湾气田相关探井的试油结果也证实了高产量储层均位于距风化壳较近的火山岩（图 7.8、图 7.9）。

三、区域内断裂发育

火山喷发自始至终都伴随着断裂活动，滴西地区火山岩体通常沿基底断裂发育带分布，如滴南凸起上火山岩体主要沿滴水泉北断裂和滴水泉断裂呈串珠状分布，火山口则常位于东西向与东北向基底断裂汇合处，因此，早期的基底断裂控制了火山岩储层平面分布。火山喷发期间或后期，断裂发育使脆性火山岩在构成应力下产生裂缝，裂缝和微裂缝组成了储层内部流体疏导体系，增加了火山岩储层渗流能力。前已述及，晚石炭世陆东地区经历了强烈褶皱隆起，使上石炭统火山岩体整体抬升，构造应力局部集中发育区产生断

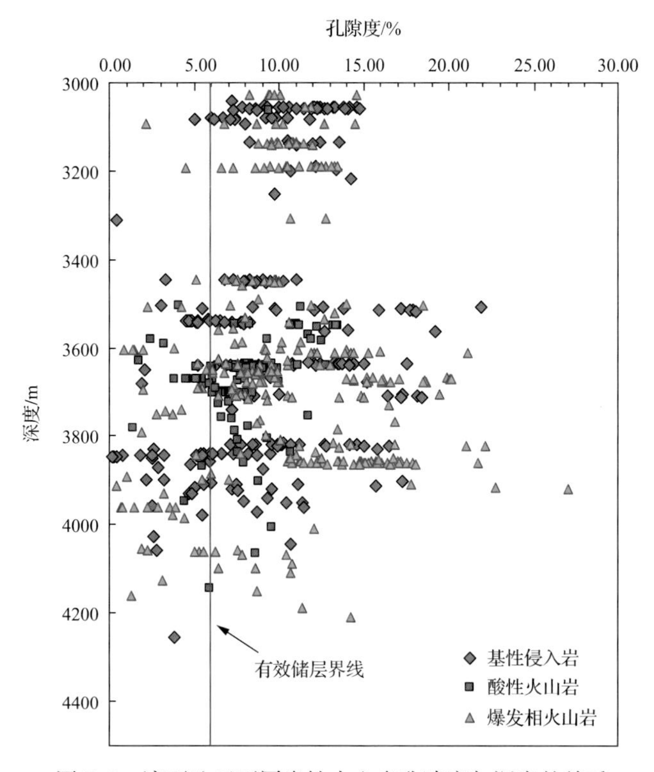

图 7.6　滴西地区不同岩性火山岩孔隙度与深度的关系

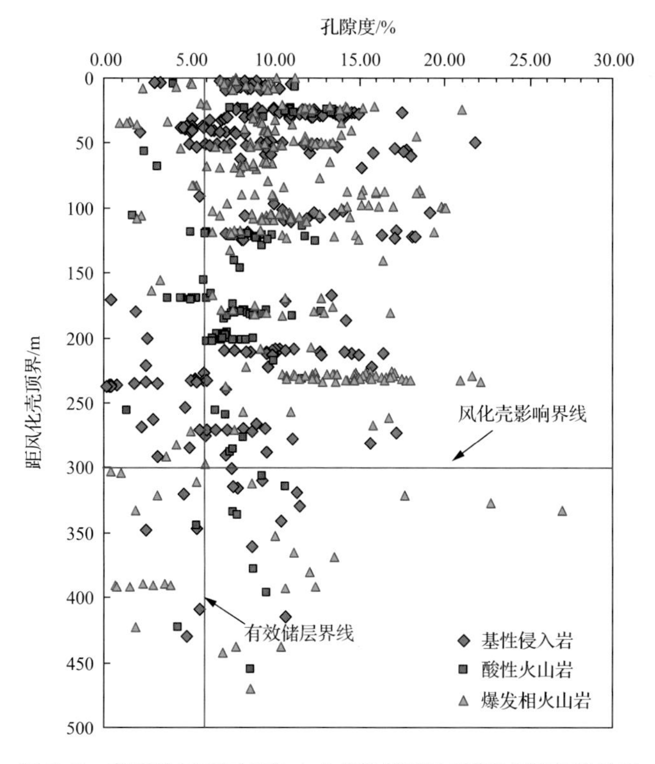

图 7.7　滴西地区不同岩性火山岩孔隙度与距风壳距离的关系

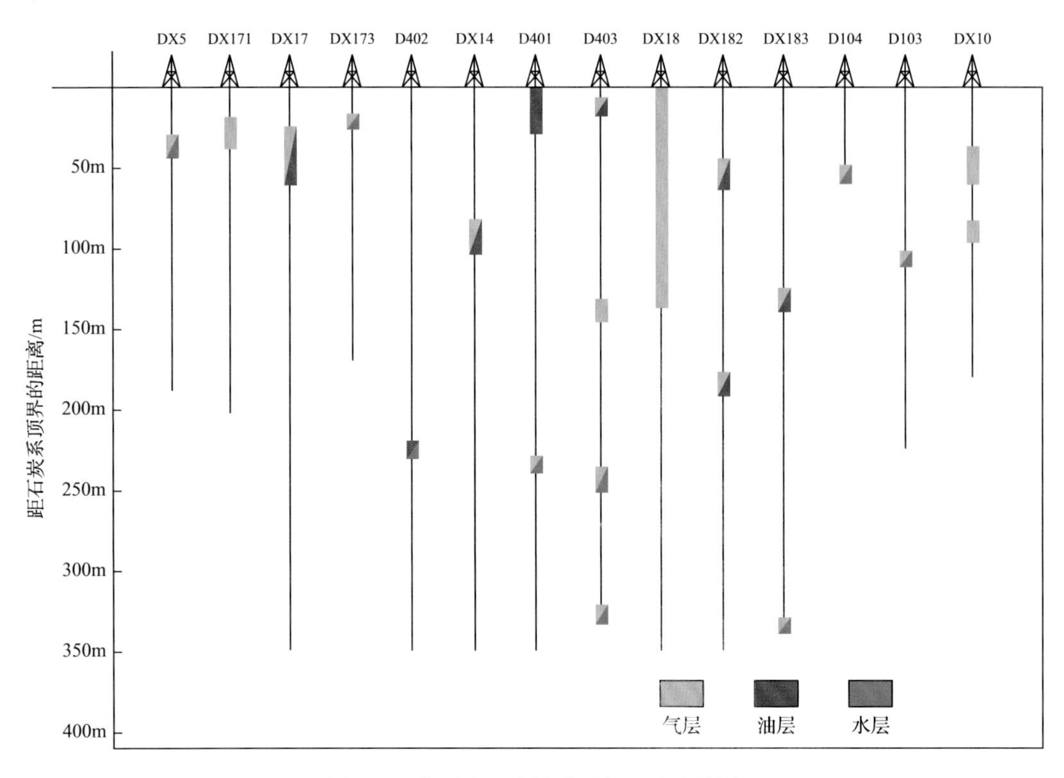

图 7.8 滴西地区克拉美丽气田试油结果

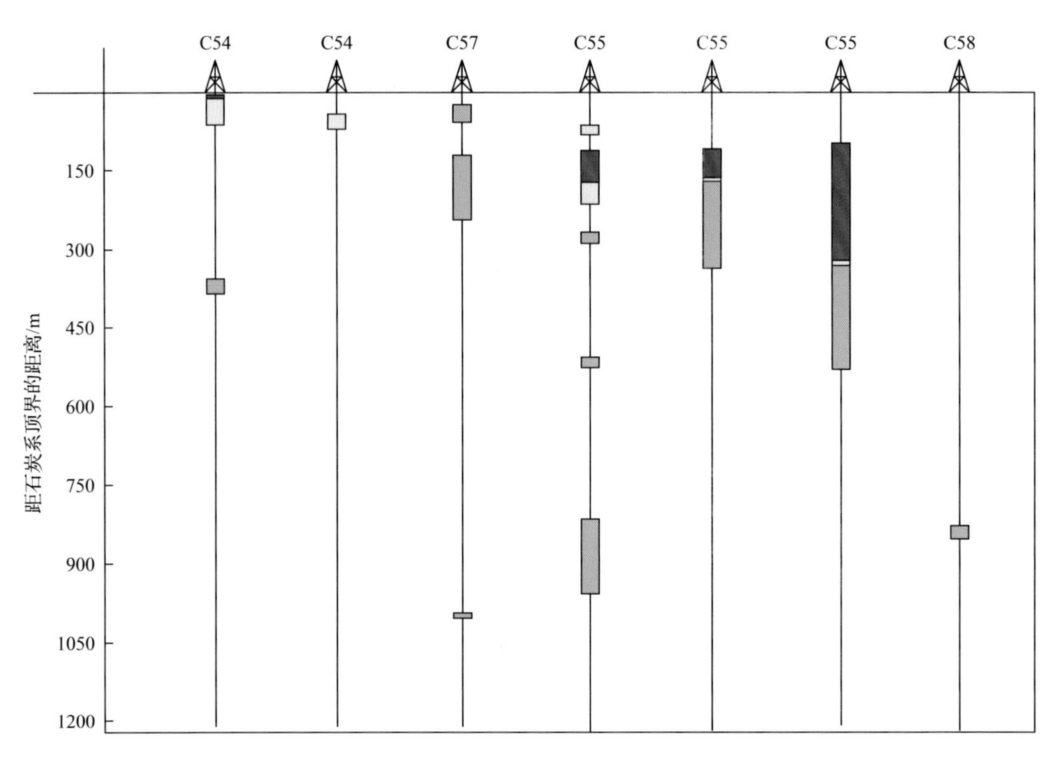

图 7.9 陆东地区五彩湾气田试油结果

裂,主断裂伴生次级断裂,次级断裂伴生微裂缝。由火山岩储层渗透率与其距风化壳顶界距离关系可见,距风化壳同一岩性相同距离下,部分储层明显受断裂影响表现出较高渗流效果(图 7.10),钻遇 FMI 裂缝走向统计表明,晚石炭世期间,最大水平主应力方向为北西—南东向,这与主断裂走向一致,反映了构造断裂成因。

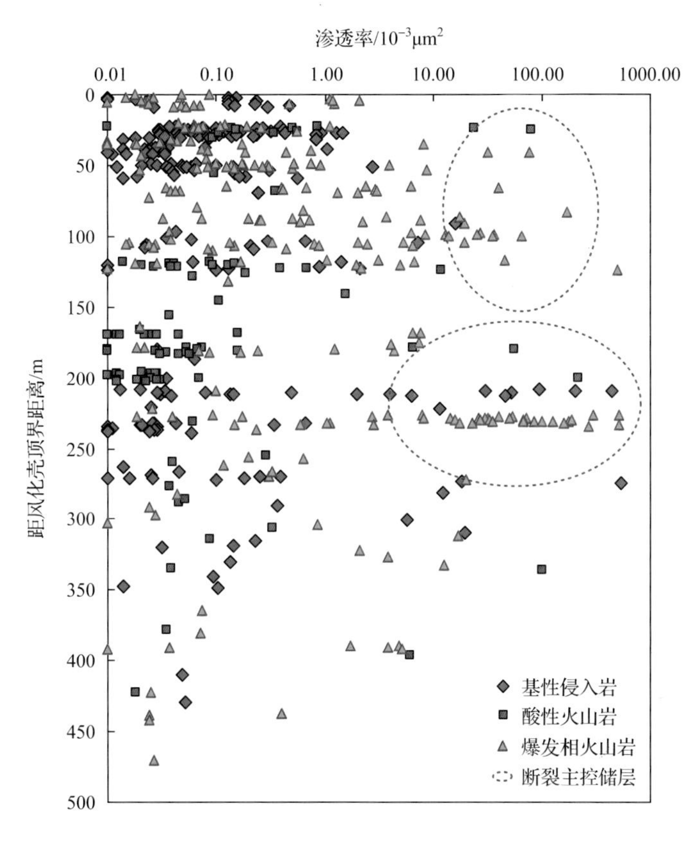

图 7.10　滴西地区不同岩性火山岩渗透率与距风壳距离关系

四、上覆二叠系盖层

石炭系顶面是火山岩风化壳储层最发育和油气聚集的主要层段,石炭系上覆盖层保存条件是火山岩风化壳油气成藏的关键,滴西地区石炭系上覆地层通常为二叠系梧桐沟组泥岩,为油气成藏提供必要封盖。基于地层连井剖面(图 7.11、图 7.12)及地震资料,预测石炭系上覆二叠系梧桐沟组泥岩泥岩盖层分布(图 7.13)。

二叠系梧桐沟组泥岩沉积中心在滴西地区西南部,向东北方向逐渐尖灭,已经发现克拉美丽气田和五彩湾气田均位于梧桐沟组泥岩分布区,石炭系上覆泥岩为油气藏提供了有利的保存条件。同时,试油结果也证实,高产储层均与二叠系泥岩具有良好匹配关系,气藏主要分布于距石炭系顶面 200m 以内,气藏分布受二叠系区域盖层控制。

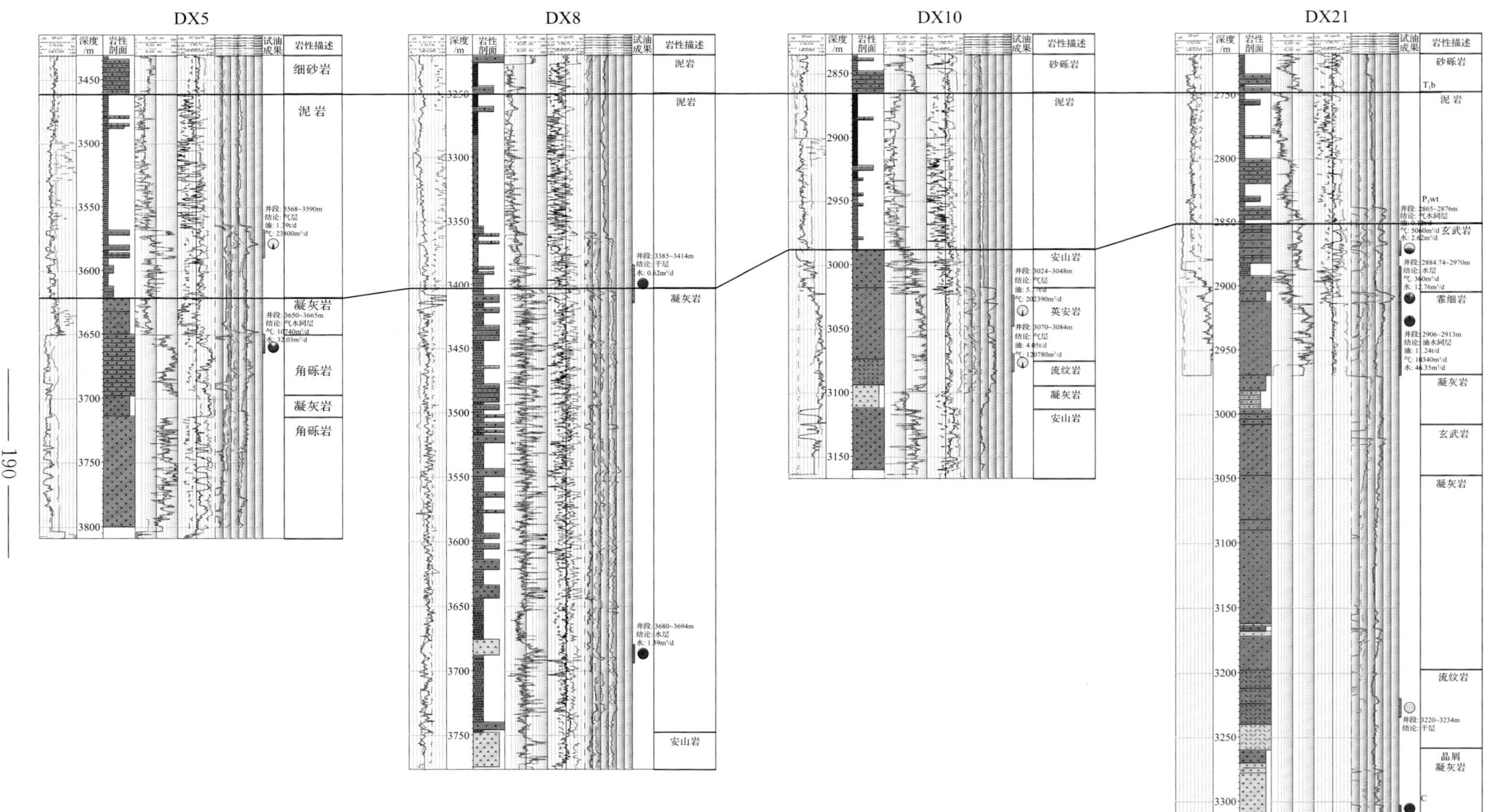

图 7.11　过 DX5 井—DX8 井—DX10 井—DX21 井二叠系泥岩厚度图

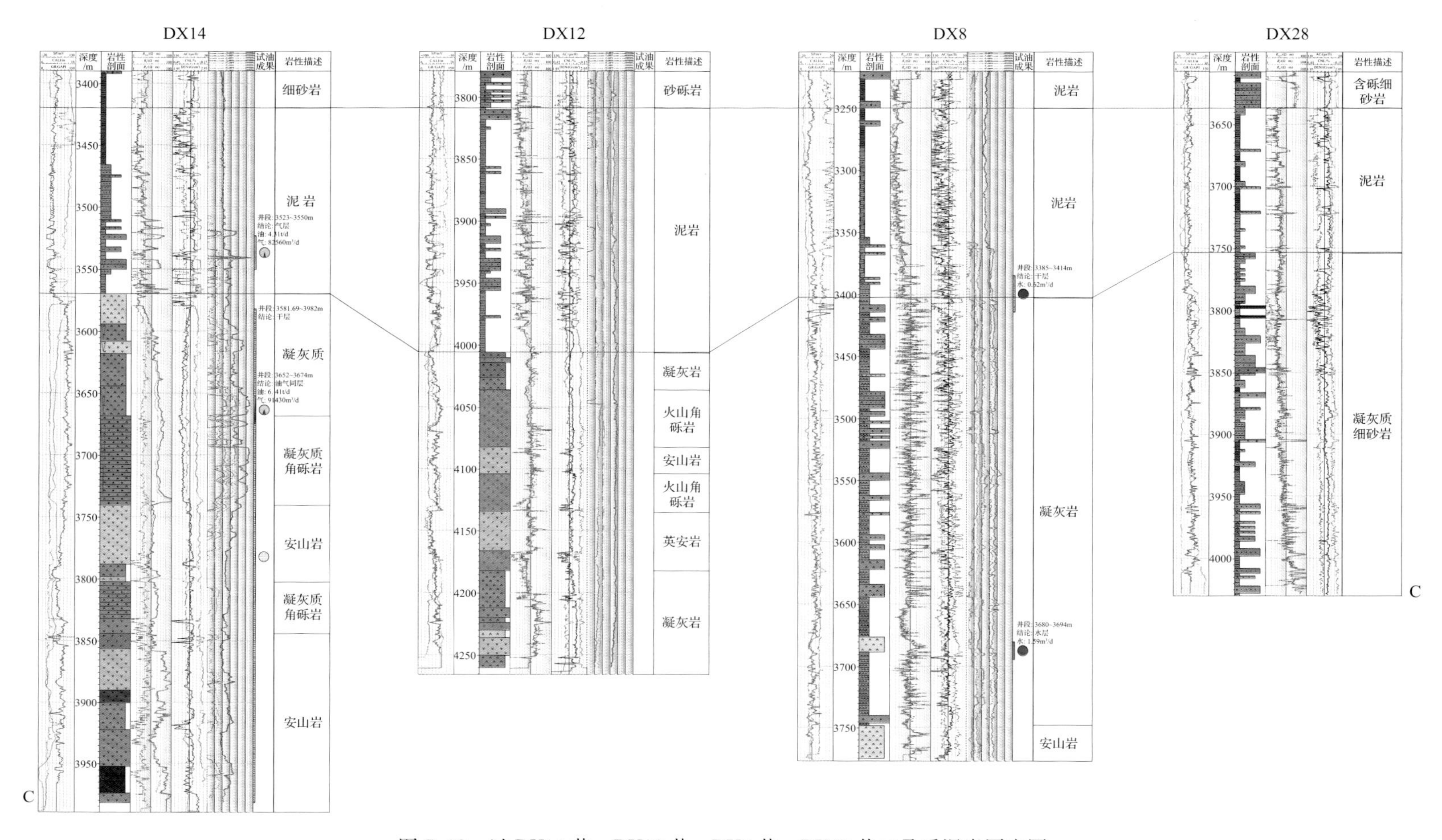

图 7.12　过 DX14 井—DX12 井—DX8 井—DX28 井二叠系泥岩厚度图

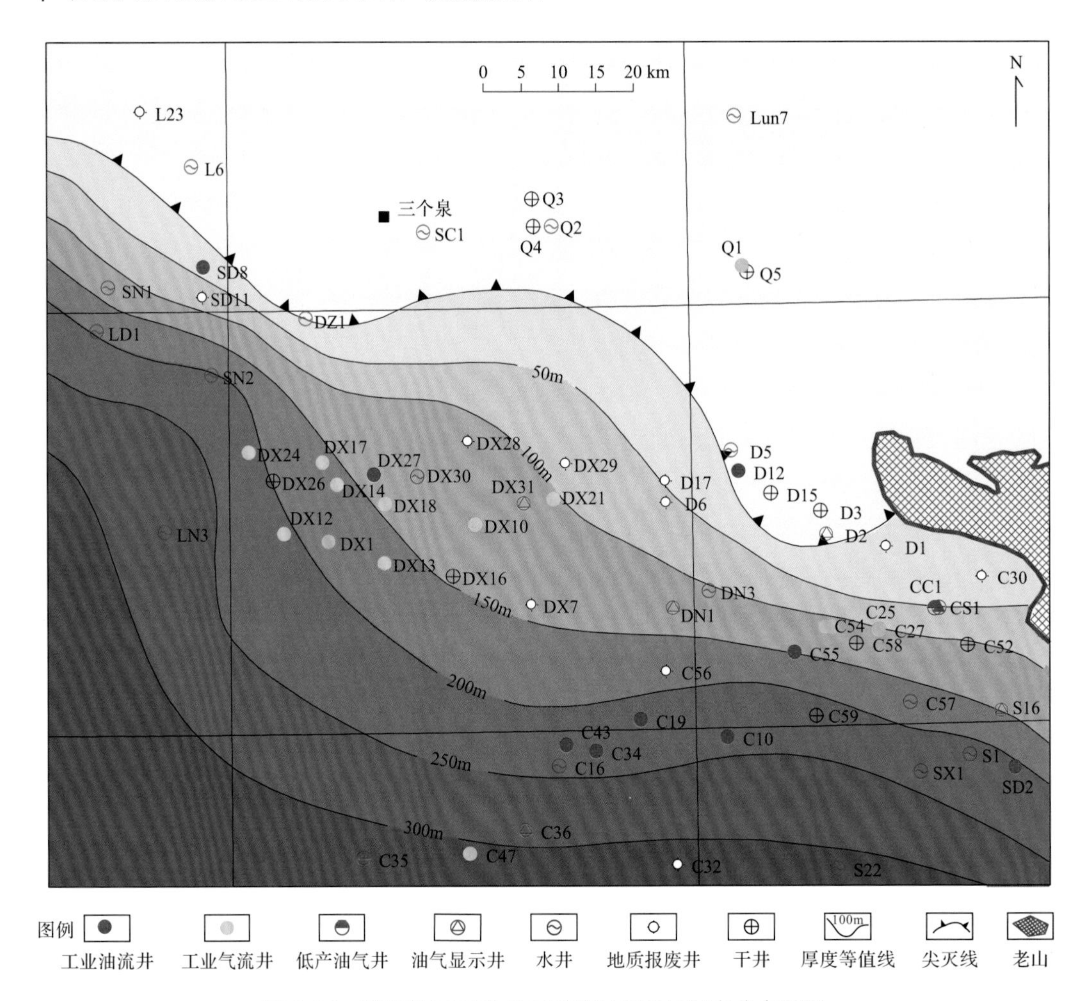

图 7.13 滴西地区石炭系上覆盖泥岩盖层厚度分布预测

五、凹陷内残余烃源岩

石炭系烃源岩主要分布于准东和盆地腹部地区，其主力烃源岩为下石炭统滴水泉组和上石炭统巴山组，石炭系烃源以深灰色泥岩和灰色泥岩为主，其次为凝灰岩、炭质泥岩、粉砂质泥岩和煤。下石炭统滴水泉组露头显示为一套陆相碎屑岩沉积，局部夹凝灰质泥岩及煤线，井下以深灰色泥岩、凝灰质泥岩为主，夹薄层煤，滴水泉主体沉积环境为滨海-滨岸-过渡相；上石炭统巴山组为一套火山碎屑岩、火山熔岩、沉凝灰岩和少量沉积岩，火山熔岩以基性玄武岩和中性安山岩为主，沉积环境为浅海-次深海。巴山组烃源岩为一套高丰度烃源岩，而滴水泉组烃源岩属于中等丰度烃源岩，巴山组烃源岩丰度高于滴水泉组烃源岩。滴水泉组与巴山组烃源岩有机质类型主要为II_2-Ⅲ型，但相对而言，下石炭统巴山组干酪根Ⅲ型比例更高。石炭系烃源岩成熟较高，其中下石炭统滴水泉组露头岩石R_o为 1.66%～2.26%(表 7.2)。

表 7.2　陆东-五彩湾地区石炭系烃源岩参数表

井号	岩性	TOC/%	R_o/%	源岩类型
C28	沉凝灰岩	1.52	1.3	Ⅲ
DX3	沉凝灰岩	0.46	1.46	Ⅲ
DX8	沉凝灰岩	4.04	0.8	Ⅲ
C2	泥岩	2.4	1.66	Ⅲ
C26	泥岩	1.27	1.44	$Ⅱ_2$
C28	泥岩	1.52	1.3	Ⅲ
CC1	泥岩	0.69	1.3	$Ⅱ_1$
CC2	泥岩	0.79	0.96	$Ⅱ_2$
D12	泥岩	10.7	1.67	Ⅲ
DX3	泥岩	0.27	1.46	Ⅲ
LN1	泥岩	1.03	0.8	$Ⅱ_2$
Q1	泥岩	2.37	0.5	Ⅲ
Q3	泥岩	1.38	0.78	$Ⅱ_1$

石炭系烃源岩分布广泛，五彩湾和陆南地区，钻井揭示厚度为 44～221m。巴山组分布于准东大井、帐北地区、石西、滴西和五彩湾，厚度为 2～191.5m。本书基于钻井揭示资料、野外露头剖面和地震资料(图 7.14)，研究绘制了陆东地区石炭系(包括下石炭滴水泉组和上石炭巴山组)烃源岩厚度预测图，石炭系烃源岩沉积中心位于研究区西北部三南凹陷附近，克拉美丽大气田和彩南气田所在地区烃源岩厚为 1000～1200m(图 7.15)。

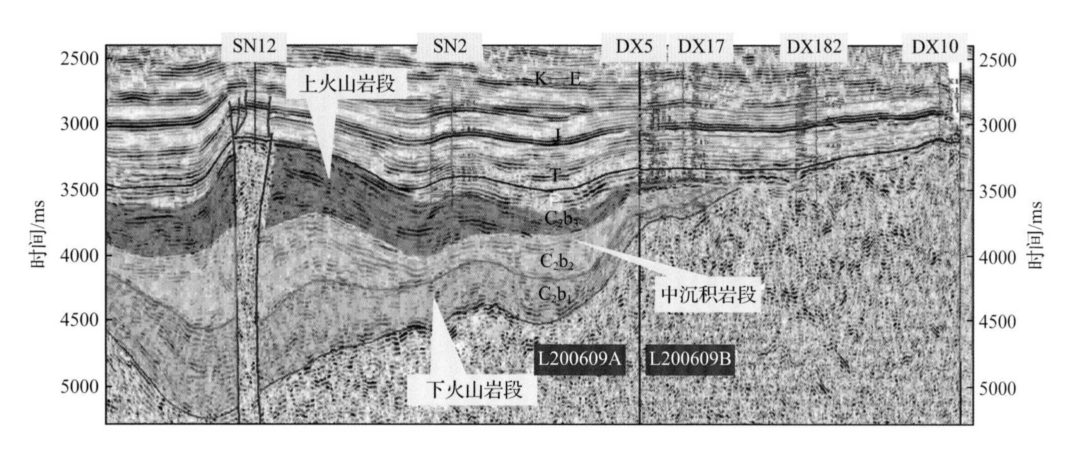

图 7.14　滴西地区石炭系火山岩地震剖面

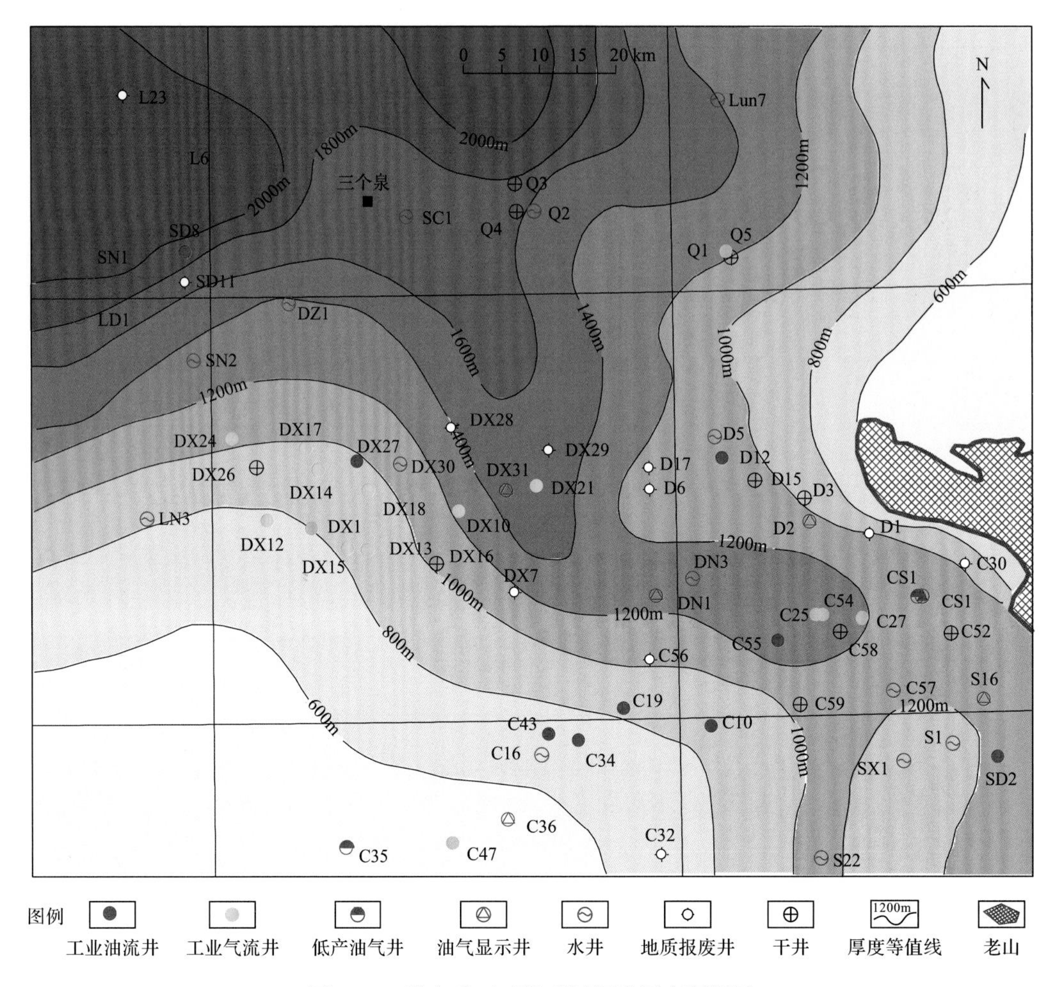

图 7.15 陆东地区石炭系烃源岩厚度预测图

新疆北部单个火山岩体规模较小，岩性、岩相平面变化大，具有与沉积岩“间互式”分布等特点，决定了火山岩储层平面非均质性强，油气在其中横向运移距离较短，主要围绕有效烃源岩区近源成藏，各残留凹陷具有相对独立含油气系统。断裂是纵向主要输导体系，沟通油源形成多套含油气层系，烃源岩区附近断裂带发育处风化壳是油气成藏有利区。马朗凹陷附近的牛东油田、滴水泉凹陷附近的克拉美丽气田、五彩湾凹陷附近的五彩湾气田均位于上石炭统有效烃源岩区附近。

盆地热模拟表明，石炭系烃源岩主要生气期为三叠纪—白垩纪，主要成藏期为燕山期（图 7.16）。地球化学分析表明，石炭系气藏主要源自石炭系烃源岩，天然气碳同位素表现出典型高-过成熟特性 $\delta^{13}C_1$：$-29.5‰\sim-31.0‰$，$\delta^{13}C_2$：$-24.2‰\sim-26.8‰$。该类自生自储内幕型火山岩油气藏多为油气短距离运移成藏，烃源岩和火山岩储层直接接触或靠断裂沟通。烃源岩内部发育的砂砾岩也可以成为有利储层，并形成自生自储砂砾岩油气藏，如上、下石炭统砂砾岩油气成藏组合。

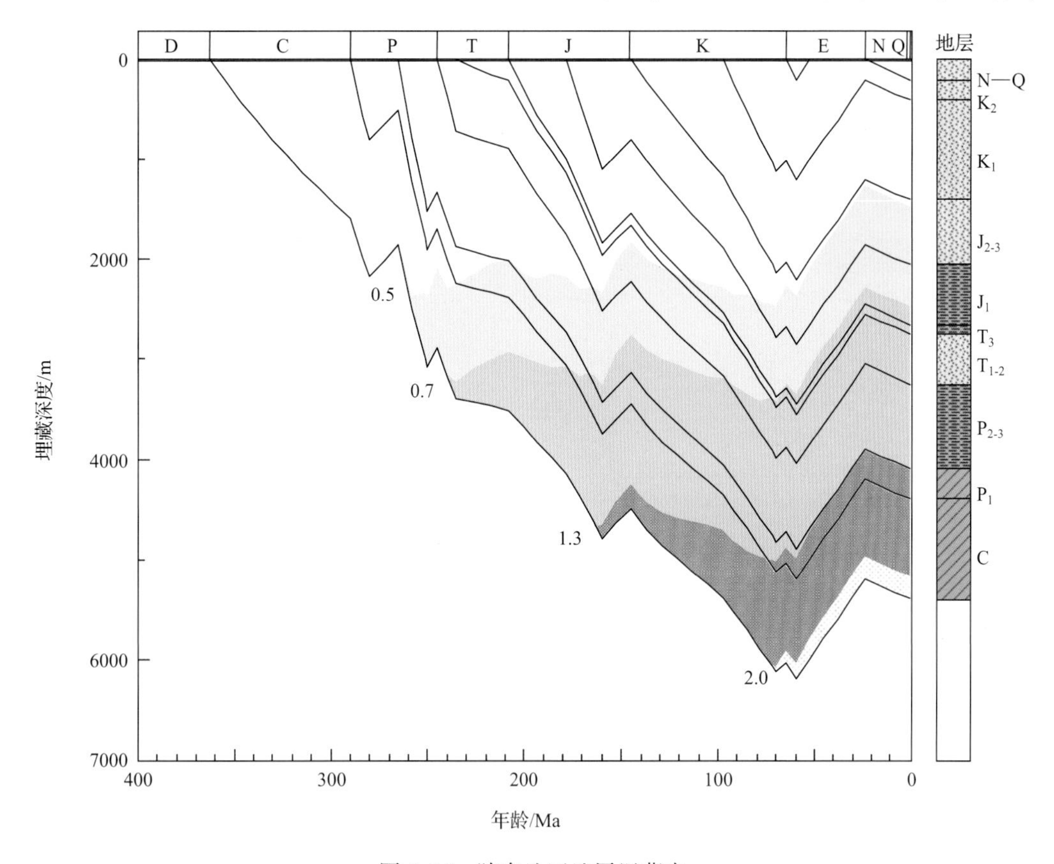

图 7.16　陆东地区地层埋藏史

第二节　石炭系火山岩气藏成藏规律

一、典型油气藏特征

滴西地区石炭系火山岩储层类型多样，在多种类型的火山岩中都发现了工业油气流。研究区石炭系天然气藏主要由四个气田组成，自西向东分别为：滴西 17 井区、滴西 14 井区、滴西 18 井区和滴西 10 井区。含气层储层岩性为：滴西 17 井区以玄武岩和安山岩为主；滴西 14 井区以火山角砾岩和凝灰岩为主；滴西 18 井区以花岗斑岩为主；滴西 10 井区以流纹岩和英安岩为主。各个气田代表井的特征如下。

1. DX17 井分析

DX17 井位于陆东地区西部，钻揭石炭系 526m，从钻揭石炭系的岩性看，上部为溢流相的玄武岩和安山岩等中基性火山岩，中部为爆发相的凝灰岩，下部为溢流相的霏细岩。含油气层系位于上部的玄武岩中，其中 3633～3642m 深度段产气 $14.8\times10^3 m^3/d$，产油 15.94t/d；3642～3670m 深度段产气 $25.1\times10^3 m^3/d$，产油 19.56t/d（图 3.9、图 7.17）。勘探结果表明，滴西 17 井区气藏高度为 285m，确定含气面积为 $21.94km^2$（图 7.18）。

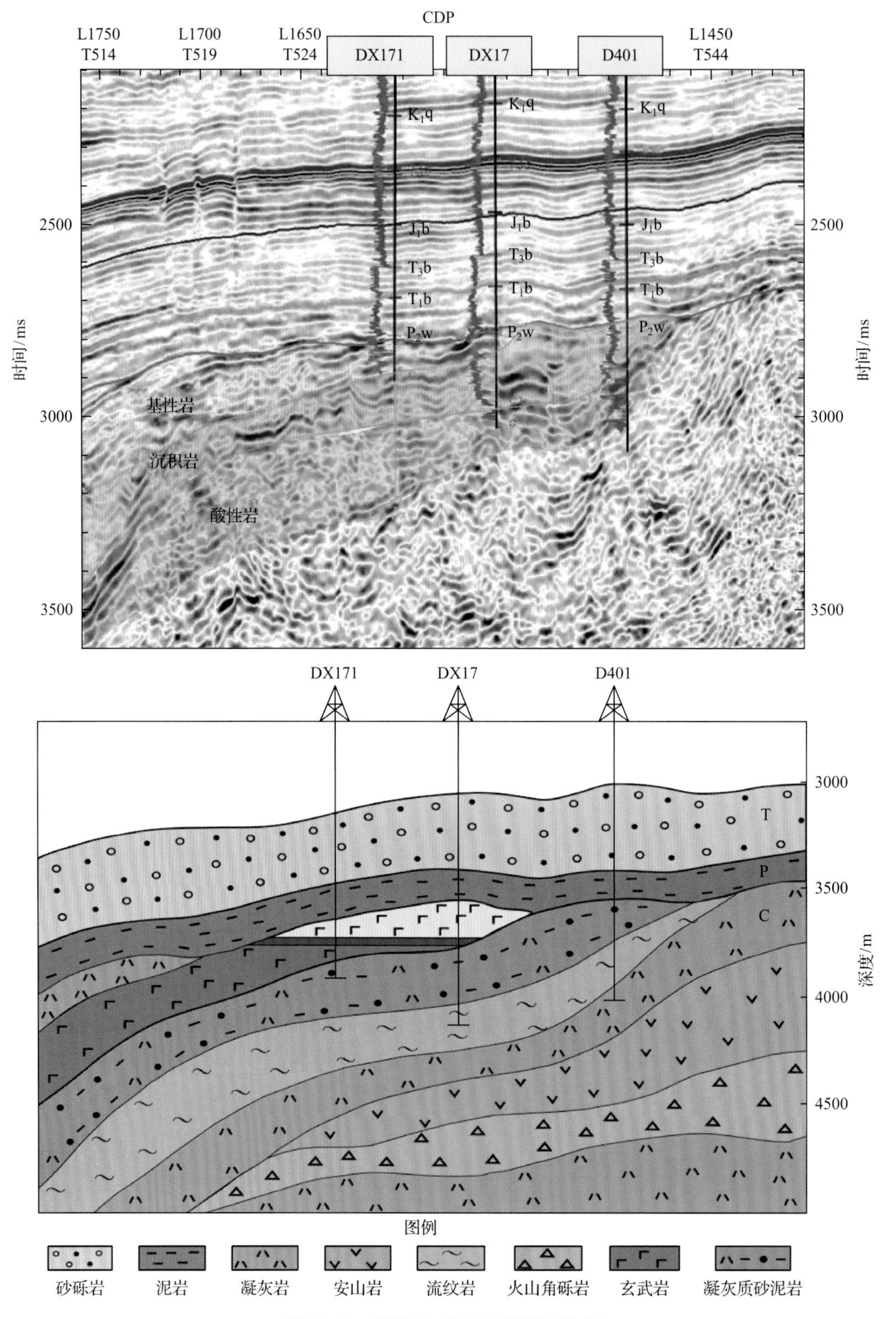

图 7.17　滴西 17 井油气藏剖面特征

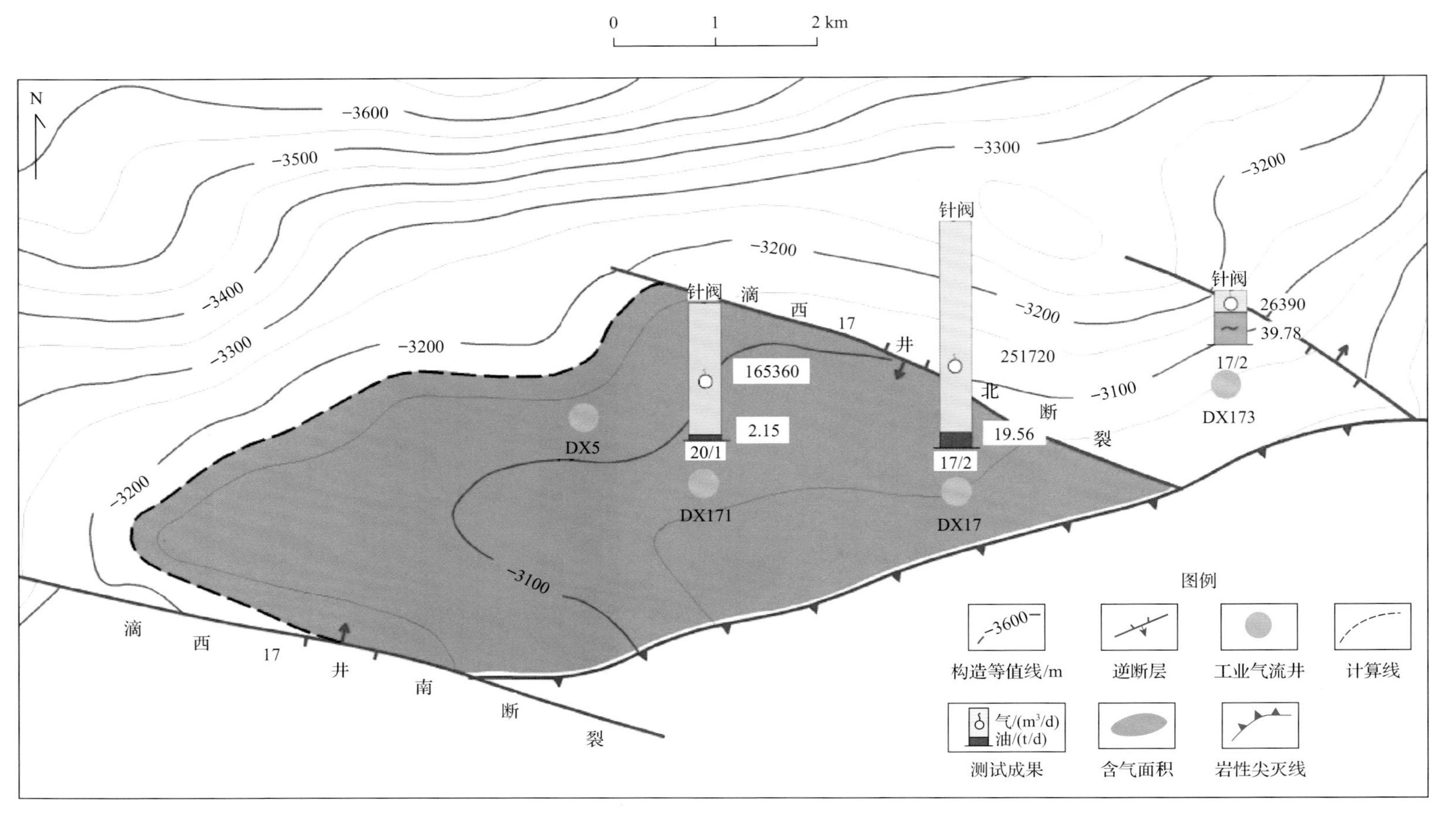

图 7.18　滴西 17 井区含气圈闭面积图

2. DX14 井分析

DX14 井位于陆东地区西部，钻揭石炭系 412m，石炭系岩性主要为凝灰岩、火山角砾岩及安山岩。从钻揭石炭系的岩性看，上部主要为爆发相的凝灰岩、凝灰质角砾岩，下部主要为溢流相的安山岩夹薄层爆发相的凝灰岩、凝灰质角砾岩。含油气层系位于上部凝灰岩和火山角砾岩中，其中 3652～3674m 深度段产油 6.41t/d，产气 $9.1\times10^3m^3/d$(图 3.10、图 7.19)。勘探结果表明，滴西 14 井区气藏高度为 430m，含气面积为 $22.78km^2$(图 7.20)。

3. DX18 井分析

DX18 井位于陆东地区中部，钻揭石炭系 637m，从钻揭石炭系的岩性看，中上部为侵出相的花岗斑岩，底部为爆发相的凝灰岩与沉积岩(不等粒砂岩、砂砾岩等)互层。含油气层系位于花岗斑岩中。气层厚度达到 70m，其中 3510～3530m 深度段产油 26.93t/d，产气 $25\times10^3m^3/d$(图 3.11、图 7.21)。勘探结果表明，滴西 18 井区气藏高度为 199m，含气面积为 $17.24km^2$(图 7.22)。

4. DX10 井分析

DX10 井位于陆东地区东部，钻揭石炭系 172.5m，从钻揭石炭系的岩性看，上部为爆发相的凝灰岩，顶部为沉积岩(泥岩)，中部为溢流相的英安岩、流纹岩，下部为爆发相凝灰岩、溢流相安山岩，该井的岩性变化非常快，表现为纵向上从下到上，出现中性、酸性、中酸性火山岩，夹有爆发相凝灰岩，顶部还出现泥岩。含油气层系位于中部溢流相的英安岩和流纹岩中，其中 2014～2048m 深度段产气 $20\times10^3m^3/d$；3070～2048m 深度段产气 $12\times10^3m^3/d$，产油 4.05t/d(图 3.12、图 7.23)。勘探结果表明，滴西 10 井区气藏高度为 230m，含气面积为 $15.2km^2$(图 7.24)。

地震资料解译、测井试油数据表明，同一生烃凹陷内，有利火山岩风化壳储层和必要泥岩盖层是研究区内火山岩成藏的关键要素。在上述对陆东地区典型油气藏特征分析的基础上，总结了该区的储盖组合特征。研究区火山岩成藏的储盖组合可以分为两类四种，分述如下。

(1) 二叠系凝灰岩为盖层，石炭系英安岩为储层。这种储盖组合以滴西 10 井区为代表，储层主要是上石炭统的英安岩，盖层为二叠系凝灰岩，储层的非均质性较强，储层物性差，孔隙类型由溶孔、晶间孔和裂缝组成(图 7.25)。

(2) 二叠系凝灰岩为盖层，石炭系火山角砾岩为储层。这种储盖组合以滴西 14 井区为代表，储层主要是上石炭统的火山角砾岩，盖层为二叠系凝灰岩，储层物性较好，非均质性中等。孔隙类型由粒间孔及微裂隙组成(图 7.26)。

(3) 二叠系泥岩为盖层，石炭系玄武岩为储层。这种储盖组合以滴西 17 井区为代表，储层主要是上石炭统的玄武岩，盖层为二叠系泥岩，储层物性中等，渗透率低，非均质性较强。孔隙类型由气孔、溶孔和裂缝组成(图 7.27)。

(4) 二叠系泥岩为盖层，石炭系花岗岩为储层。这种储盖组合以滴西 18 井区为代表，储层主要是上石炭统的花岗岩，盖层为二叠系泥岩，储层物性较差，非均质性中等，气层厚度大。孔隙类型由溶孔、晶间孔和微裂缝组成(图 7.28)。

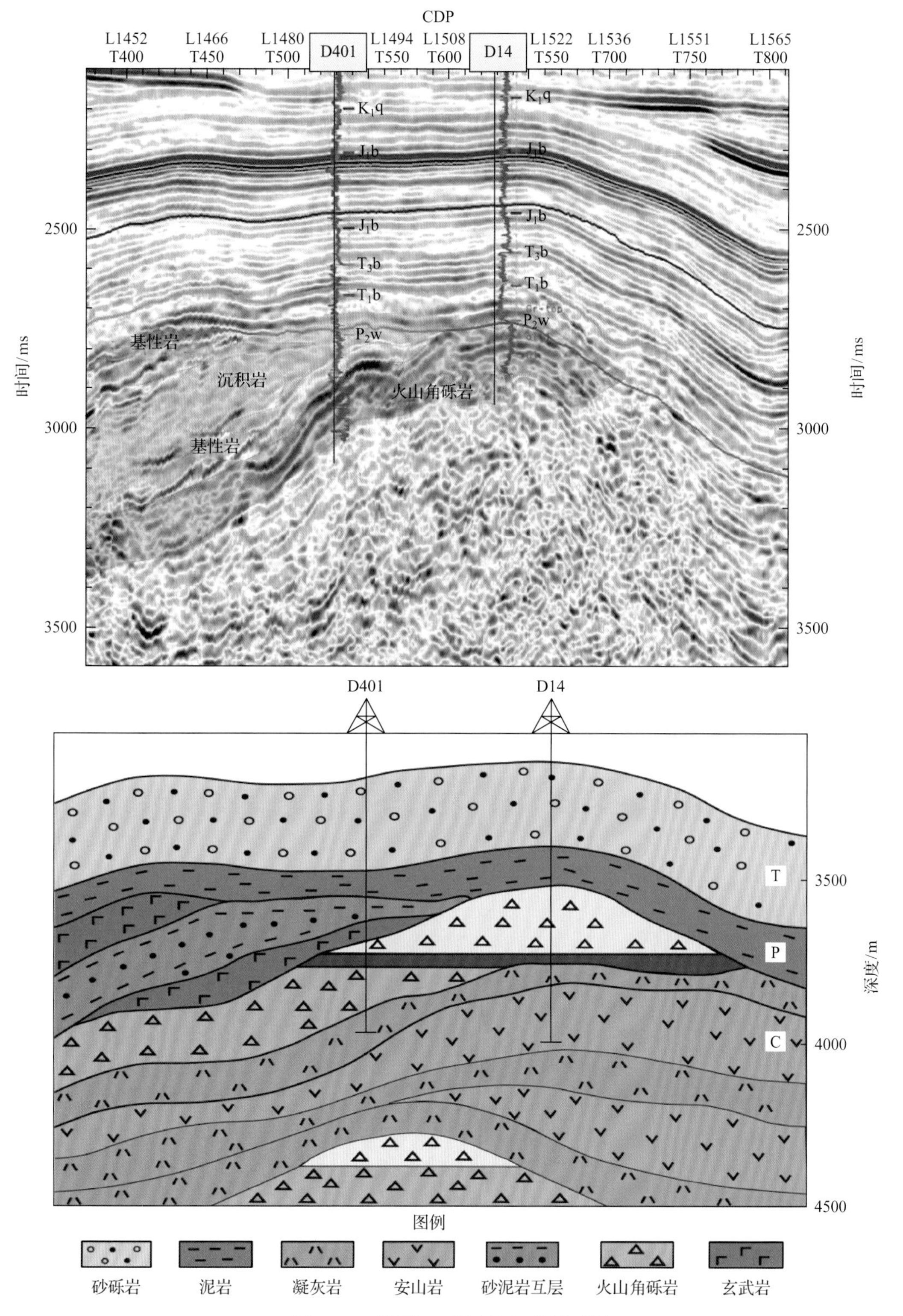

图 7.19　滴西 14 井区油气藏剖面图

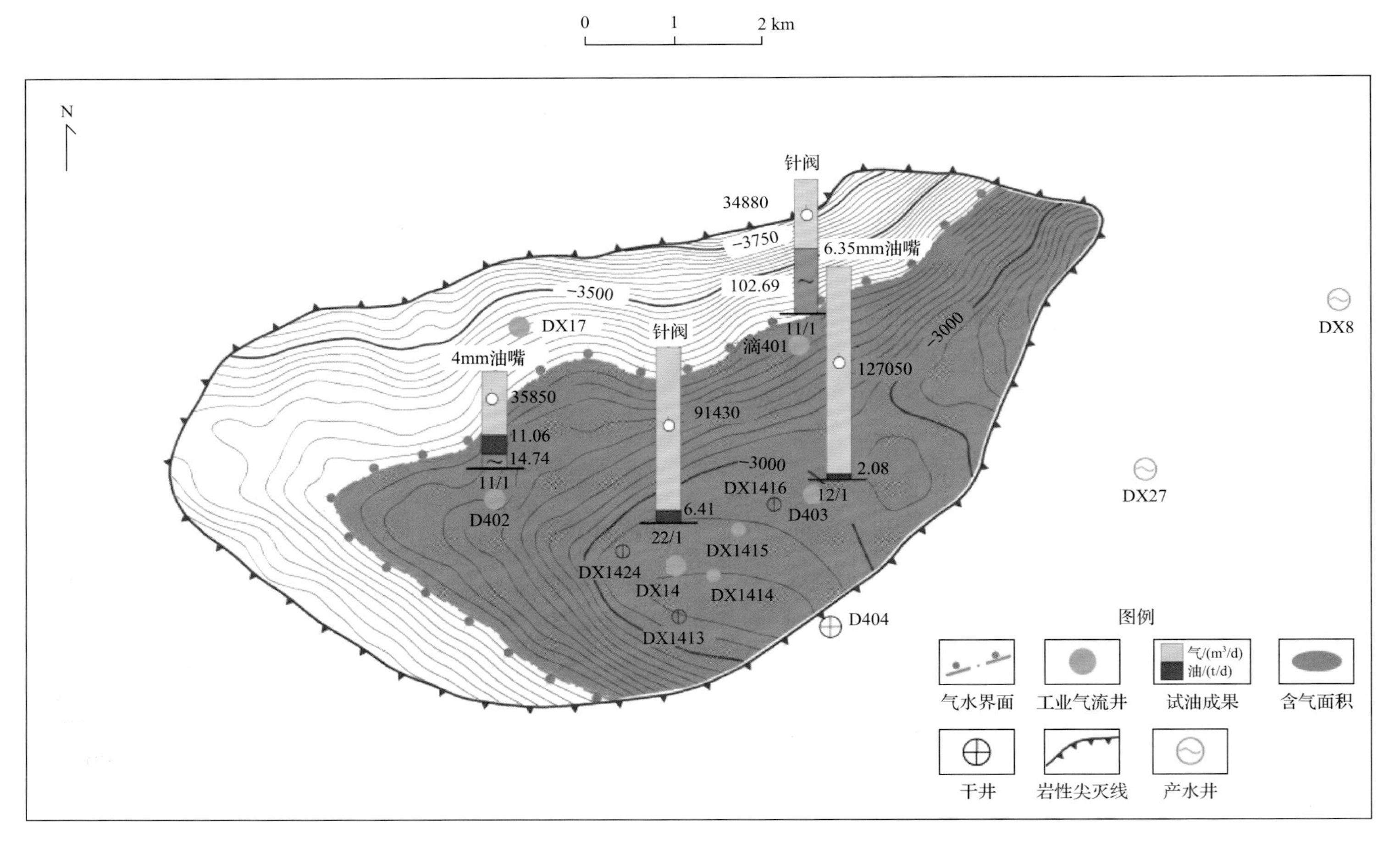

图 7.20 滴西 14 井区含气圈闭面积图

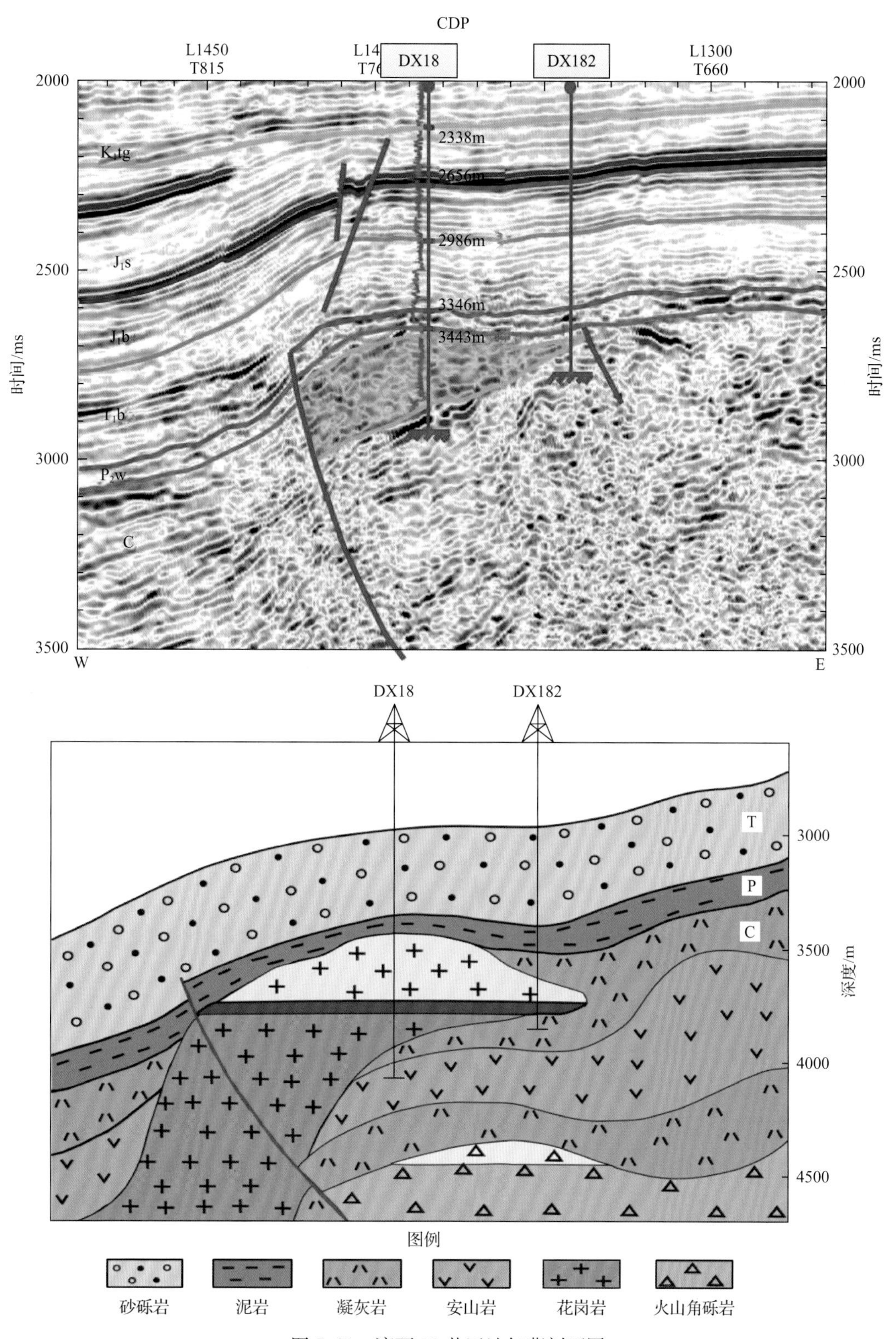

图 7.21　滴西 18 井区油气藏剖面图

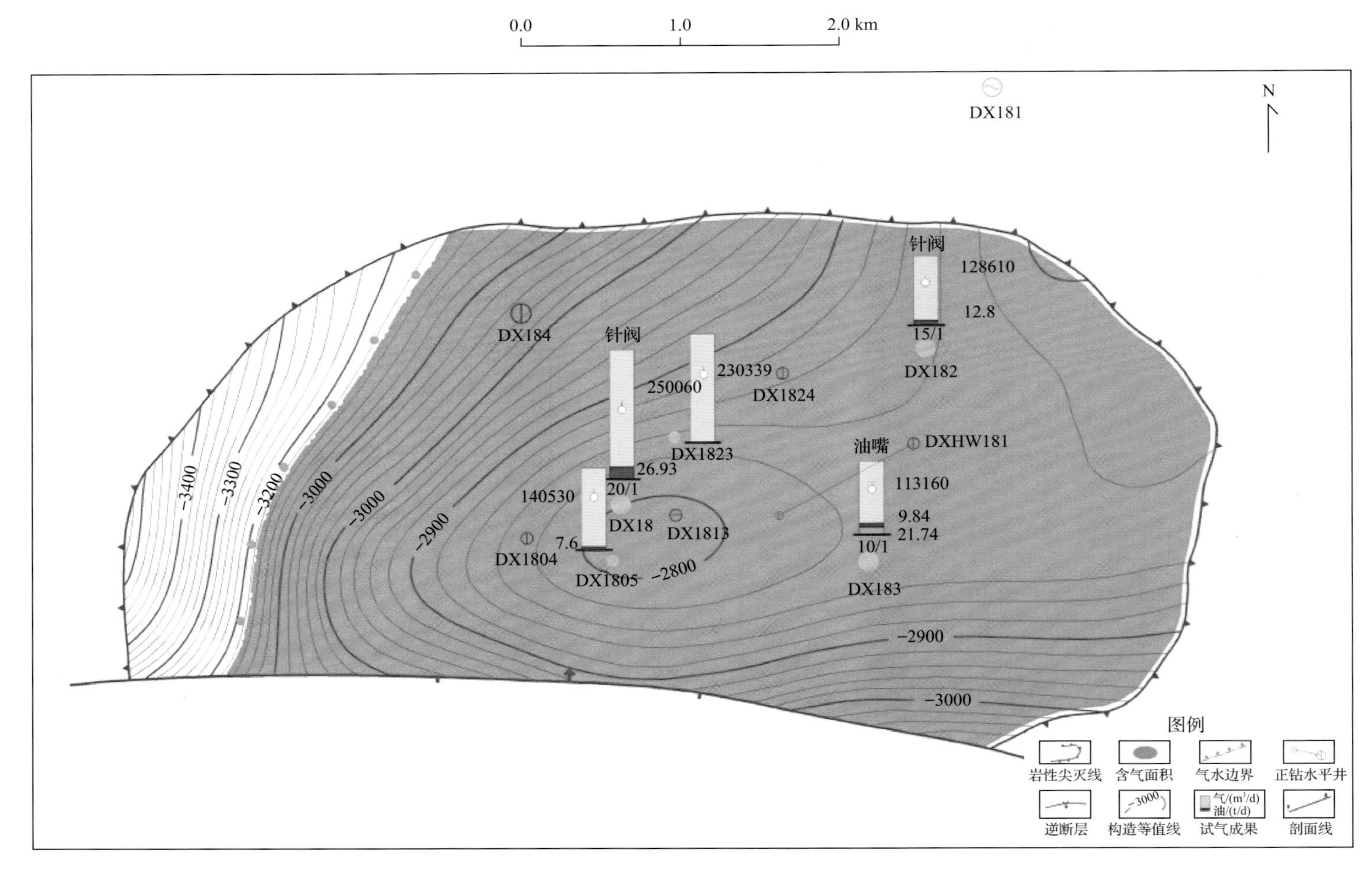

图 7.22　滴西 18 井区含气圈闭面积图

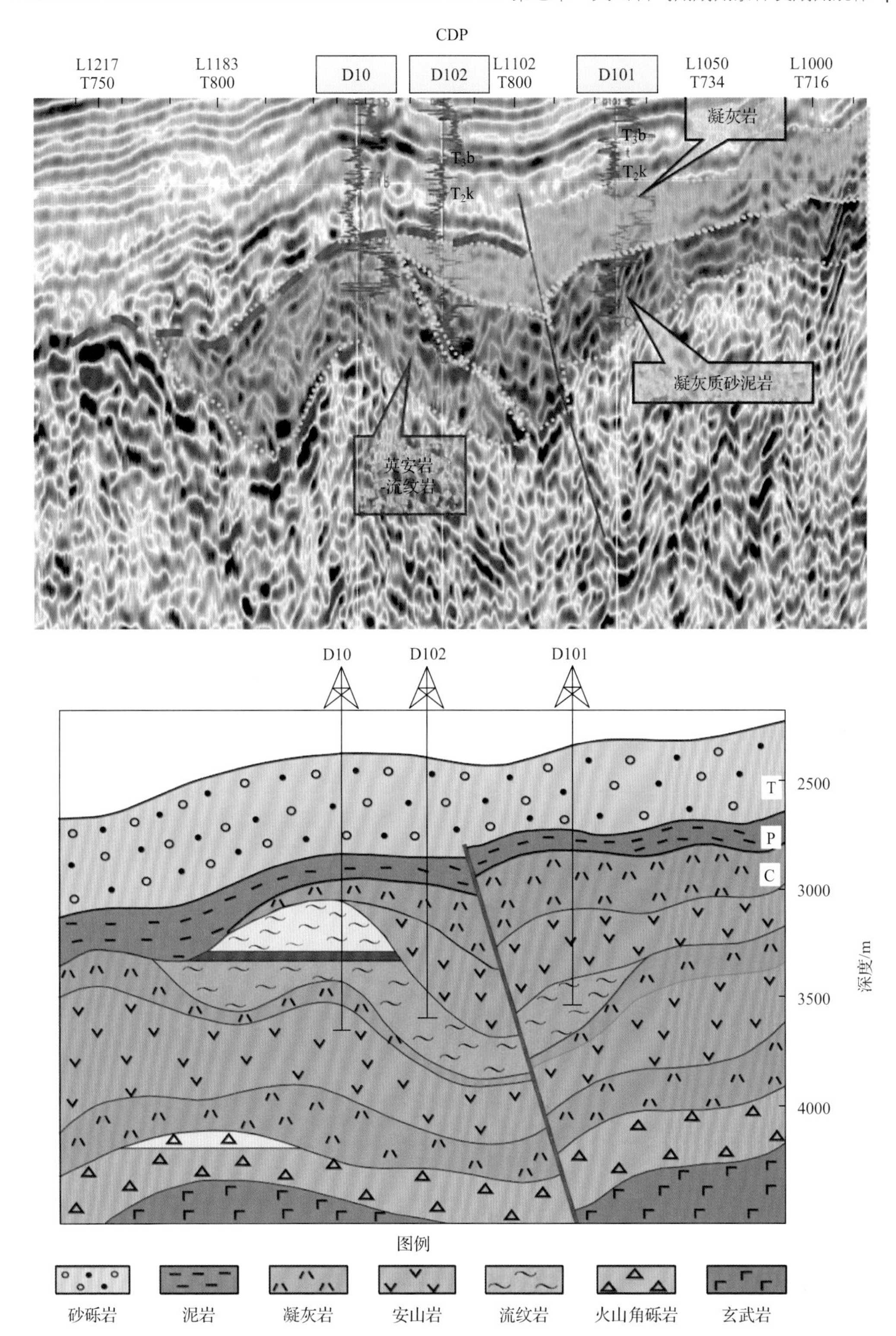

图 7.23 滴西 10 井区油气藏剖面图

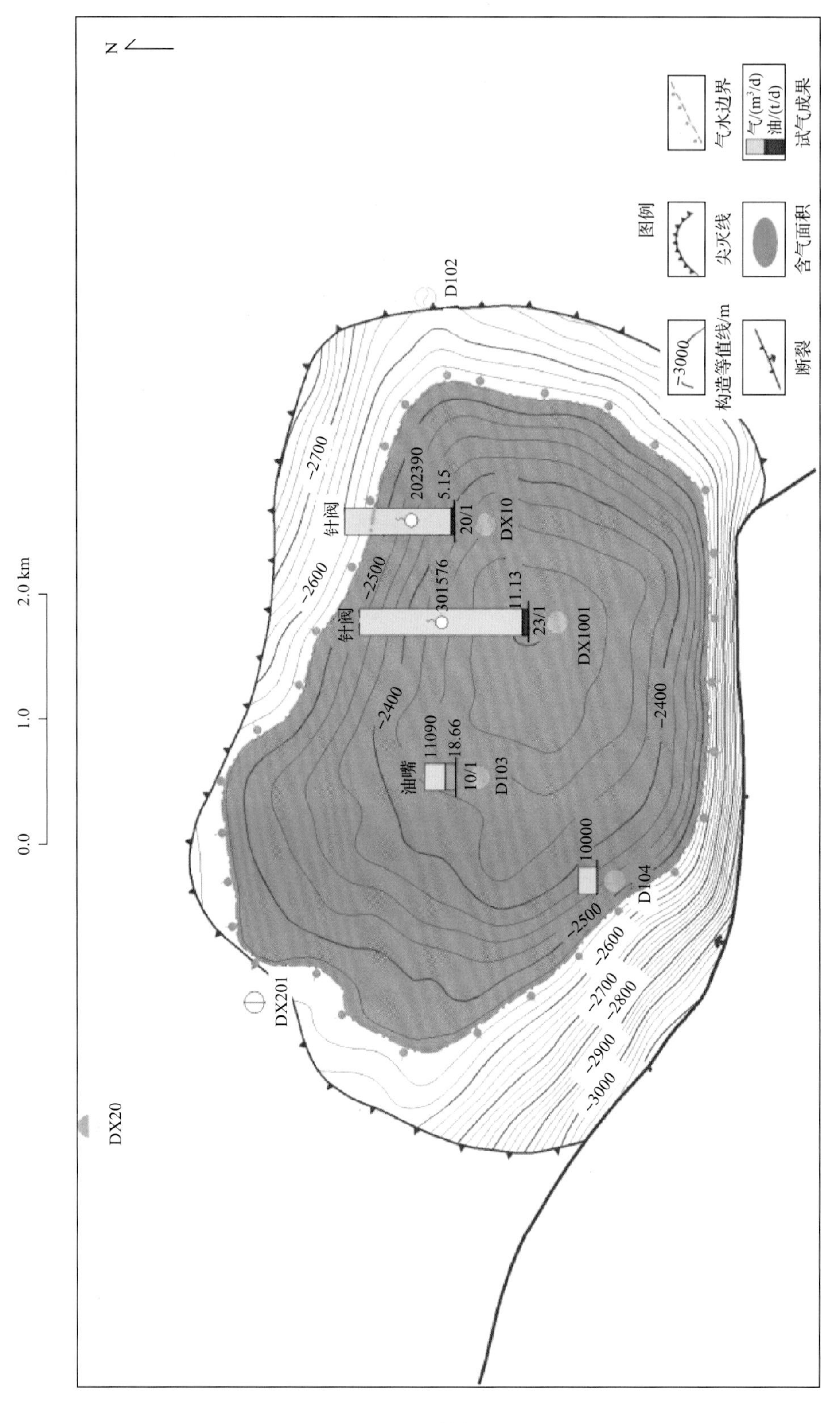

图 7.24　滴西 10 井区含气圈闭面积图

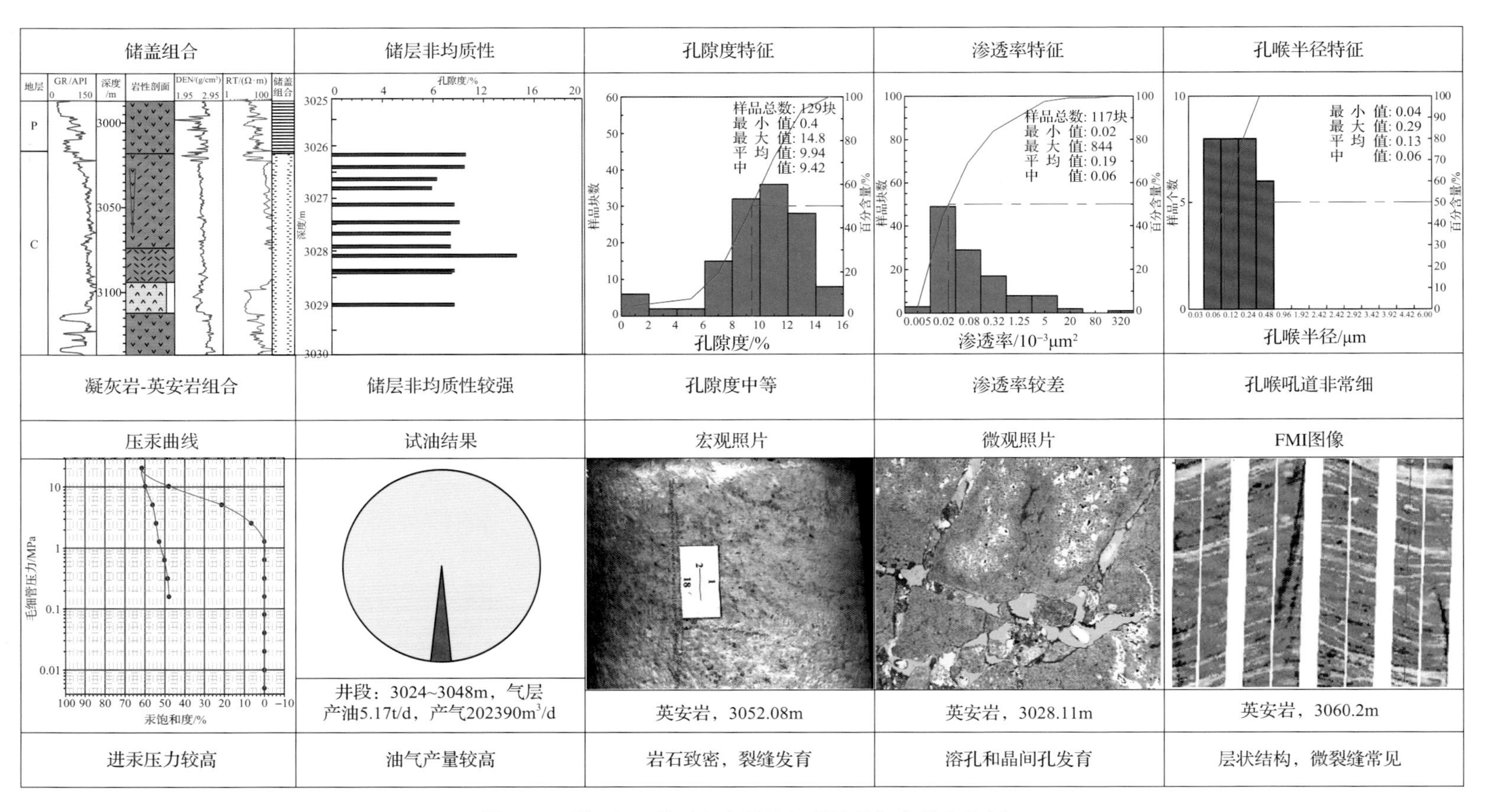

图 7.25　滴西 10 井区火山岩油气藏储盖组合综合特征

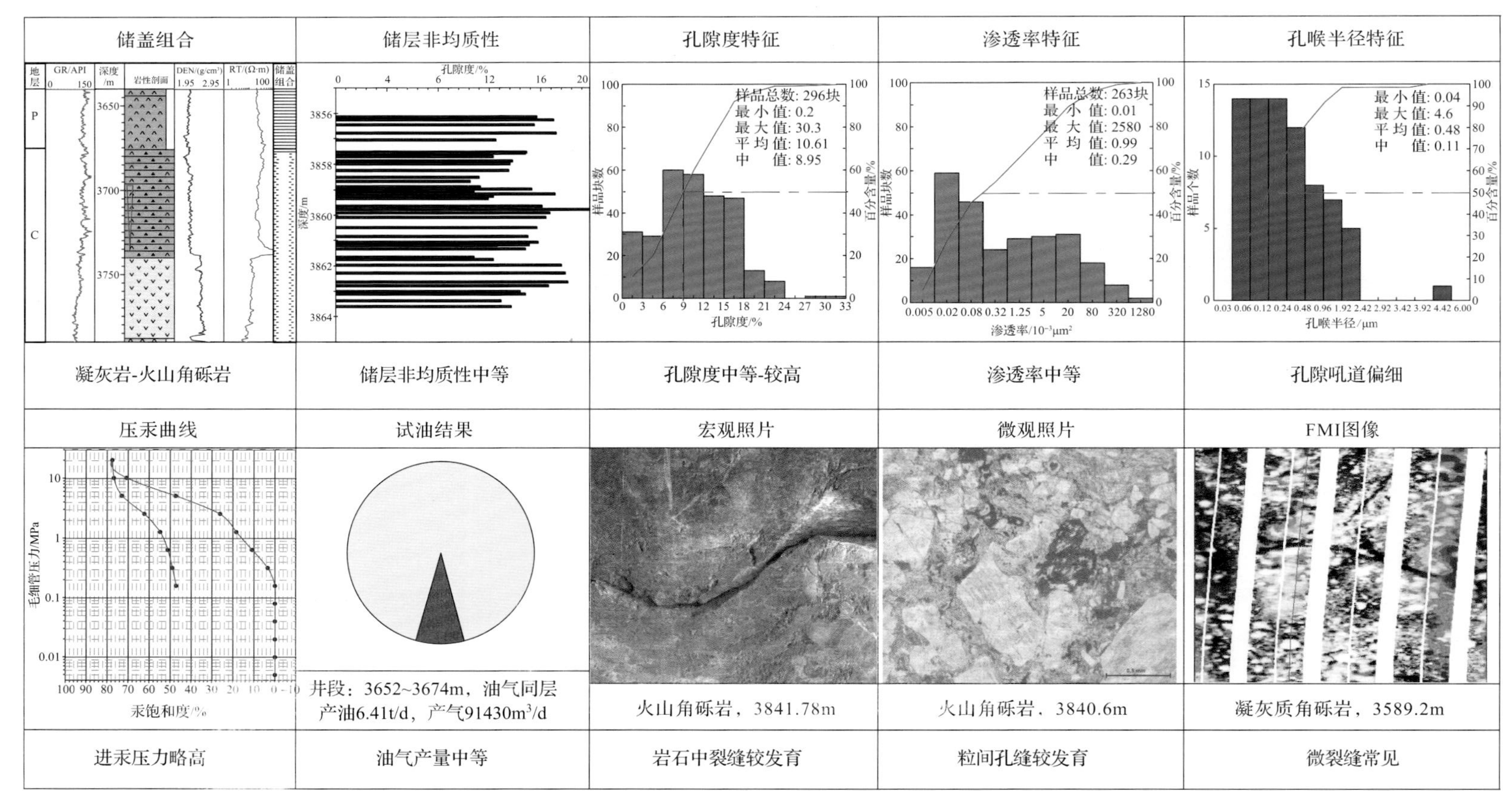

图 7.26 滴西 14 井区火山岩油气藏储盖组合综合特征

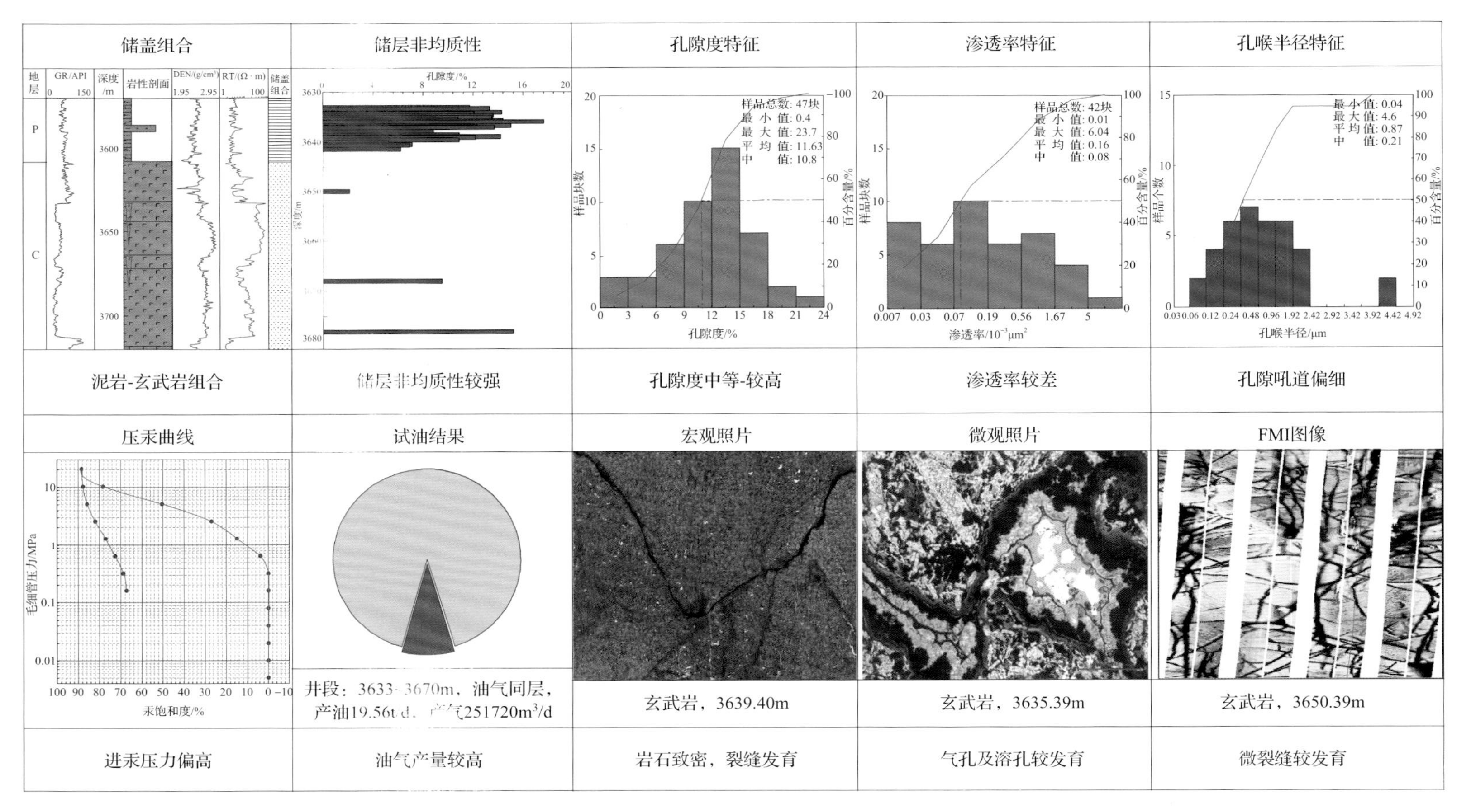

图 7.27　滴西 17 井区火山岩油气藏储盖组合综合特征

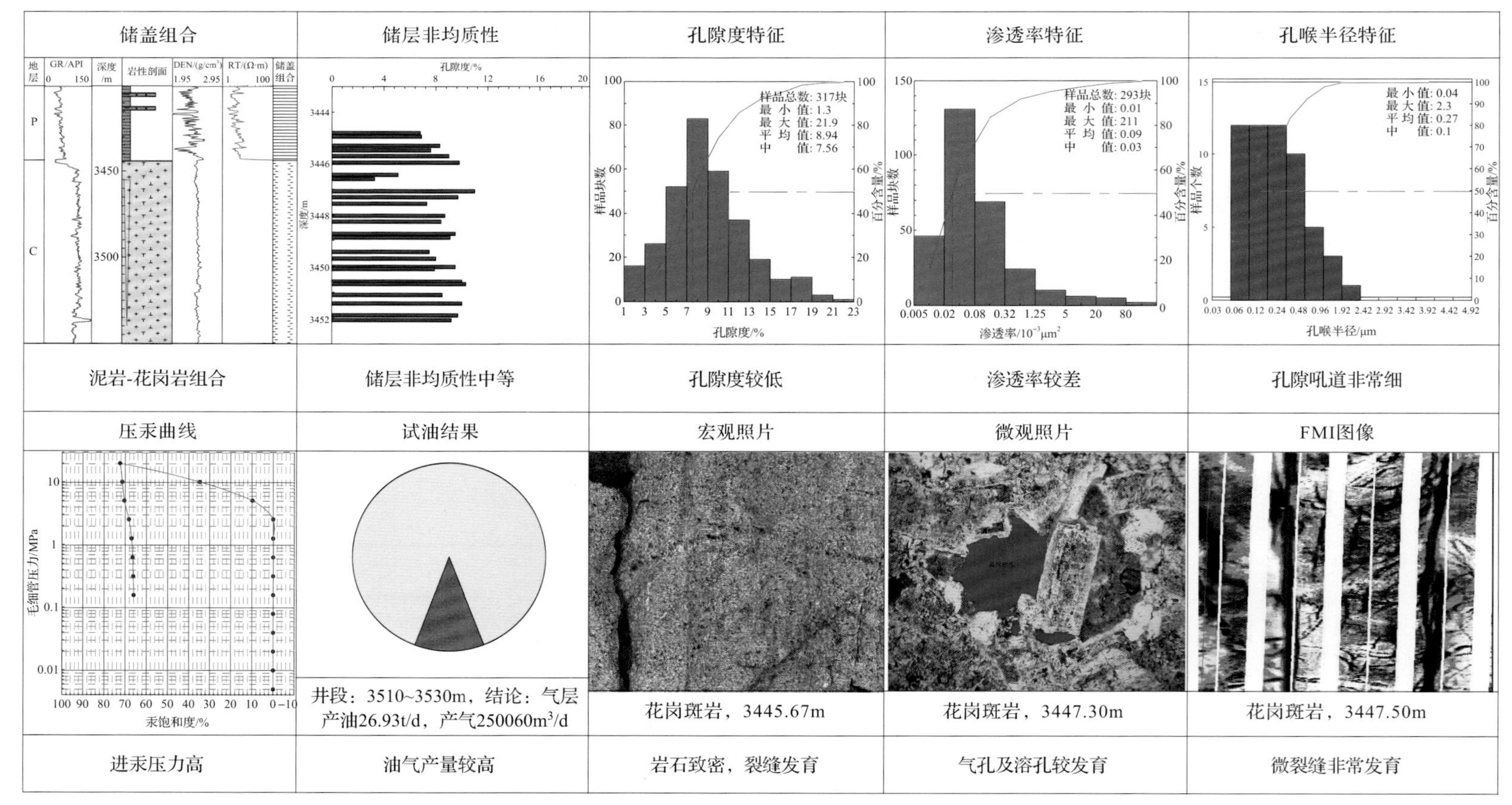

图 7.28　滴西 18 井区火山岩油气藏储盖组合综合特征

二、火山岩气藏成藏规律

在对研究区火山岩成藏主控因素研究的基础上，结合研究区火山岩储层的特征，即在形成阶段—风化淋滤—埋藏构造—溶蚀改造—油气聚集五个阶段，不同类型火山岩在各阶段所受成岩作用的强度不同，造成其储层物性及孔隙类型差异。综合研究区的构造背景特征，建立了火山岩成岩演化-油气成藏发育模式(图 7.29)。研究认为，在火山岩不同的成岩演化阶段，对不同类型的火山岩来说，其成岩作用强度不同，从而造成了不同类型火山岩在储层物性、储集空间等方面存在差异，导致形成不同类型的油气藏。在火山岩形成阶段，酸性火山岩受到的成岩作用弱，其他两种火山岩受到的成岩作用强；风化淋滤阶段，中基性火山岩—酸性火山岩—火山角砾岩，受到的成岩作用强度为强—中—弱；埋藏构造阶段，火山角砾岩受到的成岩作用强，其他两种火山岩受到的成岩作用中等；溶蚀改造阶段，中基性火山岩—酸性火山岩—火山角砾岩，受到的成岩作用强度为弱—强—中；油气聚集阶段，中基性火山岩—酸性火山岩—火山角砾岩，受到的成岩作用强度为中—弱—强。因此，在油气聚集成藏阶段，中基性火山岩往往发育以孔隙型、孔隙-裂缝型为主的储集空间，油气聚集于火山岩气孔中，并在裂缝的沟通下成藏；酸性火山岩往往发育孔隙-裂缝型、裂缝型为主的储集空间，油气聚集于火山岩裂缝及孔隙中成藏；火山角砾岩的储集空间往往最好，往往发育孔隙型、裂缝型、孔隙-裂缝型、裂缝-孔隙型储集空间，油气在孔隙和裂缝中聚集成藏。

陆东地区火山岩的喷发形成、成岩演化、油气聚集成藏具有多期喷发、多种成岩演化、晚期抬升遭受风化等特征，基于测井与地震资料，并结合火山岩岩性、岩相、储层发育特征和成藏主控因素研究，可划分为四个阶段(图 7.30)。

石炭纪期间，准噶尔地区经历了多岛洋不断闭合、多岛弧不断碰撞的历史，陆梁地区作为独立的增生楔盆地表现为克拉美丽洋俯冲下的火山作用。维宪期—早纳缪尔期，陆梁地区进入火山活动间歇期，研究区广泛发育滴水泉组海陆过渡相泥岩，为石炭系烃源岩发育提供必要条件，期间火山口区仍然继承性发育火山碎屑岩和凝灰岩[图 7.30(a)]。纳缪尔中期，陆梁地区再次进入火山喷发期，爆发相火山角砾岩在构成高点沉积，凝灰岩(或沉凝灰岩)广泛发育，滴西地区东部发育溢流相酸性岩(如流纹岩、英安岩)，西部则以中基性玄武岩、安山岩为主[图 7.30(b)]。纳缪尔晚期，陆梁地区经历火山作用活跃期，持续多期次火山活动使爆发相火山角砾岩与溢流相火山熔岩沿火山机构高点向低处发育，而侵入相花岗斑岩和花岗岩沿构造薄弱带发育[图 7.30(c)]。晚石炭世维斯法期，克拉美丽洋开始闭合，研究区火山作用逐渐减弱并最终进入火山间歇期，区域内经历了强烈挤压抬升，巴山组火山岩露出海面接受风化淋滤，发育为区域性火山岩风化壳，期间伴随着广泛的断裂活动，有效改善了火山岩内部渗流疏导体系[图 7.30(d)]，同时二叠纪区域性泥岩不整合覆盖于石炭系火山岩之上，为火山岩风化壳储层提供了必要盖层保存。研究区的烃源岩发育、火山岩多期喷发、风化淋滤、泥岩盖层、埋藏构造、油气聚集等阶段组成了该区石炭系火山岩油气成藏的要素。

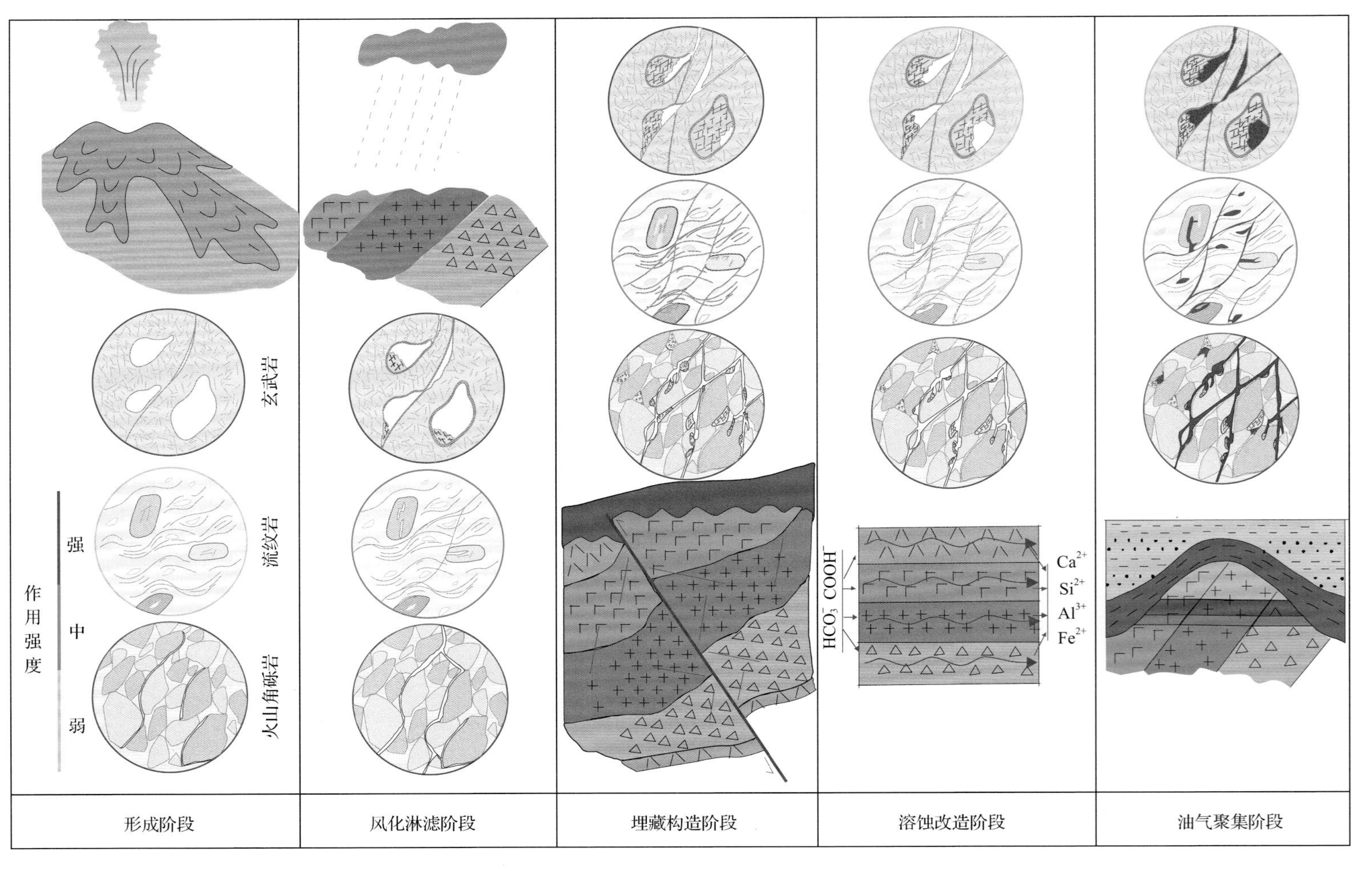

图 7.29　陆东地区石炭系火山岩成岩演化-油气成藏发育模式

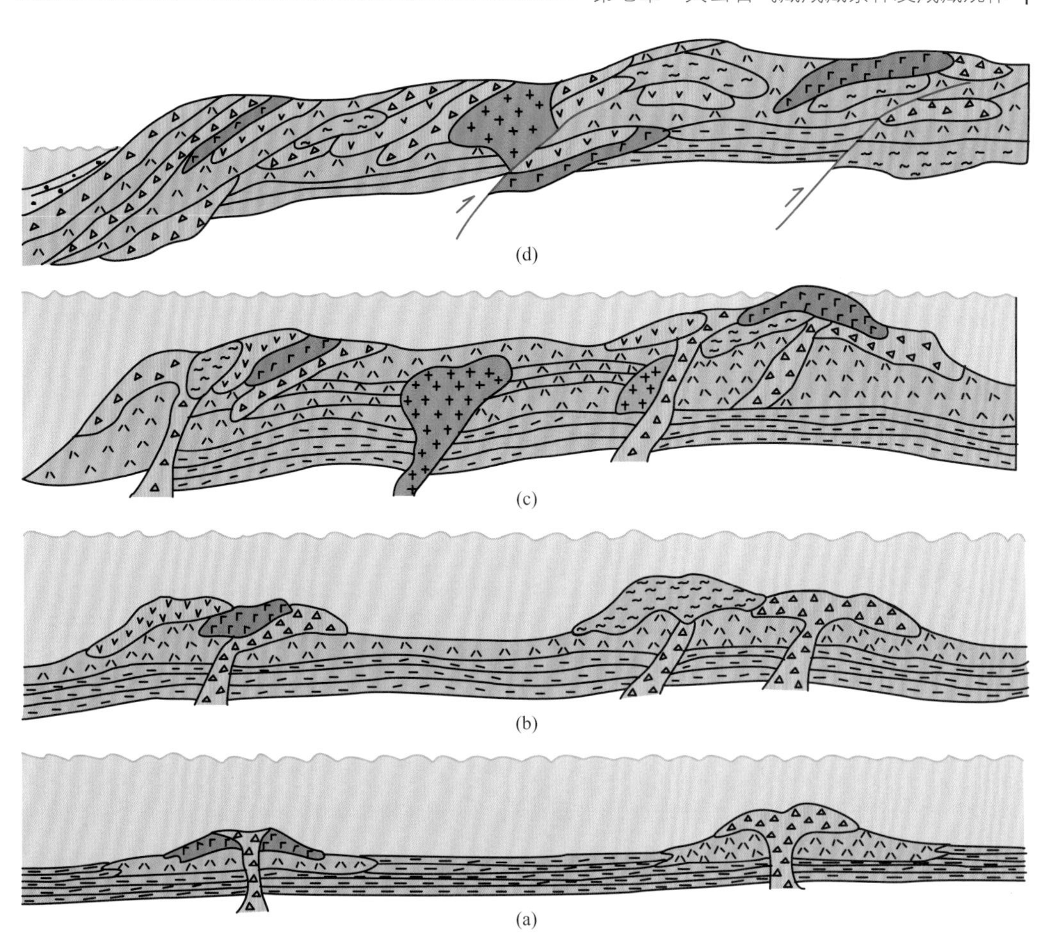

图 7.30 陆东地区石炭系火山岩油气藏形成发育模式

在上述研究的基础上,结合陆东地区石炭系火山岩气藏的特征,建立了滴西地区和五彩湾地区油气成藏模式,总结其成藏规律。石炭纪期间,准噶尔盆地作为独立的增生楔盆地,克拉美丽洋俯冲下的火山作用强烈,爆发相的火山角砾岩在地表构成高点,凝灰岩与沉凝灰岩均广泛发育,滴西地区东部发育溢流相酸性岩(流纹岩和英安岩),西部以中基性的玄武岩和安山岩为主,而侵入相花岗斑岩与花岗岩均沿构造薄弱带发育。该区广泛发育滴水泉组和巴山组海陆过渡相泥岩,为石炭系烃源岩的发育提供了必要条件。之后克拉美丽洋闭合,研究区火山作用逐渐减弱并最终进入火山间歇期,区域内经历了强烈的挤压抬升作用,巴山组火山岩露出海面接受风化淋滤,发育为区域性火山岩风化壳,期间伴随着广泛的断裂活动,有效改善了火山岩内部的渗流输导体系。二叠系泥岩和石炭系凝灰岩覆盖于火山岩储层之上,为火山岩风化壳储层提供了必要的盖层保存条件。油气藏往往形成于火山岩风化壳的顶部,大致以岩体为边界分布(图 7.31)。五彩湾地区与滴西地区相似,油气藏主要发育于石炭系火山岩的风化壳储层中。晚石炭世准东地区经历了强烈的褶皱隆起构造运动,使上石炭统火山岩体整体抬升,构造应力局部集中发育区产生断裂,主断裂伴生次级断裂,次级断裂伴生裂缝,对改善储层物性和形成断层圈闭均起到了重要作用。该区火山岩的成藏类型主要有三种:构造背景下的岩性成藏、火山岩内幕的相控成藏、火山岩地层成藏(图 7.32)。

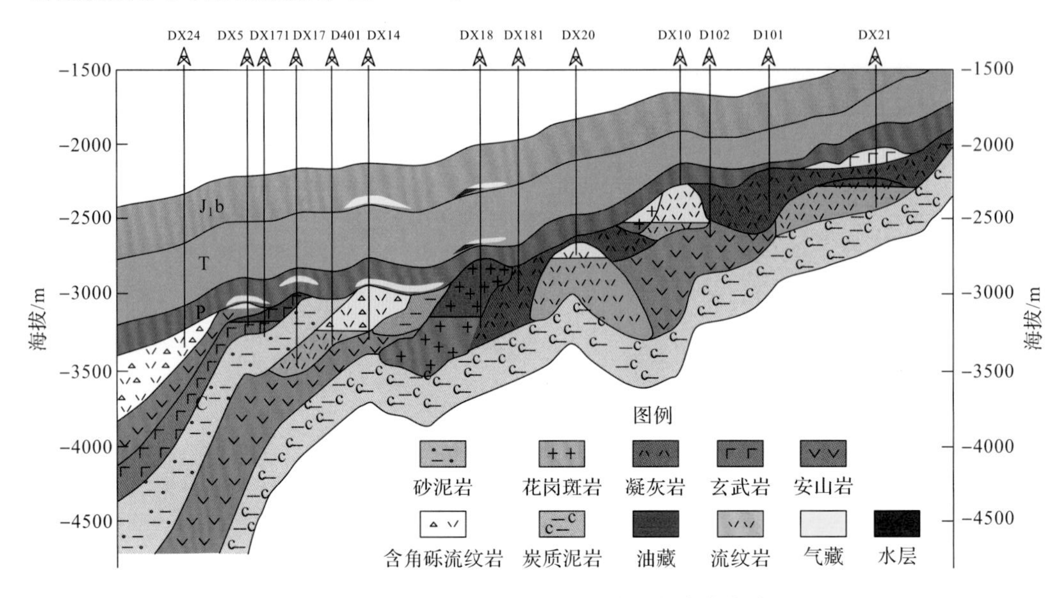

图 7.31　滴西地区石炭系火山岩油气成藏模式

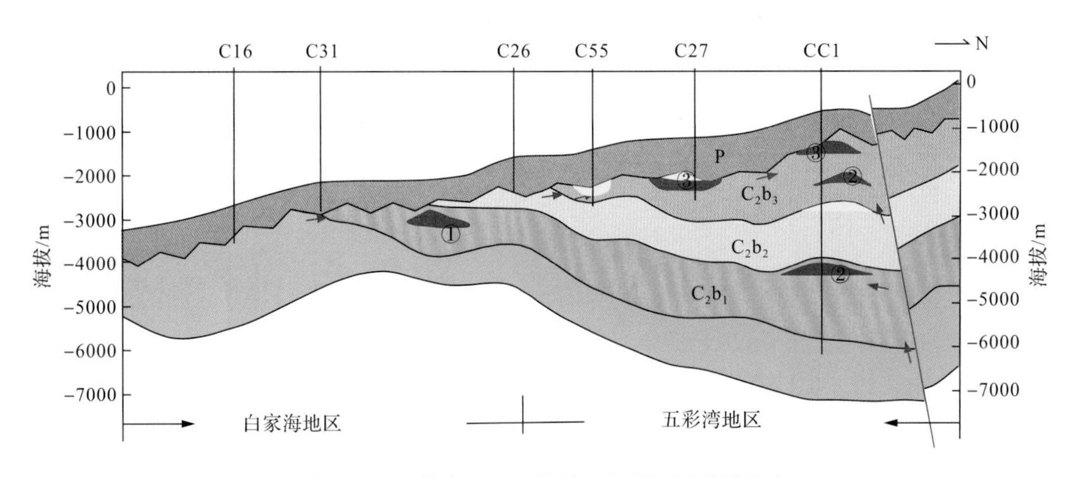

图 7.32　五彩湾地区石炭系火山岩油气成藏模式
①构造背景上的岩性成藏;②火山岩内幕相控成藏;③火山岩地层成藏

综上所述,准噶尔盆地陆东地区石炭系火山岩的油气成藏规律可以概括为:构造抬升和风化淋滤作用造成了火山岩风化壳的广泛发育,形成的火山岩风化壳储层为油气聚集提供了储集空间;大范围石炭系烃源岩的发育为油气的生成提供了基础和保障;构造作用控制下的断裂和裂缝的发育既沟通了油源和储层,形成了油气运移通道,又促进了火山岩储层的溶蚀作用的发育,与溶蚀孔隙一起扩大了储集空间;二叠系盖层的广泛分布为油气保存提供了保障。

参考文献

蔡忠贤，陈发景，贾振远. 2000. 准噶尔盆地的类型和构造演化[J]. 地学前缘，7(4)：431-440.

岑芳，罗明高，姚鹏翔. 2005. 深埋藏火山岩高孔隙形成机制探讨[J]. 西南石油学院学报，27(3)：8-11.

陈发景，汪新文，汪新伟. 2005. 准噶尔盆地的原型和构造演化[J]. 地学前缘，12(3)：77-89.

陈欢庆，胡永乐，赵应成，等. 2012. 火山岩储层地质研究进展[J]. 断块油气田，19(1)：75-79.

陈庆，张立新. 2009. 准噶尔盆地西北缘石炭系火山岩岩性岩相特征与裂缝分布关系[J]. 现代地质，23(2)：305-312.

陈世加，陈雪，路俊刚，等. 2011. 准噶尔盆地滴北凸起天然气来源及成藏特征[J]. 天然气地球科学，22(1)：97-101.

陈新，卢华复，舒良树，等. 2002. 准噶尔盆地构造演化分析新进展[J]. 高校地质学报，8(3)：257-267.

陈学国. 2012. 准噶尔盆地石炭系烃源岩地球化学特征研究[J]. 西安石油大学学报(自然科学版)，27(6)：12-18.

达江，胡咏，赵孟军，等. 2010. 准噶尔盆地克拉美丽气田油气源特征及成藏分析[J]. 石油与天然气地质，31(2)：187-192.

杜金虎，赵泽辉，焦贵浩，等. 2012. 松辽盆地中生代火山岩优质储层控制因素及分布预测[J]. 中国石油勘探，(4)：1-7.

范存辉，秦启荣，袁云峰. 2010. 红车断裂带石炭系构造特征及裂缝发育模式[J]. 特种油气藏，17(4)：47-49.

范晓敏，李舟波. 2007. 裂缝性碳酸盐岩储层声波时差曲线的波动和增幅分析[J]. 吉林大学学报(地球科学版)，37(1)：168-173.

国建英，李志明. 2009. 准噶尔盆地石炭系烃源岩特征及气源分析[J]. 石油实验地质，31(3)：275-281.

何登发，尹成，杜社宽，等. 2004. 前陆冲断带构造分段特征——以准噶尔盆地西北缘断裂构造带为例[J]. 地学前缘，11(3)：91-101.

何登发，陈新发，况军，等. 2010a. 准噶尔盆地石炭系烃源岩分布与含油气系统[J]. 石油勘探与开发，37(4)：397-408.

何登发，陈新发，况军，等. 2010b. 准噶尔盆地石炭系油气成藏组合特征及勘探前景[J]. 石油学报，31(1)：1-11.

胡冬亮，吴时国，蒲玉国，等. 2008. 东营凹陷纯化油田西部侵入岩裂缝系统研究[J]. 油气地质与采收率，15(2)：67-69.

胡鹏. 2011. 准噶尔盆地滴西地区火山岩储层预测[D]. 西安：西北大学.

黄玉龙，王璞珺，邵锐. 2010. 火山碎屑岩的储层物性：以松辽盆地营城组为例[J]. 吉林大学学报(地球科学版)，40(2)：4-13.

蒋臻蔚，彭建兵，王启耀. 2012. 先存断裂对抽水沉降及地裂缝活动影响的数值模拟[J]. 吉林大学学报(地)，42(4)：1099-1103.

康静. 2012. 准噶尔盆地陆东地区石炭系火山岩储层特征及有利储层控制因素分析[D]. 西安：西北大学.

况军. 1993. 地体拼贴与准噶尔盆地的形成[J]. 新疆石油地质，14(2)：126-131.

雷天柱，石新璞，孔玉华，等. 2008. 溶蚀在形成碱性火山岩优质储集层中的作用——以准噶尔盆地陆西地区石炭系火山岩为例[J]. 新疆石油地质，29(3)：306-308.

李长文，余春昊，赵旭东，等. 2003. 反射波信息在裂缝储层评价中的应用[J]. 测井技术，27(3)：198-202.

李涤，何登发，樊春，等. 2012. 准噶尔盆地克拉美丽气田石炭系玄武岩的地球化学特征及构造意义[J]. 岩石学报，28(3)：981-992.

李锦轶. 2004. 新疆东部新元古代晚期和古生代构造格局及其演变[J]. 地质论评，50(3)：304-322.

李林，陈世加，杨迪生，等. 2013a. 准噶尔盆地滴南凸起东段油气成因及来源[J]. 石油实验地质，35(5)：480-486.

李林，陈世加，杨迪生，等. 2013b. 准噶尔盆地滴水泉凹陷石炭系烃源岩生烃能力分析[J]. 中国石油大学学报(自然科学版)，37(4)：52-58.

李善军，汪涵明，肖承文，等. 1997. 碳酸盐岩地层中裂缝孔隙度的定量解释[J]. 测井技术，21(3)：205-214，220.

李伟，何生，谭开俊，等. 2010. 准噶尔盆地西北缘火山岩储层特征及成岩演化特征[J]. 天然气地球科学，21(6)：909-916.

林向洋，苏玉平，郑建平，等. 2011. 准噶尔盆地克拉美丽气田复杂火山岩储层特征及控制因素[J]. 地质科技情报，30(6)：28-37.

柳双权，曹元婷，赵光亮，等. 2014. 准噶尔盆地陆东-五彩湾地区石炭系火山岩油气藏成藏影响因素研究[J]. 岩性油气藏，26(5)：23-29.

鲁兵，张进，李涛，等. 2008. 准噶尔盆地构造格架分析[J]. 新疆石油地质，29(3)：283-289.

陆敬安，伍忠良，关晓春，等. 2004. 成像测井中的裂缝自动识别方法[J]. 测井技术，28(2)：115-117.

路俊刚，陈莹莹，王力，等. 2014. 准噶尔盆地陆南地区油气成因[J]. 石油学报，35(3)：429-438.

马玉龙. 2015. 鄂尔多斯盆地上古生界构造演化、岩性与裂缝形成关系浅析[D]. 西安：西北大学.

孟振江. 2012. 交城断裂带地裂缝发育特征及成因机理研究[D]. 西安：长安大学.

秦黎明，张枝焕，刘洪军，等. 2008. 准噶尔盆地东北部恰库尔特草原北下石炭统南明水组烃源岩有机地球化学特征及其地质意义[J]. 天然气地球科学，19(6)：761-769.

秦志军，魏璞，张顺存，等. 2016. 滴西-五彩湾地区石炭系火山岩岩相特征研究[J]. 西南石油大学学报(自然科学版)，38(5)：9-21.

邱殿明. 2013. 断裂、断层、节理、劈理、裂隙、裂缝之间的关系小结[J]. 吉林大学学报(地)，43(5)：1392-1392.

邱家骧. 1985. 岩浆岩岩石学[M]. 北京：地质出版社.

曲延明，舒萍，王强. 2006. 兴城气田火山岩储层特征研究[J]. 天然气勘探与开发，29(3)：13-17.

石冰清，黄建华，张方圆. 2012. 新疆准噶尔盆地东北缘石炭系滴水泉组烃源岩评价[J]. 科学技术与工程，(23)：5718-5722，5727.

石冰清. 2013，准噶尔北缘下石炭统烃源岩研究[D]. 乌鲁木齐：新疆大学.

石新朴，张东平，廖伟，等. 2013，准噶尔盆地滴南凸起石炭系火山岩气藏岩相结构[J]. 新疆石油地质，34(4)：390-393.

史基安，郭晖，吴剑锋，等. 2015. 准噶尔盆地滴西地区石炭系火山岩油气成藏主控因素[J]. 天然气地球科学，26(S2)：1-11.

史基安，唐相路，张顺存，等. 2012，东准噶尔西缘晚古生代火山岩的锆石 U-Pb 年龄和 Hf 同位素特征及构造意义[J]. 地质科学，47(4)：955-979.

苏玉平，郑建平，Griffin W L，等. 2010. 东准噶尔盆地巴塔玛依内山组火山岩锆石 U-Pb 年代及 Hf 同位素研究[J]. 科学通报，55(30)：2931-2943.

隋风贵. 2015. 准噶尔盆地西北缘构造演化及其与油气成藏的关系[J]. 地质学报，89(4)：779-793.

谭佳奕，王淑芳，吴润江，等. 2010. 新疆东准噶尔石炭纪火山机构类型与时限[J]. 岩石学报，26(2)：82-90.

田晓莉，2013. 东准噶尔晚古生代碎屑岩的沉积时代与物源分析[D]，合肥：合肥工业大学.

王东良，林潼，杨海波，等. 2008. 准噶尔盆地滴南凸起石炭系气藏地质特征与控制因素分析[J]. 石油实验地质，30(3)：242-246，251.

王芙蓉，陈振林，田继军，等. 2003. 火山岩储集性研究[J]. 重庆石油高等专科学校学报，(5)：44-46，71.

王富明，廖群安，樊光明，等. 2013. 新疆东准噶尔滴水泉一带早石炭世火山岩年龄及地球化学特征[J]. 地质通报，32(10)：1584-1595.

王洛，李江海，师永民，等. 2014. 准噶尔盆地滴西地区石炭系火山岩储集空间及主控因素分析[J]. 地学前缘，21(1)：205-215.

王璞珺，陈树民，刘万洙，等. 2003. 松辽盆地火山岩相与火山岩储层的关系[J]. 石油与天然气地质，24(1)：21-26.

王璞珺，吴河勇，庞颜明，等. 2006. 松辽盆地火山岩相：相序、相模式与储层物性的定量关系[J]. 吉林大学学报(地球科学版)，36(5)：805-812.

王璞珺，冯志强，刘万洙，等. 2008. 盆地火山岩：岩性，岩相，储层，气藏，勘探[M]. 北京：科学出版社.

王仁冲，徐怀民，邵雨，等. 2008. 准噶尔盆地陆东地区石炭系火山岩储层特征[J]. 石油学报，29(3)：350-355.

王瑞雪，张晓峰，谈顺佳，等. 2015. 基于成像测井资料多种滤波方法在裂缝识别中的应用[J]. 测井技术，39(2)：155-159.

王绪龙，赵孟军，向宝力，等. 2010. 准噶尔盆地陆东—五彩湾地区石炭系烃源岩[J]. 石油勘探与开发，37(5)：523-530.

吴孔友，查明，王绪龙，等. 2005. 准噶尔盆地构造演化与动力学背景再认识[J]. 地球学报，26(3)：217-222.

吴琪，屈迅，常国虎，等. 2012. 红柳峡韧性剪切带形成时代及其对准噶尔洋盆闭合时限的约束[J]. 岩石学报，28(8)：2331-2339.

吴小奇，刘德良，魏国齐，等. 2009. 准噶尔盆地陆东—五彩湾地区石炭系火山岩地球化学特征及其构造背景[J]. 岩石学报，25(1)：55-66.

吴晓智，丁靖，夏兰，等. 2012. 准噶尔盆地陆梁隆起带构造演化特征与油气聚集[J]. 新疆石油地质，33(3)：277-279.

夏文豪. 2009. 冀东油田裂缝性储层测井评价研究[D]. 青岛：中国石油大学(华东)硕士学位论文.

肖序常，汤耀庆，冯益民，等. 1992. 新疆北部及邻区大地构造[M]. 北京：地质出版社.

许孝凯，陈雪莲，范宜仁，等. 2012. 斯通利波影响因素分析及渗透率反演[J]. 中国石油大学学报自然科学版，36(2)：97-104.

颜耀敏，王英民，祝彦贺，等. 2007. 准噶尔盆地西北缘五八区佳木河组含火山岩系沉积模式[J]. 天然气地球科学，18(3)：386-388.

杨帆，章成广，范姗姗，等. 2012. 利用斯通利波评价裂缝性致密砂岩储层的渗透性[J]. 石油天然气学报，34(4)：88-92.

杨辉，文百红，张研，等. 2009. 准噶尔盆地火山岩油气藏分布规律及区带目标优选——以陆东-五彩湾地区为例[J]. 石油勘探与开发，36(4)：419-427.
杨文孝，况军，徐长胜. 1995. 准噶尔盆地大油田形成条件和预测[J]. 新疆石油地质，16(3)：201-211.
杨新明. 2010. 昌乐、惠民地区火山岩和浅层侵入岩裂缝发育特征研究[J]. 复杂油气藏，3(2)：25-29.
余春昊，李长文. 1998. 利用斯通利波信息进行裂缝评价[J]. 测井技术，22(4)：273-277.
袁丹. 2013. 准噶尔盆地滴西地区石炭系火山碎屑岩岩性岩相及储层特征[D]. 成都：西南石油大学.
张立伟，李江海，于浩业，等. 2010. 东准噶尔滴西地区石炭系火成岩岩相特征及分布预测[J]. 岩石学报，26(1)：263-273.
张生银. 2014. 准噶尔盆地准东地区石炭系烃源岩和火成岩储层发育的地质条件研究[D]. 北京：中国科学院大学.
张生银，柳双权，张顺存，等. 2013. 准噶尔盆地陆东地区火山岩风化体储层特征及控制因素[J]. 天然气地球科学，24(6)：1140-1150.
张生银，任本兵，姜懿洋，等. 2015. 准噶尔盆地东部石炭系天然气地球化学特征及成因[J]. 天然气地球科学，26(增刊 2)：148-157.
张顺存，王凌，石新璞，等. 2008. 准噶尔盆地腹部陆西地区石炭系火山岩储层的物性特征及其与电性的关系[J]. 天然气地球科学，19(2)：198-203.
张顺存，牛斌，汪学华，等. 2015. 准噶尔盆地滴西地区石炭系火山岩的地球化学特征[J]. 天然气地球科学，26(S2)：138-147.
张新荣，王东坡. 2001. 火山岩油气储层特征浅析[J]. 世界地质，20(3)：272-278.
张勇，唐勇，查明，等. 2013. 克拉美丽气田石炭系火山机构与大型天然气藏[J]. 新疆石油地质，34(1)：50-52.
赵白. 1993. 准噶尔盆地的构造特征与构造划分[J]. 新疆石油地质，14(3)：209-216.
赵立新. 2012. 声波测井新技术及应用实践[M]. 北京：石油工业出版社.
赵孟军，王绪龙，达江，等. 2011. 准噶尔盆地滴南凸起-五彩湾地区天然气成因与成藏过程分析[J]. 天然气地球科学，22(4)：595-601.
赵宁，石强. 2012. 裂缝孔隙型火山岩储层特征及物性主控因素——以准噶尔盆地陆东-五彩湾地区石炭系火山岩为例[J]. 天然气工业，32(10)：14-23.
赵霞，贾承造，张光亚，等. 2008. 准噶尔盆地陆东-五彩湾地区石炭系中、基性火山岩地球化学及其形成环境[J]. 地学前缘，15(2)：272-279.
中国石油勘探与生产分公司. 2009. 火山岩油气藏测井评价技术及应用[M]. 北京：石油工业出版社.
朱志新，李少贞，李嵩龄. 2005. 东准噶尔纸房地区晚石炭世巴塔玛依内山组陆相火山-沉积体系特征[J]. 新疆地质，23(1)：18-22.
邹才能，侯连华，陶士振，等. 2011. 新疆北部石炭系大型火山岩风化壳结构与地层油气成藏机制[J]. 中国科学：地球科学，41(11)：1613-1626.
Brie A，Hsu K，Ecpersiey C，等. 1990. 利用斯通利波归一化差分能量评价裂缝型储集层[J]. 油气藏评价与开发，(3)：72-80.
Anderson T. 2002. Correction of common lead in U-Pb analyses that do not report 204Pb[J]. Chemical Geology，192(1-2)：59-79.
Chung H，Gormly J，Squires R. 1998. Origin of gaseous hydrocarbons in subsurface environments：Theoretical considerations of carbon isotope distribution[J]. Chemical Geology，71(1)：97-104.
Hornby B E，Johnson D L，Winkler K W，et al. 1989. Fracture evaluation using reflected Stoneley-wave arrivals[J]. Geophysics，54(10)：1274-1288.

Ludwig K R. 2001. Isoplot/Ex (Version. 2. 49): A geochronological toolkit for microsoft excel. vol. 1a [R]. Berkeley: Berkeley Geochronology Centre, Special Publications: 1-55.

Luo J L, Sadoon M, Liang Z G, et al. 2005. controls on the quality of archean metamorphic and jurassic volcanic reservoir rocks from the Xinglongtai buried hill, western depression of Liaohe Basin, China[J]. AAPG Bulletin, 89(10): 1319-1346.

Mackenzie A S, Maxwell J R. 1981. Assessment of Thermal Maturation in Sedimentary Rocks By Molecular Measurements[M]. London: Academic Press.

Maniar P D, Piccoli P M. 1989. Tectonic discrimination of granitoids[J]. Geological Society of America Bulletin, 101(3): 635-643.

Pearce J A. 1982. Trace element characteristics of lavas from destructive plate boundaries[J]. Andesites, 8: 525-548.

Pearce J A. 1996. Sources and settings of granitic rocks[J]. Episodes, 19(4): 120-125.

Pearce J A, Harris N B W, Tindle A G. 1984. Trace element discrimination diagrams for the tectonic interpretation of granitic rocks[J]. Journal of Petrology, 25(4): 956-983.

Peters K E, Moldowan J M. 1993. The Biomarker Guide: Interpreting Molecular Fossils in Petroleum and Ancient Sediments[M]. Englewood Cliffs, NJC(United States): Prentice Hall.

Peters K E. 1986. Guidelines for evaluating petroleum source rock using programmed pyrolysis[J]. AAPG Bulletin, 70(3): 318-329.

Qin L, Zhang Z, Liu H. 2008. Geochemical characteristics of lower carboniferous Nanmingshui formation source rock and their geologic implications, Qiakuerte Prairie, Northeastern Junggar Basin[J]. Natural Gas Geoscience, 19(6): 761-769.

Rittmann A. 1970. The probable origin of high-alumina basalts[J]. Bulletin Volcanologigue, 34(2): 414-420.

Sruoga P, Rubinstein N. 2007. Processes controlling porosity and permeability in volcanic reservoirs from the Austral and Neuquén basins, Argentina[J]. AAPG Bulletin, 91(1): 115-129.

Tang Y, Perry J, Jenden P, et al. 2000. Mathematical modeling of stable carbon isotope ratios in natural gases[J]. Geochimica Et Cosmochimica Acta, 64(15): 2673-2687.

Wang M, Xue L F, Pan B Z. 2009. Lithology identification of igneous rock using FMI texture analysis[J]. Well Logging Technology, 33(2): 110-114.

Welch S A, Ullman W J. 1993. The effect of organic acids on plagioclase dissolution rates and stoichiometry[J]. Geochimica et Cosmochimica Acta, 57(2): 725-736.

Wu F Y, Yang Y H, Xie L W, et al. 2006. Hf isotopic compositions of the standard zircons and baddeleyites used in U-Pb geochronology[J]. Chemical Geology, 234(234): 105-126.

Xie L W, Zhang Y B, Zhang H H, et al. 2008. In situ simultaneous determination of trace elements, U-Pb and Lu-Hf isotopes in zircon and baddeleyite[J]. Chinese Science Bulletin, 53(10): 1565-1573.